国家林业和草原局普通高等教育"十三五"规划教材
云南省普通高等学校"十二五"规划教材

资源真菌学

韩长志　熊　智　主编

中国林业出版社

图书在版编目(CIP)数据

资源真菌学 / 韩长志, 熊智主编. —北京: 中国林业出版社, 2018.10(2024.8 重印)
国家林业和草原局普通高等教育"十三五"规划教材
云南省普通高等学校"十二五"规划教材
ISBN 978-7-5038-9779-5

Ⅰ.①资… Ⅱ.①韩… ②熊… Ⅲ.①应用真菌学–高等学校–教材 Ⅳ.①Q949.32

中国版本图书馆 CIP 数据核字(2018)第 230666 号

国家林业和草原局生态文明教材及林业高校教材建设项目

责任编辑: 范立鹏
电话: (010)83143626   **传真:** (010)83143516

出版发行	中国林业出版社(100009 北京市西城区德内大街刘海胡同 7 号)	
	E-mail: jiaocaipublic@163.com	
	http://www.cfph.net	
经　销	新华书店	
印　刷	河北京平诚乾印刷有限公司	
版　次	2018 年 11 月第 1 版	
印　次	2024 年 8 月第 2 次印刷	
开　本	850mm×1168mm　1/16	
印　张	23.25	
字　数	574 千字	
定　价	52.00 元	

《资源真菌学》编写人员

主　编　韩长志　熊　智

编　者　(以姓氏笔画为序)

王金华　(西南林业大学)

任文来　(文安县农业局)

吕天雯　(西南林业大学)

张汉尧　(西南林业大学)

李翠新　(西南林业大学)

杨　玲　(西南林业大学)

赵友杰　(西南林业大学)

敖新宇　(西南林业大学)

曹岩坡　(河北省农林科学院经济作物研究所)

韩长志　(西南林业大学)

熊　智　(西南林业大学)

前　言

　　真菌一词最早来源于拉丁文字的"蘑菇"（fungi），目前人们所使用的真菌一词，其内涵不仅涉及蘑菇单一生物，也包含着一大类生物。真菌与菌物（fungus）所包含的范围不同，其作为菌物中最为主要的种类，通常是指具有真正的细胞核，不含叶绿素，无根、茎、叶、花、果的分化，以腐生、寄生、共生或超寄生方式吸收养料，以及营养体通常是丝状分支的菌丝体，仅少数为单细胞，细胞壁主要成分是几丁质或纤维素（cellulose），通过产生各种类型孢子进行有性生殖或无性繁殖的一群细胞生物。

　　真菌在自然界的分布范围极其广泛，无论是在淡水、海水等宽阔水域中，还是在天空、土壤以及地面的各种物体上，抑或是在冰川、高温等极端环境中，都存在种类诸多、数量较大的真菌。目前，学术界已描述的真菌种类约有 10 万个"种"。我国幅员辽阔，自然地理环境种类丰富，真菌的种类繁多、真菌资源极其丰富，认识、识别、研究、保护以及可持续开发利用这些宝贵真菌资源，充分挖掘其具有的经济价值和医药价值，对于提升我国真菌资源相关的工业、农林业及食品等产业，扩大真菌资源对外贸易以及保护生物多样性均具有非常重要的社会效益和生态效益。

　　资源真菌学是利用传统技术及现代技术对人类有价值的真菌开展分离、培养、鉴定以及保护、利用的一门重要科学。该科学的形成经历了人们对其简单食用、医药开发利用、深入挖掘基因再利用等阶段，是诸多自然科学技术应用和社会经济发展的必然结果。

　　本教材在编写过程中，西南林业大学的专家学者从各自熟知的领域开展内容撰写，从不同角度提出了非常具有建设意义的意见。同时，来自于河北省农林科学院、文安县农业局等生产一线不同专家学者的建议和意见，使得本教材的编写内容既有丰富的理论知识内容，也具有重要的实践应用内容。此外，本教材的编写内容充分吸收国内外诸多真菌研究学者的最新研究成果，从真菌学向真菌资源学及其相关的学科领域进行拓展，与化学、医学、农学、林学、农药学、食品科学以及生态学、分子生物学、生物信息学等多学科相互交叉渗透，不仅具有传统学科的研究成果，也充分吸收了近些年利用现代技术的研究成果，是集中展示近年国内外资源真菌学研究、开发、利用和保护工作的重要载体，因此，该教材可作为高等院校生物学、微生物学、农学、林学、药学、食品科学与工程、制药工程、植物保护、森林保护、资源环境等专业的本科教材，也可作为开展资源真菌研究的科学研究参考书。

本教材涉及 10 章内容，分别是第 1 章绪论，主要对真菌与资源真菌学的概念、理论体系进行介绍；第 2 章资源真菌的种类及分类系统，主要对资源真菌的主要种类、数量以及分类系统进行介绍；第 3 章资源真菌的代谢，主要是对资源真菌代谢过程中产生的酶、多糖以及高分子聚合物进行介绍；第 4 章资源真菌学的一般研究方法，主要是对资源真菌的分离、纯化、鉴定以及保藏等方法进行介绍；第 5 章食用资源真菌，主要是对食用真菌的主要类群、生态分布、栽培、利用及加工技术等方面进行介绍；第 6 章药用资源真菌，主要是对药用真菌的主要类群、栽培、利用及加工技术、遗传育种等方面进行介绍；第 7 章农林资源真菌，主要是对虫生资源真菌、拮抗资源真菌、菌根菌肥资源真菌、除草资源真菌、农药降解资源真菌的利用方面进行介绍；第 8 章工业资源真菌，主要是对酵母菌的开发及利用，以及霉菌的开发及利用等方面进行介绍；第 9 章环境资源真菌及利用，主要是对真菌在环境物质循环中作用以及水环境真菌、有机固体废物真菌的利用进行介绍；第 10 章极端环境资源真菌及利用，主要是对冰川、低水活度、高温等极端环境条件下存在的资源真菌进行介绍。

由于本教材涵盖的内容涉及面较广，不仅涉及农林业资源真菌，也包含药用资源真菌，为了更生动地向读者展示资源真菌的形态特征，本教材多幅图片参考了《中国经济真菌》的相关资料并进行了仿绘，在此谨向该书作者致以谢意。本教材内容时间跨度较大，不仅具有传统经典的知识点，也具有最新的研究成果，加之编写时间紧迫，教材质量要求较高，因此，编写难度之大可想而知，虽经诸多编者认真校对、不懈努力，但不足之处在所难免，敬请各使用单位及学者对本教材提出宝贵意见和建议，以便修订时补充更正。

编　者

2018 年 2 月

目　录

1.1 真菌与资源真菌

1.1.1 真菌与菌物的概念

1.1.1.1 真菌的概念

真菌在自然环境条件下的分布极其广泛,种类众多、数量巨大,除一些大型真菌外,大多数真菌的个体一般很小,通常需要在光学显微镜下放大 100 倍才能看清其结构特征。目前,已描述的约 10 万个种,在淡水、海水、土壤以及地面的各种物体上,甚至在一些诸如极寒(冰川)、高温以及低水活度等极端环境条件下都有真菌的存在。

"真菌"一词最早源于拉丁语 eumycetes 的意译,早在 20 世纪 20 年代就开始使用了。真菌(fungi)作为菌物(fungi)中主要的种类,通常是指具有真正的细胞核,不含叶绿素,无根、茎、叶的分化,以腐生、寄生、共生或超寄生(superparasitism)方式吸收养料,营养体通常是丝状分支的菌丝体,仅少数为单细胞,细胞壁主要成分是几丁质(chitin)或纤维素(cellulose),通过产生各种类型的孢子进行有性生殖或无性繁殖的一类细胞生物(图 1-1)。

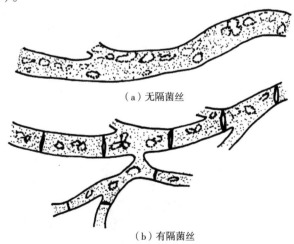

(a) 无隔菌丝

(b) 有隔菌丝

图 1-1 真菌的菌丝体(王韵晴和罗雨薇绘,有修改)

由上述概念可以知道真菌具有以下5个主要特征：

①真菌是真核生物，有真正的细胞核。

②真菌的营养方式为异养型，没有叶绿素或其他可进行光合作用的色素，需要从外界吸收营养物质。

③真菌的营养体简单，大多为菌丝体，细胞壁主要成分为几丁质或纤维素，少数真菌的营养体是不具细胞壁的原生质团(图1-2)。

④真菌典型的繁殖方式是产生各种类型的孢子(图1-3、图1-4)。

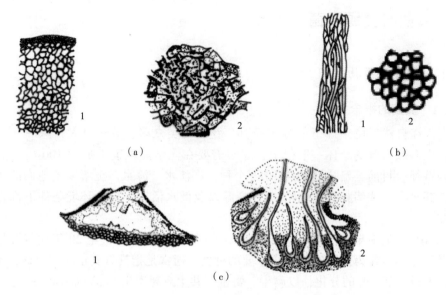

图1-2 菌丝的变态

(a) 菌核：1. 疏丝组织；2. 拟薄壁组织　(b) 菌索：1. 纵切面；2. 横切面

(c) 子座：1. 外部特征；2. 内部特征

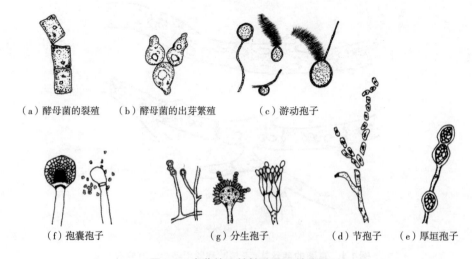

（a）酵母菌的裂殖　（b）酵母菌的出芽繁殖　（c）游动孢子

（f）孢囊孢子　　　（g）分生孢子　　　（d）节孢子　（e）厚垣孢子

图1-3 真菌的无性繁殖及无性孢子

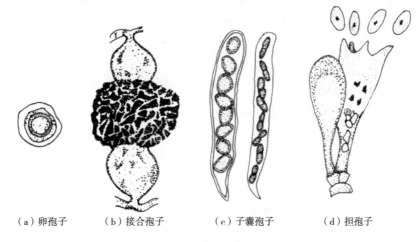

（a）卵孢子　　　（b）接合孢子　　　（c）子囊孢子　　　（d）担孢子

图1-4　真菌的有性孢子

就真菌的营养方式而言，主要包括腐生、共生和寄生三种。大多数真菌营腐生，生活在死的有机体上。而寄生性真菌，则主要寄生在活体生物上，一般而言，侵染活体植物从而造成植物发生病害的真菌称为植物病原真菌。目前，对于植物病原真菌的记录已有 8000 种以上，是引起植物病害的非常重要的一大类病原，所占比例高达 70%~80%。农作物上常见的小麦黑粉病、玉米瘤黑粉病、小麦叶锈病、小麦条锈病、小麦秆锈病、小麦白粉病和稻瘟病等，以及果树上常见的苹果轮纹病、葡萄霜霉病、梨黑星病等均是由真菌引起的。

1.1.1.2　菌物的概念

近些年，学者不断采用先进的遗传学技术手段，对真菌的遗传关系进行研究，研究表明，在过去很长一段时间内人们所认识的真菌，其实是包括真正意义的真菌（以下简称真菌）[①]、卵菌、黏菌以及丝壶菌等在内的真菌复合类群。上述真菌在形态、营养方式与生态上形成了一个关系十分密切的类群。然而，现今学术界已经明确指出现代意义的真菌、卵菌、黏菌和丝壶菌彼此之间并没有显著的、共同的进化历史，例如，真菌与动物的亲缘关系较近，而卵菌则与植物的亲缘关系较近。

1991 年，著名植物病理学家、病毒学家、真菌学家裘维蕃院士建议采用"菌物"一词来代表八界生物分类系统中真菌界成员的复系生物类群（包括卵菌、黏菌和丝壶菌），而把"真菌"一词让位给八界分类系统中真菌界的成员。这一建议非常符合真菌学学科发展的需要，非常有助于对真菌学开展教学、科研和学术交流活动，因此，该建议得到了国内学术界较为一致的认同。同时，裘院士认为："关于 fungi 一词过去都译为真菌（eumycetes 或 true fungi）是不妥当的，因为这个词还包含着黏菌或裸菌在内，建议今后将 fungi 译成'菌物'，真正的真菌学似乎应该是专讲真菌门（Eumycota）的内容。"因

---

① 本教材中若没有特别说明，文中所指的真菌均指具有真正意义的真菌，涵盖范围较小，不包括卵菌、黏菌以及丝壶菌等。

此，本教材中关于菌物的概念，定义为是由一个非常庞大的有机体类群组成，包括真菌、卵菌、黏菌和丝壶菌等在内的复合类群。

1.1.2　资源真菌的特点及经济意义

1.1.2.1　资源真菌的特点

地球上的菌物大约有 150 万种，其中蕈菌有 14 万种之多。真菌的生长、发育等活动均以化学为基础。就资源真菌而言，其从体外获取营养，进一步生长、发育等代谢活动依然是以化学为基础。因此，资源真菌的代谢产物也存在以化学为基础的特点（表 1-1）。

表 1-1　主要食用菌资源的化学成分及其所具有的功能情况

真菌名称	拉丁名	主要化学成分	功　能
木耳	*Auricularia auricula-judae*	黑木耳多糖、多种维生素等	补气血、润肺、止血、活血，有滋补强壮、通便之效，可用于治疗寒湿性腰腿疼、产后虚弱血脉不通、子宫出血等，对高血压也有疗效
银耳	*Tremella fuciformis*	银耳多糖、己糖醛酸甘露糖	补肺益气、滋阴润燥、清热和血；可用于治疗久咳、喉痒、月经不调、肺热胃炎等
黄白银耳	*T. aurantialba*	甘露糖、葡萄糖及糖	化痰、定喘、调气、平肝阳；可用于治疗老人咳嗽、气管疾病、高血压，可防癌、抗癌
鸡油菌	*Cantharellus cibarius*	8 种人体必需的氨基酸、维生素 A	清目、利肺、益肠道；可用于预防视力失常、眼炎、夜盲症及消化道感染
猴头菌	*Hericium erinaceus*	猴头多糖	能利五脏、助消化、滋补；可用于治疗消化不良、神经衰弱、胃溃疡
蜜环菌	*Armillaria mellea*	蜜环菌甲素、蜜环菌乙素、麦角甾醇	清目、利肺、益肠胃，息风镇痛；可用于治疗神经性头疼、高血压性头痛，视力失常、眼炎、夜盲症，呼吸道、消化道感染
金针菇	*Flammulina velutipes*	冬菇素、氨基酸	利肝脏、益肠胃、抗癌；可用于治疗肝病及胃肠溃疡
香菇	*Lentinus edodes*	香菇多糖、核苷酸、香菇素、葡聚糖等	益气、治风破血、化痰理气、助食等；可用于治疗水肿、胃肠不适、头痛、头晕，还可用于预防肝硬化及血管硬化，降血压、抗癌、防癌
根白蚁巢伞	*Termitomyces eurhizus*	蛋白质、多缩戊糖、麦角甾醇	益胃、清神、治痔、助消化；可用于治疗心悸、肝炎等
草菇	*Volvariella volvacea*	蛋白质、麦角甾醇	消暑去热、增益健康、抗癌；可用于防治坏血病及淤点性皮疹、齿龈肌肉及关节囊等处出血，预防高血压

（续）

真菌名称	拉丁名	主要化学成分	功　能
金顶侧耳	*Pleurotus citrinopileatus*	含蛋白质、维生素和矿物质等多种营养成分，其中氨基酸含量尤为丰富，且必需氨基酸含量高	滋补强壮；不用于治疗虚弱症与痢疾，还可用于治疗肺气肿
松口蘑	*Tricholoma matsutake*	松口蘑多糖、氨基酸、松茸醇、桂皮酸甲酯等	益肠胃、止痛、化痰、理气；不用于治疗糖尿病
长裙竹荪	*Phallus indusiatus*	氨基酸、维生素	止咳、补气、止痛；对高血压、高胆固醇及肥胖症疗效较好

1.1.2.2　资源真菌的经济意义

资源真菌目前已知约14000种，其中有近3000种被称为食用蕈菌，我国已知967种，市场上销售的约200种，可以试验性栽培的不超过100种，而商业栽培的仅60余种。但是仅仅这60余种(实际规模化生产的也就10余种，如我国香菇产量已占世界总产量的70%)，就创造出了$2.02×10^7$t的产量，超1000亿元的产值，成为农业产业中继粮、棉、油、菜、果之后的第6大产业。

1.1.3　资源真菌在生态系统中的地位

1.1.3.1　资源真菌与人类的关系

资源真菌的利用在我国有着非常悠久的历史，特别是对于食用、药用真菌资源的利用，早在6000~7000年之前的仰韶文化时期，我们的祖先就已采食蘑菇等食用菌了。2000年前的《礼记》《吕氏春秋》和北魏时期的《齐民要术》等古籍文献中都有人类食用菇类的记载。东汉时的《神农本草经》记载药物365种，其中就有茯苓、猪苓、雷丸、木耳等10多种真菌。南北朝时期的陶弘景《本草经集注》和《名医别录》中增添了马勃和蝉花等。明代李时珍的《本草纲目》增加了六芝、桑耳、槐耳、柳耳、皂荚菌、香蕈、天花蕈、羊肚菜、鸡枞、鬼盖、鬼笔、竹荪、桑黄、蝉花、雪蚕以及茯苓、猪苓、雷丸及马勃等40余种。清代的汪昂所编著的《本草备要》，书分八卷，及"药性总义"一篇，内容分草、木、果、谷菜、金石水土、禽兽、鳞介鱼虫、人、日食菜物等部，共收录常用药物478种，续增日食菜物54种，对各味药物的性味、归经、主治、禁忌、产地、采集、收贮、畏恶、炮制等均有论述。特别是引述历代名家精论及验案、奇案、疑案、验方、秘方及对有关药物的辨误、辨疑、质疑等。该书首次明确记载了冬虫夏草可作为药用保健品。

研究发现，约1500种真菌代谢物具有抗肿瘤和抗菌特性，其中部分已批准为药物。在我国，有些真菌直到今天依然作为药物使用，如茯苓、冬虫夏草、雷丸、蝉花、灵芝等，上述真菌最早记载出现在《礼记》《淮南子》《史记》《神农本草论》等古代药学书籍中，其种类繁多，品种多样。中国科学院微生物研究所应建浙等所编著《中国药用真菌图鉴》全面记述了 272 种真菌的形态特征及其药效，其中部分种类兼具食用和药用价值。

自 1929 年英国学者弗莱明从特异青霉 *Penicillium notatum* 中分离并发现青霉素以来，真菌新的代谢途径被发现，这些代谢途径被直接用于生产新的药物（结构或功能）或合成药物的先导化合物。例如，来自于膨大弯颈霉 *Tolypocladium inflatum* 和光泽柱孢菌 *Cylindrocarpon lucidum* 的免疫抑制剂环孢霉素（Immunosuppressant cyclosporine），来自灰黄青霉 *P. griseofulvum* 的抗真菌药物灰黄霉素（Griseofulvin），来自土曲霉 *Aspergillus terreus* 胆固醇合成抑制剂洛弗斯塔特因，来自不同分类单元多种真菌产生的 β-内酰胺（β-Lactam），来自于曲霉属和青霉属真菌的地蕨素（Ternatin）、Aspergillusol A 和核丛青霉素（Sclerotiorin）等可以用于糖尿病的治疗；来源于真菌的 Codinaeopsin、Efrapeptins、Zervamicins 和 Antiamoebin 可用于疟疾的治疗；来源于麦角菌的麦角生物碱类（Ergot alkaloids）、来源于牛肝菌的 L-茶氨酸（L-Theanine）、来源于麦角菌的培高利特（Pergolide）和来源于乌茸菌 *Polyozellus multiplex* 的 Polyozellin 等被用于治疗头疼、帕金森综合征、老年痴呆症等精神类疾病。

在工业方面，根霉、毛霉、芽枝霉等真菌由于具有产生果胶酶的能力而被用于造纸业的亚麻浸渍脱胶；能够产生淀粉酶的真菌可用于织物退浆，真菌还被用于皮革处理、甘油发酵、柠檬酸和乳酸等有机酸的生产。真菌在我国食品发酵与酿造工业中的应用也拥有悠久的历史。

为了减少农药残留对环境的污染以及对人类健康的威胁，更好地发挥绿色生态理念，更好地推动以菌治虫、以菌治菌等方式防治植物病虫害，开展以绿色农药、生物农药的开发防治植物病虫害的研究工作具有重要的前景。例如，金龟子绿僵菌 *Metarhizium anisopliae* 是重要的昆虫寄生性真菌。它对害虫的侵染过程包括黏附、孢子萌发、穿透虫体、体内发育和致死。在此过程中，真菌产生的几丁质酶等是导致昆虫致病的重要因子。由于金龟子绿僵菌寄主范围广，有致病力强，对人、畜、农作物无毒害、无残毒，易生产，菌剂的持效期长等优点，因此具有广阔的应用前景。

那么，真菌资源到底是什么？其与人类之间的关系是什么样的？国外学者 Moss 通过对真菌与人类关系的分析，绘制出真菌既是人类的朋友又是人类的敌人的关系图，这张图揭示人类应充分发掘真菌对人类有价值的资源，更好地防范真菌对人类有害的物质，更好地理解真菌资源有助于未来更好地利用真菌资源（图 1-5）。

1.1.3.2　资源真菌与生态环境的关系

一般而言，在 $1hm^2$ 肥沃的森林土壤表层中存在着相当于 $1\sim10t$ 干物质的微生物，其中 $60\%\sim80\%$ 是真菌。在整个陆地生态系统中真菌的生物量仅次于植物，因此，真菌对地球环境与化学物质循环等方面起着重要的作用。

（1）影响资源真菌的环境因子

①土壤因子　土壤具有满足资源真菌生长发育所需要的营养、水分、空气、酸碱度、渗透压和温度等条件，因而也是资源真菌生活的良好环境。不同土壤类型、土壤质地以及土壤不同利用方式等对资源真菌的分布具有不同程度的影响。

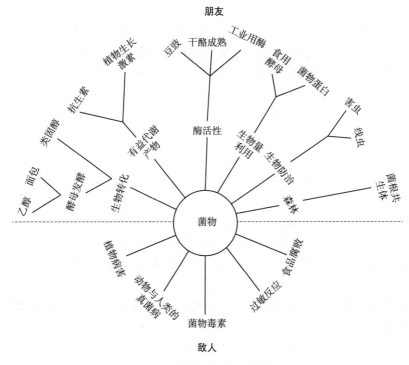

图 1-5 真菌与人类之间的关系

②季节变化 温度随季节有很大变化，尤其是热带地区。通常秋季温度比较适合真菌的发育，夏季高温和冬季低温抑制真菌生长和发育。同一种真菌在不同发育阶段对温度的要求不同，如 Schenck 等（1988）发现大豆上的一种丛枝菌根（arbuscula mycorrhiza，AM），其菌丝发育最佳温度为 28~34℃，丛枝发育以低于 30℃ 为好，而孢子或泡囊的发育则在 35℃ 下最好。红壤的茶园和林地中真菌孢子数量有明显的季节变化，夏季和秋季每 100g 干土中孢子数量达 200 个左右，春季次之，冬季孢子数量最小，每 100g 干土孢子数量仅有 40 个。

③地理因素 从地球的南极到北极到处都有资源真菌的分布。然而，由于各地纬度、海拔以及降水、气温与光照等气候因子的差异，资源真菌的分布具有明显的地域性。1993 年，Michelini 研究了 4 个地区多种环境因子（矿质营养、有机质、土壤 pH 值、海拔和年降水量）对 AM 真菌发育的影响，发现不同地区侵染状况显著不同，区域特征与侵染之间具有显著的相关性。

（2）资源真菌的生活环境

①腐生菌与物质分解 真菌中营腐生生活的种类和细菌等微生物参与了对自然界的生物遗体、残骸等有机物的分解。在森林倒腐木上，不难发现多种白腐菌和褐腐菌，其中如北温带常见的北方多孔菌，它是针叶林材的腐朽菌，具有较强分解纤维素和木质素的能力。革菌类近来受到广泛关注，在木质素分解研究中，显刺革菌属 *Phanerochaete* 被认为是一个降解木质素的优良菌种。除菌物与植物的腐生型外，某些菌类还可对动物的代谢物和脱落物进行腐生和分解。在日本和欧洲等地多次报道根黏滑菇 *Hebeloma radicosum* 的地下菌丝往往与鼹鼠巢穴周围由鼹鼠的排泄物和脱落的残毛骨

片组成交织群落，并从中获取营养。

一般而言，物质循环包括两个方面：一是同化合成作用，即无机物的有机化过程，主要靠绿色植物的光合作用来实现；二是异化分解作用，即有机物的无机化过程，是靠菌物来完成的。在土壤表面凋落物的纤维素、半纤维素、木质素及淀粉、几丁质等不同基质上生活着分解这些物质的各种腐生菌物，是它们将这些有机物降解为植物根系可吸收利用的无机成分。因此，腐生真菌既是分解者又是植物营养的储存库和提供者。

腐生菌包括落叶分解菌、木生菌和粪生菌。

a. 落叶分解菌：落叶分解菌的成员除了大型真菌外还有黏菌和霉菌等，易于生长在枯枝、落叶及落果上。这些森林凋落物的分解是从叶片生长阶段就开始的。由于一些小型子囊菌和细菌的侵染和前期分解，致使枝叶或果实因病害而生长发育不良，落到地面后由地面上的其他真菌继续分解。起初幼嫩的叶肉组织被土壤动物所啃食，只剩下难分解的部分。子囊菌和半知菌没有分解木质素的能力，只能分解纤维素和半纤维素。

b. 木生菌：木生菌生于树干或木材上，能分解木质素、纤维素和半纤维素，绝大部分是担子菌。

c. 粪生菌：粪生菌分解动物的粪便同分解落叶和木材是相似的。

此外，还有一些菌类喜欢生活在动物的尸体、骨骼、洞穴及排泄物等富含氮素的环境中，称为氨生菌(ammonia fungi)。菌物在 C、N、P 和 S 等主要元素的循环过程中起着重要的作用。例如，通过真菌和其他菌物的分解作用每年将约 $850×10^8$ t 碳源以二氧化碳归还到大气中，因此，有人预测如果菌物的这一分解活动停止，则地球上的所有生命可能在 20 年内因缺乏二氧化碳而终止。

②寄生菌的生态学意义　寄生菌物可以寄生于活的植物、动物和人体上，并引起病害，甚至死亡。农作物的减产、森林的枯死、动物和人体的疾病，许多都是由寄生菌的感染引起的。松根白腐病菌 *Heterobasidion annosum* 是温带松树根部的一种有寄腐兼性的病原菌，但如在该菌的寄生部位有伏革菌属 *Corticium* 出现，则松根白腐菌往往被抑制。

寄生菌生存于活的植物(如锈菌、黑粉菌)、动物(冬虫夏草菌)和真菌(覃寄生)。从植物保护学科的角度统称病原菌，而从生态学的角度看均属于分解者，或称为活体分解者。寄生菌和腐生真菌一起构成生态系统中的分解者。分解者真菌的多样性也反映了自然界中被分解物质的复杂性。病原菌除了分解活体外，还起着控制森林生态系统中各种生物种群数量、大小及群落动态等作用。

③共生菌与植物协同进化　多种有机体间可形成互利共生组合，如地衣类形成菌物与藻类高度结合的有机体，具有高度的遗传稳定性。真菌与他种生物间的关系是复杂的，具有广泛的多样性。如蜜环菌 *Armillariella mellea*，既有寄生性，可导致梨、苹果和桑树的根腐病和根朽病，其根状菌索在被害根部及土壤中过冬；该菌也有腐生的能力，在林下的倒木上，不难找到该菌的菌索，其菌索又可与兰科的一种药用植物天麻有共生的关系。除了莎草科(Cyperaceae)和灯心草科(Juncaceae)等水生植物和十字花科

(Brassicaceae)等少数陆生植物外，几乎所有的植物都可与它们各自的菌根真菌共生，这种共生体称为菌根(mycorrhiza)。

菌根是高等植物和真菌之间互利共生的活体营养现象，即植物通过根系为真菌提供有利的生长环境和严格限制异养生物生长的碳水化合物，而菌根真菌可为植物提供其不能通过根系直接从土壤中吸收到的养分，并促进水分吸收。其中，有些是外生菌根（ectomycorrhiza），有些则形成内生菌根（endomycorrhiza）或内外生菌根（ectendomycorrhiza）。松属、云杉属、冷杉属和落叶松属等属的植物在无菌根条件下是不能存活的。从这个意义上讲，没有菌根就没有森林，失去菌根真菌就等于失去森林。

资料表明，我国云南松 *Pinus yunnanensis* 林下野生食用菌有 27 科 43 属 211 种（含变种、变型）。而云南松共计有外生菌根真菌 27 科 39 属 211 种（含变种、变型），红菇属、牛肝菌属、乳菇属、乳牛肝菌属、口蘑属、鸡油菌属和革菌属等为云南松林下的主要外生菌根菌类群。也就是说，云南松林下野生食用菌几乎全部是外生菌根真菌。

内生菌根真菌能在植物根细胞内产生"泡囊"(vesicules)和"丛枝"(arbuscles)两大典型结构，名为泡囊丛枝菌根(vesicular arbuscular，VA)。由于部分真菌不在根内产生泡囊，而形成丛枝，故简称丛枝菌根(arbuscular mycorrhiza，AM)。菌根真菌中最常见的一种类型是 AM，研究表明地球上 2/3 的植物物种有这种共生关系。与大部分的真菌不同，AM 真菌从糖中获得能量给养，并在它们的共生体上生长，而不是在有机体的分解物上。不过，令人惊奇的是，研究人员发现 AM 还能够在腐烂的有机物上生长，并从中获得大量的氮。分析结果表明，在根部真菌数量庞大，因此植物根部也存在着同样多的氮。另外，真菌寿命比根的生命短暂得多，因此这项发现表明了在生态系统中氮循环的速度。丛枝菌根分类上属于接合菌纲的球囊霉目(Glomales)。由于它们具有与植物共生的高度专一性，迄今尚未分离获得纯培养体。内外生菌根是内生和外生菌根的在过渡类型，并具有两者的一些共同特征。对与其共生的真菌总体知之较少，主要分布于森林土壤中。

植物与真菌之间建立的共生关系是二者在自然界长期协同进化的结果。这种相互关系影响着植物之间的竞争，因而影响着植物群落的组成、结构、演替和植被的分布。

④内生真菌多样性 过去学术界关于内生菌(endophyte)的概念范畴还存在着一些争议。Petrini(1991)将内生菌定义为那些在其生活史中的某一段时期生活在植物组织内对植物组织没有引起明显病害症状的菌。这个定义包括那些在其生活史中的某一阶段营表面生的腐生菌，对宿主暂时没有伤害的潜伏性病原菌(latent pathogens)和菌根菌。因此，Petrini 提出的内生菌概念目前被广泛地接受。

从植物组织中分离出大量的内生真菌类群。但是通过对内生真菌与宿主专一性分析，平均每种宿主有 4~5 种专性内生真菌。按地球目前已知 25 万种植物计算，内生真菌总数可以超过 100 万种。内生真菌长期生活在植物体内的特殊环境中并与宿主协同进化，在演化过程中二者形成了互利共生关系。一方面，内生真菌可从宿主中吸收营养供自己生长需要；另一方面，内生真菌在宿主的生长发育和系统演化过程中起重要的作用。虽然内生真菌的研究得到重视，并在内生真菌的入侵机理系统学、生态学和资源开发方面开展了一系列研究工作，但是对很多问题还不是很清楚，缺乏全面系统的研究，而且绝大多数植物的内生真菌还没有被研究，迄今研究过的植物也不过数百种，这相对于目前自然界中存在的25万种植物来讲是微不足道的。

⑤水生真菌与水环境 水生真菌(aquatic fungi)包括淡水真菌、海洋真菌和咸水真菌。水生真菌多样性非常丰富，涉及子囊菌门、担子菌门、接合菌门等几乎所有真菌门类。而近期更是在一个池塘的底泥中发现了一个和现有已知真菌门类完全不同的真菌类群——Cryptomycota。水生真菌是水生态系统中极为重要的一个生态类群，是重要的分解者，同时也是水体中的多种动物食物的提供者，是食物链中的重要一环，还能产生多种代谢产物，具有重要的研究意义和广泛的应用前景。在全球水体面临被污染的今天，不管是污水鉴别还是污水处理，或是在探讨真菌的起源和演化中，对水生真菌的研究都非常重要。

我国对水生菌物的研究始于20世纪初，截至2011年，我国已经正式报道的水生真菌有近千种，其中多数为淡水真菌，约占世界已知水生菌物(3000种)的1/3。目前，由真菌学国家重点实验室维护管理中国水生菌物数据库(http://124.16.144.74:8097/)，其整合了目前为止我国水生菌物的数据资源及研究成果，统计了我国水生菌物各个类群的物种名录及相关生态分布的数据，服务于广大科研人员，为我国水生菌物研究、生物多样性保护及资源调查等提供了信息支持。

1.1.4 资源真菌的保护与利用

1.1.4.1 资源真菌物种多样性及保护

生物多样性包括遗传多样性、物种多样性和生态系统多样性。其中，物种多样性是生物多样性的关键。我国是世界上生物物种资源最丰富的国家之一，拥有的生物物种资源种类多、数量大、分布广，拥有高等植物35487种，居世界第3位；脊椎动物7968种，占世界脊椎动物物种总数的13.7%；已查明真菌种类1万多种，占世界真菌物种总数的14%。据统计，我国生物多样性的经济价值与生态价值每年高达4.6万亿美元。

我国政府高度重视生物多样性和物种资源保护工作，先后加入《濒危野生动植物种国际贸易公约》《生物多样性公约》等国际条约，并积极建立履约长效工作机制，成立了中国生物多样性国家保护委员会，建立了生物物种资源保护部际联席会议制度及濒危野生动植物种国际贸易公约履约执法协调小组，制定和实施了保护行动计划。在生物多样性和物种资源保护项目立项、生物物种资源调查、进出境执法检查等方面取得了积极进展。

但是，近些年来，我国生物多样性和物种资源保护仍面临严峻的形势。一方面，物种资源流失严重。大量的物种及其遗传资源被国外研究人员和商业机构非法获取，一些资源在国外经生物技术加工后，形成专利技术或专利产品再销至国内，造成国家经济利益的重大损失。数据显示，目前我国农作物栽培品种数量正以每年15%的速度递减，同时还有大量物种通过各种途径流失海外。2011年统计结果表明，我国被国外引种或流失的森林植物遗传资源达168科392属3364种，农作物遗传资源为159种21444个品系，此外还有大量观赏及药用植物品种流失。另一方面，外来生物入侵形势严峻。调查研究表明，百余年来，已有 520 余种外来物种全面入侵我国境内森林、草原、内陆水域和海洋等各个生态系统，对当地经济和生态环境造成严重威胁和破坏。在国际自然保护联盟公布的最具危害性的 100 种外来生物中，我国就有 50 多种。2009年环境保护部估测显示，外来入侵物种每年对我国经济和环境造成的损失已超过 2000亿元。

1.1.4.2 资源真菌的开发利用现状及未来展望

(1) 真菌基因资源产业现状

随着 20 世纪"人类基因组计划"的全面展开，真菌基因组研究也得到迅速发展，特别是酿酒酵母 *Saccharomyces cerevisiae* 作为第一个测序完成的真核基因组，不仅为"人类基因组计划"的完成提供了重要信息，同时也拉开了真菌基因组研究的序幕。在随后的十几年内，由于真菌基因组相对较小，基因结构较简单，容易被测序和注释，而且细胞周期短，易于遗传操作，使得真菌成为真核生物基因组研究的最佳模式生物。

目前，真菌基因组测序的种类已经涉及菌物的各个类群，截至 2014 年，国际上已公开发布的菌物全基因组序列包括：真菌界中的子囊菌门 87 种，担子菌门 32 种，壶菌门 3 种，接合菌门 2 种；藻物界中的卵菌 5 种；原生动物界中的黏菌 3 种。上述真菌往往是重要的人类病原菌、植物病原菌和腐生菌或者模式菌株，拥有与动物和植物细胞一样的细胞生理学和遗传学特征，具有广泛的真菌学多样性。随着被成功测序的真菌数目的增加，真菌基因组学研究的内容也涉及生物学的各个方面，如基因功能的诠释、新基因的筛选、个体发育的调控以及进化的研究，为揭开生物奥秘，合理开发利用真菌资源提供了重要信息。

据专家估计，全世界有菌物约 150 万种，我国不少于 20 万种。每一种真菌都具有各自独特的基因库。这 150 万彼此不同的基因库是人类最宝贵的财富之一。如此巨大的真菌资源由于难于人工培养，难于进入工业化流程而长期"沉睡"于大自然之中，而且有大量菌物物种正在濒临灭绝或已经灭绝。自 20 世纪 40 年代以来，从易培养的真菌——青霉菌中发现青霉素之后，抗生素工业随之兴起，从而使人类平均年龄由 40 岁提高至 65 岁。抗生素工业的迅速发展是以极少数容易培养、便于工业化流程的微生物资源，尤其是以原核的放线菌为基础。经过半个多世纪的开发利用，作为微生物资源，它们已基本枯竭。在分子生物学和基因工程取得重大突破的今天，难于人工培养已不是真菌资源开发利用的障碍。因此，以少数容易培养的微生物为资源的传统发酵工业时代已近结束，以多样化的真菌基因为资源的高新产业时代即将开始。面对这一挑战，英国、美国、日本、加拿大及巴西等国已经着手开展相关研究工作。

(2) 物种多样性保护及利用是进一步开展真菌基因资源产业的重要基础

由于每一种真菌都具有各自独特的基因库，因而，对于作为基因库载体的真菌物种的多样性研究，不仅在菌物进化的理论研究中，而且对真菌基因资源产业的兴起与发展也十分重要。它是真菌基因资源产业的重要基础和后盾。迄今全世界已知的菌物为 6.9 万种，仅占全世界估计种数 150 万的 4.6%；而我国已知的菌物还不到 1 万种，仅占全世界已知种数的 15%，占估计种数的 0.7%。尚未研究的真菌种类之多，资源之丰富，潜力之巨大可想而知。面对真菌基因资源产业的兴起，作为基因库载体的真菌物种的多样性研究急需进一步加强。《中国真菌志》《中国地衣志》"菌物标本馆"及作为真菌物种及其基因资源的信息库必将在真菌基因资源产业的兴起与发展中发挥巨大作用。

(3) 资源真菌基因产业的兴起与展望

作为一个新兴产业，如何更好地推进资源真菌基因产业，更好地造福于人类生产生活，是目前学术界及其他社会各界普遍关心的问题。伴随着新世纪科学技术的发展，真菌基因组学、转录组学、蛋白质组学以及代谢组学的研究不断深入，为进一步解析资源真菌基因功能提供了重要的研究基础。因此，未来几十年内，一些重要的资源真菌基因功能将得到解析以及深度的开发和利用，同时，一些资源真菌产品将进一步服务于人类。

目前，真菌基因组测序的种类已经涉及真菌的各个类群，随着研究的不断深入，对于真菌基因组测序的种类已经不单单是重要的人类病原菌、植物病原菌和腐生菌或者模式菌株，还有诸多具有潜在功能的真菌，更好地开发其所具有的功能，能够更好地应用在工业、农林业以及食品行业等方面，更好地发挥真菌服务于人类生产生活的作用。此外，利用真菌防控动植物病害甚至人类疾病，更好地推进生态保护建设，发挥生物多样性防控植物病虫害发生发展态势，更好地构建环境友好型、生态友好型社会。

1.2　资源真菌学的性质及研究对象

1.2.1　资源真菌学的概念

资源真菌不仅仅是一种生物，也不单单是一个生物学的概念，其是一类与人类社会经济生产生活密切相关的生物，伴随着人类对其认知深度的发展而发展。徐丽华等（2010）将微生物资源学定义为"微生物资源学是研究微生物资源的种类和分布、微生物资源与环境的关系、微生物资源合理开发利用的战略和策略、微生物资源有效保护的措施等的科学"；李玉（2013）认为菌物资源学应该是"研究有关菌物资财来源实践经验结晶的学科"。

资源真菌学具有历史发展、动态发展等特性，人类在认知真菌的过程中，其与人类所具有的知识、技术以及社会需求、经济能力等方面有着密切关系。在每一个历史时期，人们能利用的真菌种类并不是地球上存在的全部种类，因此，资源真菌的种类与人类的历史认知有较大的关系。同时，对于资源真菌的开发利用，也伴随着人类认识自然和改造自然的不断深入，人们从简单的食用真菌发展到充分利用资源真菌代谢物的阶段。

综上所述，我们将资源真菌学定义为：从人类社会发展的角度，资源真菌学是研究真菌资源的种类和分布，合理开发利用于食品、医疗、工业和农业的实践科学；从地球环境的角度，资源真菌学是研究真菌资源与环境的关系，有效保护微生物资源，维持生态平衡的科学。

1.2.2 资源真菌的特殊性及重要作用

资源真菌中的食用真菌、药用真菌(如灵芝、银耳、茯苓、冬虫夏草、香菇、雷丸等),自古以来就广泛用于防治疾病,是中医药宝库中的重要组成部分。长久以来,国内外学者对药用大型真菌的药理作用进行了深入的研究,取得了大量的研究进展。

据统计,2008 年我国食用菌产量已达到 $1800×10^4$ t,产值约为 820 亿美元。一般而言,对于食用菌来说,其既能作为一般食用,也可作为药用开发的原料,还可以直接利用大量存在的农业、林业以及畜牧业等产生的废弃物,对于生态环境具有重要的保护作用,同时,对于资源的再利用具有重要的生态意义。

1.3 资源真菌学的理论体系

过去,人类对于资源真菌的利用展开了大量的尝试性探索,积累了大量的原始经验。目前,学术界关于资源真菌学的研究往往倾向于将资源真菌按照工业、农林业等行业进行分类,同时,结合食用、药用以及毒理等方面的利用,还关注于极端环境的资源真菌等。本教材内容所涉及的资源真菌内容包括工业、农林业资源真菌以及食用资源真菌、药用资源真菌、极端环境资源真菌等。

就目前学术上对于资源真菌学的理论体系而言,主要涉及真菌资源过程论、生态经济平衡论、生态理论以及资源流动论、资源价值与产权理论、安全理论等。一般而言,资源真菌在生长发育过程中,其与当地的生态、环境条件关系密切,同时,一旦成为商品,其与人类之间的关系更为密切。因此,本教材编者认为,对于资源真菌的研究应着重从其生长发育过程着手,恰当处理好资源真菌生长发育与生态环境条件之间的关系,妥善处理好资源真菌经济价值与安全之间的关系,调整好资源真菌人工种植与自然生长之间的关系,关注资源真菌商品供应与人类需求之间的关系,通过处理上述关系,更好地促进资源真菌在经济、生态、安全等方面服务于人类的贡献力(图 1-6)。

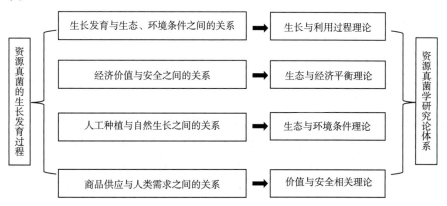

图 1-6 真菌资源学的学科体系框架

1.3.1　资源真菌的生长与利用过程理论

在人类生产生活的漫长历史过程中，人类开发利用真菌资源的过程是持续的，是具有针对性的。在认识资源真菌的过程中，将其按照功能进行分类，转换为能够满足人类生产、生活需要的各种产品，从而改变人类的生活环境、提高生活品质。真菌资源最早的利用来自于对于真菌的可食用性的探索，后续随着科学技术的发展，人类对于真菌的药用功能逐步认知。同时，就资源真菌本身而言，其生长发育过程是一个不断发展、更新、循环以及世代繁衍的过程。

此外，就人类对于资源真菌的利用和应用而言，是逐渐认知、不断深入的过程，无论是远古时代，还是近现代，人类对于资源真菌的研究从未间断过。因此，对于资源真菌的研究不断处于新旧更替、世代交替的过程之中，这样才能更好地为人类的生产生活服务。

1.3.2　资源真菌的生态与经济平衡理论

资源真菌中的食用真菌、药用真菌（如灵芝、银耳、茯苓、冬虫夏草、香菇、雷丸等），自古以来就广泛用于防治疾病，是中医药宝库中的重要组成部分。随着人类对于上述资源真菌需求量的不断增大，资源真菌特别是野生资源真菌缺乏的状况日益凸显，为了更好地发挥资源真菌服务社会、服务人类的作用，更好地提升其经济效益，改善过去疯狂甚至野蛮掠夺资源真菌的短视行为，提高资源真菌生长环境条件的生态友好性，调整生态经济平衡，促进可协调持续发展。

目前，通过几代学者长期的科学研究，已经掌握了一些资源真菌的生长习性以及生活条件，如银耳、香菇等资源真菌正逐步由完全野生向人工种植进行转变，上述资源真菌大量的种植生产，正在缓解市场经济的供需矛盾。近些年，社会学专家对资源真菌在经济、生态方面的供需平衡关系开展了较为深入研究。

1.3.3　资源真菌的生态与环境条件理论

就资源真菌生活的环境而言，大多数资源真菌不仅需要合适的生长、生活条件，而且需要合适的生态条件。特别是对于一些资源真菌而言，其生长条件对当地的环境状况有着近乎苛刻的要求，如目前仍然未能实现人工"种植"的冬虫夏草、灵芝等。尽管长期以来，科学家对于其生长条件进行了细致而全面的研究，基本上已经摸清了上述资源真菌的生活条件，然而，现实中却难以获得与野生资源真菌具有同样功能或功效、营养价值的人工资源真菌。求其原因，更多的学者认为，资源真菌的生长发育与其生活环境有着密切的关系，任何环境因子的改变均会影响野生资源真菌的功效。因此，资源真菌中尚未实现人工驯化的野生资源真菌开展更加深入而细致的研究意义重大。通过人工模拟其在自然条件下的生长过程，以期实现资源真菌的目的适应人类提供的生态与环境条件，保障其在人工生态与环境条件下的具有与自然环境条件下相同功效。

1.3.4 资源真菌的价值与安全理论

灵芝、银耳、茯苓、冬虫夏草、香菇、雷丸等资源真菌，自古以来就是人们广泛利用和应用的食用、药用真菌，人们对其经济价值、营养价值等具有较高的评价。然而，随着近现代人们对上述资源真菌研究技术的不断提升，同时，随着人类对于自然真菌资源近乎疯狂的掠夺不断扩大，过去人迹罕至的地方，现在已经变得人满为患，过去资源真菌可以按照其自有规律缓慢生长、循环不断，现在却变成了人类过多的干预资源真菌的生长，打破了其正常生长的自然规律，从而产生了由人类自身原因所造成的资源真菌安全性问题，已经逐渐引发民众的关注。资源真菌安全性问题与其自身所具有的重要经济价值、营养价值之间发生较大的矛盾。因此，对于资源真菌原产地生态条件的保护应及早提出相应的保护措施，防止出现先污染、后治理的工业化道路上的惨痛教训，同时，加大资源真菌商品检测技术的研究力度以及安全性检测力度，推进资源真菌的价值与安全得到有效保障，更好地服务于人类生产生活。

1.4 国内重要的资源真菌研究机构

1.4.1 真菌学国家重点实验室

1.4.1.1 简介

真菌学国家重点实验室的发展史可追溯于1953年1月成立的以戴芳澜院士为主任的真菌植病研究室。在此基础上，1956年12月中国科学院成立了应用真菌学研究所，并成为中国科学院微生物研究所的建所基础，原应用真菌研究所成为微生物研究所的真菌研究室，邓叔群院士任主任，王云章研究员任副主任。1985年8月，作为中国科学院首批开放实验室之一，真菌地衣系统学开放研究实验室在真菌研究室的基础上成立，魏江春院士任主任，庄文颖院士于1988年回国后任副主任。2001年11月，更名为中国科学院真菌地衣系统学重点实验室。2011年10月，科技部正式批准建设真菌学国家重点实验室。2013年10月，实验室顺利通过建设期验收。官方网址：http：//www. mycolab. org. cn/templates/T_ second/index. aspx？nodeid＝3。

1.4.1.2 人员组成及其研究方向

实验室现有固定人员80人，包括中国科学院院士3人，研究员16人(含院士，其中国家杰出青年基金获得者4人，中国科学院"百人计划"入选者8人)，副高级职称20人，中级职称43人，研究实习员2人；实验室在读研究生91人，在站博士后8人。

"一馆四库"包括真菌标本馆、菌种库、DNA库、代谢产物库和资源信息库。在已建成的亚洲最大"菌物标本馆"的基础上，加强国际标本的收集和馆藏；加强真菌菌种收集和保藏，建成世界前列的真菌菌种库；进一步充实"真菌基因库"；对于可分离培养的真菌，争取实现每一菌株的标本-菌种-DNA对应保藏，在实现真菌资源安全储备的同时，更方便和全面地为科研和生产服务。在加强真菌活性代谢产物筛选、评价的基础上，建成国际最大的真菌代谢产物研究中心；实现上述实物资源的信息化，建成完善的真菌资源信息库。

实验室以我国真菌资源调查、收集和保藏为基础，开展真菌的生物多样性、系统分类、分子进化、生态功能、遗传发育和代谢调控等基础及应用基础研究，促进我国生命科学进步和生物产业发展。在此基础上，构建涵盖标本、菌种、基因及代谢产物的真菌资源平台，为真菌生物资源的认识和利用、真菌病害的防治提供物质基础和技术支撑。

目前实验室的主要研究方向包括以下 4 大方面：

①真菌多样性与系统进化。

②真菌生态功能与物种互作机制。

③真菌遗传与生长发育的分子机制。

④真菌次级代谢与调控。

为了支撑真菌学基础和应用研究，实验室已建立以下 6 个创新研究平台：

①真菌资源研究平台"一馆四库"。

②真菌分类鉴定和分子生态研究平台。

③真菌遗传操作和蛋白表达平台。

④真菌次级代谢产物研究平台。

⑤真菌生物信息学分析平台。

⑥应用真菌平台。

1.4.2　贵州大学真菌资源研究所

1.4.2.1　简介

贵州大学真菌资源研究所成立于 1984 年，经过 30 多年的发展积累了大量的菌种资源，建立了从微生物资源研究到产品开发的研究体系和技术平台，并取得了丰硕的成果。同时，承担和参与了相关学科的学科建设和研究生教学，为社会培养和输送了一大批优秀的人才。

此外，该所具有以下优势：

①资源优势　有大量的菌种资源，真菌资源研究所收集积累了包括虫草无性型、拟青霉、红曲霉和可食用担子菌。

②人才和队伍优势　研究所现有成员组成合理，人员研究领域涉及真菌资源调查、收集、保藏及应用评估，丝状真菌代谢途径调控及基因工程，微生物发酵工程，微生物农药，生物防治。官方网址：http：//life. gzu. edu. cn/3067/list. htm。

1.4.2.2　人员组成及其研究方向

研究所现有成员 6 人，其中教授 2 人，副教授 4 人，博士 4 人；现有研究生 16 人，其中博士研究生 1 人，硕士研究生 15 人。

梁宗琪，主要致力于虫草属及其无性型的分离培养、确证、分类、遗传育种及其在医药和食品上的应用价值评估研究；周礼红，研究方向为微生物发酵工程、真菌遗传与育种；李祝，研究方向为微生物农药、生物防治；韩燕峰，研究方向为真菌资源；邹晓，研究方向为害虫微生物防治。

1.4.2.3　科研及成果

在以"中国《虫草志》研编"为主的几项国家自然科学基金项目的支持下，多年来贵州大学真菌资源研究所开展了"虫草资源及其开发利用"的系统研究，共承担国家自然科学基金9项，国际合作项目7项，省部级项目10项，产、学、研校企合作项目1项目。

贵州大学真菌资源研究所发表相关学术论文130多篇，其中SCI收录20多篇；完成专著3部，授权发明专利5件，获贵州省科技进步二等奖3项，三等奖2项，成果转化2项。保存菌株资源约1500株。

1.5　国内外重要的资源真菌菌种保藏机构

微生物菌种保藏(microbial culture collection)定义为非天然状态下(ex situ)保藏纯的微生物标本。目前，该概念已延伸至保藏遗传性状稳定的细胞系、杂交瘤和菌株标本的DNA、RNA和蛋白质等物质。菌种保藏机构为旨在收集、鉴定、保存和分配微生物的机构，为工业、农业、生物医药及教育行业提供科研、教学和生产所用的质控菌株、细胞系和瘤系(附录2)。

1.5.1　国外重要资源真菌数据库

1.5.1.1　世界菌种保藏联盟(WFCC)

WFCC(World Federation for Culture Collections)有两大数据库，CCINFO(Culture Collections Information Worldwide)和CCINFO STRAIN；两个目录，WDCM Reference Strain Catalogue和WFCC Global Catalogue of Microorganisms(GCM)。WFCC已经有来自73多个国家的771个菌种保藏机构加入，CCINFO收录的菌种高达2520200株，其中真菌菌种748179株。官方网址：http://www.wfcc.info/。

1.5.1.2　荷兰皇家文理学院真菌多样性研究中心(CBS-KNAW)

CBS(Centraalbureau voor Schimmelcultures，现更名为Westerdijk Fungal Biodiversity Institutl)为一家专门收集真菌菌种的机构，目前有80000~100000株菌物标本，几乎覆盖了目前所有人类能分离培养到的真菌菌种。在菌物物种多样性上是独一无二的收藏中心。另外，CBS每年开设各种学术会议和培训，并常年招收进修人员，为真菌学领域培养了大量优秀人才。如2015年，开设菌物多样性培训。CBS于2009年和2010年分别出版的*CBS Laboratory Manual Series* 1和2，可以说是真菌和酵母分离、培养、分子生物学和形态学技术上最重要的参考书。官方网址：http://www.westerdijkinstitutl.nl/。

1.5.1.3　美国典型菌种保藏中心(ATCC)

ATCC(American Type Culture Collection)为一个面向全球提供储存、鉴定和分配生物资源的机构，其保存对象广泛，不仅包括微生物(细菌、病毒、真菌、原生生物)，还包括人类、动物、植物的细胞系和杂交瘤等。ATCC 真菌菌种库目前收纳了包括 1500 属的 7600 多种丝状菌和酵母菌，共达 49000 株，其中有 4100 种为模式菌（type strain）。该真菌库也提供 32000 个酵母菌的遗传标记株（genetic strain）。ATCC 担负着国际生物标准化的重任，为全球研究和教学提供具有高度可操作性和重复性以及良好延续性的微生物标准，该标准被多个国家采用，作为评价医疗卫生、食品药品、农业工业以及水和环境中微生物样本的金标准。官方网址：http：//www. atcc. org/。

1.5.1.4　BCCM/IHEM

BCCM（Belgian Coordinated Collections of Microorganisms）旗下的真菌菌种保藏中心（MUCL）主要收集临床医学和动物来源的真菌标本，同时也收集分离来自患者生活环境的菌株。目前收录有超过 350 属 1200 种的 15000 株真菌，包括病原菌、致敏菌和毒素产生株以及相关副产品。官方网址：http：//bccm. belspo. be/。

1.5.1.5　JSCC

JSCC（Japan Society for Culture Collections）整合了日本几个规模较大的微生物保藏中心的菌种资源，建立网上查询系统，网址为 http：//www. jscc-home. jp/jscc ~ strain-database. html。其中主要包括 IFM（Research Center for Pathogenic Fungi and Microbial Toxicoses, Chiba University）、JCM（Japan Collection of Microorganisms）、NBRC（Biological Resource Center, National Institute of Technology and Evaluation）等，并正在逐步纳入其他菌种库资源。

1.5.1.6　德国微生物菌种保藏中心（DSMZ）

DSMZ（Deutsche Sammlung von Microorganismen and Zellkulturen）成立于 1969 年，是德国的国家菌种保藏中心。该中心一直致力于细菌、真菌、质粒、抗菌素、人体和动物细胞、植物病毒等的分类、鉴定和保藏工作。该中心是欧洲规模最大的生物资源中心，保藏有细菌 9400 株，真菌 2400 株，酵母 500 株，质粒 300 株，动物细胞 500 株，植物细胞 500 株，植物病毒 600 株，细菌病毒 90 株等。官方网址：www. dsmz. de/。

1.5.2　国内重要资源真菌数据库

1.5.2.1　中国国家微生物资源平台

国家微生物资源平台于 2011 年 11 月由科技部、财政部认定通过。国家微生物资源平台建设工作分别以我国农业、医学、药用、工业、兽医、普通、林业、典型培养物、海洋 9 个国家专业微生物菌种管理保藏中心为核心单位，覆盖全国 24 个省（直辖市），在不同领域内组织资源优势单位 103 家开展微生物资源的整理整合。目前下设的菌种保藏机构如下：中国农业微生物菌种保藏管理中心（Agricultural Culture Collection of China, ACCC），中国医学细菌保藏管理中心（National Center for Medical Culture Collections, CMCC），中国药学微生物菌种保藏管理中心（China Pharmaceutical Culture Collection, CPCC），中国工业微生物菌种保藏管理中心（China Center of Industrial Culture Collection, CICC），中国兽医微生物菌种保藏管理中心（China Veterinary Culture Collection Center, CVCC），中国普通微生物菌种保藏管理中心（China General

Microbiological Culture Collection Center，CGMCC）、中国林业微生物菌种保藏管理中心（China Forestry Culture Collection Center，CFCC，中国典型培养物保藏中心（China Center for Type Culture Collection，CCTCC）和中国海洋微生物菌种保藏管理中心（Marine Culture Collection of China，MCCC）。官方网址：http：//www. nimr. org. cn/indexAction. action？article ClassId＝0。

1.5.2.2　上海交通大学木霉菌菌种保藏管理中心（CCTC）

上海交通大学木霉菌菌种保藏管理中心（Culture Collection about Trichoderma）成立于 2010 年，由上海交通大学农业与生物学院环境与微生物分子病理重点实验室建立。

该中心是上海交通大学木霉菌菌种保藏管理专门机构，负责全国木霉菌菌种资源的收集、鉴定、评价、保藏、供应及国际交流任务。上海交通大学木霉菌菌种保藏管理中心，近三年来先后承担国家 863 项目"中国生防木霉菌资源库的构建与新功能基因的克隆与转化研究"（2006AA10A211）、"木霉菌–油菜联合代谢作用控制农田土壤重金属污染机理污染机理与关键技术"（2006AA10Z408）；国家自然科学基金项目"磷脂酶 A2 基因在调控木霉菌诱导玉米抗叶斑病中的作用机理"（30971949）；国家科技支撑项目"玉米重大病虫害防控技术"；教育部博士点专项基金项目"磷脂酶 A2 基因在调控木霉菌诱导玉米抗叶斑病中的作用机理"（20090073110048）；国家 948 项目"多功能木霉菌剂研制技术引进"（2006-G54A）；国家公益性行业计划项目"生物源农药创制与技术集成及产业化开发"（200903052）；国家农业成果转化资金项目"多功能木霉菌肥中试生产工艺提升与菌肥应用示范"（2010GB2C00146）等项目。

上海交通大学木霉菌菌种保藏管理中心，先后主持承担国家、省部级科研项目 15 项，其中国家级项目 5 项，省部级重点科研项目 10 项。累计获得农业部和中国农业科学院奖励 6 项，获中国植物保学会科学技术奖一等奖 1 项、二等奖 2 项，教育高等学校科学技术进步奖二等奖 1 项，省级科技进步二等奖 2 项。此外，申请发明专利 5 项，国内外期刊累计发表论文 100 余篇（SCI 或 EI 收录 15 篇），获上海市优秀硕士毕业论文 1 篇。

目前，该中心的研究方向涉及 3 个层面：
①木霉菌资源的收集、整理、鉴定与保藏。
②木霉菌资源功能、挖掘与评价。
③木霉菌资源可持续及高效利用技术研究。

上海交通大学木霉菌菌种保藏管理中心采用超低温冻结法和斜面转接法等保藏木霉菌菌株，中心设有超低温冰箱库及 4～10℃ 低温保藏库，目前库藏资源共计约 18 种，1200 株菌种，约 10 万份。作为我国从事木霉菌菌种保藏管理的专业机构，上海交通大学木霉菌菌种保藏管理中心拥有完备的菌种保藏和管理基础设施。上海交通大学木霉菌菌种保藏管理中心，现有库藏和工作面积 500m²，设有木霉菌物菌种保藏库，菌种分类鉴定、菌种分析与评价、菌种应用、分子生物学实验等主实验室，以及无菌操作室、显微观察摄影室、菌种操作室、仪器分析室、菌种培养室、低温冻干室、数据管理室、菌种信息档案室等辅助实验室；拥有常规菌种保藏、培养、选育和分析的全套仪器设备。实验仪器设备有 Cryomed 程控降温仪、Olympus IX 51 系统显微镜、Olmpus IX 71

型倒置显微镜、凝胶图象处理系统、PCR 仪、Heraeus 高速台式冷冻机、CBS 液氮存储罐、SANYO 制冰机、250L 和 2000L 发酵罐、厌氧培养系统、DGGE、蛋白质双向电泳系统、冷冻干燥机等 297 台件，价值约 500 万元。

上海交通大学木霉菌菌种保藏管理中心，拥有先进的菌种鉴定与分析技术手段，建立了传统表型分析技术(包括形态学特征、生理生化特征、化学分类特征等)、系统发育学分析技术(包括 18S rDNA、26S rDNA D1/D2 区系统发育分析、ITS 区系统发育分析等)、基因型分析技术(包括 DNA G+C 摩尔百分含量分析、DNA-DNA 杂交、同工酶分析、AFLP、RAPD 等)多相鉴定技术体系，具有长期从事木霉菌菌种鉴定分析的成熟经验，为我国生产企业的菌种鉴定和质量控制、产品出口、企业认证、污染菌分析与生产工艺控制、发酵产品微生物解析以及科研院所的科研开发和课题研究提供良好的理论和技术支撑。

上海交通大学木霉菌菌种保藏管理中心开展的主要工作包括以下 5 个方面：

①木霉菌资源的科学分类、整理和保藏。

②菌种的标准化整理和分子生物学鉴定及菌种资源生物学评价。

③木霉菌描述规范和技术标准。

④数据库建设和共享网络。

⑤国际微生物资源引进和交流以及菌种的共享推广等工作。

中心有固定人员 18 人，研究员 3 名，副研究员 6 名，其中具有博士学位 7 人、硕士学位 7 人，享受国务院专家津贴 1 人。团队建设围绕木霉菌菌种资源挖掘与利用展开研究，主要包括对生物防治、污染降解等功能木霉菌菌株挖掘评价，如降解特性、产酶特性、促生作用、生理特性等特性研究；针对极端环境木霉菌资源，开展抗逆、降解等重要功能基因的分离、功能鉴定与评价；研究各类别基因资源的高效利用技术；研究木霉菌生物防治、环境降解等木霉菌资源农业生产应用的新类型、新品种、新基因、新代谢物等，提高可利用潜力。

木霉属 *Trichoderma* 真菌属于半知菌类、丝孢纲、丝孢目的黏菌种类，世界性分布，土壤及其相关有机质上均可发现，土壤中较多且占生物量较大比例，腐烂的木材中也常发现；不同类型的土壤、被毁坏的建筑材料和室内灰尘及医学临床材料等是它们广泛存在的生存环境。

木霉形态特征：菌丝透明有隔，分枝丰茂，分生孢子梗有对生或互生分枝，分枝上可再分枝，分枝顶端为小梗，瓶状，束生、对生、互生或单生，由小梗生出分生孢子，多个分生孢子黏聚成球形的孢子头。由于它能产纤维素酶、葡聚糖酶、木聚糖酶、几丁质酶和蛋白酶等酶类化合物，又能合成核黄素，生产抗生素，转化甾族化合物，所以它是重要工业制剂的生产菌；由于它与植物共生时能促进植物的生长发育，且能诱导并诱发植物自身免疫功能，所以它常作为植物病害的生物防治菌。此外，少数菌种能引起蘑菇的病害及果实、薯块、蔬菜的腐烂。

目前研究发现，我国各省木霉菌属共有如下分组：侵占木霉 *T. aggressivum*、棘孢木霉 *T. asperellum*、深绿木霉 *T. atroviride*、黄绿木霉 *T. aureoviride*、短密木霉 *T. brevicompactum*、蜡素木霉 *T. cerinum*、绿孢木霉 *T. chlorosporum*、橘绿木霉

T. citrinoviride、致密木霉 *T. compactum*、猬木霉 *T. erinaceum*、顶孢木霉 *T. fertile*、钩状木霉 *T. hamatum*、哈茨木霉 *T. harzianum*、交织木霉 *T. intricatum*、康宁木霉 *T. koningii*、拟康宁木霉 *T. koningiopsis*、长枝木霉 *T. longibranchiatum*、长毛木霉 *T. longipile*、微孢木霉 *T. minutisporum*、矩孢木霉 *T. oblongisporum*、侧耳木霉 *T. pleuroticola*、多孢木霉 *T. polysporum*、假康宁木霉 *T. pseudokoningii*、软毛木霉 *T. pubescens*、李氏木霉 *T. reeseii*、中国木霉 *T. sinensis*、螺旋木霉 *T. spirale*、粗壮木霉 *T. strigosum*、绒毛木霉 *T. tomentosum*、毛簇木霉 *T. velutinum*、粘绿木霉 *T. virens*、绿色木霉 *T. viride*、云南木霉 *T. yunnanense* 共 33 种。官方网址：http：//www.china-cctc.org/index.aspx。

思 考 题

1. 真菌与菌物概念之间的区分。
2. 简述资源真菌学的研究范畴。
3. 简述资源真菌与人类之间的关系。
4. 简述国内重要的资源真菌研究机构。
5. 简述国内外重要的资源真菌菌种保藏中心。

第2章
资源真菌的种类及分类系统

2.1 资源真菌的研究历史

2.1.1 我国古代资源真菌的研究

真菌种类和数量的认知是真菌资源利用的前提。没有人能准确的知道地球上有多少种真菌，而有 10 万种左右的真菌被描述。Blackwell 等（2011）统计显示每年大约有 1200 个新种被描述。根据 Hawksworth（1991）的研究保守估计地球上真菌种类约 150 万种。按照这些研究结果，我们至少还要花 1100 年去描述分类余下的种类。如果按照这样的速度进行下去，可以想象到的是，在这期间，一些真菌种类很可能因为栖息地或寄主的消失而灭绝。

我国宋代的《菌谱》以及明代的《本草纲目》记载了食用及药用真菌 30 余种[①]。《菌谱》共 11 卷，翔实地记录了浙江省仙居县当时所产 11 种菇的产区、性味、形状、品级、生长及采摘时间，具有很高的科技价值，故被编入《四库全书》，并且开创了世界菌类植物学的先河（图 2-1）。明代潘之恒《广菌谱》和清代吴林《吴蕈谱》都是在《菌谱》基础上的进一步发展。目前，《本草纲目》版本颇多，除国外各种全译或节译本外，国内现存约 72 种，大致可分为"一祖三系"，即祖本（金陵本、摄元堂本）及江西本、钱本、张本 3 个系统。江西本系统主要为明万历三十一年（1603 年）夏良心、张鼎思刻本等；钱本系统主要为明崇祯十三年（1640 年）钱蔚起杭州六有堂刻本，并改绘药图，以及清顺治十二年（1655 年）吴毓昌太和堂本，乾隆年间《四库全书》本即据此本抄录；张本系统主要为清光绪十一年（1885 年）张绍棠南京味古斋刻本，文字参照江西本、钱本，药图改绘后增加十余幅，并附《本草纲目拾遗》。1957 年人民卫生出版社本为张本影印，晚近通行本为 1977 年人民卫生出版社出版的刘衡如校点本；1993 年上海科学技术出版社金陵本影印本。

1775 年，法国传教士在我国报道的五棱散尾鬼笔 *Lysurus mokusin*，是采用现代方法对我国真菌进行研究的起点。五棱散尾鬼笔是一种药用真菌，此菌顶部孢体黏液腥臭，常常吸引苍蝇等昆虫，加之形态特殊，多认为有毒，有记载可食用或药用（图 2-2）。它分布于河北、河南、江苏、四川、浙江、云南、福建、湖南、湖北、安徽等省。

---

① 《菌谱》为我国最古老的食用菌专著，南宋陈仁玉撰。成书于宋淳祐乙巳（1245 年）。书中论述了浙江台州（今临海市）所产 11 种菇（合蕈、稠膏蕈、栗壳蕈、松蕈、麦蕈、王蕈、黄蕈、紫蕈、四季蕈、鹅膏蕈等）的产区、性味、形状、品级、生长及采摘时间。

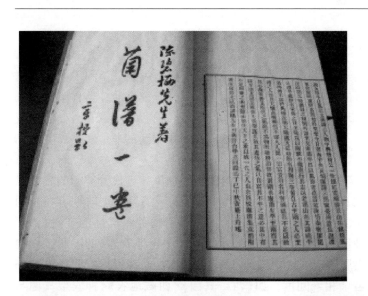

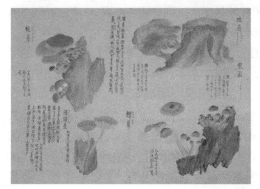

图 2-1 《菌谱》部分内容（中华民国时期重印版）

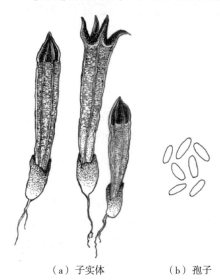

（a）子实体　　　　　（b）孢子

图 2-2 五棱散尾鬼笔

2.1.2　我国近现代资源真菌的研究

我国学者对真菌的研究始于 20 世纪初，早期多侧重于植物病原真菌和工业发酵真菌，后逐渐扩展至对各个类群的分类学研究。截至 1963 年，研究过的各类真菌约 2400 种，其中包括我国学者发现的新种 96 个。《中国真菌总汇》记载了 200 年来中外学者对我国真菌物种多样性研究的成果，该著汇总了截至 1975 年在我国报道的非地衣类真菌 6000 余种。

20 世纪 70 年代以后，随着人类对生物进化理论认识的加深，近代分类学的发展以及现代生物技术的引入，我国真菌分类与系统进化研究步入了蓬勃发展时期。在全国范围内组织开展了大规模的真菌资源普查，获得了研究真菌物种多样性的宝贵材料。以我国材料为模式发表的新种逐年增加；《中国真菌志》和《中国地衣志》的编研工作在全国范围内持续展开，现已出版 38 卷；《中国地衣综览》首次汇总我国地衣型真菌 1766 种；地区性真菌志或地区性名录相继问世，如《西藏真菌》《西藏地衣》《神农架真菌与地衣》《横断山区真菌》《台湾真菌名录》《中国大型真菌》，*Checklist of Hong Kong Fungi*，*Higher Fungi of Tropical China*，*Fungi of Northwestern China* 等。

近 20 年来，真菌新物种正以前所未有的速度在我国发现。粗略统计，仅在《真菌学报》(1982 创刊) 一个刊物中，以我国材料为模式发表的新种逾 900 个。戴玉成等 (2010) 对 1978 年以来国内外主要菌物学期刊和专著进行的系统搜集，明确我国大陆地区发表的菌物累计有 2849 个新种，129 个新变种，5260 个新记录种。若加上戴芳澜编著的《中国真菌总汇》所记载的 6737 个种和 168 个变种，我国大陆地区已知菌物计 14846 个种、297 个变种。据不完全统计，我国香港和台湾地区报道的菌物种类中分别约有 800 种和 400 种在我国大陆未曾记载，因此，全国总计已知菌物应为 16046 个种、297 个变种。假设其中有 10% 为同物异名，则目前我国菌物已知种数约为 14700 种，其中管毛生物界 (主要是卵菌) 约 300 种，原生动物界 (主要是黏菌) 约有 340 种，真菌约 14060 种。

2.2　资源真菌的分类系统

真菌与人类关系非常密切，其中不乏对人类有益的、可被利用的真菌，如可被用于抗生素、酶制剂、有机酸等生产，还有可被用于环境污染治理、植物病虫害防治等的真菌，此外，还有些真菌可危害动植物及人类，引起各种霉菌病 (mycosis) 等。

人类认识和利用真菌的历史在我国可以追溯到 6000 年以前，西方也有 3500 年以上的历史，而关于真菌分类学的产生和发展却是在近 300 年左右。1729 年，Micheli 首次用显微镜观察研究真菌，提出了真菌分类检索表。1735年，林奈在《自然系统》等书中将真菌分为 10 属 (图 2-3)。以上工作即为真菌分类研究的起点，当时设置的一些属名

图 2-3　卡尔·冯·林奈
(Carl von Linné, 1707—1778)

沿用至今。1772 年，林奈采用"双名法"（binomial nomenclature）对生物进行命名，对真菌分类学的发展起了巨大的推动作用。在很长一段时间里，依据林奈最早提出的两界说，真菌一直被列入植物界。

2.2.1　真菌的分类历史

要给真菌这一生物类群下一个确切的定义是不容易的。根据目前的研究，多数真菌学家认为真菌是具有下列特征的一类生物：

①细胞中具有真正的细胞核，没有叶绿素。

②生物体大都为分枝繁茂的丝状体。

③细胞壁中含有几丁质。

④通过细胞壁吸收营养物质，对于复杂的多聚化合物可先分泌胞外酶将其降解为简单化合物再吸收。

⑤主要以产生孢子的方式进行繁殖。

真菌分类学是一个古老而又传统的学科，也是一个发展中的学科，尤其是近年来真菌分类学引入分子生物学鉴定方法后，在分类方法和分类系统等方面都发生了巨大变化。真菌传统的分类依据主要是形态结构，但是真菌的形态特征复杂，而且少数形态特征和生理生化指标随着环境的变化而表现的不稳定，因此，在传统的真菌分类中常引起分类系统的不稳定或意见分歧。随着生物化学、遗传学以及分子生物学等相关学科的发展，基于分子基础的系统分类学研究可在分子水平上精确地对真菌进行分类及鉴定，并可在系统发育水平上进行研究，反映生物的遗传本质，从而使其更接近于自然分类。

就生物分界演变历史而言，在林奈两界分类系统中（1753 年），真菌属于植物界真菌门，这一分类一直沿用至 20 世纪 50 年代。在这 200 多年间，Hogg 和 Haeckel 提出三界分类系统，Copeland 提出四界分类系统，真菌均放在原生生物界内（图 2-4）。1969年，Whittaker 在其四界分类系统的基础上提出生物五界系统，真菌成为独立的一界（图2-5）。《真菌辞典》第 7 版（1983）体现了这种系统分类方法，将真菌界分为真菌门（Eumycota）和黏菌门（Myxomycota）。根据现代生物系统学的研究成果，特别是依据rDNA 分子序列的比较，发现五界分类系统中的真菌界其实是一个复系类群，其中的卵菌纲、黏菌门和丝壶菌纲的成员与现代意义的真菌亲缘关系较远（图 2-6）。20 世纪 80年代 Cavalier-Smith 根据生物系统学的研究进展提出了生物八界分类系统。八界分类系统中将卵菌、黏菌和丝壶菌从真菌界中移除。

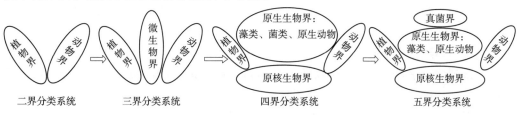

图 2-4　生物分界学说的历史演变过程

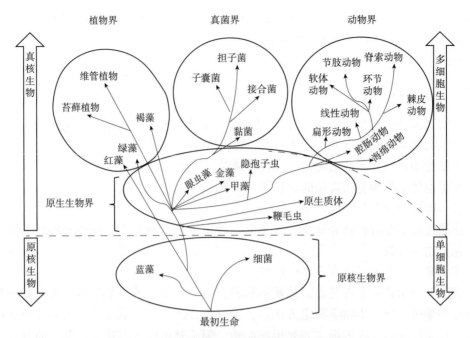

图 2-5　Robert Whittaker 提出的五界分类系统

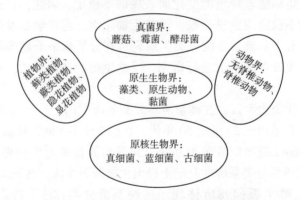

图 2-6　真菌在生物分界学说中分类的位置

自 1729 年 Michei 首次对真菌进行分类以来，有代表性的真菌分类系统超过 10 个，如 De Bary（1884），Martin 等（1950），Whirtaker（1969），Margulis（1974），Alexopoulos（1979），Kendfick（1992），Alexopoulos 和 Mins（1996），Ainsworth 等（1973，1983，1995，2001）等的分类系统。一个理想的分类系统应该能正确反映真菌的自然亲缘关系和进化趋势。在现今已有的众多分类系统中，还没有一个被世界公认而确定合理的分类系统。在将多个分类系统加以比较之后，多数人认为 Ainsworth 和 Alexopoulos（1996）二人提出的系统较为全面，接近合理，又反映了新的研究进展，已被越来越多的人所接受，得到多数学者的公认。菌物学词典 *Aimwoth & Bisby's Dictionary of the Fungi* 正是采用了 Ainsworth 和 Alexopoulos 分类系统。

《菌物词典》（*Dictionary of the Fungi*）是一部介绍真菌名词术语的工具书，真菌分类系统是该书的重要内容之一。该书由 Ainsworth 等任主编，1943 年出版了第 1 版。2008

年由 CABI 公司出版第 10 版。《菌物词典》第 10 版菌物界中门的分类依据主要是根据有性繁殖结构进行划分。第 10 版把真菌界划分为 7 个门：壶菌门 Chytridiomycota、芽枝霉门 Blastocladiomycota、新丽鞭毛菌门 Neocallimastigomycota、球囊菌门 Glomeromycota、接合菌门 Zygomycota①、子囊菌门 Ascomycota 和担子菌门 Basidiomycota。真菌界记载了有 36 纲、1410 目、560 科、8283 属、97861 种。

真菌界的成员全部属于菌物，而原生动物界和假菌界的成员则不全是菌物。本书所指的真菌为《菌物词典》第 10 版真菌界的类群。

2.2.2 真菌传统分类的基本规则

2.2.2.1 分类等级

与原核生物相比，真菌无论是在形态构造上，还是在繁殖方式上都较为复杂、多样，与高等植物相比，真菌在形态结构上又相对简单，因此，关于真菌的分类既不同于原核生物，也不与高等植物相似。真菌的分类目的在于：根据国际上已经承认的一些分类系统给每一种真菌命名，不仅有助于同行们可以交流有关真菌的形态、生物学特性以及利用价值等方面的知识，同时，也可以较好地明确已知菌种彼此之间的遗传亲缘关系。

命名系统提供了一个分类等级的阶层排列，目前常用的是七大主要分类等级，以递减的顺序排列，依次为：界（kingdom）、门（division/phylum）、纲（class）、目（order）、科（family）、属（genus）、种（species）。同时，以结尾处不同的拉丁文表示不同的分类等级：-bionta 代表界，-phyta 代表门，-phytina 代表亚门，-opsida/-phyceae 代表纲，-phycidae 或 -idea 代表亚纲，-ales 代表目，-ineae 代表亚目，-aceae 代表科，-oideae 代表亚科。值得注意的是，就纲的拉丁名词尾而言，藻类一般添加 -phyceae，菌类则为 -mycetes；有时科以下除分亚科外，还有族（tribus）和亚族（sub-tribus）；在属下除亚属外还可有组（sectio）和系（series）。

上述界、门、纲、目、科、属、种属于分类等级中的基本等级，在每一个基本等级下，又可以分为亚界、亚门、亚纲、亚目、亚科、亚属、亚种。学术上将界、亚界、门、亚门、纲、亚纲、（超目）、目、亚目、科、亚科、族（-eae）、亚族（-inae）、属、亚属、组、亚组、系、亚系、种、亚种、变种、亚变种、变型、亚变型等成为分类类群中的完全等级（表 2-1）。

2.2.2.2 基本分类单位

基本分类等级之间有时因范围过大，造成彼此之间并不能完全包括其特征或系统关系，因此，有必要再增设一级，即亚门、亚纲、亚目、亚科、亚属、亚种。对于整

---

① Hibbett 等（2007）将真菌界分为小孢子虫门 Microsporidia、壶菌门 Chytridiomycota、芽枝霉门 Blastocladiomycota、新丽鞭毛菌门 Neocallimastigomycota、小丛壳菌门 Glomeromycota、子囊菌门 Ascomycota 和担子菌门 Basidiomycota。菌物词典中的接和菌门 Zygomycota 的类群部分归入球囊菌门，部分归入真菌未定（Fungi incertae sedis）的毛霉亚门 Mucoromycotina、梳霉亚门 Kickxellomycotina、捕虫霉亚门 Zoopagomycotina 和虫霉亚门 Entomophthoromycotina。NCBI 和维基百科接受的为 Hibbett（2007）等的真菌分类系统。

个真菌界分成多少门，在门下设多少纲，纲下又设多少属，不同的学者所倡导的分类法彼此之间又不尽相同。

表 2-1　分类单位等级名称

分类单元	拉丁名	词　尾	英文名	举　例
界	Regnum		Kingdom	真菌界
门	Divisio/Phylum	-phyta	Phylum	子囊菌门
亚门	Subdivisio	-phytina	Subphylum	
纲	Classis	-opsida, -eae	Class	冬孢菌纲
亚纲	Subclassis	-idae	Subclass	
目	Ordo	-ales	Order	锈菌目
亚目	Subordo	-ineae	Suborder	
科	Familia	-aceae	Family	柄锈菌科
亚科	Subfamilia	-oideae	Subfamily	
族	Tribus	-eae	Tribe	
亚族	Subtribus	-inae	Subtribe	
属	Genus	-us, -a, -um	Genus	柄锈菌属
亚属	Subgenus		Subgenus	
组	Sectio		Section	
亚组	Subsectio		Subsection	
系	Series		Series	
亚系	Subseries		Subseries	
种	Species		Species	
亚种	Subspecies		Subspecies	
变种	Varietas		Variety	
亚变种	Subvarietas		Subvariety	
变型	Forma		Form	
亚变型	Subforma		Subform	

种（species）作为真菌分类的基本单元，多采用生物学种的概念，即以形态特征为基础，种与种之间在主要形态上应该具有显著而稳定的差异性特征。种是具有一定的自然分布区和一定的形态特征和生理特性的生物类群。同时，种又是生物进化和自然选择的产物，但有些真菌种的建立，有时还应辅助以生态、生理、生化及遗传等方面的差异。对于某些寄生性真菌，有时也根据寄主范围的不同而分为不同的种。近年，分子生物学技术应用于菌物学分类，出现了根据 DNA 序列同源性来划分的系统发育种（phylogenetic species）的概念。

就种以下的分类单元而言，除亚种（subspecies）之外，还有变种（varietas）、变型

(forma)等分类等级。学术上，亚种（subspecies/subsp.）一般被认为是一个种内的类群，在形态上具有一定的变异，并具有地理分布上、生态上或季节上的隔离，该类群即为亚种，也就是说，属于同种内的两个亚种，其不会分布在同一地理分布区内。另外，变种（variety/var.）则是一个种在形态上具有一定变异性，而这种变异往往比较稳定，其分布范围（或地区）通常情况下比亚种要小得多，并与种内其他变种有共同的分布区。无论是亚种，还是变种，其均属于同一种下具有一定的形态差异的真菌。

与上述种、亚种、变种概念不同，专化型（forma specialis/f. sp.）则是根据植物病原真菌种对不同科、属寄主植物的寄生专化性差异，在种的下面划分为专化型，例如，禾柄锈菌可根据寄生麦类情况不同划分为6个专化型，危害小麦的专化型 *Puccinia graminis* f. sp. *tritici* 是其中之一。此外，小种（race）或生理小种（physiological race）则是根据植物病原真菌对不同寄主植物种或品种（一般是一套鉴别寄主品种）的致病能力差异而划分的生物类群。营养体亲和群（vegetative compatibility group，VCG）、菌丝融合群（anastomosis group，AG）则是根据营养体亲和性，在种下或专化型下面划分出的类群。

就上述概念之间，既有相同之处，又有不同之处。一般而言，在遗传上完全一致的个体称为生物型（biotype）。可以看出，生物型相同的植物病原真菌肯定属于同一个种，而同一个种其生物型则并不一定相同。例如，按照《菌物词典》（1995年，第7版），禾柄锈菌小麦变种 *Puccinia graminis* var. *tritici* Erikss. *et*. Henn. 的分类地位如图2-7所示。

界（kingdom）：真菌界　Fungi
门（phylum）：担子菌门　Basidiomycota
纲（class）：冬孢菌纲　Teliomycetes
目（order）：锈菌目　Uredinales
科（family）：柄锈菌科　Pucciniaceae
属（genus）：柄锈菌属　*Puccinia*
种（species）：禾谷种　*graminis*
变种（variety）：小麦变种　var.*tritici*

图 2-7　禾柄锈菌小麦变种分类地位

2.2.2.3　真菌的命名和拉丁学名书写方式

(1) 真菌的命名

命名的目的在于解决如何对一种生物（动物、植物以及微生物）或一个分类上的类群给出正确名称的问题。多年的物种命名实践表明，物种的命名通常与物种的鉴定紧密相连，因此，一个未知生物标本的命名过程，其实就是鉴定者对其进行形态特征观察、描述以及选择并且应用正确名称的过程。就植物而言，"苹果"不管称作 Seb（北印度语方言），Apple，*Pyrus malus* 还是 *Malus malus*，但是只有使用正确的学名 *Malus pumila* 才能将鉴定与命名联系到一起。

对于不同生物而言，国际上所采用的命名规则不尽相同，目前植物命名必须遵循国际植物分类协会（IAPT）颁布的《国际植物命名法规》（*International Code of Botanical Nomenclature*，ICBN）进行，该法规是专门处理化石或非化石植物（包括高等植物、藻类、真菌、黏菌、地衣、光合原生生物以及与其在分类上近缘的非光合类群）命名的法规。1867 年 8 月在法国巴黎举行的第一次国际植物学会议上，瑞典植物学家德堪多（Alphonse Pyramus de Candolle）的儿子（Alphonso de Candolle）曾受会议的委托，负责起草植物命名法规（*Lois de la Nomenclature Botanique*），并参酌英国和美国学者的意见后，决议出版上述法规，称为"巴黎法规"或"巴黎规则"。该法规共分 7 节 68 条，这是最早的植物命名法规。1910 年在比利时的布鲁塞尔召开的第三次国际植物学会议，奠定了现行通用的《国际植物命名法规》的基础，并在以后每五年召开的国际植物学会议上加以修改补充。近几十年来，国际植物学会议，都会对《国际植物命名法规》进行修订，推出新版的法规。2005 年 7 月在奥地利维也纳举办第 17 届国际植物学会议，通过了"维也纳法规"（*Vienna Code*），其内容主要包括以下几个方面：

①每种植物只能有一个合法的拉丁学名。

②每种植物的拉丁学名包括属名和种加词，另加命名人名。

③一种植物如已见有两个或两个以上的拉丁学名，应以最早发表的，并且是按"法规"正确命名的名称为合理名称。

④一个属中的某一个种确应转移到另一属时，可以采用新属的属名，而种加词不变，原来的名称称为基本异名。如白头翁 *Pulsatilla chinensis*（Bge.）Regel 的基本异名为 *Anemone chinensis* Bge. 原命名人的名字用加括号后移入新的名称中。

⑤对于科或科以下各级新类群的发表，必须指明其命名模式才算有效，模式标本是由命名人指定的，用作新种描述、命名和绘图的标本。

⑥学名的有效发表的条件是发表物必须是出版的印刷品，并可通过出售、交换或赠送，到达公共图书馆或者至少一般植物学家能去的研究机构的图书馆。

⑦对不符合命名法规的名称，按理应不使用，但历史上惯用已久，可经国际植物学会议讨论通过作为保留名。例如某些科名词尾不是 -aceae，如伞形科 Umbelliferae 也可写为 Apiaceae，禾本科 Gramineae 也可写成 Poaceae，豆科 Leguminosae 也可写成 Fabaceae。

⑧杂交种可以用两个种加词之间加"×"表示，如加拿大杨 *Populus deltoides*×*P. nigra* 为三角杨 *P. deltoides* 和黑杨 *P. nigra* 之间的杂交种。但也可以另取一名，用"×"分开，如 *Populus*×*canadensis*。

⑨栽培植物有专门的命名法规，基本方法是在种以上的分类单位与自然植物命名法相同，种下设品种（cultivar, cv.）。

2011 年 7 月在澳大利亚墨尔本召开的第 18 届国际植物学大会，通过了一系列关于《植物学国际命名法规》（现为《藻类、真菌和植物国际命名法规》）的修正案，其中最重大的修正包括以下几点内容：

①以命名为目的、出现在有统一书号的电子出版物中发表是有效的。

②新类群可使用英语或是拉丁语进行描述。

③真菌新名称的发表必须有对保存在国际认可的标本馆或种质资源库签发的命名凭证引证，今后对所有的真菌和化石指定单一名称。

国际植物学大会是国际植物学界最高水平的学术会议，每六年举办一届，现在已经成功举办了 19 届，以鼓励和促进不同国家或不同学科之间的植物学工作者交流协作，推动植物科学的进一步发展。

此外，就动物命名而言，目前按照《国际动物命名法规》（*International Code of Zoological Nomenclature*，ICZN）进行；就细菌命名而言，则是命名按照《国际细菌命名法规》（*International Code for the Nomenclature of Bacteria*，ICNB，现在称为《细菌学法规》*Bacteriological Code*，BC）进行；就栽培植物命名而言，则是按照国际栽培植物命名法规（*International Code of Nomenclature for Cultivated Plants*，ICNCP）进行，此法规主要基于ICBN，带有一些附加的条款。因此，在一种命名法规的条款里，两个分类群不能共享同一个正确学名，但是在不同的命名法规里却可以。例如，属名 *Cecropia* 既指五彩的蛾子也指热带树木；与此类似，属名 *Pieris* 既指某些蝴蝶也指某些灌丛。

值得一提的是，在过去的十年间，诸多学者曾经试图为所有生物有机体创造一个统一的命名规则，目的在于将所有生物的数据全部合并到一个数据库里。《生物法规草案》（*Draft BioCode*）和《系统发育法规》（*PhyloCode*）都试图向这个方向努力，尽管取得了一些成就，然而，这些努力在被完全接受以前还有很长的路要走。

目前，关于真菌的命名则是参考ICBN进行，同时，其命名起点以1753年5月1日为准。这是由于林奈1753年5月1日出版的《植物种志》（*Species Plantarum*）确定了物种命名优先权原则，即不同生物类群的开始日期包括：

种子植物（seed plants）、蕨类植物（pteriodophytes）、泥炭藓科（Sphagnaceae）、苔类（hepaticae）、大部分的藻类（algae）、黏菌（slime moulds）和地衣（lichens） ⋯⋯⋯⋯ ⋯⋯⋯⋯⋯⋯⋯⋯⋯⋯⋯⋯⋯⋯⋯⋯⋯⋯⋯⋯⋯⋯⋯⋯⋯⋯⋯ 1753年5月1日

苔藓（不包括泥炭藓科 Sphagnaceae） ⋯⋯⋯⋯⋯⋯⋯⋯⋯⋯ 1801年1月1日

真菌（fungi）⋯⋯⋯⋯⋯⋯⋯⋯⋯⋯⋯⋯⋯⋯⋯⋯⋯⋯⋯⋯⋯ 1801年12月31日

化石（fossils）⋯⋯⋯⋯⋯⋯⋯⋯⋯⋯⋯⋯⋯⋯⋯⋯⋯⋯⋯⋯ 1820年12月31日

藻类（念珠藻科 Nostocaceae）⋯⋯⋯⋯⋯⋯⋯⋯⋯⋯⋯⋯⋯ 1886年1月1日

藻类（间生藻科 Oedogoniaceae）⋯⋯⋯⋯⋯⋯⋯⋯⋯⋯⋯ 1900年1月1日

在这些日期之前发表的各个类群在确定优先权时被忽略。

优先权原则的目的在于解决分类学上的类群选择唯一正确名称的问题。经过对合法名称（legitimate name）、非法名称（illegitimate name）的鉴定以及对非法名称进行废弃后，众多合法名称中将有一个正确名称被选定。如果一个分类群有多于一个的合法名称，那么相同等级中最早的合法名称为正确名称。对于种及其以下分类等级的名称可以是最早的合法名称或者基于最早的合法的基原异名（basinym）的组合名称，除非组合名称变成一个重词名称或者晚出同名，而使其成为非法名称。值得一提的是，一种真菌只能有一个学名，对于半知菌类真菌则允许对有性阶段和无性阶段采用不同的学名。也就是说，通常情况下，某一个物种只有一个学名，但并不是绝对的。

真菌名称的合格发表必须要有拉丁文描述、清晰的照片或绘图、发表在正式的刊物上以及必需保存模式标本（type），上述四个条件缺一不可。另外，需要注意的是，第一个发表的真菌名称具有优先权，其他在此之后所发表的名称都是该名称的异名（synonym），若学名需改动，建立新组合时，则应将原定名人用括号括起来。

(2)真菌的拉丁名书写方式

采用拉丁文命名和描述的传统可以追溯到中世纪时期，并且用拉丁文书写植物学出版物的传统持续到 19 世纪中期。关于物种的学名，不应考虑它们的语言来源而都要处理为拉丁文。

对真菌等物种的描述并不是采用西塞罗（Cicero）或者贺瑞斯（Horace）的古典拉丁语，而是由中世纪学者们基于古代普通人流行的拉丁口语，采用法语的读写进行的。选择此种文字的优点有以下几点：

①拉丁文是一门死语言，其语义和解释都不像现代文字那样不停地变化。

②拉丁文在语义方面是最专业和最精确的。

③单词的语法意义一般来说都很明显，白色可翻译为 album（中性）、alba（阴性）、albus（阳性）。

④拉丁文使用罗马字母表，适用于大多数语言。

因此，对于真菌的学名采用拉丁文书写，并使用"双名法"来进行命名，即采用"属名+种加词+命名人"方式进行。

2.2.3　真菌传统分类系统

2.2.3.1　真菌主要分类系统

1729 年，Micheli 首次用显微镜观察研究真菌，提出了真菌分类检索表。1735 年，林奈在《自然系统》等书中将真菌分为 10 属。以上工作即为真菌分类研究的起点，当时设置的一些属名至今仍沿用。1772 年，林奈"双名法"的采用，对真菌分类学的发展起到巨大的推动作用。在很长一段时间里，依据林奈最早提出的两界说，真菌一直被列入植物界。现代分类学家已趋向于将真菌划分成一个单独的界——真菌界，在界下设真菌门和黏菌门。

关于真菌分类的研究方面，经过较长时间的演变，大致经历了古代真菌学时期（1860 年以前）、近代真菌学时期（1860—1950 年）和现代真菌学时期（1950 年以后）3 个主要时期。历史上，学者们根据各自的观点建立了许多分类系统，具体而言：

①在古代真菌学时期，人类对真菌所开展的研究或者认知是在日常生活中进行认识和利用真菌，而对真菌的分类则是依据易于识别的宏观形态特征来鉴别的，使用的也往往是简单的描述性语言。随着科学技术的发展，特别是 17 世纪中期显微镜的发明，极大地促进了人们对真菌的研究向更宽范围的发展，不仅研究外形较易观察的大型真菌，还开展了针对诸多小型真菌的研究工作，这项工作极大地推动了真菌分类工作在形态结构方面的研究。1859 年达尔文进化论的问世、巴斯德发酵实验的研究，为真菌学的进一步发展奠定了理论基础。

②在近代真菌学时期，关于真菌的分类，不仅开展了诸多形态结构方面的研究工作，而且还对真菌的系统演化方面开展了较多研究，初步建立了以系统发育为基础的分类系统。该分类系统反映了不同真菌具有的内在系统发育进程间联系，同时，有助于真菌分类从外表形态相似性和内在遗传本质上的统一性。这一时期，以真菌形态特征为依据进行了反映自然系谱的分类工作，同时以进化的观点研究了真菌的遗传性状

和生理性状。

③在现代真菌学时期，特别是近些年，随着分子生物学技术的不断应用以及各种新技术的不断出现，使得真菌学、分子生物学、遗传学等各个学科之间相互渗透、相互融合，极大地推动了真菌学的研究工作，不仅真菌形态的显微观察方面，而且在诸如真菌生理生化、遗传、基因功能等方面的研究成果，均是层出不穷，从而极大地推动了真菌系统发育和进化方面的研究工作。

通过上述分析可以发现，真菌的分类最初是以形态结构特征为主，后逐渐形成了以形态结构特征为主，以生理生化、细胞化学和生态等特征为辅的分类原则。真菌的形态结构特征作为传统（或经典）分类法的基本依据，仍然在分类鉴定过程中发挥重要的作用。同时，以真菌的生理生化、细胞化学和生态等特征为依据则可以从多视角明确真菌所具有的特性。但在实际操作过程中，由于不同真菌在形态、营养、繁殖等诸方面对生态因素都有特定的要求和耐受的界限，再加上所采用的评价指标较多，极大地限制了上述全部特征作为真菌分类鉴定的基本指标。近些年，一些学者建议采用多种评价指标相结合的分类体系，从而提高真菌鉴定、分类的准确性。采用多基因、多指标体系的分类方法是开展真菌鉴定和分类的趋势，就多基因而言，采用何种基因以及使用标记基因数量的确定是目前学术界利用多基因分类方法的难点所在，而就多指标体系而言，采用哪些指标以及确定采用指标的权重又是今后学术界利用多指标体系方法的重点。

在真菌分类领域中，具有进化概念的代表性的真菌分类系统主要有 De Bary 系统（1884）、Gaumann 系统（1926—1964）、Martin 系统（1950）、Whitaker 系统（1969）、Ainsworth 系统（1971；1973）、Alexo-poulos 分类系统（1979）等。但真菌学工作者在实践中经常参照和应用的系统一般是以 Martin 为代表提出的四纲分类系统，即将真菌归属植物界的菌藻植物门，下分黏菌和真菌 2 个亚门，真菌亚门再分 4 个纲：

①藻状菌纲　菌丝体无分隔，或者不形成真正的菌丝体。

②子囊菌纲　菌丝体有分隔，有性阶段形成子囊孢子。

③担子菌纲　菌丝体有分隔，有性阶段形成担孢子。

④半知菌纲　菌丝体有分隔，未发现有性阶段。

这一分类系统自 19 世纪末到 20 世纪 70 年代中期，曾被世界各国的真菌学家广泛地接受和采用，但这一分类系统将藻状菌纲分得较乱，以后分类系统的变更主要集中在这一纲内。

历史上的诸多学者根据不同的分类特征建立了一些分类系统，其中有以下几个影响较大的分类系统：

①贝塞（1950）　将真菌界划分为黏菌类、藻状菌纲、子囊菌纲、担子菌纲和半知菌纲。

②Whitaker（1969）　在界下设立 3 个亚界：裸菌亚界、双鞭毛亚界、真菌亚界；在真菌亚界下又设了后鞭毛分支和无鞭毛分支；在后一分支下才划出了接合菌门、子囊菌门和担子菌门。

③Ainsworth（1971；1973）　在真菌界下设立两门，黏菌门和真菌门。与以往不同

的是，他将藻状菌进一步划分为鞭毛菌和接合菌，将原来属于真菌门的几个大纲，在门下升级至亚门，共有五亚门，即鞭毛菌亚门、接合菌亚门、子囊菌亚门、担子菌亚门和半知菌亚门。

④马古利斯（1974）　其分类系统把黏菌排除在真菌界之外，将地衣包括进来，在界下直接设接合菌门、子囊菌门、担子菌门、半知菌门和地衣菌门。

⑤Alexo-poulos（1979）　将真菌界分为裸菌门（即黏菌门）和真菌门，后者又分为鞭毛菌门（分为单鞭毛菌亚门、双鞭毛菌亚门）、无鞭毛菌门（分为接合菌亚门、子囊菌亚门、担子菌亚门、半知菌亚门）。

⑥阿尔克斯（1981）　将前人归入鞭毛菌亚门（纲）的一些种独立提出，将其升级至门，设立了黏菌门、壶菌门、卵菌门和真菌门；在真菌门划出六纲，即接合菌纲、内孢霉纲、焦菌纲、子囊菌纲、担子菌纲和半知菌纲。

（1）两界系统下的分类

传统的 Linnaeus 两界分类系统将有机物划分为动物界和植物界两大类，其中动物界是指各种动物；植物界则包含藻菌植物、苔藓植物、蕨类植物和种子植物 4 个门。

（2）五界系统下的 Ainsworth 系统

近代 Whittaker 五界系统将细胞生物分为以下五界：

①原核生物界 Monera　无真正细胞核的生物。

②原生生物界 Protista　单细胞，有核。

③真菌界 Fungi　吸收异养（真菌、黏菌）。

④动物界 Animalia　吞噬异养。

⑤植物界 Plantae　光合自养。

Ainsworth 在传统的"三纲一类"分类基础上，对高级分类单元做了调整，取消了藻状菌纲，将相应的纲提升为亚门，这就是目前真菌分类中普遍采用的 5 个亚门、18 个纲、68 个目划分方法，即真菌界分为黏菌门 Myxomycota 和真菌门 Eumycota，而真菌门分为鞭毛菌亚门 Mastigomycotina、接合菌亚门 Zygomycotina、子囊菌亚门 Ascomycotian、担子菌亚门 Basidiomycontina 和半知菌亚门 Deuteromycotina5 个亚门。

①鞭毛菌亚门　菌体为无隔菌丝或单细胞，孢子和配子均无鞭毛。

②接合菌亚门　有性生殖产生接合孢子，菌丝体发达无隔膜，无性繁殖产生孢子囊和孢子囊孢子。该亚门下分两个纲，分别是接合菌纲和毛菌纲。

③子囊菌亚门　菌体为有隔菌丝，少数为单细胞个体，有性生殖产生子囊孢子。该亚门下分 6 个纲，分别是半子囊菌纲、不整囊菌纲、核菌纲、盘菌纲、腔菌纲和虫囊菌纲。

④担子菌亚门　菌体为有隔菌丝，多数菌丝上有锁状联合，有性孢子为担孢子。该亚门下分 3 个纲，分别是冬孢菌纲、层菌纲和腹菌纲。

⑤半知菌亚门　菌体为有隔菌丝，少数为单细胞个体，没有或未发现有隔生殖时期。该亚门下分 3 个纲，分别是芽孢纲、丝孢纲和腔孢纲。半知菌亚门也称半知菌形式亚门，因为人们对这些真菌的分类完全是人为的，纯粹是为了应用上的方便，而不反映亚门之间的亲缘关系。该亚门下的纲、目、科、属和种也分别称为形式纲、形式

目、形式科、形式属和形式种。

（3）五界系统下的 Alexo-poulos 分类系统

Alexo-poulos 系统（1979）将真菌界划分为裸菌门（即黏菌门）、鞭毛菌门、无鞭毛菌门，鞭毛菌门又可划分为单鞭毛菌亚门、双鞭毛菌亚门；无鞭毛菌门可划分为接合菌亚门、子囊菌亚门、担子菌亚门、半知菌亚门。

（4）八界系统下的真菌分类系统

Cavalier-Smith 生物八界分类系统包括细菌总界（Empire Bacteria）、真细菌界（Kingdom Eubacteria）、古细菌界（Kingdom Archaebacteria）、真核总界（Empire Eukaryota）、原始动物界（Kingdom Archezoa）、原生动物界（Kingdom Protozoa）、植物界（Kingdom Plantae）、动物界（Kingdom Animalia）、真菌界和假菌界（Kingdom Chromista）。

由此可以看出真菌在此分类系统中仅归为真菌界，而对于过去所认为的真菌则部分归为了假菌界中。

（5）现代分类系统

所谓真菌实际上是一个由不同祖先的后裔组成的若干生物界的混合体，即多元的复系类群（polyphyletic group），这个混杂的生物类群，过去叫真菌界。为了将这个旧真菌界与新真菌界（也称真真菌）区分开，现在将过去这个混杂的生物类群（旧真菌界）称为菌物。因此，菌物包括黏菌、卵菌和真菌，分别被列入原生动物界、假菌界和真菌界。

《菌物词典》最初由 Ainsworth 等任主编，所以该书介绍的真菌分类系统也常被称为 Ainsworth 分类系统。从第 7 版开始，《菌物词典》将真菌作为一个独立的生物界——真菌界，该分类体系中的真菌界就是 Whittaker（1969）五界分类系统中的真菌界，本书称其为旧真菌界。旧真菌界下分两个门：真菌门和黏菌门。黏菌门又称裸菌门，营养体为无壁的原质团。黏菌门下分 3 个纲，分别是集胞菌纲、黏菌纲和根肿菌纲。真菌门的营养体不是原质团，为分枝丝状的菌丝体，少数为单细胞菌体。《菌物词典》第 7 版介绍的真菌分类体系曾被广泛接受，并且目前仍见于一些教科书中。

《菌物词典》第 8 版（1995）部分采用了生物八界分类系统，本书称其中的真菌界为新真菌界，以区别于 Whittaker（1969）五界分类系统中的真菌界（旧真菌界）。新真菌界与旧真菌界的主要分别是旧真菌界的黏菌门和鞭毛菌亚门中的丝壶菌纲与卵菌纲均从真菌界中划分出去，并分别被归入原生动物界和藻物界（假菌界）。这样以来，新真菌界实际上只接收了旧真菌界的壶菌门、接合菌门、子囊菌门、担子菌门和半知菌门。

在新真菌界下分 4 个门，即壶菌门（Chytridomycota）、接合菌门（Zygomycota）、子囊菌门（Ascomycota）和担子菌门（Basidiomycota）。取消了原半知菌亚门，把已知有性阶段的半知菌放到相应的子囊菌门和担子菌门中，对于那些尚不知道有性阶段的半知菌归入有丝分裂孢子真菌（mitosporic fungi）。

2.2.3.2 不同真菌分类系统之间的对比

学术上产生如此众多分类系统的原因，既有限于当时学者对真菌的认识不足的原因，也有限于学者在解析真菌的亲缘关系时，对一些有用的标准评价使用不统一的原因。值得一提的是，一个理想的分类系统应该能够不仅真正反映真菌的自然亲缘关系和进化趋势，而且在使用方面应具有较好的适用性和广泛性。目前来看，在现今已有的众多分类系统中，还没有一个被世界公认而确定合理的分类系统。在将多个分类系统加以比较之后，多数学者认为 Ainsworth(1971；1973) 和 Alexo-poulos(1979) 的分类系统较为全面、合理，反映了真菌新进展的内容。

《菌物词典》第 8 版(1995)、第 9 版(2001) 以及第 10 版(2008) 中所采用的生物八界分类系统，以及新真菌界中门的划分，已得到包括我国真菌学研究者在内的世界上多数真菌学研究者的认可。本书论述的真菌即是指八界分类系统中新真菌界的成员，也就是《菌物词典》第 8 版和第 9 版中真菌界的成员。但对于纲目的划分，本书未完全采用《菌物词典》中的体系，而是采用了已被我国真菌学研究者长期使用的一些纲目划分体系(表 2-2)，本教材中真菌界的纲以上分类体系如下：

真菌界(Kingdom Fungi)
　　壶菌门(Chytridiomycota)
　　　壶菌纲(Chytridiomycetes)
　　接合菌门(Zygomycota)
　　　接合菌纲(Zygomycetes)
　　　毛菌纲(Trichomycetes)
　　子囊菌门(Ascomycota)
　　　半子囊菌纲(Hemiascomycetes)
　　　不整囊菌纲(Plectomycetes)
　　　核菌纲(Pyrenomycetes)
　　　腔菌纲(Loculoascomycetes)
　　　盘菌纲(Discomycetes)
　　　虫囊菌纲(Laboulbeniomycetes)
　　担子菌门(Basidiomycota)
　　　冬孢菌纲(Teliomycetes)
　　　层菌纲(Hymenomycetes)
　　　腹菌纲(Gasteromycetes)

表 2-2　近现代不同真菌分类系统对比

Ainsworth 分类系统 （1971；1973）	Alexopoulo 分类系统 （1979）	《菌物词典》第 8 版 （1995）	《菌物词典》第 9 版 （2001）
真菌界 Fungi	真菌界	原生动物界	原生动物界
黏菌门 Myxomycota	裸菌门 Gymnomycota	集孢黏菌门	集孢黏菌门
集孢黏菌纲 Myxomycota	集胞裸菌亚门 Acrasiogymnomycotina	网柱黏菌门	网柱黏菌门
黏菌纲 Myxomycetes	集胞菌纲 Acrasiomycets	黏菌门	黏菌门
水生黏菌纲 Hydromyxomycetes	原质体裸菌亚门 Plasmodiogymnomycotina	黏菌纲	黏菌纲

（续）

Ainsworth 分类系统 （1971；1973）	Alexopoulo 分类系统 （1979）	《菌物词典》第 8 版 （1995）	《菌物词典》第 9 版 （2001）
根肿菌纲 Plasmodiophoromyecetes	原柄菌纲 Protosteliomycetes	原柱黏菌纲	原柱黏菌纲
	黏菌纲 Myxomycetes	根肿菌门	根肿菌门
		假菌界	假菌界
真菌门 Eumycota	鞭毛菌门 Mastigomycota		
鞭毛菌亚门 Mastigomycotina	单鞭毛菌亚门 Haplomastigomycotina		
	根肿菌纲 Plasmodiophoromycetes		
壶菌纲 Chytridiomycetes	壶菌纲	丝壶菌门	丝壶菌门
丝壶菌纲 Hyphochytridiomycetes	丝壶菌纲	网黏菌门	网黏菌门
	双鞭毛菌亚门 Diplomastigomycotina		
卵菌纲 Oomycetes	卵菌纲	卵菌门	卵菌门
		真菌界	真菌界
	无鞭毛菌门 Amastigomycota	壶菌门	壶菌门
接合菌亚门 Zygomycotina	接合菌亚门	接合菌门	接合菌门
接合菌纲 Zygomycetes	接合菌纲	接合菌纲	接合菌纲
毛菌纲 Trichomycetes	毛菌纲	毛菌纲	毛菌纲
子囊菌亚门 Ascomycotina	子囊菌亚门	子囊菌门	子囊菌门
半子囊菌纲 Hemiascomycetes	子囊菌纲 Ascomycetes	子囊菌纲	外囊菌纲
不整囊菌纲 Plectomycetes	半子囊菌亚纲 Hemiascomycetida	不分纲直接分为 46 个目	茶渍菌纲
	不整囊菌亚纲 Plectomycetidae		Neolectomycetes
核菌纲 Pyrenomycetes	层囊菌亚纲 Hemenoascomycetidae		Pneumocystidomycetes
盘菌纲 Discomycetes	核菌群		酵母菌纲
虫囊菌纲 Laboulbeniomycetes	盘菌群		裂殖酵母菌纲
腔囊菌纲 Loculoascomycetes	虫囊菌亚纲 Laboulbeniomycetidas		粪壳菌纲
	腔囊菌亚纲 Loculoascomycetidas		子囊菌纲（下分 12 个亚纲）
担子菌亚门 Basidiomycotina	担子菌亚门	担子菌门	担子菌门
	担子菌纲 Basidiomycetes		
冬孢菌纲 Teliomycetes	冬孢菌亚纲	冬孢菌纲	锈菌纲
层菌纲 Hymenomycetes	无隔担子菌亚纲	黑粉菌纲	黑粉菌纲
无隔担子菌亚纲 Holobasidiomycetidae	层菌群	担子菌纲	担子菌纲
隔担子菌亚纲 Phragmobasidiomycetidae	腹菌群	无隔担子菌亚纲	伞菌亚纲

（续）

Ainsworth 分类系统 （1971；1973）	Alexopoulo 分类系统 （1979）	《菌物词典》第 8 版 （1995）	《菌物词典》第 9 版 （2001）
腹菌纲 Gasteromycetes	隔担子菌亚纲	隔担子菌亚纲	银耳亚纲
			Wallemiomycetes
半知菌亚门 Deuteromycotina	半知菌亚门	有丝分裂孢子菌物	有丝分裂孢子菌物
	半知菌纲 Deuteromycetes		
芽孢纲 Blastomycetes	芽孢亚纲 Blastomycetidae		
丝孢纲 Hyphomycetes	丝孢亚纲 Hyphomycetidae		
腔孢纲 Coelomycetes	腔孢亚纲 Coelomycetidae		

思 考 题

1. 简述资源真菌的种类。
2. 概述资源真菌的分类历史。
3. 简述近现代不同真菌分类系统的异同点。

第3章
资源真菌的代谢

资源真菌作为一类分布广泛、种类繁多、生物活性多样的生物类群，自 20 世纪以来，其在提高人类生活质量方面发挥着不可替代的作用。目前，生产生活中常见的诸如抗生素、抗病原真菌制剂、免疫抑制剂以及降胆固醇制剂等药品，其生产原材料均来源于资源真菌在代谢过程中所产生的代谢产物。在过去的 50 多年已经广泛用于临床，为人类抵抗疾病作出了巨大的贡献。同时，资源真菌代谢过程中所产生的代谢产物已经成为近些年来科研工作者发现诸多结构新颖、生物活性独特、功能独特活性物质的重要资源。据不完全统计，从资源真菌中分离的活性代谢产物数量已经达到 8600 多种，可归属于多种结构类型，而这些数量庞大、结构类型多样的真菌代谢产物仅仅来自于几种基础代谢途径，主要包括多酮类、非核糖体多肽类、萜类等。因此，结合开发成药品的资源真菌种类与已经发现的真菌种类之比，我们有理由相信资源真菌的代谢产物是未来新型活性物质以及新药开发的重要潜在来源之一。本章内容主要包括资源真菌的代谢及代谢产物、资源真菌所产生的酶以及资源真菌多糖等。

3.1 资源真菌的代谢及代谢产物

3.1.1 初级代谢与次生代谢

3.1.1.1 初级代谢

代谢是生物体中细胞内发生的各种化学反应的总称，主要由分解代谢和合成代谢两个过程组成。一般而言，微生物可以通过异养方式从外界环境中吸收各种营养物质，并通过营养物质在体内的分解代谢和合成代谢过程，最终产生可以维持生命活动的物质和能量的过程，此过程称为初级代谢（primary metabolism）。此过程中的产物称为初级代谢产物。就资源真菌而言，其从外界吸收各种营养物质，通过分解代谢和合成代谢，生成维持其生命活动的物质和能量的过程称为资源真菌的初级代谢。在初级代谢过程中，资源真菌所产生的代谢产物，称为资源真菌的初级代谢产物。

3.1.1.2 次生代谢

次生代谢（secondary metabolism）则是相对于初级代谢而提出的一个概念。一般认为，次生代谢是指微生物在一定的生长时期，以初级代谢产物为前体，合成对微生物生命活动无明确功能的物质的过程。此过程的产物称为次生代谢产物。就资源真菌而言，次生代谢是指资源真菌在一定的生长时期，以初级代谢产物为前体，通过支路代谢，合成对其生命活动无明确功能的物质的过程。资源真菌的次生代谢物一般包括色素、植物激素、抗生素、真菌毒素等。

一般而言，资源真菌初级代谢的中间物不能用于生长，而是被"搁置"或转为特殊途径而产生次生代谢物，大多分泌于胞外。其具有以下 3 个主要特点：

①产物极端专一，往往限于一个种或一个种内的某一株系。

②次生代谢物对所在有机体的生命活动没有明确的功能。

③它们是在机体生长受限制时产生的。

3.1.2　代谢产物种类

初级代谢产物不仅包括诸如单糖或单糖衍生物、核苷酸、维生素、氨基酸、脂肪酸等单体，也包括由上述单体所组成的各种大分子聚合物，如蛋白质、核酸、多糖、脂质等生命必需物质。

与初级代谢产物不同，次生代谢产物往往是分子结构比较复杂的化合物。迄今，学术界对次生代谢产物的分类尚缺乏统一的标准。一般而言，学术界根据次生代谢产物的结构特征与生理作用以及在资源真菌中所起的作用不同，将其分为抗生素、激素、维生素、色素、毒素以及生物碱等不同类型。次生代谢产物一般情况会分泌到细胞外，当然也可积累在细胞内，而关于这些物质是否分泌到胞外，往往与机体的分化有一定的关系，同时，也与其在同其他生物的生存竞争中所起的作用有关。就资源真菌中一类重要的虫生真菌而言，其可以产生诸如白僵菌素、白僵菌交脂等次生代谢产物（表 3-1）。此外，有些学者则将超出资源真菌生理需求的过量初级代谢产物也看作是次生代谢产物。

表 3-1　虫生真菌产生的部分重要次生代谢产物

名　称	产生菌	化学结构	生理活性
白僵菌素	*Bauveria bassiana*	环（3）缩羧肽	影响离子载运
白僵菌交脂	*B. bassiana*	环（4）缩羧肽	作用于围心细胞
球孢交脂	*B. bassiana*	环（4）缩羧肽	核变性
棒束孢素	*Isaria felina*	环（5）缩羧肽	
棒束孢交脂	*I.* spp.	环缩羧肽	
绿僵菌素	*Martarhizium anisophiae*	环（5）缩羧肽	强直麻痹
杂曲霉素	*Aspergillus ochraceus*	环（3）缩羧肽	
细胞分裂抑制素	*M. anisophiae*	吲哚衍生物	抑制细胞运动，降低吞噬能力及被囊化作用
苦马豆素	*M. anisophiae*	吲哚衍生物	致幻剂，免疫调节剂
野村菌素	*Nomurea rileyi*	吲哚衍生物	肌肉麻痹
虫草素	*Cordyceps sinensis*	甾体	抑制肾小球膜细胞增殖
虫草菌素	*C. militaris*	3-脱氧腺苷	阻碍 RNA 合成，抗菌、抗病毒、抗癌
茧草菌素	*C. pruinosa*	N_6-(2-羟乙基)腺苷	钙离子拮抗，抗辐射、抗血小板凝结

（1）抗生素

抗生素一般是指那些对其他种类微生物或细胞能产生抑制或致死作用的一类有机化合物的统称，它是由生物体通过生物合成或半合成的方式所产生的次生代谢产物。目前，对于抗生素的使用主要用于人类、动物疾病的治疗以及植物有害生物防治方面。由于通常情况下抗生素具有抑制其他种微生物的生长或致死的作用，不仅可以在细胞内积累，还可以分泌到胞外，因此可以使其较好地与其他生物在营养、环境方面开展生存竞争。

目前，已经报道的抗生素超过 10000 种，其中有部分抗生素已在医学临床以及农、林、畜牧业生产上得到广泛应用。例如，由点青霉菌产生的青霉素是 20 世纪 30 年代发现的第一种抗生素；产生抗生素种类最多的属是放线菌类链霉菌属 *Streptomyces*。医疗上广泛应用的链霉素、红霉素、庆大霉素、金霉素、土霉素、制霉菌素等均来自链霉菌属。然而，目前尚不清楚抗生素本身对于产生菌本身是否具有一定的生理作用，有待于进一步开展相关研究。

（2）激素

激素不仅可以由植物产生，而且还可以由某些细菌、放线菌以及真菌等微生物合成，其量的多少直接影响植物能否正常生长。例如，赤霉素是由引起水稻恶苗病的藤仓赤霉 *Gibberella fujikuroi* 产生的一种不同类型赤霉素的混合物，是农业上广泛应用的植物生长激素，尤其在促进晚稻在寒露来临之前抽穗方面具有明显的作用。青霉属、丝核菌属和轮枝霉属的一些真菌也能产生类似赤霉素的生长刺激性物质。此外，在许多霉菌、放线菌和细菌(包括假单胞菌、芽孢杆菌和固氮菌等)的培养液中积累有吲哚乙酸和萘乙酸等生长素类物质。

（3）维生素

此处所讲的维生素是生理学上的概念，不是化学范畴内的同类物质。维生素是指微生物在特定条件下合成远远超过产生菌本身正常需要的那部分维生素物质。例如，酵母菌类细胞中除含有大量硫胺素、核黄素、尼克酰胺、泛酸、吡哆素以及维生素 B_{12} 外，还含有各种固醇，其中麦角固醇是维生素 D 的合成前体，经紫外线照射，即能转变成维生素 D。目前，医药上应用的各种维生素主要是从各种微生物生物合成产物中提取的。丙酸细菌、芽孢杆菌和某些链霉菌与耐高温放线菌在培养过程中可以积累维生素 B_{12}；某些分枝杆菌能利用碳氢化合物合成吡哆醛与尼克酰胺；某些假单胞菌能合成过量生物素；某些醋酸杆菌能过量合成维生素 C；各种霉菌可以在不同程度地积累核黄素等。

（4）色素

色素是指由微生物在代谢中合成的积累在胞内或分泌于胞外的各种显色次生代谢产物。例如，灵杆菌和红色小球菌细胞中含有花青素类物质，使菌落显现红色。放线菌和真菌产生的色素分泌于体外时，使菌落底面的培养基呈现紫、黄、绿、褐、黑等色。积累于体内的色素多在孢子、孢子梗或孢子器中，使菌落表面呈现各种颜色。例如，红曲霉产生的红曲素，分泌体外，使菌体呈现紫红色。

(5) 毒素

毒素一般是指对人和动植物细胞有毒杀作用的一些微生物次生代谢产物的统称。毒素大多是蛋白质类物质，例如，很多种蕈子对人类、动物都是有毒的，曲霉属中的黄曲霉产生有毒的黄曲霉素等。同时，细菌中也有较多种产生毒素，如毒性白喉棒状杆菌产生的白喉毒素、破伤风梭菌产生的破伤风毒素、肉毒梭菌产生的肉毒毒素等。此外，许多其他病原细菌如葡萄球菌、链球菌、沙门氏菌、痢疾杆菌等也都产生各种外毒素和内毒素。杀虫细菌如苏云金杆菌能产生包含在细胞内的伴胞晶体，它是一种分子结构复杂的蛋白质毒素。

(6) 生物碱

一般而言，大部分生物碱是在植物体内合成产生的，但某些霉菌合成的生物碱如麦角生物碱，则属于次生代谢产物。麦角生物碱在临床上主要用于作为防止产后出血，治疗交感神经过敏、周期性偏头痛和高血压等疾病的药物。

3.1.3　代谢产物的分离

目前，95%的真菌种类有待于描述和实验室培养，同时，对于已描述的资源真菌，如何破解其在实验室培养条件下活性代谢产物积累量低、难以工业化的难题，则是今后相当一段时间内学术界急需解决的。随着人们对资源真菌生存策略、营养利用等基础生物学研究的不断深入，资源真菌物种鉴定、活性代谢产物提取、分离和鉴定手段也不断进步，药物筛选技术的不断更新和成熟，客观上促进了对来自资源真菌代谢产物药物的发现，可以预见，未来资源真菌代谢产物的分离和利用将成为解决严重威胁人类健康疾病的克星，或将成为国民经济可持续发展的新增长点。

资源真菌中的初级代谢与次生代谢既有区别又有联系，在微生物的新陈代谢过程中，先发生初级代谢，产生初级代谢产物，后发生次生代谢，产生次生代谢产物。在菌体生长阶段，被快速利用的碳源分解物抑制了次生代谢酶系的合成。因此，只有在对数生长后期或稳定期碳源被消耗完之后，才能解除抑制作用，次生代谢产物才能得以合成。而次生代谢则是初级代谢在特定条件下的继续与发展，可避免初级代谢过程中某种(或某些)中间体或产物过量积累对机体产生的毒害作用。目前，对次生代谢物的研究远远不及对初级代谢产物研究的那样深入。与初级代谢产物相比，次生代谢产物无论在数量上还是在产物的类型上都要比初级代谢产物多得多，结构也复杂。

从资源真菌代谢产物中分离发现了多种药物。例如，来自点青霉菌的青霉素在第二次世界大战中拯救了无数伤员的生命；从冠头孢菌培养液中得到的先导化合物双连头孢菌素 C，经过化学修饰，获得了 30 多种抗生素，在治疗微生物感染疾病方面扮演了不可替代的角色。另外，虫草菌素是第一个从资源真菌(虫草菌)中分离出来的核苷类抗生素，具有抑菌、抗肿瘤、抗炎以及调节免疫等多种药理学活性。虫草菌虽然具有重要的生理学功能，但在实际应用方面还存在体内代谢时间过短，作用机理、途径以及作用靶标不清楚等问题。这些问题的解决对促进虫草菌素的生物利用率、代谢动力学以及与此相关的基础药理学问题的研究都具有重要意义。据统计，能够产生虫草菌素的资源真菌迄今已发现 10 种以上，主要包括蛹虫草、九州虫草等。液体发酵为工业化生产虫草菌素提供一条新的技术途径。目前，我国液体发酵的虫草菌虫草菌素含量不高、菌株的性状不稳定，虫草菌素的提取纯化工艺相对落后，虫草菌素合成的分子生物学机制尚不清楚。另一种药用价值很高的古尼虫草无性型——古尼拟青霉也受到关注。古尼拟青霉具有多种药理学活性，尤其是其镇痛、安眠且无成瘾性的特点备受关注。木层孔菌属是一类产生多种酚类及多糖的药用真菌，因其具有抗肿瘤、增强免疫力、降血糖和抗氧化等多种药理活性，近年来备受关注。

此外，生活在不同环境条件下的淡水真菌和海洋真菌，是资源真菌的另外两个重要类群，由于其生长环境与陆地环境的巨大差异，导致水生真菌代谢产物的化学多样性明显不同于陆地真菌，已成为生物活性代谢产物的又一重要来源。从已有的报道来看，对淡水真菌化学成分研究主要集中在 *Caryospora carllicarpa*，*Glarea lozoyensis*，*Ophioceras venezuelense*，*O. commune* 和 *Massarina tunicata* 等少数种中，但获得的代谢物化学结构类型复杂多样，多数具有抗肿瘤、抗菌、抗虫等生物活性，其在医药与农药研发等领域有着广阔的应用前景。海洋真菌由于生活于寡营养、弱碱性的含盐海洋环境，形成了独特的耐饥、耐碱和耐盐等生理特征，具有独特的代谢机制，可产生有别于陆生和淡水真菌的次生代谢产物，成为海洋天然产物的三大来源之一。到目前为止，已从海洋真菌的发酵产物中发现了 1500 余种新的次生代谢产物，这些代谢产物在临床上表现出良好的抗肿瘤、抗菌、抗病毒等生物活性。

3.1.4 代谢产物的作用及应用

3.1.4.1 代谢产物的作用

次生代谢与初级代谢之间的关系非常密切，一般而言，初级代谢的关键性中间产物往往是次生代谢的合成前体，如糖降解过程中的乙酰 CoA 是合成四环素、红霉素的前体。在各类生物中，初级代谢的代谢系统、代谢途径和代谢产物都基本相同，初级代谢是一类普遍存在于各类微生物中的一种基本代谢类型，而次生代谢只存在于某些微生物中，并且代谢途径和代谢产物会因生物不同而有所差异，或者同种生物也会由于培养条件不同而产生不同的次生代谢产物。次生代谢一般在菌体对数生长后期或稳定期进行，但会受到环境条件的影响，同时，次生代谢产物的合成会因为菌株的不同而有一定的差异，但与分类地位无关。

次生代谢不像初级代谢那样有明确的生理功能，因为次生代谢途径即使被阻断，也不会影响菌体生长繁殖。次生代谢产物通常都是限定在某些特定微生物中生成，但它们没有一般性的生理功能，也不是生物体生长繁殖的必需物质。关于次生代谢的生理功能，目前尚无一致的看法。

初级代谢自始至终存在于活的菌体中，同菌体的生长过程呈平行关系，只有微生物大量生长，才能积累大量初级代谢产物。次生代谢则是在菌体生长到一定时期内(通常是微生物的对数生长期后期或稳定期)产生的，它与机体的生长不呈平行关系，一般表现为菌体的生长期和次生代谢产物形成期二者对环境条件的敏感性或遗传稳定性明显不同，初级代谢产物对环境条件的变化敏感性小(即遗传稳定性大)，而次生代谢产物对环境条件变化很敏感，其产物的合成往往因环境条件变化而停止。

此外，两者对微生物的作用也不尽相同，初级代谢能使营养物转化为结构物质、具生理活性物质或为生长提供能量，因此，初级代谢产物，通常都是机体生存必不可少的物质。如果在这些物质合成过程的某个环节上发生障碍，轻则引起生长停止，重则导致机体发生突变甚至死亡，是一种基本代谢类型。次生代谢产物一般对菌体自身的生命活动无明确功能，不参与细胞结构组成，也不是酶活性必需的，不是机体生长与繁殖所必需的物质，即使在次生代谢的某个环节上发生障碍，也不会导致有机体生长的停止或死亡，至多只是影响有机体合成某种次生代谢产物的能力。值得一提的是，许多资源真菌所产生的次生代谢产物通常对人类和国民经济的发展有重大影响。

相关酶的专一性不同，相对来说催化初级代谢产物合成的酶专一性强，催化次生代谢产物合成的某些酶专一性不强，因此在某种次生代谢产物合成的培养基中加入不同的前体物质时，往往可以导致机体合成不同类型的次生代谢产物。另外，催化次生代谢产物合成的酶往往是一些诱导酶，在菌体对数生长后期或稳定生长期，由于某种中间代谢产物积累而诱导有机体合成的一种能催化次生代谢产物合成的酶，而这些酶通常因环境条件变化而不能合成。

3.1.4.2　代谢产物的应用

(1)资源真菌次生代谢与资源真菌细胞分化

次生代谢产物已发展成为各种在自身保卫、细胞分化和生存等方面具有明显作用的"功能性物质"。的确，它们的这些功能或许可清楚地看出生物之间是如何相互作用和协同进化(co-evolution)的。提高对次生代谢产物功能意义的认识，对医药学、农用药物和其他生物工程学的研究将具有十分重要的意义。特别是充分认识"协同进化"不仅限于植物和低等生物，而且可扩大到高等动物，就更具有特殊意义。同时，真菌次生代谢产物的形成通常表现出与细胞分化在时间上的相关性。目前，已证明在一些担子菌的营养菌丝与子实体原基(sexual primordia)中存在的物质类型有明显差异，如裂褶菌 Schizophyllum commune 形成的各种小肽，只在子实体形成时出现，而不出现在营养菌丝阶段。产黄头孢霉 Acremonium chrygenum 产生头孢霉素与节孢子形成有关。在麦角菌 Claviceps purpurea 中，生物碱的形成常限于有性子实体阶段；而无性分生孢子的形状则与麦角碱形成能力的丧失有联系。前人研究发现，很多真菌的内菌核常形成抗生物吞噬的代谢产物。

(2)真菌-植物相互关系与次生代谢

一些植物病原真菌侵入寄主植物后，在特定的环境和生理条件下，能胁迫寄主产生小分子的抗菌物质——"植物保卫素"。真菌产生的诱导物多是细胞壁降解物葡聚糖、糖蛋白、小肽、脱乙酰几丁质、花生四烯酸等不饱和脂肪酸。一些真菌刺激植物的伤口后也可分泌一些十分有价值的化学物质，如某些霉菌刺激白木香树伤口，使其分泌芳香物质并积结为沉香。某些霉菌侵入龙血树和安息香树后，可加速血竭和安息香的分泌(表3-2)。

表 3-2 真菌诱导物在提高植物细胞培养中次生代谢产物的应用

真菌诱导物	植物细胞培养	产 物
红花链格孢 *Alternaria carthami*	欧芹 *Petroselinum bortense*	佛手柑次烯
葱腐葡萄孢 *Botrytis allii*	芸香 *Ruta graveoleus*	吖啶酮环氧化合物
灰葡萄孢 *Botrytis cinerea*	四季豆 *Phaseolus vulgaris*	菜豆碱
豆刺孢盘 *Colletotrichum lindemuthianum*	—	异黄酮
瓜果腐霉 *Phthium aphanidermatum*	三叶鬼针草 *Bidens pilosa*	多聚乙烯
核盘菌 *Sclerotinia sclerotinia*	三角叶薯芋 *Dioscorea deltoidea*	薯芋皂苷元
大丽轮枝孢 *Verticillium dahliae*	中棉 *Gossypium arboreum*	棉酚
米曲霉 *Aspergillus oryzae*	滇紫草 *Onosma paniculatum*	紫草色素
葡萄孢 *Botrytis* sp.	罂粟 *Papater somniferum*	血根碱
Dendryphion penicillatum	罂粟 *Papater somniferum*	血根碱，二甲基吗啡
酵母 *Saccharomyces* sp.	毛地黄 *Digitalis lanala*	毛地黄毒苷→地高辛

(3)真菌-昆虫相互关系与次生代谢

真菌产生神经毒素干扰昆虫神经系统或促使释放一些能改变昆虫行为的物质，使昆虫出现对真菌孢子扩散有利的行为。如蝗噬虫霉引起的蝗虫"趋顶"行为，冬虫夏草、古尼虫草和罗伯茨虫草等感染的寄主昆虫在初夏子实体出土时头部向上的极性现象。

3.1.5 资源真菌中几个重要次生代谢

3.1.5.1 类胡萝卜素

(1)种类

笄霉菌、三孢布拉霉、好食脉孢菌及菌核青霉等都可产生类胡萝卜素，类胡萝卜素的存在形式有 β-胡萝卜素和酸性类胡萝卜素。其中 β-胡萝卜素是维生素 A 的合成前体，其可在人类肠黏膜中转化成维生素 A。

(2)合成途径

就其合成而言，涉及 β-胡萝卜素合成等步骤(图 3-1)，具体而言：

①以乙酰 CoA 和亮氨酸为前体，合成甲羟戊酸。

②以甲羟戊酸为原料，进一步合成第二个中间产物，异戊烯焦磷酸(IPP)(图 3-2)。

③IPP 被异构酶转变成二甲基丙烯焦磷酸(图 3-3)，然后二者再进一步合成 C_{40} 单位(类胡萝卜素的基本骨架)(图 3-4)。

④C_{40} 骨架脱氢形成不饱和键(图 3-5)；同时，经 β-环化酶作用，在两端形成白芷酮环。

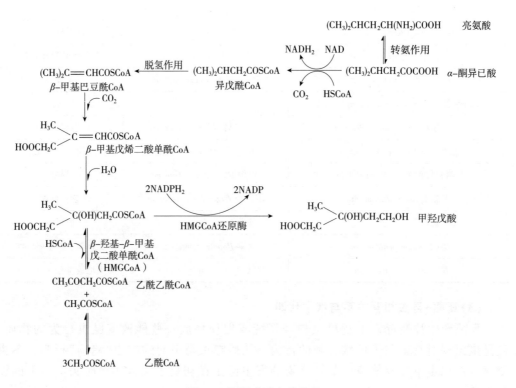

图 3-1 甲羟戊酸合成途径

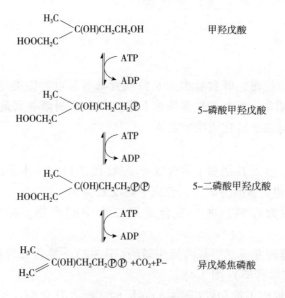

图 3-2 IPP 合成途径

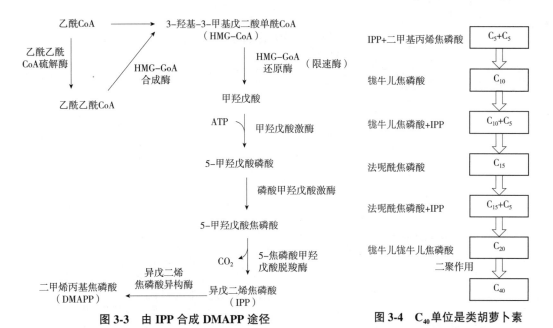

图 3-3　由 IPP 合成 DMAPP 途径

图 3-4　C_{40} 单位是类胡萝卜素的基本骨架

图 3-5　β-胡萝卜素的结构式

3.1.5.2　赤霉素

赤霉素(Gibberellin)是一种植物激素，属双萜类化合物，赤霉素具有以下生理效应：促进细胞伸长和分裂；加速长日照植物的发育，促进开花；消除植物遗传型的矮性，突破植物营养生长的极限；可打破种子和块茎等器官休眠，从而促进作物的生长，在农业生产上具有实用价值。该物质首先从藤仓赤霉霉 *Gibberella fujikuroi*(该病菌可以引起水稻恶苗病)的无性世代——串珠镰刀菌 *Fusarium moniliforme* 中发现。在真菌中存在赤霉素 A_1，A_2，A_4，A_7，A_9，合成前体是牻牛儿焦磷酸。赤霉素的生物合成仍处于推测阶段。目前可以从许多真菌中提取这种产物。

(1)种类

赤霉酸最初被发现于1938年，目前，还有9种结构相似的成分，但在真菌中仅有赤霉素 A_1，A_2，A_4，A_7，A_9。

(2)合成途径(与类胡萝卜素相似)

赤霉素是以乙酸为原料合成的，中间物为甲羟戊酸、异戊烯焦磷酸(IPP)、牻牛儿焦磷酸(Geraniol PP)等。赤霉素是由乙酸合成的，而合成途径与类胡萝卜素是一致的，合成的中间物是甲羟戊酸、异戊烯焦磷酸、牻牛儿焦磷酸(图3-6)。

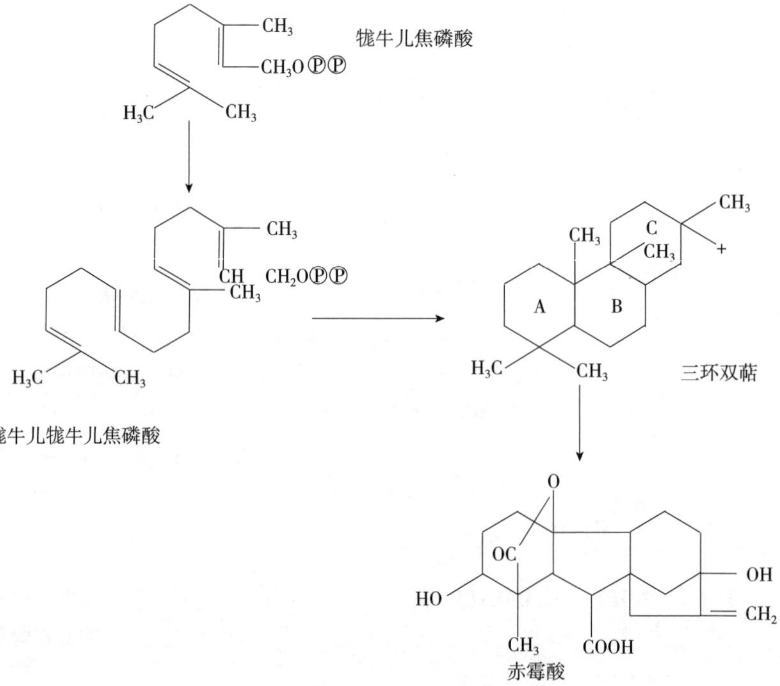

图 3-6　赤霉素合成途径

(3) 存在形式

自由态：易被有机溶剂提取，有生理活性。

结合态：与葡萄糖等结合，无生理活性，酸或蛋白酶水解可得自由态。

束缚态：一种储藏形式，种子萌发时，可转换成自由态。

(4) 赤霉素的作用

促进植物生长，早熟，增产和改进品质(增强吲哚乙酸合成酶活性，抑制 IAA 氧化酶的活性，使束缚型 IAA→自由态 IAA)。

打破休眠，促进发芽(诱导种子产生 α-淀粉酶，水解淀粉成葡萄糖，供种子发芽)；改变植物开花周期和雌雄比，植株处理后，雄花比例增加，使两年生植物在一年开花。

3.1.5.3　青霉素

青霉素(Penicillin)是一种高效、低毒、临床应用广泛的重要抗生素，它的研制成功大大增强了人类抵抗细菌性感染的能力，推动了抗生素家族的诞生，开创了用抗生素治疗疾病的新纪元。青霉素和头孢霉素均属于 β-内酰胺环类抗生素，其毒性在已知抗生素中是最低的，并可产生一系列高效、广谱、抗耐药菌的半合成抗生素。

青霉素最早是 Fleming 于 1929 年从点青霉菌 *Penicillium notatum* 中获得的，而现代商业产品却是来自产黄青霉 *P. chrysogenum* 的突变株。青霉素并不是一种单一的化合物，而是以 6-氨基青霉烷酸(6-Aminopenicillanic acid，6-APA)分子为基础的一组相关的化合物(图 3-7)。6-APA 是以缬氨酸和半胱氨酸为基础组成，可加入多种酰基支链。

青霉素可分为 3 代：第 1 代青霉素指天然青霉素，如青霉素 G(苄青霉素)；第 2 代

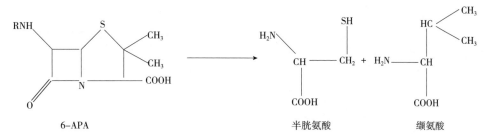

图 3-7 6-APA 的组成

青霉素是指以青霉素母核-6-氨基青霉烷酸(6-APA)，改变侧链而得到半合成青霉素，如甲氧苯青霉素、羧苄青霉素、氨苄青霉素；第3代青霉素是母核结构带有与青霉素相同的β-内酰胺环，但不具有四氢噻唑环，如硫霉素、奴卡霉素。

(1)天然青霉素的种类

早期天然青霉素 V、G 和 F(图3-8)。

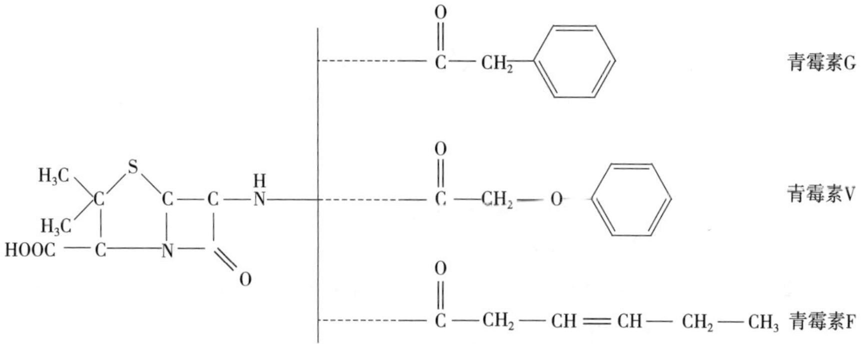

图 3-8 天然青霉素主要类型

(2)结构

①青霉素是以 6-氨基青霉烷酸(6-APA)为基础的一组化合物。

②6-APA 是由缬氨酸+半胱氨酸组成，可加多种酰基支链。

(3)存在形式

6-氨基青霉烷酸(6-APA)为基础的一组相关化合物，前体为6-APA，产黄青霉突变菌株、点青霉、氨苄青霉。

采用半合成生产青霉素的方法包括 3 个阶段：

①用产黄青霉生产青霉素 V 或 G。

②用青霉素酰基转移酶降解它们而获得 6-APA。

③加入特殊支链(图3-9)。

3.1.5.4 头孢菌素

头孢菌素(Cephalosporin)来源于顶头孢霉 *Cephalosporium acremonium* 的次生代谢产物。其核心结构是 7-氨基头孢霉素烷酸(7-Aminocephalosporanic acid)(图3-10)，从它与青霉素结构的相似程度推测，它可能是由青霉素作为前体物合成的。

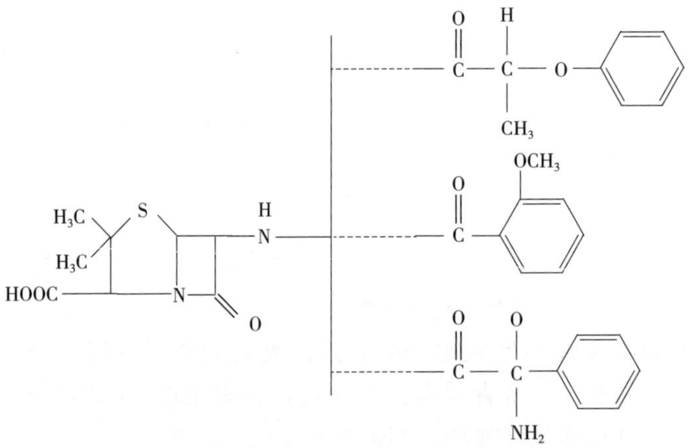

图 3-9　半合成生产青霉素的方法

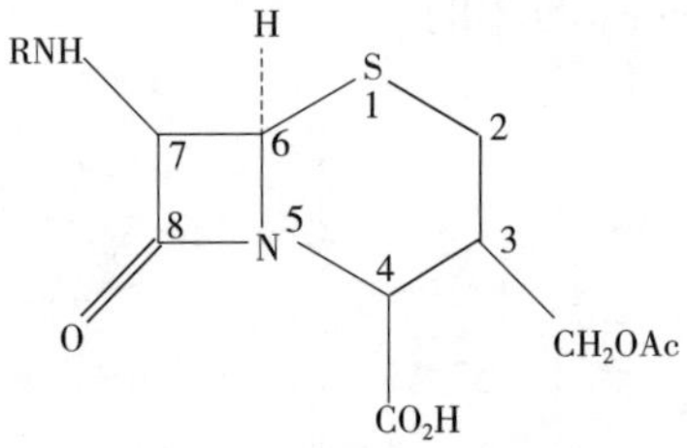

图 3-10　头孢霉素的结构式

R＝H　7-氨基头孢霉素烷酸；R＝D-α-aminoadipyl　头孢菌素 C

头孢菌素 C 是继青霉素之后，由 Newton 和 Abraham 于 1953 年在自然界中发现的第二种类型的 β-内酰胺类抗生素。头孢菌素 C 与青霉素有许多共同特征，抗菌作用机制也是抑制细菌细胞壁肽的合成，对人体安全无毒。鉴于头孢菌素 C 抗菌活性低，受半合成青霉素的启发，通过结构改造获得了很多更有效的半合成头孢菌素，因此头孢菌素 C 是目前各种半合成头孢菌素的起始原料之一。在温和的条件下，用酸水解头孢菌素 C 可得除去侧链的母核，即 7-氨基头孢霉烷酸（7-ACA）（图 3-11）。经酸水解或乙酰酯酶处理头孢菌素 C，则生成去乙酰头孢菌素 C（简称 DCPC，3 位-CH_2OH）。用钯碳和氢使头孢菌素 C 氢化可得到去乙酰氧头孢菌素 C（DOCPC 或 7-ADCA，3 位-CH_3）。

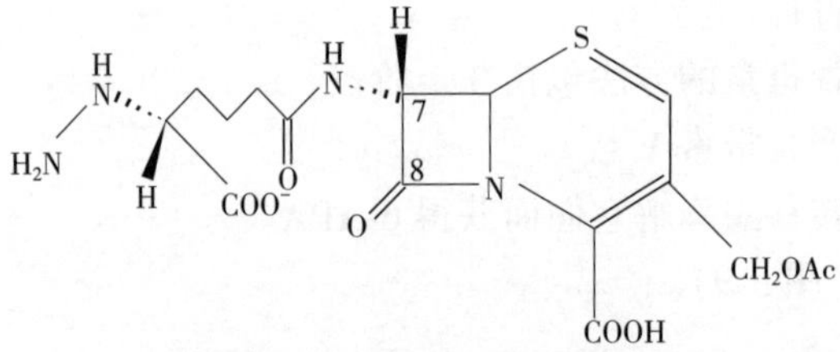

图 3-11　头孢菌素 C 的结构式

(1) 前体氨基酸的生物合成

α-氨基己二酸（α-AAA）的生物合成（葡萄糖、氨水），缬氨酸（Val）的生物合成（葡萄糖、氨水)，半胱氨酸(Gys)的生物合成(葡萄糖、氨水、SO_4^{2-})。

(2)头孢菌素 C 的生物合成

头孢菌素 C 也是由 α-氨基己二酸(α-AAA)、半胱氨酸和缬氨酸经三肽途径生物合成 ACV 三肽，而且在异青霉素 N 以前的阶段和青霉素的生物合成完全一样。此后，经顶头孢霉产生的异构酶作用，将异青 N(IPN)转化为青霉素 N，再由扩环酶(脱乙酰氧头孢菌素 C 合成酶)催化扩环生成脱乙酰氧头孢菌素 C，最后通过羟化和转乙酰基反应得到头孢菌素 C(图 3-12)。

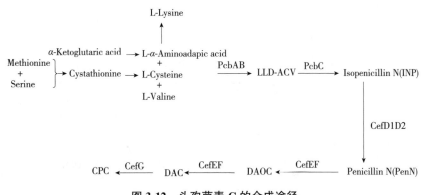

图 3-12　头孢菌素 C 的合成途径

3.1.5.5　黄曲霉素

(1)种类

黄曲霉毒素(Aflatoxin)是由黄曲霉 *Aspergillus flavus* 和寄生曲霉 *A. parasiticus* 产生的一种肝毒素。目前已分离出 AFB_1，AFB_2，AFG_1，AFG_2，AFM_1，AFM_2，AFP_1，AFQ，AFH_1，AFGM，AFB_{2a} 和毒醇等 12 种，其中以 AFB_1 的毒性最强(图 3-13)。各种黄曲霉毒素的结构非常相似，都含有一个糠酸呋喃的基本毒性结构和一个氧杂萘邻酮结构。合成前体为丙二酸单酰辅酶 A 黄曲霉和寄生曲霉。

(2)特性

黄曲霉素的性质主要有以下几个方面：

①AFB_1 难溶于水，易溶于甲醇、丙酮和氯仿等有机溶剂，但不溶于石油醚、己烷和乙醚。一般在中性及酸性溶液中较稳定，但在强酸性溶液中稍有分解，在 pH 值为 9.0~10.0 的强碱溶液中分解迅速，但此反应可逆，即在酸性条件下又能恢复原来结构。

②AFB_1 热稳定性好，在 268~269℃条件下才可破坏，故一般烹调温度并不能破坏其毒性。某些化学试剂如 5% 次氯酸钠和丙酮可使 AFB_1 完全分解，因此，在实验室中用此方法对接触过 AFB_1 的器皿做解毒处理，也可使用紫外线照射方法使之分解。

③AFB_1 和 AFB_2 在紫外光下可产生蓝紫色荧光，AFG_1 和 AFG_2 则产生黄绿色荧光，该特性是检测粮油食品中是否含有黄曲霉毒素的重要方法。

AF 分子中的二呋喃环是产生毒性的重要结构基础，而香豆素可能与致癌作用有关，AF 的毒性及致癌作用由强到弱的顺序依次为：$AFB_1 > AFG_1 > AFM_1 > AFB_2 > AFG_2$。这些化合物天然状态下都是低毒的，在正常情况下黄曲霉毒素是在肠中被吸收并转至

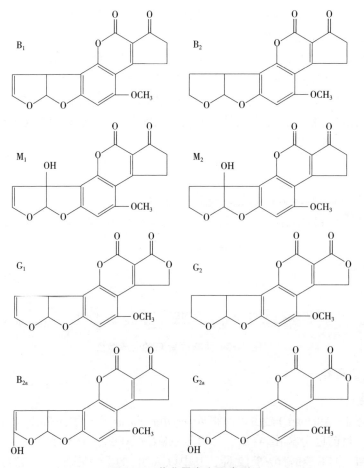

图 3-13　黄曲霉素主要类型

肝脏，在肝脏转化为有毒的而且极不稳定的结构，它们可能在呋喃环的末端含有一个环氧桥。这种结构的不稳定性有助于解释为什么黄曲霉毒素的初始效应大多限于肝脏。

奶牛摄食被 AFB$_1$ 和 AFB$_2$ 污染的饲料后，在牛奶和尿中可检出其羟基化代谢产物 AFM$_1$ 和 AFM$_2$。AFM$_1$ 除了随乳汁排出外，还有部分存留在肌肉中。饲料中的 AFB$_1$ 约有 1%~6% 在奶牛体内转化成 AFM$_1$ 出现在牛奶中。一些食品是特别易于污染黄曲霉毒素的，花生、玉米的感染率最高，其次是大米、棉籽等，尤其是粮食在储藏中污染的概率更大。我国卫生部制定的暂行标准规定：在玉米、花生、花生油及其制品中黄曲霉毒素的含量不得超过 20μg/kg，大米、食用油（不包括花生油）不超过 10μg/kg，其他粮食、豆类、发酵食品不超过 5μg/kg，婴儿食品不得检出。

3.1.5.6　甾体化合物

（1）特性

甾体化合物又称类固醇化合物，外形似"甾"。资源真菌代表性的甾体化合物主要包括胆甾醇（C$_{27}$骨架）、麦角甾醇（C$_{28}$骨架）、豆甾醇（C$_{29}$骨架）和羊毛甾醇（C$_{30}$骨架）（图 3-14）。羊毛甾醇是较原始的结构类型，在许多真菌中它是胆甾醇、麦角甾醇、豆甾醇以及其他甾体化合物的生物合成前体。

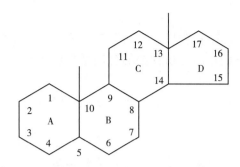

图 3-14　环戊烷多氢菲核的结构及碳原子和环的标记方法

许多资源真菌能够对外源的和内生的甾体进行转化，目前对外源甾体的转化机制研究得较多，而关于甾体的生物合成知道的却很少，因为对外源甾体的转化具有重要的工业价值，所以仅对这方面做一些介绍。

被转化的甾体并不是真菌合成的，而是已具备甾体基本结构的化合物以基质的形式提供给真菌进行转化。比较重要的甾体化合物有胆固醇、麦角固醇、胆酸、肾上腺皮质激素、性激素、强心苷、甾体有机碱、甾体皂素等。它们都是含有环戊烷多氢菲核结构的化合物。在氧化反应中主要是羟化作用，真菌能够进行的最重要的羟化反应是 C_{11} 原子处的羟化，采用化学方法是极难在这个位置上氧化的，氧化所产生的可的松（Cortisone）和氢化可的松（Cortisol）是一种良好的消炎药物（图 3-15、图 3-16）。

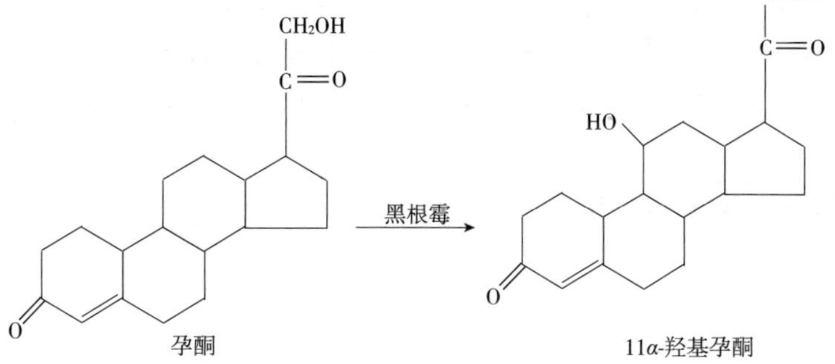

孕酮　　　黑根霉　　　11α-羟基孕酮

图 3-15　11 位的 α-羟化反应

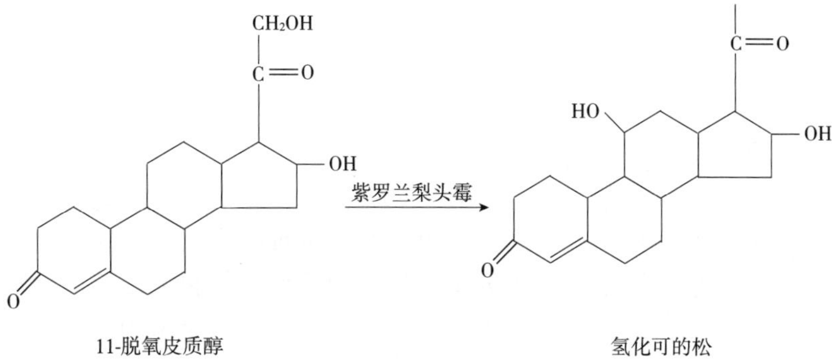

11-脱氧皮质醇　　　紫罗兰梨头霉　　　氢化可的松

图 3-16　11 位的 β-羟化反应

（2）合成途径

资源真菌中麦角甾醇的生物合成途径研究较为清楚，由于胆甾醇和豆甾醇广泛分布于高等植物中，因此它们在高等植物中的合成途径也比较清楚。甾体化合物的功能主要包括以下几个方面：

①甾体作为细胞膜的重要组成成分，直接影响膜的流动，并参与细胞膜的识别和调节细胞的生理功能。

②一些真菌的甾体化合物具有很好的抗菌活性，如从黄花蒿内生真菌刺盘孢中分离得到 5 个麦角甾醇类甾体对多种植物病原真菌和细菌具有明显的抑制作用；虫草菌菌丝中分离到两种麦角甾醇类化合物具有抗肿瘤活性。麦角甾醇是一种重要的医药原料。

③真菌中的主要甾体成分具有重要的分类学意义。

甾体转化作用与化学合成相比：

a. 减少了合成步骤，简化生产设备、缩短生产周期；

b. 提高得率，降低了成本；

c. 改善劳动条件，减少使用强酸、强碱和一些有毒物质。

此外，主要甾体成分在资源真菌分类中具有重要的作用，主要表现为：

①真菌甾体化合物的总量和各单一甾体成分所占的比例是随培养条件、生长阶段和提取方法的改变而发生变化。

②在较原始的壶菌门真菌中，胆甾醇是主要的甾体成分；在较进化的子囊菌和担子菌中，麦角甾醇是主要的甾体成分；而在进化中等的接合菌中，一部分类群的主要甾体成分为麦角甾醇，如毛霉科，另一类群则为脱氢胆甾醇，如被孢霉科真菌。

3.2　资源真菌所产生的酶

资源真菌可以生产众多的工业新产品，该类产品应用范围非常广阔。目前，已经深入到轻工业、化工能源产品、环境保护、驱油采矿等诸多领域，促进了传统产业的技术改造和新型产业的形成，具有巨大的经济效益潜力，对人类的生活或将产生深远的影响。其中，利用菌物发酵生产用于轻工业加工的酶，如蛋白酶、淀粉酶、凝乳酶、脂肪酶、单宁酶、纤维素酶、半纤维素酶和果胶酶等是工业用菌物应用的重要方面。

3.2.1　蛋白酶

（1）蛋白酶的种类

蛋白酶是催化蛋白质水解的酶类，种类很多。重要的有胃蛋白酶、胰蛋白酶、组织蛋白酶、木瓜蛋白酶和枯草杆菌蛋白酶等。蛋白酶对所作用的反应底物有严格的选择性，一种蛋白酶仅能作用于蛋白质分子中特定的肽键，如胰蛋白酶催化水解碱性氨基酸所形成的肽键。蛋白酶分布广，主要存在于人和动物消化道中，在植物和微生物中含量丰富。

一般而言，真菌产生的蛋白酶类型比细菌复杂得多，如米曲霉 *Aspergillus oryzae* 就产生酸性、中性和碱性 3 种不同类型的蛋白酶。另外，改变培养基的组成或者菌种经诱变，可以改变产酶的性能。据报道，黑曲霉的变株可生产碱性蛋白酶，米曲霉的突变株可生产酸性蛋白酶。资源真菌产生的蛋白酶在很大的 pH 值范围（4.0~11.0）均有活性，并且显示出更广泛的底物特异性。但是真菌蛋白酶的反应效率低于细菌，而且对热更加敏感。真菌蛋白酶在固态发酵中更为方便。

（2）蛋白酶的功能

资源真菌酸性蛋白酶最适反应 pH 值在 4.0~4.5 之间，但是在 pH 2.0 和 pH 6.0 时仍然稳定，这种特性特别适合应用于奶酪生产工业。真菌中性蛋白酶属于金属蛋白酶，最适 pH 值为 7.0，活性可以被螯合物抑制。用植物、动物和细菌蛋白酶水解加工蛋白质食品往往由于肽水解不彻底而带有苦味，而资源真菌中性蛋白酶还有肽酶活性，并且可以水解疏水氨基酸键，水解蛋白质食品工业利用这个特性，作为降低蛋白质水解食品苦味的补充方法。资源真菌碱性蛋白酶同样可以用于蛋白质食品的改性。

在洗涤剂工业和发酵下游工业，资源真菌碱性蛋白酶特别用于提纯，所以资源真菌碱性蛋白酶在洗涤剂生产上有重要利用价值。由冠状耳霉 *Conidiobolus coronatus* 发酵获得的一种碱性蛋白酶，在存在 Ca^{2+}（25mmol/L）和甘氨酸（1mol/L），50℃条件下，20min 后仍然保留 43%活性，因此被用作洗涤剂的添加剂，从而实现了商业化。

资源真菌来源的碱性蛋白酶已经用于制革工业中的浸泡、脱毛、软化等过程。如由曲霉发酵获得的碱性蛋白酶用于制革过程的软化；诺和诺德公司生产的 3 种不同蛋白酶 Aquaderm、NUE 和 Pyrase，用于制革工业的浸泡、脱毛、软化。

用于奶制品加工的酶主要为凝乳酶，传统凝乳酶来源于小牛的第四胃黏膜。由于奶酪生产量的不断增加，小牛凝乳酶日益短缺。20 世纪初，开始在其他动物、植物及微生物中寻找小牛凝乳酶的替代品。目前全世界微生物凝乳酶用量已超过总用量的 1/3。据报道，有 40 余种微生物可产生一定活力的凝乳酶。由微小毛霉 *Mucor pusillus* 发酵生产的 Buttre、Adam 和 Tilsit 的干酪是风味独特的知名干酪。虽然我国引进了部分干酪生产线，而所有生产用酶均需进口，因此，凝乳酶的研制成为当务之急。目前研究发现，易脆毛霉 *M. fragilis*、微小毛霉 *M. pusillus*、五通桥毛霉 *M. wutungkiao*、总状毛霉 *M. racemosus* 和米根霉 *Rhizopus oryzae* 等均可产生凝乳酶。

面粉是烘焙加工的主要原料。面粉中含不溶蛋白质——面筋，它决定了烘烤食物生面团的性质。米曲霉 *A. oryzae* 产生的内切和外切蛋白酶，通过限制性的蛋白质水解调整面筋性质。不论是手工还是机器加工，用酶处理的面团更加容易加工。

大豆含有高质量的蛋白质，从古至今人们就用蛋白酶处理大豆，加工各种豆制品。其中真菌来源的碱性和中心蛋白酶扮演了重要的角色。诺维信生产的风味碱性蛋白酶（Alcalase）在 pH 值为 8.0 条件下处理大豆蛋白，结果发现水解蛋白质可溶性好，产量高，苦味小。这种水解蛋白被用于蛋白软饮料和营养食品中。

用米曲霉 *A. oryzae* 生产的蛋白酶已经被批准为口服药物（商品名 Luizym 和 Nortase），用于辅助治疗消化不良等疾病；利用冠状耳霉 *C. coronatus* 生产的一种碱性蛋白酶可以代替动物来源的胰蛋白酶。

3.2.2　淀粉酶

(1) 淀粉酶的种类

淀粉酶是能够分解淀粉糖苷键的一类酶的总称。包括 α-淀粉酶、β-淀粉酶、糖化酶(γ-淀粉酶)和异淀粉酶。此酶产生菌主要是曲霉属真菌，如黑曲霉 *Aspergillus niger*、宇左美曲霉 *A. usamii*、泡盛曲霉 *A. awamori*；根霉属真菌，如雪白根霉 *Rhizopus niveus*、德氏根霉 *R. delemar*，拟内孢霉属 *Endomycopsis* 真菌和红曲霉 *Monascus purpureus*。

(2) 淀粉酶的功能

黑曲霉 *Aspergillus niger* 是商业化生产 α-淀粉酶的真菌菌种。根霉属真菌可以产生 β-淀粉酶。日本科学家发现青霉属菌株 *Penicillium brunneum* 也可产生淀粉酶。

3.2.3　脂肪酶

(1) 脂肪酶的种类

脂肪酶又称三酰基甘油酰基水解酶，是指分解或合成高级脂肪酸和甘油形成的甘油三酸酯酯键的酶，是一种重要的生物催化剂，广泛存在于微生物细胞、动物组织和植物种子中。微生物脂肪酶比动、植物脂肪酶具有更强的耐受性和优良的立体选择性，因此在酶理论研究和实际应用中有着重要的作用和地位。

自 20 世纪初发现微生物脂肪酶以来，该酶已成为酶工业生产的主要产品之一。近十几年来，随着非水酶学和界面酶学研究的开展，脂肪酶在应用开发方面的研究也加快了步伐。近年来，随着用于工业生产的脂肪酶微生物研究的深入，研究种类不断增加，目前生产脂肪酶的微生物已囊括细菌、酵母及霉菌。

大多数商业化脂肪酶由属于根霉属 *Rhizopus*、曲霉属 *Aspergillus*、青霉属 *Penicillium*、地霉菌 *Geotrichum*、毛霉属 *Mucor* 和根毛霉属 *Rhizomucor* 的丝状真菌生产。丝状真菌产生的脂肪酶类型由菌株、培养条件、pH 值、温度和碳氮源类型决定。工业生产需要具有新催化特征的脂肪酶，这促使人们不断寻找新的菌种来源。人们在工业废物、植物油加工厂、奶制品厂、油污染的土壤和油料种实等环境中寻找新的菌种，越来越多的产脂肪酶真菌菌株被分离出来。

(2) 脂肪酶的功能

根据 Vakhlu 和 Kour(2006)报道，重要陆生真菌产脂肪酶酵母菌如下：皱褶假丝酵母 *Candida rugosa*、热带假丝酵母 *C. tropicalisa*、南极假丝酵母 *C. antarctica*、圆柱假丝酵母 *C. cylindracea*、近平滑假丝酵母 *C. parapsilopsis*、变型假丝酵母 *C. deformans*、弯曲假丝酵母 *C. curvata* 和粗状假丝酵母 *C. valida*、解脂耶氏酵母 *Yarrowia lipolytica*、胶红酵母菌 *Rhodotorula glutinis*、红酵母 *R. pilimornae*、双孢毕赤酵母 *Pichia bispora*、墨西哥毕赤酵母 *P. mexicana*、森林毕赤酵母 *P. sivicola*、木糖毕赤酵母 *P. xylosa*、伯顿毕赤酵母 *P. burtonii*、覆膜孢酵母 *Saccharomycopsis crataegenesis*、有孢圆酵母 *Torulaspora globosa* 和星状丝孢酵母 *Trichosporon asteroids*。假丝酵母、地霉菌、丝孢酵母和解脂耶氏酵母的脂肪酶编码基因已经被克隆并过量表达。利用红假丝酵母和南极假丝酵母生产的脂肪酶

被广泛应用于各个领域。

3.2.4 半纤维素酶

(1)半纤维素酶的种类

半纤维素酶主要由各种曲霉、根霉、木霉发酵产生。β-葡聚糖酶主要由曲霉、木霉和杆菌属类微生物产生。半纤维素酶是分解半纤维素(包括各种降戊糖与聚己糖)的一类酶的总称。主要包括β-葡聚糖酶、半乳聚糖酶、木聚糖酶和甘露聚糖酶。这些酶主要应用于饲料工业。由于半纤维素是一种广泛存在于各种植物中的多糖,因此,半纤维素酶在木质纤维素酒精发酵中有重要应用价值。

(2)半纤维素酶的功能

β-葡聚糖酶应用于以大麦替代玉米的畜禽饲料日粮中,借以降低饲养成本,而达到与玉米相同的饲喂效果。木聚糖酶是一类重要的半纤维素酶。在造纸工业中可用来预漂纸浆,提高木质素的溶出率,减少氯气的使用量,减少环境污染,并可以改善纸浆特性;还可以加入饲料中,改善饲料的营养价值。开发和研制木聚糖酶制剂的工作已经备受关注。

3.2.5 纤维素酶

(1)纤维素酶的种类

纤维素酶广泛存在于自然界的生物体中。细菌、真菌、动物等体内都能产生纤维素酶。由于真菌纤维素酶产量高、活性大,产业化应用的纤维素酶主要是真菌纤维素酶。用来生产纤维素酶的真菌主要是绿色木霉、康氏木霉、里氏木霉、黑曲霉、青霉和根霉。前人通过对里氏木霉 *Trichoderma reesei* 培养基进行优化处理,使其纤维素酶产量有了较大的提高,纤维素酶活在第 8 天达到 13.7IU/mL。此外,漆斑霉 *Myrothecium* 等也能产生纤维素酶。近年来,研究发现支顶孢属 *Acremonium* 和金孢子菌属 *Chrysosporium* 同样也高产纤维素酶。

(2)纤维素酶的功能

由于纤维素酶难以提纯,实际应用的纤维素酶一般还含有半纤维素酶和其他酶类,如果胶酶、淀粉酶、蛋白酶等。纤维素酶广泛应用于造纸、纺织、食品加工、饲料加工和农业领域。近年来,利用木质纤维素生产生物液体燃料(如乙醇、丙酮等)成为各国关注的热点,产纤维素酶真菌资源的挖掘、真菌纤维素酶的结构和功能、真菌纤维素酶相关基因的调控及其表达已成为研究的重点和热点。

3.2.6 木质素酶

(1)木质素酶的种类

绿色植物占地球陆地生物量的 95%,其化学物质组成主要是木质素、纤维素和半纤维素。利用木质纤维素代替石油等化石燃料是缓解资源和环境危机、促进人类社会可持续发展的重要途径,要利用木质纤维素最关键和最困难的问题是木质素的降解。此外,降解木质素可以解决造纸厂和化工厂污水中存在的木质素类似结构物的污染问题。

　　木质素是一类复杂而不定形的高聚物，它是由苯丙烷单元通过醚键和碳碳键连接而成。典型的木质素是由松柏醇、紫苏醇和对香豆醇为前体物质组成的结构单元，木质素单元之间主要通过醚键和碳碳键的方式连接。故木质素是一类稳定而难以分解的物质。自然界中，能降解木质素的微生物只是少数。木质素的完全降解是真菌、细菌和相关微生物群落共同作用的结果。普遍认为分解木质素的菌类有白腐菌、褐腐菌和软腐菌。其中，白腐菌被认为是分解的主要菌类，它属于担子菌亚门，因而对木质素生物降解的研究都集中在担子菌对其的分解上，国内外已经报道了大量的对木质素有分解能力的菌种。

（2）木质素酶的功能

　　黄孢原毛平革菌 *Phanerochaete chrysosporium* 是目前唯一已知的能有效降解木质素的担子菌。该菌基本上仅降解木质素，而不利用纤维素。该菌降解木质素的最适温度为45℃。因此，黄孢原毛平革菌在降解木质素上具有极高的潜在应用价值。2004 年公布了黄孢原毛平革菌的基因组序列，作为降解木质纤维素的真菌模式种，已对其降解木质纤维素的酶系进行了较详细的研究。

　　除黄原孢毛平革菌外，目前研究较多的白腐菌还有：彩绒革盖菌 *Coridus versicolor*、变色栓菌 *Trametes versicolor*、射脉菌 *Phlebia radiata*、凤尾菇 *Pleurotus sajorcaju*、朱红密孔菌 *Pycnoporus cinnabarinus* 等。

　　鉴于真菌基因组测序的不断完成以及对降解木质纤维素酶的重视，目前已经建立了FOLy（Fungi oxidative lignin enzymes）数据库和 CAZy（Carbohydrate-active enzymes）数据库。

　　根据最新研究成果，以涵盖木质纤维素降解所需要的相关酶类进行分类，主要涉及以下六大类，糖苷水解酶（Glycoside hydrolases，GHs）、糖基转移酶（Glycosyl transferases，GTs）、多糖裂解酶（Polysaccharide lyases，PLs）、碳水化合物酯酶（Carbohydrate esterases，CEs）、辅助酶类家族（Auxiliary activities，AAs）以及碳水化合物绑定结构（Carbohydrate-binding modules，CBMs）。截至 2016 年 6 月 8 日，CAZy 数据库中共有 361 个家族，涉及上述类别酶的家族分别有 135 个、99 个、24 个、16 个、13 个以及 74 个（图 3-17）。

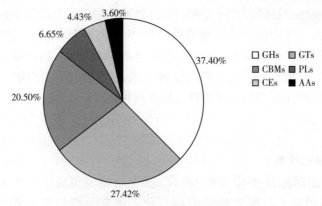

图 3-17　CAZy 中不同酶家族情况分析

3.2.7　果胶酶和半乳糖苷酶

(1) 果胶酶和半乳糖苷酶的种类

果胶酶是分解果胶的酶的通称，是一类多酶复合物。它通常包括原果胶酶、果胶甲酯水解酶和果胶酸酶。这 3 种酶的联合作用可使果胶质完全分解。天然的果胶质在原果胶酶作用下，被转化成可溶性的果胶；果胶被果胶甲酯水解酶催化去掉甲酯基团，生成果胶酸；果胶酸酶切断果胶酸中的 β-1,4-糖苷键，生成半乳糖醛酸。半乳糖醛酸进入糖代谢途径被分解释放出能量。

工业生产果胶酶的菌种主要是霉菌。常用菌种有文氏曲霉 *Aspergillus wentii*、扩展青霉 *Penicillium expansum*、黑曲霉 *A. niger*、白腐核盘菌 *Sclerotinia* sp.、米曲霉 *A. oryzae* 和脆壁酵母 *Saccharomyces fragilis* 等。产果胶酶的菌种一般可以从腐烂的果蔬或果园泥土中分离，并通过利用果胶作为唯一碳源的培养基筛选出来。野生菌株的酶活力往往很低，必须对其进行诱变育种才能得到酶活较高的菌株。我国学者对果胶酶菌种选育的研究始于 20 世纪 80 年代，相关报道集中在曲霉属。在诱变育种方法方面，国内外大多采用紫外线、亚硝基胍、[60]Co、亚硝酸等理化诱变。在众多诱变方法中，离子注入技术作为一种特殊的物理化学复合诱变方法已日趋成熟，我国诸多单位相继开展了这方面的研究工作，并成功地应用于果胶酶产生菌的诱变育种，取得了可观的经济效益。

(2) 果胶酶和半乳糖苷酶的功能

α-半乳糖苷酶也称蜜二糖酶，催化 α-半乳糖苷键的水解。它能水解非还原末端以 α-D-半乳糖残基结合的糖苷。因此，它能水解蜜二糖、棉子糖、水苏糖和毛蕊糖等低聚糖。还能水解含有 α-半乳糖苷键的杂多糖。

豆粕是饲料中用量最大的蛋白质原料，在大豆粕中棉子糖和水苏糖的含量约为 7%。它们不能被家禽消化道的内源酶降解，只有经过消化道微生物发酵以后才能被利用，发酵过程中产生的 CO_2、CH_4 和 H_2 等气体，使有机体出现一系列的胀气、恶心、下痢等症状。通过添加 α-半乳糖苷酶，不仅可以降解不溶性的低聚糖，提高豆粕的代谢能，同时还可以消除肠道胀气的现象，增加动物的采食量。在食品工业中，α-半乳糖苷酶可用于豆奶的发酵。真菌中有葡酒色被孢霉、根霉、产紫青霉、里氏木霉、烟曲霉、草酸青霉、寄生曲霉、黑曲霉、臭曲霉、分枝犁头霉、米曲霉等含有 α-半乳糖苷酶。

β-半乳糖苷酶水解乳制品中的乳糖，可以有效地消除人体对乳糖的不耐受症状。米曲霉、黑曲霉、脆壁酵母、乳酸酵母、热带假丝酵母等含有 β-半乳糖苷酶。米曲霉、黑曲霉、乳酸克鲁维酵母、脆壁克鲁维酵母产生的 β-半乳糖苷酶已被批准在食品生产中应用。

3.2.8　单宁酶

(1) 单宁酶的种类

微生物单宁酶是同"植物单宁"这一类生物活性物质概念提出密切相关。随着植物和微生物研究的迅猛发展，对植物单宁(同义语：植物多酚、鞣质)这一古老而又现代的复杂天然有机化合物，其神秘面纱正在逐步揭开，原有的知识概念正在被修订，植物单宁生物化学、分子细胞生物学等前沿科技领域不断推出的新研究成果，反过来又给传统的应用领域带来创新机遇，影响最直接的莫过于食品、药品、保健品等工业生物技术领域。

单宁酸，又称单宁，是广泛存在于植物体内的酚类次生代谢产物。单宁酶来源于动物、植物和微生物，能够水解单宁中的酯键和缩酚羧键，生成葡萄糖、没食子酸及其相应醇类等化合物。单宁酶应用广泛，在医药行业中用于生产没食子酸，在饮料和酿酒工业中用于液体的澄清，在饲料工业中用于降低单宁在反刍动物肠道中的抗营养性。单宁酶主要由丝状真菌产生，如曲霉属 *Aspergillus*、青霉属 *Penicillium*、根霉属 *Rhizopus*、毛霉属 *Mucor* 等均可产单宁酶。从铁冬青植物组织中分离筛选得到高产单宁酸的木霉属真菌，采用正交设计对培养基进行优化，发酵 48h 后，酶活力达到 0.392μmol/L。在梭孢菌 *Thielavia subthermophila* 中还发现了一种耐热的单宁酶。

植物单宁，也称鞣质或植物多酚（Plant polyphenols），该天然产物化学结构多样，反应多重性，相对分子质量大多在 500~3000 之间，也存在相对分子质量更高的生物大（中）分子物质。这类化合物已经对公众健康产生了重大的影响，其生物活性成分主要有止血、抗氧化、抗病毒、促进氮代谢、改善肾功能以及精神病治疗等功能，故称植物单宁为天然有机化合物的新家族。国际上按单宁的化学结构统一将其分为可水解单宁（Hydrolyzable tannins）和缩合单宁（Condensed tannins）。前者母核为葡萄糖或多羟基化合物，如儿茶素的没食子或没食子酸酯的多聚物。新近有关可水解单宁生物合成形成和沉积位点在叶肉细胞壁这一主要场所的观点，已被酶学、免疫组织化学实验证实；这与早期报告的"单宁液泡说"不同。因此，现在可以把单宁液泡内容物看作本质未定的多酚化合物。缩合单宁，又称为原花色素（Proanthocyanidins），大多数发现于豆科饲料植物中，但是它的生物合成仍是不确定的。可水解单宁物质在水相介质存在酸、碱以及生物催化剂——单宁酶或加热时易水解为酚酸、糖或多元醇酸。例如，真菌单宁酶（EC 3.1.1.20）可以在温和的生理水相反应介质体系中直接酶水解单宁底物的缩酚羧键和酯键，积累显著数量的小分子优势产物没食子酸，以及其他化合物，如五倍子单宁的葡萄糖、塔拉单宁的奎尼酸等。

（2）单宁酶的功能

前人利用黑曲霉 GH1，分别采用固体发酵和液体深层发酵方式，比较在不同温度下胞内酶、胞外酶之间的差异，结果表明，黑曲霉 GH1 在固体发酵温度为 30℃、单宁酸初始浓度为 50g/L 时，最初 20h 培养的几乎全是胞外酶，20h 后酶活下降而蛋白酶的活力增加，比液体深层发酵产单宁酶酶活力高数倍，最高酶活达到 2291U/L。另外，两种发酵方式产生的单宁酶在结构、稳定性、催化性能和等电点等方面也有显著的差异。

单宁酶主要来源于微生物，属水解酶类，主要集中分布在曲霉属 *Aspergillus* 菌种，另外青霉、酵母、细菌以及植物和动物，如山羊的胃黏液中存在的活性单宁酶能促进单宁的水解。已经报道的产单宁酶微生物菌种有黑曲霉，它具有工业应用安全性好的特点。

单宁酶是一种水解酶，能水解没食子酸单宁中的酯键和缩酚羧键，生成没食子酸和其他化合物。在酶制剂工业发达的国家(如日本、美国),单宁酶的基础理论和应用研究工作开展得较早,并已在茶饮业中取得了较好的经济效益。随着国民经济的不断发展和人们生活水平的不断提高,单宁酶得到了更广泛的应用。人们已在皮革业、饲料业、化妆品业等方面实现了单宁酶的多种用途。我国是个茶叶大国,而且可供开发的资源非常丰富,因此,单宁酶在我国的应用前景十分广阔。

3.2.9 壳聚糖酶和几丁质酶

(1) 壳聚糖酶和几丁质酶的种类

壳聚糖酶是一种专门降解壳聚糖的水解酶。壳聚糖酶在工业上,可用于制备功能性甲壳低聚糖,甲壳低聚糖可用于食品、保健品和药品;在农业上可作为生物控制剂,提高植物的抗病能力;在生物技术方面,可以用壳聚糖酶并辅以其他手段制备真菌原生质体,为细胞分子生物学提供工具酶。目前还没有商业化的壳聚糖酶制剂应用于工业化生产,试剂级的酶制剂价格昂贵。

Monaghan 等(1973)在研究水解酶对抗病原真菌的可能性时,通过对 200 多种微生物的研究,发现 25 种真菌和 15 种细菌的培养液能降解接合菌纲(Zygomycetes)的 *Rhizopus rhizopodiformis* 的细胞壁,但对其他纲的微生物细胞壁无作用,于是就提出了一类新的酶——壳聚糖酶。它是一种不同于几丁质酶的新酶。这种酶对胶态几丁质不水解,但是能够完全降解脱乙酰化的壳聚糖,所以它被认为是对线性的壳聚糖具有水解专一性的一种酶。1984 年,向国际酶学委员会申请登记编号——CE3.2.1.99。此后,经过将近 30 年的一系列研究,人们又相继从多种微生物(包括细菌、放线菌、真菌以及病毒等)中提取到该酶。

目前,研究发现能在胞外分泌壳聚糖酶的资源真菌主要包括:腐皮镰刀孢 *Fusarium solani*、曲霉属真菌 *Aspergillus*、青霉属真菌 *Penicillium*、球孢白僵菌 *Beauveria bassiana*、鲁氏毛霉 *Mucor rouxii*、金龟子绿僵菌 *Metarhizium anisopliae*、接合菌属一种 *Gongronella* sp. 等。几乎所有资源真菌壳聚糖酶都属于糖苷水解酶 75 号家族。而且除腐皮镰刀菌外,其他资源真菌的壳聚糖酶均为诱导酶,因此,可以通过优化诱导物的种类和质量浓度而提高壳聚糖酶的活性。

(2) 壳聚糖酶和几丁质酶的功能

几丁质是 β-1,4 糖苷键聚合而成的 N-乙酰氨基葡萄糖(GlcNAc)聚合物,其存量仅次于木质纤维素。几丁质酶则是一类专门能将几丁质降解为 N-乙酰-D-氨基葡萄糖或寡聚 N-乙酰胺基葡萄糖的水解酶。许多病原真菌和昆虫以几丁质作为基本结构成分,因此,几丁质酶在植物病虫害防治中具有重要作用。水产品的壳富含几丁质,这些废弃物如果不经过处理,不仅造成资源浪费,而且会污染环境,几丁质酶水解处理水产品废弃物可以有效实现废弃物资源的再利用。

通过紫外线交替照射球孢状白僵菌 *Bauveria bassiana*,得到突变株。突变株的几丁质酶活力比出发菌株提高了 3 倍。而且经传代培养,突变株的几丁质酶活力能稳定遗传。木霉菌 *Trichoderma* 防治植物病害的主要机理是木霉产生几丁质酶抑制病原真菌的细胞壁合成。几丁质酶还可以抑制香蕉枯萎病病原菌的菌丝生长。

3.2.10　其他酶类

真菌聚酮化合物是一类庞大的天然产物。与脂肪酸的合成相似，资源真菌聚酮化合物由一个脂酰辅酶 A 为起始单元与若干丙二酰辅酶 A 延伸单元经反复缩合而成。聚酮合酶(Polyketide synthesis，PKS)是介导聚酮化合物生物合成的关键酶。由资源真菌聚酮合酶合成的聚酮化合物在结构和功能上显示出丰富的多样性，其生物学活性具有广泛的用途。一方面，有些资源真菌聚酮合酶负责合成一些药物制剂，如降胆固醇类药物洛伐他汀；另一方面，有些可催化合成对食品工业、农业和人体健康能产生巨大伤害的毒素(橘霉素、烟曲霉毒素和黄曲霉毒素)。因此，对资源真菌聚酮合酶的研究越来越为人们所重视。

加氧酶分为单加氧酶和双加氧酶，前者又称为混合功能加氧酶或羟化酶，作为一种氧化还原酶，主要催化分子氧的氧原子与底物结合的反应。加氧酶被广泛应用于环保、美容保健、移植免疫过程、医药中间体的生产、资源开发利用、病虫害的防治等行业领域。拟茎点霉菌 *Phomopsis liquidambari* 可降解 4-羟基苯甲酸(4-HBA)，研究表明发现 4-HBA 降解的第一步是羟基化形成 3,4-二羟基苯甲酸，之后再转变成儿茶酚，接着被氧化为 *cis*,*cis*-己二烯二酸(图 3-18)。由于酚酸化感作用对植物的生长和对土壤中微生物的生长均有不利影响，而该真菌却可降解这些物质，所以这一发现可用于土壤的生物优化，缓解生态压力。Chocklett 等(2010)在烟曲霉 *Aspergius fumigatus* 中发现高度专一性的鸟氨酸羟基化酶，该酶是可溶性四聚体，是黄素单加氧酶中第一次分离到绑定有黄素辅因子的酶，且具有高度的底物专一性，这种特性可以用于植物病害的防治。

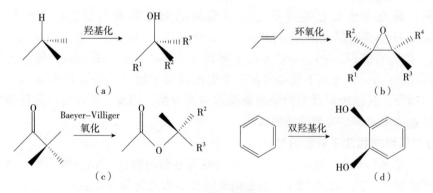

图 3-18　加氧酶的典型反应类型

植酸酶是一类能促进植酸及其盐类水解成肌醇和磷酸的酶的总称。产生植酸酶的资源真菌主要为曲霉属真菌，它作为饲料和食品添加剂有重要的实用价值，能提高饲料和食品中磷的利用率，减轻对环境的污染，消除植酸与金属离子的螯合作用，改善营养成分的吸收和利用。Shieh 等(1968)发现可以产生细胞外植酸酶的微生物都是真菌类，并且多数为丝状真菌。后来又有许多学者陆续报道从真菌中分离到了植酸酶。

3.3 资源真菌多糖

真菌多糖因其无毒副作用是目前最有开发前途的保健食品和药品新资源。本节主要从其提取纯化、构效关系、生物活性以及其真菌多糖的开发利用现状和研究前景等几个方面对其进行简单介绍。真菌多糖是从真菌子实体、菌丝体、发酵液中分离出的，由 10 个以上的单糖以糖苷键连接而成的具有生物活性的高分子多聚物，其发挥的功能主要涉及控制细胞分裂分化、调节细胞生长衰老等。大量的药理实验表明，真菌多糖化合物具有免疫增强与调节、抗肿瘤、抗病毒、抗凝血、抗衰老等作用，其中对多糖免疫增强作用机制的研究最为成熟，已深入到分子受体水平。随着对真菌多糖功效更深入的了解，真菌多糖必将被应用于更多领域，尤其是制药及保健品行业。目前，日本、韩国以及欧美等国在真菌多糖的研究方面处于领先地位。我国的真菌多糖研究近年来也有很大的进展，但对多糖的研究仍多偏重于药用多糖的提取、分离、精制、化学组成等方面，大多数品种尚处于实验阶段或仅用于滋补品和饮料，与国外相比仍有一定的差距。

3.3.1 真菌多糖结构修饰

(1) 硫酸化多糖

硫酸酯化多糖具有抗凝血、抗病毒、抗肿瘤、抗氧化、抗 HIV 等诸多独特的功能活性。香菇多糖、地衣多糖、木聚糖、牛膝多糖等原来不具有抗病毒活性的多糖，经硫酸酯化修饰后都显示出抗病毒活性。金顶侧耳多糖、箬叶多糖等本身具有抗病毒活性的多糖，经硫酸酯化修饰后，其抗病毒活性显著提高。

(2) 乙酰化修饰

乙酰化修饰是向多糖支链引入乙酰基，即多糖的乙酰化也是重要的多糖支链修饰方法。让更多的羟基暴露，增加在水中的溶解度。研究表明，多糖乙酰基的数量和位置对多糖活性有显著影响，其原因是乙酰基能改变多糖分子的定向性和横向次序，从而改变多糖的物理性质，乙酰基的引入使分子伸展变化，最终导致多糖羟基基团的暴露，增加其在水中的溶解性，因此，多糖乙酰基的数量和位置对其活性产生影响。例如，斜顶菌多糖乙酰化后，其抑瘤活性较修饰前有所提高，其原因除修饰基团自身因素外，还与修饰后水溶性改变有关。

乙酰基能使得多糖链的伸展发生变化，导致多糖羟基暴露，增加在水中的溶解度。一般来说，乙酰基增加，多糖的溶解度增大，从而有利于其活性的发挥。纤维素的乙酰化在活性修饰中起着重要作用，经过乙酰化处理的纤维素能溶于多种有机溶剂。对溶解性较好的乙酰化纤维素做活性化修饰(如硫酸化)，可使修饰过程在均相体系中完成，这样修饰的产物取代基分布更为均匀，活性也更高。

3.3.2　真菌多糖的种类

(1) 香菇多糖

香菇多糖是用热水从香菇子实体中提取的胞外多糖，具有强烈的抗癌活性，它作为调节机体免疫反应的 T 细胞促进剂通过刺激抗体的产生提高机体的免疫功能，从而达到抵抗肿瘤的作用的。

Koh 等(2014)证实香菇多糖的结构决定了香菇多糖是否具有活性。关于香菇多糖成分和结构的报道甚多，但明确与免疫活性有关的只有 β-1,3 葡聚糖。香菇多糖具有降血脂、调节免疫、抗肿瘤、抗血小板聚集、护肝解毒、抗突变和抗艾滋病的作用。临床上已应用香菇多糖治疗慢性病毒性肝炎和作为原发性肝癌等恶性肿瘤的辅助治疗药物，可以缓解病人症状，提高病人低下的免疫功能，改善微量元素的代谢失调等。

(2) 猴头菌多糖

由猴头菇子实体中提取的猴头菇多糖，具有抗肿瘤、增强机体免疫力、抗溃疡、护肝解毒、降血糖活性。猴头菌多糖二、三级结构比一级结构更具免疫活性，前人采用 X 衍射和黏度分析发现，猴头多糖的三维螺旋结构一旦被破坏，免疫活性随之消失，证明猴头多糖的活性与其三维结构有密切关系。

(3) 灵芝多糖

从灵芝中分离的杂多糖，由于分离方法的差异，所得多糖的化学结构与药理作用均有不同。灵芝含氮糖(GPSN)含赖氨酸等 13 种氨基酸，单糖组成为木糖、葡萄糖、半乳糖及半乳糖醛酸。从灵芝子实体中分离的灵芝粗多糖 D，具有免疫促进作用，提高机体对恶劣环境的抵抗力，尤其能够提高机体的缺氧耐受性，有助于组织获得较多的氧，此外，灵芝粗多糖 D 还有镇静、强心等作用。灵芝多糖有刺激胰岛素分泌的作用，有降血糖功效，还有降血脂、抗炎及改善学习记忆功能等作用。灵芝多糖使机体代谢产生的氧自由基减少积累量，从而抑制了脂质过氧化功能，起到了抗衰老作用。

采用现代发酵技术工业化生产灵芝多糖，研究主要集中在培养基组成(碳源、氮源、无机离子等)、pH 值控制、接种量、溶解氧、外源添加物等因素对发酵中生物量及多糖产量的影响，结果表明，养基组成及 pH 值对灵芝多糖得率影响最大。

(4) 猪苓多糖

从猪苓菌核中提取出的水溶性猪苓多糖，主链是由 β-1,3-糖苷键连接的葡聚糖，在主链上每 3~4 个残基间出现 1 个与 D-1,6-糖苷键连接的 D-D-吡喃葡萄糖基作为侧链的结构。这种多聚糖具有抗肿瘤活性，是一种非 T 细胞的促有丝分裂素，能促进小鼠脾脏细胞的增殖，具有保护肝脏细胞、增强机体免疫力、抗炎抗病毒、抗诱变、抗化疗毒性、抗辐射和抗衰老的功能，临床上用猪苓多糖作为原发性肺癌、肝癌、子宫颈癌、鼻咽癌、食道癌和白血病等放化疗的辅助治疗，可提高患者的抗病能力。

(5) 茯苓多糖

茯苓多糖是茯苓菌核的基本成分，易溶于碱，不溶于水，它是一种线性 D-1,3-糖苷键连接的葡聚糖，支链由 9~10 个葡萄糖残基通过 D-1,6-糖苷键连接。该多糖无抗癌作用，经高碘酸氧化、硼氢化钠还原和酸部分水解所得到的不含 D-1,6-糖苷键的新多糖被命名为茯苓异多糖，它能溶于水，具有很强的抗肿瘤活性。茯苓多糖可通过替代途径激活补体从而提高免疫力。

(6) 云芝多糖

云芝不但能在菌体内积累多糖，还向培养液中分泌胞外多糖。胞内多糖是葡聚糖，能抑制肿瘤生长；胞外多糖是由多种单糖组成的杂多糖，具有免疫活性。从云芝子实体中提取的云芝多糖含有 20%~30% 的蛋白质。据报道，云芝多糖对正常动物无免疫促进作用，但能恢复和增强荷瘤机体的免疫机能，它能有效地阻止因移植肿瘤而导致的抗体产生能力下降和皮肤迟发超敏反应的减弱，使因荷瘤或使用抗癌药物而降低的 T 淋巴细胞与 B 淋巴细胞的免疫功能得以恢复，还能激活吞噬细胞的吞噬功能。

云芝多糖作为抗肿瘤药物可改善患者的自觉症状，对于预防、治疗食道癌、肺癌、子宫癌以及乳腺癌有一定的作用；对治疗白血病也有疗效，可明显增强机体的细胞免疫功能和对放化疗的耐受性，并减少感染与出血。

(7) 金针菇多糖

日本学者 Kamasuka 等(1968)最先报道了担子菌中的多糖成分对小鼠肉瘤 S180 有明显的抑制作用。Yuko(1973)对水溶性金针菇多糖进行分级与提纯，得到 4 种纯组分 EA3，EA5，EA6 和 EA7。EA3 含有 92.5% 的葡聚糖，是一种较纯净的 β-1,3-键连接的葡聚糖，化学结构与香菇多糖相似；其他 3 种组分除含有葡聚糖外还含有少量的半乳糖、甘露糖、阿拉伯糖和木糖。EA3，EA5，EA7 对肿瘤有抑制作用；EA6 是一种糖蛋白，蛋白质含量占 30%，对肿瘤抑制率较低。试验表明，EA3 能增强 T 淋巴细胞功能，激活 T 淋巴细胞和吞噬细胞，促进抗体产生并诱导干扰素产生；EA6 能提高 IgM 的产生，增强 T 淋巴细胞的活性并激活淋巴细胞的转化，但不能促进淋巴细胞产生。

(8) 黑木耳多糖

黑木耳多糖是从黑木耳子实体中提取分离的一种酸性黏多糖，单糖组成为 L-岩藻糖、L-阿拉伯糖、D-木糖、D-甘露糖、D-葡萄糖和葡萄糖醛酸。总糖含量为 81.5%，葡萄糖醛酸含量为 19.9%。黑木耳多糖具有促进机体免疫功能的作用，对细胞组织的损伤有保护作用，具有降血糖、降血脂、抑制血小板聚集、抗血栓形成、提高机体免疫功能、抗衰老、抗溃疡和抗放射作用。

(9) 银耳多糖

从银耳中可分离得到含蛋白多糖银耳多糖，Mizuno 等(1999)证实其单糖组成为甘露糖、葡萄糖醛酸、木糖及少量岩藻糖和葡萄糖，银耳多糖含量为 75.7%，含葡萄糖醛酸 14.7%。银耳多糖能诱生干扰素，具有增强机体免疫力、抗辐射、升高白细胞、降血脂、降血糖、抗衰老、抗肝炎、抗突变、抗感染、抗红细胞凝集和抗溃疡等活性，能提高人体抗缺氧的能力，还影响血清蛋白和淋巴细胞核酸的生物合成。从银耳基粉中提取的多糖能明显促进肝脏的蛋白质及核酸的合成以及增强骨髓造血功能。

思 考 题

1. 简述多糖合成的模式。
2. 简述赖氨酸和色氨酸的生物合成。
3. 简述脂肪酸的分解代谢和生物合成。
4. 类胡萝卜素生物合成的前体、中间产物是什么？
5. 简述青霉素的生产菌、青霉素的结构以及主要的半合成青霉素。
6. 简述头孢霉素生产菌及结构。
7. 什么是次生代谢？举例说明真菌的几种重要的次生代谢，有什么生化作用？
8. 简述资源真菌产生的酶种类。其功能如何？
9. 资源真菌多糖种类有哪些？其功能如何？

第4章
资源真菌学研究方法

一般而言，资源真菌学的研究可以分为六大步骤：以收集和整理菌物资料为主的菌物资源调查阶段；在大量数据和文字资料基础上的分类和区划阶段；为菌物资源开发利用保护提供可靠科学依据的菌物资源评价阶段；以追求菌物资源开发利用合理性为基础的菌物资源规划阶段；以预测为了菌物资源变化趋势和满足需求的程度为主的菌物资源预测阶段。在每一个阶段都有不同的研究方法。

4.1 资源真菌的分离纯化方法

资源真菌材料来源越广泛，越有可能获得新的菌种。一般通过以下途径获得菌种：

①向菌种保藏机构索取有关菌株。

②由自然界采集样品(如土壤、水、动植物体等)，并从中分离培养目的菌株。

③从发酵制品中分离目的菌株。

针对某种资源真菌开展分离和纯化，一般只根据该资源真菌对营养、酸碱度、需氧量、温度等条件的不同要求，而提供适宜的培养条件或加入某种抑制剂，形成仅利于此菌生长而抑制其他菌生长的环境，从而淘汰其他一些不需要的微生物。一般资源真菌可在马丁培养基、查氏培养基、马铃薯培养基(PDA)、孟加拉红培养基、麦芽浸汁琼脂培养基(MEA)和牛胆汁琼脂培养基等上生长(附录1)。纯化分离的方法大致可以分为两种：在菌落水平上的纯化和细胞水平上的纯化。

4.1.1 常规食用菌固体培养基分离和纯化

4.1.1.1 稀释倒平板法

采用固体培养基纯化和分离，通常属于菌落水平上的纯化。单个微生物在适宜的同体培养基表面或内部，生长、繁殖到一定程度就可以形成以母细胞为中心的、肉眼可见的、并有一定形态、构造等特征的子细胞集团——菌落。当同体培养基表面众多菌落连成一片时，便成为菌苔。不同微生物在特定培养基上形成的菌落或菌苔均具有明显的特征，这些特征可以成为对该微生物进行分类和鉴定的重要依据。大多数细菌、酵母菌以及许多真菌和单细胞藻类均能在同体培养基上形成孤立的菌落，所以采用合适的平板分离法便很容易得到纯培养的菌种。这种方法包括将单个微生物分离和固定在固体培养基表面或内部，每个孤立的微生物通过生长、繁殖而形成菌落，以便于移植，多次移植后就可得到该微生物的纯培养。这种采用平板法分离微生物的技术简便易行，一直是各种菌种分离的常用手段。

稀释倒平板法分离纯化微生物的一般操作步骤如下：

①将待分离的微生物悬液做一系列的稀释（$10^{-1} \sim 10^{-6}$）（图 4-1）。

②分别取不同稀释度的菌悬液少许加至无菌培养皿中，并立即倒入已经熔化并冷却至 45℃左右的琼脂培养基，充分混合摇匀。

③待琼脂凝固后制成可能含有待分离菌的琼脂平板，在适宜的条件下培养一段时间即可出现菌落。

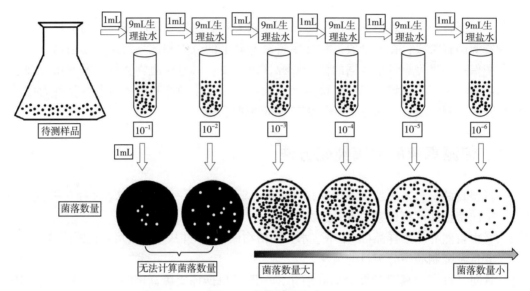

图 4-1　稀释倒平板法

4.1.1.2　涂布平板法

由于稀释倒平板法具有一定的缺陷，不仅会造成某些热敏感菌的死亡，而且也会使一些严格好氧菌被固定在琼脂内部造成缺氧而影响其生长。因此，在微生物学研究中常用的纯种分离方法是涂布平板法。涂布平板法是指取少量梯度稀释菌悬液置于已凝固的无菌平板培养基表面，然后用无菌的涂布玻棒把菌液均匀地涂布在整个平板表面，经适宜的条件培养后，在平板培养基表面会形成多个独立分布的单菌落，然后挑取典型的代表移接，重复多次移植后，便可得到纯培养的菌种（图 4-2）。

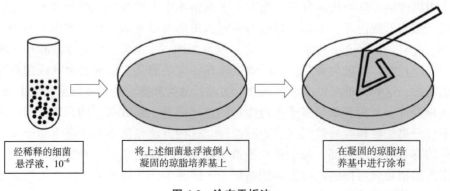

图 4-2　涂布平板法

4.1.1.3 平板划线法

平板划线法是分离微生物最简单、最常用的方法，用接种环在无菌环境下操作，蘸取少许待分离的微生物，在无菌平板表面进行连续划线，微生物细胞数量将随着划线次数的增加而减少，并逐步分散开来，如果划线适宜的话，微生物能一一分散，经合适条件培养后，可在平板表面得到单个菌落。有时这种单菌落并非都由单个细胞繁殖而来的，故必须反复划线多次才可得到纯种。其原理是将微生物样品在固体培养基表面多次作"由点到线"稀释而达到分离的目的。划线的方法很多，常见的划线方法有斜线法、曲线法、方格法、放射法和四格法等(图4-3)。

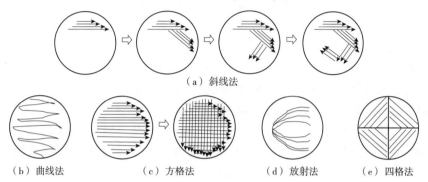

（a）斜线法

（b）曲线法　　　（c）方格法　　　（d）放射法　　　（e）四格法

图4-3　平板划线法

4.1.1.4 固体培养基配方

同其他食用菌生产一样，固体培养繁殖是利用某些植物残体及其他原材料，并配以其他菌根食用菌所必需的营养物质和水分等，经拌和、消毒、接种后形成的固体接种菌剂，相当于其他食用菌生产用的栽培种。但需要特别说明的是，这种培养基与食用菌栽培种的概念完全不同，尽管这类培养基也是以培育菌雏体为主，但它并不用于菌种的直接栽培，而是用于对树木幼苗的接种。其目的是让菌根菌菌种与树木根系能够更好地接触，以便形成更多的菌根。

用于菌根食用菌固体培养繁殖的材料有多种，常见的如草炭、泥炭、木糠、棉籽壳、稻草、香蕉茎、苔藓、麦麸、玉米秆、甘蔗渣、树叶、作物秸秆等，填充料有蛭石、浮石、珍珠岩、沙及腐殖土等，根据各地的具体情况，还可以选择其他更好、更廉价或更容易得到的培养材料。

①蛭石、泥炭、苔藓培养基　蛭石、泥炭、苔藓按1∶1∶1的体积比均匀混合，用MMN培养液(MMN培养基不加琼脂)进行拌和，再经高温消毒后即可接种繁殖。

②草炭、蛭石、玉米粉培养基　草炭150g，蛭石(或细沙)50g，玉米粉9g，红糖1g，麦芽汁(1.03°Bé)300mL，拌和均匀后经过高温消毒，即可使用。

③蛭石、玉米粉培养基　蛭石80%、K_2HPO_4 0.1%、玉米粉18%，KH_2PO_4 0.1%，葡萄糖1%，NH_4Cl 0.1%，$CaSO_4 \cdot 2H_2O$ 1%，$CaCl_2$ 0.1%，水适量，pH值为5.0~6.0，经消毒后备用。

④蛭石、草炭、栎树木糠培养基　蛭石、草炭、栎树木糠按照1∶1∶2的体积比

均匀混合，加入经修改 MMN 液体的培养基，二者比例约为 100：53.6，经高温消毒后可用于多种菌根菌的培养。

注：修改的 MMN 液体培养液的配方如下，$CaCl_2$ 0.5g，NaCl 0.025g，$MgSO_4$·$7H_2O$ 0.15g，KH_2PO_4 0.5g，$FeCl_3$（1%）1.2mL，维生素 B_1 0.1mg，$(NH_4)_2PO_4$ 0.25g，葡萄糖 10g，麦芽汁（1.4°Be）100mL，牛肉蛋白胨 2g，柠檬酸 0.2g，蒸馏水加至 1000mL，pH 值为 5.5~6.0。

⑤棉籽壳、小麦、甘蔗渣培养基　棉籽壳 68%，小麦粒 5%，甘蔗渣 20%，蛭石粉 7%，按重量比配合，另外，再加蔗糖 30g，碳酸钙 20g，麦芽粉 3g，维生素 B_1 1g，特殊物质少许，用 MMN 培养液（MMN 培养基不加琼脂）拌匀，含水量约 55%~60% 即可，pH 值为 5.5~6.0，经装袋，高温消毒后即可使用，本配方适合于培养外生菌根黏花茹属 *Hebeloma* 等属真菌使用。

⑥蛭石、水苔固体培养基　蛭石 5 份，水苔 2 份，均匀混合后取 200g 装入三角瓶中，每瓶再加入经修正 Hagem 培养液 200mL，经 121℃ 高温消毒 30min，冷却后再接入试管中或 10mL 液体菌中（用于松茸菌丝体的培养）。

⑦蛭石、泥炭、棉籽壳培养基　蛭石 10%，泥炭 10%，棉籽壳 10%，腐殖土 10%，杂木屑 18%，麦麸 8%，生土 7%（加水），pH 值为 6.0。经拌和均匀后加水调节含水量至 60%~65%，装入三角瓶或聚丙烯塑料袋中，在 121℃ 高温条件下消毒 2h，冷却后接入试管菌种即可（用于松茸菌种的扩大繁殖）。

⑧草炭土、玉米粉培养基　草炭土 4 份，玉米粉 1 份，经充分混合后每 1kg 中加入 2 片复合维生素，加水拌匀并消毒后备用，可用于美味牛肝菌等菌种的扩大繁殖。

⑨半固体培养基　以蛭石、草炭、木屑为基质，按 11：1：2 的比例混合，加入改良的 MMN 营养液，按 100：53.6（体积比）的比例拌和均匀，可培养多种菌根食用菌。

注：改良的 MMN 培养液配方为，马铃薯 200g，葡萄糖 10g，蛋白胨 2g，柠檬酸 0.1g，KH_2PO_4 0.5g，$CaCl_2$·$2H_2O$ 0.5g，$MgSO_4$·$7H_2O$ 0.15g，维生素 B_1 10mg，pH 值为 5.5，蒸馏水 1L。

4.1.2　常规食用菌液体培养基分离和纯化

4.1.2.1　分离纯化的方法

对于大多数微生物来说，采用传统的固体培养基就能很好地被分离出。但是一些大细胞的细菌、真菌以及许多原生动物和藻类等需要用液体培养基分离来获得纯培养。液体培养基分离纯化常用的方法为稀释法。将待分离的菌种接种在培养液中，经培养得到混合培养物后，将混合培养物在培养液中进行系列稀释，以得到高度稀释的效果，并尽可能使某一支试管中只含有一种微生物。如果经稀释后的大多数试管中没有微生物生长，那么有微生物生长的试管中得到的培养物可能就是纯培养物。如果经稀释后的试管中有微生物生长的比例提高了，那么，得到纯培养物的概率就会急剧降低。因此，在采用液体培养基稀释法时，同一个稀释度应设有较多的平行试管，这样才有可能获得纯培养稀释度的大多数试管（一般应超过 95%）表现为没有菌体生长。

(1)单细胞(孢子)分离

单细胞(孢子)分离方法属于细胞水平上的纯化分离手段。在自然界,真菌等微生物在整个生物系统中均是极少数的。这时候可以采用显微分离法从混杂群体中直接分离单个细胞或单个个体进行培养以获得纯培养,故称为单细胞(或单孢子)分离法。单细胞分离法的难度与细胞或个体的大小成反比,较大的微生物(如藻类和原生动物)较易分离。而个体很小的细菌分离则有一定难度。

(2)选择培养分离

一般而言,资源真菌等微生物纯培养所用的培养基均具有选择性,没有一种培养基或一种培养条件能够满足所有资源真菌等微生物生长的需要。因此,可以利用资源真菌与其他微生物之间所具有的不同生命活动特点,提供特定的环境条件,仅使能够适应于该条件下的资源真菌生长,从而使其在群落中的数量大大增加,进而很容易分离到所需的资源真菌。

长期以来,人们利用纯培养技术对环境中的资源真菌进行调查研究和开发利用。但是,研究表明自然界中绝大多数微生物(包含一定数量的资源真菌)尚不能利目前的纯培养技术培养,这些微生物称为不可培养微生物(unculturable/uncultivable microorganism),就资源真菌而言,称为不可培养资源真菌。随着研究的深入,不可培养微生物占人类已知微生物种类的比例越来越大,例如,在1987年发现的26个微生物类群均可培养;而今已发现的微生物类群达52个,其中近半数不可培养。为了更准确、广泛地研究环境中的微生物(包含一定数量的资源真菌),随后不采用培养手段,而利用分子生物学技术和手段(如宏基因组学的方法),来获取不可培养微生物的基因资源。这类方法的应用极大地推动了人类对自然界中微生物功能资源的开发和应用,但是仍然没有克服微生物不可培养导致的障碍。究其原因,一般认为上述方法不以获取微生物活体细胞为目的,致使无法准确了解微生物细胞的生命活动以及微生物群落中各种微生物相互协调的规律,进而无法对环境微生物工艺进行准确的设计、精细的调控和高效的利用。因此,在利用分子生物学技术手段研究微生物和微生物群落,开发微生物基因资源的同时,需要大力开发微生物培养技术,以提高微生物可培养性,尽可能培养不可培养微生物。目前,提高微生物可培养性已逐渐成为真菌学者关注的焦点。提高微生物可培养性的方式可分为两大类,即改进现有培养措施和开发新型培养技术。

(3)稀释培养法和高通量培养法

由于海洋环境中主要是寡营养微生物类群,迄今为止海洋环境中可以培养的微生物的比例仍是地球环境中最低的,因此在人工培养时,它们就会受到来自同一环境中处于生长优势微生物的抑制而不能生长。稀释培养法认为,当把海水中微生物群体稀释至痕量时,在海水中主要存在的寡营养微生物可不受少数几种优势微生物竞争作用的干扰,因而主体寡营养微生物被培养的可能性会大大提高。研究人员在稀释培养法的基础上又研究出高通量培养法,即将样品稀释至痕量后,采用小体积48孔细胞培养板分离培养微生物。该方法不仅有效提高了微生物的可培养性,还可在短期内监测大量的培养物,大大提高了工作效率。

（4）扩散盒培养法

Kaeberlein 等（2002）在分离培养潮间带底泥中的微生物时，使用一种新型的自制培养仪器——扩散盒（diffusion growth chamber）。扩散盒由一个环状的不锈钢垫圈和两侧胶连 $0.1\mu m$ 滤膜组成，滤膜只能允许培养环境中的化学物质通过而不能让细胞通过。将底泥样品置于扩散盒内的半固体培养基中，扩散盒置于鱼缸底部的天然海洋底泥上，往鱼缸内加入天然海水并保证扩散盒内存有一定空气供微生物生长。培养时，使天然海水循环流动，并不断注入新鲜的海水。培养一周后培养基上产生大量的微型菌落，数目高达接种微生物的 40%。这种培养方法能较大程度地模拟微生物所处的自然环境，由于化学物质可以自由穿过薄膜，可保证微生物群落间作用的存在，提高微生物可培养性。扩散盒法的主要不足是操作比较繁琐。

（5）细胞微囊包埋技术

细胞微囊包埋法是近年来出现的一种将单细胞包埋培养与流式细胞仪检测结合为一体的高通量分离培养技术。Zengler 等（2002）将海水和土壤样品中的微生物先进行类似释培养法的稀释过程，然后乳化，部分微生物形成了仅含单个细胞的胶状微滴。然后将胶状微滴装入层析柱内，使培养液连续通过层析柱进行流态培养。层析柱进口端用 $0.1\mu m$ 滤膜封住，防止细菌的进入而污染层析柱；出口端用 $8\mu m$ 滤膜封住，允许培养产生的细胞随培养液流出。该种高通量的培养技术可从每个样品中分离出 10000 多株细菌和真菌。

该方法的特点是让微生物在开放式培养液中生长，使培养环境接近于微生物的自然生长环境，能够很好地提高微生物可培养性，但成本较高，不利于普及使用。

（6）序列引导分离技术

序列引导分离技术（sequence-guiding isolation）是根据微生物基因组中特定基因的特异性序列设计引物或杂交探针，以培养物中目标序列存在和变化情况为标准，来指导对微生物最优培养条件的选择，培养出新的微生物。

Stevenson（2004）在细菌培养过程中采用了多种培养条件的组合，导致培养方案繁多复杂。为了减少分离细菌的工作量、节省时间，用 PCR 作为监测手段来确定目标细菌是否得到培养。当细菌在固体培养基上长出菌落后，用缓冲液冲洗培养基表面，提取冲洗液中细菌的 DNA，根据目标细菌的 16S rDNA 扩增情况判断目标细菌的存在与否。继续用 PCR 方法监测目标细菌直至分离得到纯菌株。前人等通过对尚未培养的海洋变形细菌的 BAC 基因文库进行研究，发现该类菌具有编码视紫红质的基因片段。视紫红质是光营养过程中不可或缺的化学物质。据此设想增加光照可提高该菌的可培养性，而进一步的实验结果验证了该假设的正确性。

此外，分子原位杂交技术不仅仅可以对推断目标微生物的代谢方式和营养需求提供帮助，极大地节省工作时间，操作也很简便，而且仅需要一种特异性的探针，显示了在微生物培养时引入分子生物学技术作为引导的优势和力量。

4.1.2.2 液体培养基分离纯化注意事项

（1）减少毒性氧的毒害作用

由于常规培养方法使用的高浓度营养基质不利于微生物生长，适当降低营养基质的浓度可以减弱这种不利影响。前人研究发现，低浓度基质的培养基培养出的细菌在数量和种类上均多于高浓度基质的培养基，但营养浓度过低时也会使培养出的微生物数量减少。实际上，营养基质浓度最好与微生物自然生长环境相近，例如，添加少量生长因子的天然海水或土壤浸提液作为培养基可以很好地培养海洋微生物和土壤微生物。另外，多聚物只有被水解为小分子物质时才能被微生物利用。以多聚物为碳源，能有效减缓毒性氧释放的速度，避免微生物在短时间内受到高强度的毒性作用。同时，充足的氧气有时也是毒性氧产生的原因之一，减少培养环境中的氧分压可减弱毒性氧的影响。以上措施均可减少微生物代谢过程产生的毒性氧，但有些情况下，毒性氧来源于微生物生命活动以外的过程，如高压灭菌。为了减少各种过程产生的毒性氧，可在培养过程中加入具有毒性氧降解能力的物质，如过氧化氢酶、丙酮酸钠和 α-酮戊二酸、过氧化氢降解物和抗氧化剂二硫代二丙酸。已经证实这些物质可使某些处于"活的非培养状态"(viable but nonculture state，VBNC)的细菌可培养性得到不同程度的恢复。其中丙酮酸钠对微生物可培养性恢复的效果最好，且具有稳定、成本低等优点。

(2)维持微生物间的相互作用

在培养基中加入微生物相互作用的信号分子可简单模拟微生物间的相互作用，满足微生物生长繁殖的要求。例如，加入酰基碳链长度各异的氮酰高丝氨酸内酯能有效提高细菌的可培养性，而与革兰阴性菌多种基因调控有关的另一种信号分子 cAMP 比氮酰高丝氨酸内酯能够促使更多细菌得到培养。Mukamolva 等(1998)在研究藤黄微球菌时发现，它分泌的一种促进复活因子(Rpf)可有效促进多种处于休眠期的革兰阳性菌复苏。同源性分析结果表明 Rpf 存在于多种革兰阳性菌中，推测原核生物可能广泛存在该类物质，因此，可考虑加入不同类型的 Rpf 来提高环境中微生物可培养性。

不同微生物的代谢过程不同，因此对反应的底物要求也不尽相同。供应微生物需要的特有底物有助于新陈代谢反应的进行及微生物的正常生长。大量的研究表明，将新颖的电子供体和受体应用到微生物培养中，能够发现未知的生理型微生物。

自然界中很多微生物聚集生长，形成"絮体"(floc)和"颗粒"(aggregate)等，致使其内部的微生物不易被培养。对"絮体"和"颗粒"进行适度的超声处理，将细胞分散再进行培养，可以使更多的微生物接触培养基而得到培养。

(3)延长培养时间

对"寡营养菌"的培养，可适当延长培养时间，使其能长至肉眼可见的尺度。当然培养时间不能无限增长，因为培养时间越长，对培养环境的无菌要求就越高。

(4)用琼脂替代物

琼脂对某些微生物具有毒性作用，采用无害且凝结作用较好的替代物质(如古兰糖胶)作为培养基固化剂，可以增加微生物的可培养性。

4.1.3 外生菌根菌的分离培养与菌剂的制备

和食用菌栽培一样，菌种的繁殖是最基本的工作之一，没有菌种就无法完成大量的菌根接种任务。因此，菌根研究必须同时研究其菌种繁殖以及如何将菌种制作成菌根菌剂的问题。

4.1.3.1 菌种的收集与繁殖

(1)菌根菌菌种的收集、分离及培养

菌根菌菌种的收集、分离及培养与一般的食用菌方法所需的仪器设备等基本上完全一样,因此,在本章中不予赘述。需要时请参考本教材的相关章节。

外生菌根菌的分离一般比较困难,特别是对一些未知培养条件的真菌就更难。根据前人的实践经验,伞状菌类最好的分离部位是菌伞与菌柄之间交界处的组织,分离成功率高;块状菌类则以分离菌体基部的产孢组织效果较好;有的真菌则以分离刚开伞的菌褶成功率较高。

(2)菌根菌常用培养基

菌根真菌的分离培养与一般食用菌相比,使用的培养基可能有所不同,这就需要我们根据具体情况进行必要的配搭与选择。我们列举了菌根菌培养中常见一、二级菌种所使用的固体或液体培养基配方仅供参考(附录3)。

4.1.3.2 菌根菌的扩大繁殖

与其他细菌肥料不同,菌根菌剂所包含的菌体不完全都是孢子,而主要是菌丝体,因此,菌丝体的大量繁殖,就成为菌剂生产首先要解决的问题。

生产上对菌根菌剂的需求量很大。在海南,有时需要接种数千万幼苗的接种剂,其菌剂的用量需要120t,因此,仅靠一般条件的生产无法满足其需求,而工业化的发酵生产就成为发展和应用菌根菌剂的首选。但是,无论哪种菌剂产品,其菌种的基本形式都是液体菌种。值得一提的是,菌根菌的繁殖与一般食用菌的繁殖方法也是一样的。

(1)液体菌种

液体菌种是在一、二级菌种基础上发展而来,是在液体培养基中直接接种一、二级菌种,经过摇床振荡培养一定时间而成。在工业化的发酵生产中,所生产的三级菌种可称为"液体菌种",将它倒入种子发酵罐可直接进行一级发酵,根据实际需要,再决定是否在生产罐中进行二级或三级发酵。所发酵的液体菌种,可直接成为液体菌根菌剂;也可经过再加工,成为菌根真菌的菌丸菌剂。

(2)固体菌种

固体菌种的繁殖方法与食用菌中的栽培种相似,即在固体培养料上接种液体菌种,经过一定的时间,让基质都带有菌根菌,并直接成为固体菌根菌剂。

4.1.3.3 菌根菌剂的剂型

有了菌种,还需要将它变成一些固定的形式,以方便人们使用,这就是将需要扩大繁殖的菌种,再加工成不同的剂型(图4-4)。一般来说,常见的菌根菌剂不外乎以下5个剂型。

(1)液体菌剂

液体菌剂是最简单的一种菌剂形式。从摇床、种子罐、发酵罐所生产的菌种,只要经过适当的粉碎加工,都可以直接成为液体菌剂,供接种使用。摇床培养适合小规模的菌剂生产与应用;而大规模的应用与生产,就必须采用发酵这种规模化的菌根菌剂生产方式。在液体菌剂中,每毫升菌液中所含菌丝体(干重)为20~25mg,低于这个

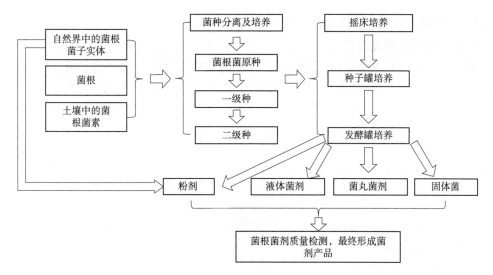

图 4-4　菌根菌剂的生产流程

标准，就难以保证接种的效果。

（2）固体菌剂

在上述经过消毒的固体培养基中直接接种液体菌根菌种，在适合的条件下继续培养一段时间，待菌种生长完成，就成为固体菌剂产品。固体菌剂目前还没有标准，因为其所含之物是菌丝体而非孢子，有人试图使用菌丝体的总长度米衡量菌剂的品质，但方法烦琐未得到公认。

（3）菌丸菌剂

菌丸菌剂是利用生物包埋技术，将菌根菌的活体菌丝体包埋在海藻酸盐溶液中，经过其他特殊处理后，形成一种直径 2~3mm 的半透明凝胶球，称之为"菌丸"。这种菌剂特别适合在机械化育苗中使用。菌丸菌剂在国内使用尚不普遍，1996 年在海南曾经大面积使用，但因生产技术较复杂，一般使用不多。

（4）粉剂

国内外菌根菌剂中的粉剂产品，多数是由子实体所产生的大量孢子配制而成（如彩色豆马勃、硬皮马勃、须腹菌、块菌等），为了提高接种效果，有些菌剂甚至还包括某些内生菌根菌的孢子。这类产品的成本一般较低，但是，有的菌种因孢子发芽比较困难，接种的效果难以得到保证。

（5）其他菌剂

在国外，还有的国家将收集的外生菌根菌的孢子粉与其他添加剂配合，加工成药片状的"片剂"，其使用也比较方便。

4.1.4　外生菌根菌的菌根合成

菌根合成是菌根研究的一个重要技术手段，也是发展林木菌根以及菌根食用菌必须具有的一种技术。

4.1.4.1　菌根合成的含义及其技术流程

其实，菌根的形成需要有一个过程，首先，要有可供接种的菌根真菌；其次，需要有适合的、可以共生的树种幼苗；最后，还需要有适当的环境条件。有了这 3 个条件，经过人工接种，将菌根菌种或菌剂接种于树木的根系，再经过一定的时间，幼苗的根系就可形成菌根，成为"菌根化的苗木"。学术上将此过程称为"菌根合成"（mycorrhizal synthesis），即利用人工接种的方法，在树木根系"合成"菌根。

在菌根食用菌的半人工模拟栽培中，人们将这一过程进行延伸，不仅要形成菌根及菌根化苗木，而且还需继续生长与发展，最终，还必须在其根系附近产生菌根食用菌的子实体。只有在子实体形成之后，菌根合成才算完成（图 4-5）。

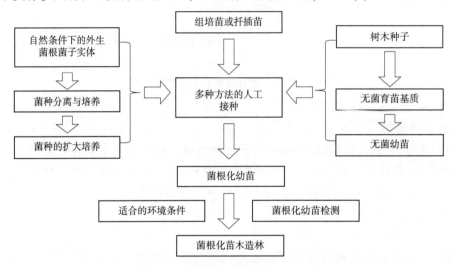

图 4-5　外生菌根菌"菌根合成"技术流程

其实，对于菌根型食用菌的菌根合成而言，目前仅有块菌是唯一的最成功的一个例子。因为，这项技术已经在世界上的许多地方都获得了成功，包括欧洲、美洲、大洋洲、非洲以及我国台湾地区等，而且，只要正确利用了这种技术，都可成功地"生产"小块菌的子实体来。

4.1.4.2　外生菌根菌的接种方法及技术

(1) 外生菌根菌的接种方法

这里所指的接种，与食用菌中常规的分离及培养中的接种有所不同，它不是仅在培养皿或试管中的接种，而是如何将菌根菌种接种在树木的幼嫩根系上，其目的是让树木的根系与菌种充分接触，并尽快形成菌根。因此，其方法不同于食用菌生产中的方法，而相似于植物组织培养或植物病理学的方法。

一般来说，菌根接种都是指对幼苗的接种，幼苗接种容易形成菌根，效果好，操作简便，而且节省菌种或菌剂的用量，从而可节约成本；此外，由于菌根菌的生长可以随着树木根系的生长而生长，无须多次接种就可长期与树木根系共生。对于幼树或大树，一般不作为接种对象，因为，它们的根系已经分散在较大的范围内，少量的接种只能在一个小范围内形成菌根，不仅影响接种效果，而且操作困难，增加接种成本。

常见的菌根接种方法可分为：苗床接种、浆根接种、注射接种、组培苗的瓶内接种以及其他方法的接种等。

①苗床接种 利用菌根菌的粉剂或水剂，撒施或淋施在苗床上，让菌根菌与幼苗长出的幼嫩根系接触，即可使幼苗感染上菌根。这种方法最为简便，但是，接种效果不算太好，因为，幼苗在苗床土壤中的时间较短，菌根菌的感染率一般不高。

如果没有人工生产的菌根菌剂，也可利用已经带有菌根菌的森林土壤，先将其撒施于苗床上，并与原有苗床土混合，然后再播种。这种接种法也有较好的接种效果。但是，必须注意森林土壤的纯净，尽可能防止其他杂菌的传入。

②浆根接种 如果造林苗木已经是幼苗，则可将菌根菌剂配制成一定的浓度，并与干净的泥土或其他填充料混合，拌成泥浆状，然后用它进行幼苗"浆根"，让幼苗自动带菌，接种后即可进行造林。这种方法比较简单，节省菌剂及成本，而且可接种大量苗木，但是，这种方法只适用于接种"裸根苗"，对其他容器苗、营养袋或营养杯苗则无法使用。

③注射接种 如果幼苗无法进行浆根，则可使用注射的方法。将配成一定浓度的液体菌根菌，用注射器、滴瓶或滴管等类似的器具，将菌剂注入育苗基质中，从而让幼苗根系带菌。这种接种方法虽然费时、费工，对大规模的接种难以实行，但是，其接种的效果最好，因为它可将菌根菌剂直接送到树苗的根系周围与根系充分接触，容易使幼苗在短时间内形成菌根。

④组培苗的瓶内接种 组织培养技术(俗称"克隆")，是近几十年来，植物繁殖科学中的一项新技术，经过组织培养，人们可以获得更多、更好的无性繁殖幼苗，直接供栽培使用。杨树、桉树等许多树种都已经使用组培苗造林。组培苗的繁殖需要在无菌条件下，用人工培养基在特定条件下进行培养；而菌根菌的繁殖方法与之几乎完全一样。因此，在人工培养条件下，将两种培养基经过一定的修订，变成既能适合组培苗生长，同时又适合菌根菌生长，那么，在组培瓶内直接接种菌根菌，所生产的组培苗，就都是菌根化的组织培养苗了。这种菌根化组培苗，可以在组培与菌根两个水平上增加产量，因此，组培苗的瓶内菌根接种，是省工、省时、省成本的最好接种方法。但是，这种方法目前只能适用于已经实施组培技术的树种使用。

⑤育苗基质接种 有些菌根菌剂可以直接与育苗的基质混合，这类基质无论对容器苗还是苗床幼苗，都可使用。使用时，只需根据产品质量以及使用要求，按比例掺入到育苗基质中，经拌匀后即可装袋，无论直播或移栽，均可与幼苗根系充分接触，并让幼苗尽快形成菌根。但是，这种方法需要较多的接种剂，会增加接种成本。

(2)外生菌根菌剂的接种量

菌根菌接种量的多少，主要取决于所接幼苗(或幼树)的大小以及菌根菌剂质量的好坏。

①液体菌剂的接种量 根据多年的实践，对10cm以下的幼苗，一般每株仅接种液体菌丝体菌剂2~3mL即可(菌剂的菌丝体含量至少应为20mg干重/mL)。若是彩色豆马勃或硬皮马勃等菌种的孢子粉菌剂，则需接种相当于1mg/株的孢子量，约为$1.1×10^6$个孢子；若是其他伞菌孢子，则可根据发芽率的大小来决定接种量；如果是大苗，则

需根据具体情况适当增加用量。

②菌丸菌剂的接种量　如果使用菌丸菌剂接种，5cm 以下的芽苗每株接种 2~3 粒即可；10cm 以下的幼苗，需要接种 5~10 粒；10cm 以上的幼苗，每株则需接种 10~20 粒或更多。

③固体菌剂的接种量　固体菌剂的接种量主要取决于菌剂中有效菌丝体的实际含量。就一般而言，10~15cm 的幼苗，每株需接种菌剂 15~20g；若是较大的幼苗，则每株需接种 30~50g，甚至每株接种 50~100g。

④组培苗的接种量　对于组培苗，一般每个瓶中接种 5mm×5mm 大小的菌丝块 3~4 个(一级菌种)即可。但是，需要注意两个问题：一是组培苗在瓶内的保留时间有多长；二是菌丝体生长速度的快慢。如果菌种生长速度快，菌种应少接，而生长速度慢的菌种，可适当多接；组培苗在瓶中保留时间长的应少接，而在瓶中保留时间短的幼苗应多接。此外，还应注意组织培养所使用的培养基是否适用于菌根菌种的生长，如果不适合，则需要对这两种培养基进行适当的修订，使其既适合菌种生长，又适合组培苗的生长。

此外，就一般而言，对容易感染菌根菌种的幼苗，可以适当少接种，而对一些不易感染菌根菌的苗木，则需多一些接种量。

4.1.4.3　幼苗菌根合成所需的条件

完成菌根菌的接种，只是菌根合成的第一步，还必须有其他条件或工作的配合，否则，即使接种了菌种也未必就能形成菌根。因此，应当注意下面几方面的问题。

(1) 育苗基质

为了保证菌根菌的接种成功，防止其他杂菌的污染，培育菌根化幼苗的育苗基质必须事先进行消毒处理。目前，国内使用最多的育苗基质还是土壤，在南方，育苗用的土壤最好使用比较干净的"黄心土"，即腐殖层以下的"生土"。使用甲醛或其他杀菌剂进行熏蒸消毒；简便、节省、有效的方法是"阳光暴晒"，其具体的做法是：将黄心土在洁净的地上平铺约 10~15cm 厚，用透明的塑料薄膜覆盖，在阳光下暴晒 3~4d，并进行一次翻晒，再继续暴晒约 3d，待冷却后即可使用。据测定，在南方夏季强烈的阳光下，土壤温度最高可达 60~70℃ 以上，确有理想的消毒效果。

在一些条件较好或规模较大的造林企业，比较多的是使用人工配合的育苗基质，如泥炭、蛭石、浮石、珍珠岩、河沙等。这类基质的消毒，有的使用高温消毒法，在 150℃ 高温条件下消毒 1~2h；有的则使用上述化学药剂或其他消毒药剂进行消毒。

(2) 接种后的幼苗管理

与其他树苗一样，幼苗接种菌根菌后，需要注意对幼苗进行认真的管理，只有满足其有关需要后，菌根化苗木才能真正形成。就一般而言，菌根化幼苗的水分管理最重要，其次还要考虑其他条件的管理。

①水份管理　在接种后的 15d 内，为了保证菌种的生长，淋水的次数和淋水量不能太多，保持基质湿度在 50%~60% 之间即可，这样做既可保证幼苗生长，又不致因水分过多而影响菌种生长。

②肥料管理　尽管菌根菌生长也需要养分，但其需要量极低，因此，在接种后的

60d 内，其基质的养分不能太多，特别是磷肥的用量不能多。因为，过多的营养反而不利于菌根菌的生长。

③温度控制　绝大多数真菌的生长适温都在 25~28℃ 的范围内，多数地区的接种一般无须控制温度，但是，在南方高温季节接种，就应注意适当控温；接种某些适合高温条件生长的菌种，如彩色豆马勃、硬皮马勃等属于耐高温的菌种，则无须控制温度。

④光照条件管理　幼苗生长一般都需要有光照，而某些菌根菌菌丝体的生长则不需要光照，尽管所接菌种是在根系，但也需注意一定的遮阴条件，最好在接种后的7d内，将接种苗放在阴凉、湿润的地方，不要放在强阳光下。7d 后，根据具体情况再逐步增加光照。

⑤防污染管理　一般来说，幼苗接种后的 60~80d 内(根据具体的菌种与幼苗种类而定)，应注意防止杂菌污染问题，可以在幼苗基质表面覆盖防污染膜，如锡箔纸之类；大规模的育苗则可采取其他可行的防污染措施。但是，无论如何，注意苗圃或接种区周围的环境卫生，是绝对不可少的。

4.1.4.4　菌根化幼苗的检测

菌根化幼苗的检测是衡量幼苗是否感染菌根菌的重要方法。只有经过检测，证明根系已经形成菌根的幼苗，才能称为"菌根化苗木"，才能直接用于造林。幼苗菌根化检测有以下几种方法。

(1)肉眼检测

肉眼检测是最简单、最容易、最方便的一种方法。要求检查者根据所掌握的菌根形态知识，判断树苗根系是否有菌根出现；如果确定有菌根，则需要对菌根感染的比例进行初步估计。感染率的目测：根据一定数量的植株样本、根段，检查菌根感染株数或根段数，就可直接统计出菌根感染率。

但是，感染率不能反映出菌根感染的程度，为了进一步表明菌根感染的强弱程度，近年来，有学者还提出"感染强度"这一指标，其方法是，将菌根感染情况进行分级，一般分为 1~5 级，每级的感染率在固定的范围内，最低感染率为1%以下，最高感染率为 50%，然后按照下列公式计算出感染强度：

最高感染强度 = $\sum$(菌根感染级×该感染级的根段数)/最高级×调查总数×100

最高感染强度为 100，最低为 0。

(2)显微镜检测

显微镜检测虽然比较烦琐、复杂，但它是最准确、最可靠的检测方法。其目的是，根据菌根的形态学，检查已初步判断为菌根的根段，是否确实就是菌根；通过显微计数的方法，确定菌根感染的百分率及其感染强度。

①菌根观测　利用"徒手切片法"，切取根样的(横)薄片，在显微镜下进行观察，检查根系有无菌根所特有的菌套、哈蒂氏网和外延菌丝，如果都有这些结构的存在，或者至少有前两种结构的存在，那么，树苗具有菌根就确信无疑。不过，这样的观测需要首先对根系进行处理，包括固定、染色、脱色等一系列处理后才能进行，具体方法请参考有关书籍。

②显微计数 在解剖镜下，利用"交叉划线法"，统计其直线交叉点菌根的有无以及数量，最后计算出菌根感染率。

小规模的试验苗，一般是进行全部逐株检测；而在批量生产菌根化幼苗的地方，往往是按照一定的数量比例，进行苗木的样品抽检，如 1%、5%、10%等。如果营造的是"菌根食用菌林"，那么，就要求 100%的幼苗都是菌根化苗木；如果营造的是一般的丰产林，则应当规定一个最低的感染比例，如 60%、70%或 80%等。在我国的"世行贷款造林项目"中，要求菌根化苗木的比例至少应达到 60%。

(3)其他方法检测

利用现代生物技术，可快速检测其树木根系是否感染了人工接种的菌根菌，也就是利用 PCR 设备，检验其有无菌根菌的 DNA 片段。但是，目前这种方法还只能在有条件的地方或单位才能进行。

4.2 资源真菌的鉴定方法

4.2.1 资源真菌的传统鉴定方法

在传统的真菌鉴定和分类中，一直都是以其形态学、细胞学、生理学和生态学的特征为依据，尤其是以有性态的形态特征为主要依据。目前世界上使用最广泛的真菌分类系统是 Ainsworth 分类系统，它按真菌孢子的类型和有性态的有无，把真菌分为鞭毛菌、接合菌、子囊菌、担子菌和半知菌 5 个亚门。根据形态特征对真菌进行分类，方法简单、易行、直观，不需要昂贵的仪器。但随着人们对其认识的深入，形态学方法的不足之处也逐渐显现出来。从系统学的观点来看，以形态结构为基础的分类系统在一定程度上受人为因素的干扰，不能充分反应物种的进化关系；从应用和方法学的角度看，真菌的形态和解剖结构复杂多变，且要获得其有性或无性器官需较长时间。另外，有些真菌(如半知菌亚门的真菌)则不易、甚至不能形成有性态，这就给分类鉴定带来了诸多不便，不能满足日益增加的更高更精确的要求。

4.2.2 资源真菌的现代鉴定技术

分子生物学是从分子水平角度研究生命本质的一门科学，它以核酸和蛋白质等生物大分子为研究对象，研究其组成、结构和功能，进而阐明遗传、生殖、生长和发育等生命基本特征的分子机制，从而为认识、利用和改造生物奠定理论基础和提供新的手段。随着分子生物学的发展，DNA 分子标记技术已有数十种，广泛应用于遗传育种、基因组作图、基因定位、物种亲缘关系鉴别、基因库构建、基因克隆等方面。而 DNA 分子标记技术在食用菌研究中，主要应用于遗传育种、菌种的分类与鉴定、物种亲缘关系的鉴别、遗传多样性分析、基因定位和克隆等研究中。

由于科学技术的迅速发展，特别是分子生物学的迅速发展，给真菌分类学以巨大的推动力，其中将核酸和蛋白质等分子生物学性状用来探索真菌的种、属、科、目、纲、门等各级分类阶元的进化和亲缘关系应用日趋广泛，弥补了传统分类的不足，使人们对真菌系统发育的认识更接近于客观实际，为真菌分类学的研究开辟了前景。近几十年来真菌分类的新进展主要表现在以下几个方面。

4.2.2.1　核酸分析技术

核酸分析技术大都以 DNA 同源性为基础，将那些表型特征相似的菌株在分子水平上给以界定。一般而言，同一种内的菌株必须是 DNA 同源性≥70%。核酸分析技术在真菌分类中应用较多的主要有 DNA 碱基组成（G+C 百分含量）分析［或者称为 DNA（G+C）mol%测定］、DNA 分子杂交技术、核糖体脱氧核糖核酸（rDNA）序列测定、限制性片段多态性（RFLP）分析技术，随机扩增多态性（RAPD）分析技术、扩增片段长度多态性（AFLP）分析技术。

在真菌的现代分类学中引入了分子生物学技术的鉴定方法有：真菌、微卫星 DNA 指纹图谱技术、基因序列测定分析等。以上技术相对于以往基于形态学及显微结构或生理生化特征对菌体进行分类鉴定的技术而言，突破了诸如生物个体大小变异、相似性状的交叉和过渡、地域种群的微小差异等限制，从而在基因水平反映了物种的遗传变异、生物多样性和进化关系，摒弃了观察者主观因素对真菌种类鉴定和菌株发育系统建立的影响，因此目前已成为真菌系统分类究的常用手段之一。

随着生物化学、遗传学以及分子生物学等相关学科的发展，同时也是真菌分类学自身发展的客观要求，在真菌的现代分类学中引入了分子生物学技术的鉴定方法，如 DNA 碱基组成、脉冲电场凝胶电泳（PFGE）和核糖体 rDNA 内部转录间隔区（ITS）序列分析技术等。

（1）真菌 DNA 碱基组成的分类鉴定方法

DNA 由 4 个碱基组成，即腺嘌呤（A）、鸟嘌呤（G）、胸腺嘧啶（T）、胞嘧啶（C），双链 DNA 碱基配对规律是 A=T 和 G=C。不同的有机体 G+C/A+T 的摩尔百分率却各不相同，如果把这 4 种碱基总相对分子质量看作 100，那么真菌 DNA 的碱基成分可用 G+C 对全部 4 个碱基的摩尔百分率（mol%）来表示：（G+C）mol%。大量的研究表明，脊椎动物 DNA（G+C）mol%为 35%~45%，细菌为 24%~78%，真菌为 20%~60%，真菌的这一宽度与细菌大体相似，这就为这一特征在真菌的分类中的应用提供了基础。

（G+C）mol%在真菌分类鉴定中主要有两种作用：

①有助于界定真菌的种属　真菌的各种属、纲、门之间都有其特定的 DNA（G+C）mol%范围，遗传关系相近的有机体有相似的 DNA（G+C）mol%，如果两个菌株之间 DNA（G+C）mol%差异较大，可以大致断定它们不是一个种。一般种内（G+C）mol%相差 2%以内是无意义的，两个菌株之间（G+C）mol%含量差别在 4%~5%之间，可以认为是同一种内的不同株；若差别在 10%~15%之间，可以认为是同属内不同种；差别在 20%~30%之间，则认为是不同属或不同科内真菌。

②可以作为判定真菌科属间的亲缘关系的参考标准　两个菌株的 DNA 碱基组成相同，而 DNA 序列上可能有较大的差异，因而两者之间的亲缘关系并不一定相近，因此，（G+C）mol%测定其主要作用在于否定，即（G+C）mol%不相同的菌可以肯定回答它们不是同种，而（G+C）mol%相同的菌就不能肯定回答，只有当它们同时具有大量共同的表型性状时，才能说明它们在遗传学和亲缘关系上相近。

(2) DNA 分子杂交技术

核酸分子杂交技术已广泛应用于遗传学、基因工程及病毒学和细菌学等方面的研究。众所周知，生物体是以 DNA 的形式通碱基序列来存储遗传信息，不同的生物碱基序列都不同，种的差别越大，其 DNA 碱基序列差别越大。因此，通过不同真菌 DNA 碱基同源性分析，可以对真菌种属间的亲缘关系做出分析鉴定。变性的单链 DNA 在一定条件下，可以靠碱基的配对而复性成双链，这就是 DNA 杂交的基本原理，同种异株的真菌基因组 DNA 序列差异较小，一般认定在 35% 以内，采用示踪物标记的一条 DNA 分子做探针与另一条 DNA 片段在适当的条件下杂交，可获得两者间的 DNA 同源性即杂交百分率，以此判断两菌株是否同属一种。对于属或属以上的分类鉴定则采用 DNA 及 rDNA 杂交的方法，因为 rDNA 在进化的过程中保守性强，用标记的 rDNA 分别与 DNA 杂交，可以获得被测 DNA 分子亲缘关系的资料，核酸分子探针杂交这一技术已日臻成熟，用于真菌分类领域的研究近年来已有大量的资料报道，其中关键是真菌核酸分子探针的制备。迄今为止，真菌核酸分子探针大体分为两类，种的特异性探针和多态性探针，从 20 世纪 90 年代以来发展迅速，它的应用对真菌类系统的影响较大。

4.2.2.2 RFLP 与资源真菌的鉴别

(1) 基本原理

DNA 碱基序列在进化过程中因点突变、易位、倒位、缺失和转座等改变，导致限制性内切酶识别位点的数目和距离发生了变化。限制性片段长度多态性(RFLP)分析主要是利用不同真菌间 DNA 序列的差异限制性内切酶的切点不同、酶切片段的数量及分子量的大小不同对真菌分类。提取纯化真菌的 DNA(核 DNA 或线粒体 DNA)，用限制性内切酶酶解，进行电泳分析，观察电泳图谱 DNA 片段条带数量及电泳位置，找出不同真菌间的差别，作为分类依据。RFLP 常用于种以下的分类，一般适用于 2~3 种菌之间的比较。分子克隆、探针技术此技术利用不同真菌 DNA 序列的差异及 DNA 探针同源性杂交的原理进行分类。此方法常用于种以下的分类，且适于同时进行多种菌之间的比较。选择某种真菌与待分类真菌同源培养，提取其 DNA(核 DNA 或线粒体 DNA)，用限制性内切酶酶切后，电泳展开，回收小分子 DNA(400~1000bp) 片段。将小分子 DNA 片段与载体(PBR322 质粒)重组，转移到大肠杆菌内扩增(分子克隆)，得到一系列小分子 DNA 片段。经同位素或非同位素标记物标记，制备出一系列小分子 DNA 片段探针。提取待分类真菌中的 DNA，经限制性内切酶酶切后电泳，再用上述 DNA 探针进行分子杂交，并观察其杂交图谱杂交条带的数量及位置，找出各菌之间的差异进行分类。

(2) 基本步骤

DNA 提取→用限制性内切酶酶切 DNA→用凝胶电泳分开 DNA 片段→把 DNA 片段转移到滤膜上→利用放射性标记的探针杂交显示特定的 DNA 片段(Southern 杂交)和结果分析。

①真菌 DNA 的提取和纯化 真菌有 4 种存在形式：核 DNA、线粒体 DNA、核蛋白体、质粒 DNA。用于真菌分类的 DNA 分析时，常选择核 DNA 和线粒体 DNA。真菌 DNA 提取方法很多，基本步骤包括：真菌培养，收集菌丝，投入液氮内冷冻并研磨成

粉末；加 EDTA、SDS 缓冲液和蛋白酶；离心沉淀；ET 加乙醇再次沉淀 DNA；用氯化铯密度梯度离心分离核 DNA、线粒体 DNA。纯化后的 DNA 可用于限制性内切酶分析和分子克隆。

②限制性内切酶的选择　对于 RFLP，通常选择在 DNA 上切点较少的限制性内切酶，如 Sma I、Rsa I、Hinf I 等。因 RFLP 是用限制性内切酶酶切 DNA 后电泳展开观察，如果选用在 DNA 上切点多的内切酶，酶切后的 DNA 片段太多，电泳图谱上的条带杂而不清，很难用于不同菌之间的比较。用 DNA 探针技术进行真菌分类时，可任意选择各种限制性内切酶。但从经济角度考虑，多采用常用、价廉的限制性内切酶，如 Hind III，EcoR I 等。值得注意的是在制备小分子 DNA 片段时，选用的内切酶必须在载体上有相应的酶切位点，否则无法将 DNA 片段和载体进行重组。一般载体（如 RBP322）质粒上有数十个内切酶的位点。

③DNA 片段的分子克隆　将真菌 DNA 酶切电泳后回收小分子 DNA 片段（400～1000bp）。将这些 DNA 片段与载体（常用 PBR322 质粒）重组。重组后，将携有小分子 DNA 片段的 PBR322 质粒转移到大肠杆菌中克隆。克隆菌株因质粒有耐药基因，可在含抗生素的培养基上生长。这样，一系列小分子 DNA 片段得以大量扩增。随后用限制性内切酶从质粒上切下 DNA 片段，经纯化后用于制备 DNA 探针。

④DNA 探针的制备　用于制备 DNA 探针的标记物分同位素和非同位素标记物两大类，非同位素标记物有生物素、地高辛等。制备探针常用以下 3 种方法：缺口平移技术、化学标记技术、光敏生物素标记技术。

⑤DNA 探针的分子杂交　培养待分类的真菌，提取其 DNA，再用限制性内切酶酶切，电泳后，用硝酸纤维滤膜吸附已分离的 DNA 片段，与上述 DNA 探针杂交，经放射自显影或酶促反应显色等方法，将杂交图谱对比分析，找出不同真菌间的同源性或同源性的程度，作为分类的依据。

(3) 限制性片段长度多态性（RFLP）分析

RFLP 技术是最早发展的一项分子标记技术，可以检测基因组 DNA、核糖体 DNA 或叶绿体 DNA。由于该技术包括 Southern 印迹等繁琐的试验步骤且需要的 DNA 量比较大，所以研究者将 PCR 与 RFLP 技术相结合解决了上述问题。RFLP 技术因其能展示大量的遗传标记，最初用于人类遗传病的诊断，近年来在真菌分类鉴定和系统分析中也已广泛应用。RFLP 技术可将分类单位精确到种以下，可以用来对物种、变种、个体菌株及杂交种进行种性检测。Juhász 等（2007）研究棘孢曲霉的线粒体 DNA 内切酶谱，并建立了有关线粒体 DNA 的 RFLP 比较方法。1982 年，Raper 等利用 RFLP 的分析区别有无产生肠毒素（Enterotosis）的霍乱弧菌 Vibrio cholerae 菌株间在 DNA 组成上的差异。Kozlowski 和 Stepien（1982）以及 Kohn 等（1988）分别对曲霉属的 7 个种的线粒体 DNA，以及核盘菌的线粒体 DNA 进行分析，证明 RFLP 技术是植物病原真菌分子鉴定的一种可靠方法。

近年来，将 RFLP 分析与其他技术（如 PCR 技术、杂交技术）结合起来，对 PCR 产物进行 RFLP 分析或将基因组 DNA-RFLP 图谱以特定探针杂交后分析杂交带的大小与数目，可弥补单纯 RFLP 分析时结果模糊的缺陷。运用 PCR 和 RELP 相结合的方法可以克服 RELP 需要消耗大量的 DNA、步骤繁杂的缺点，PCR 分析技术主要是基于不同的引物设计扩增特异序列区分菌株之间的异同。PCR-RELP 分析则能将真菌鉴定到菌种水平，而且还可以对一些毒素的产量进行实时、定量地监测。

此外，根据 PCR 产物的 Hinc Ⅱ 和 Pvu Ⅱ 的酶切结果可以将黄曲霉和寄生曲霉鉴别开来。PCR 与 RFLP 技术结合后，基因组遗传变异分析变得简单、安全、快速。这种方法不需使用放射性标记，从而提高了对操作人员的安全性；另外，也不需要设计探针，即可在不知道任何信息的情况下对样品作分析，构造物种的指纹图谱。1987 年 Scherer 等将 PCR-RFLP 方法用于念珠菌的研究。他们用 EcoR I 对 6 株白念珠菌 DNA 进行酶切分析，对同一株菌反复酶切，发现其带型不发生改变，证明 PCR-RFLP 具有良好的重复性；将同一株菌传代 400 余次后酶切分析，传代前后具有相同的酶切图谱，显示了 PCR-RFLP 良好的稳定性。PCR-RFLP 技术还能够区分红色毛癣菌、白念珠菌和黄曲霉。苏艳纯（1994）运用这一技术对疫霉菌 18 个种 58 个菌株的 18S rDNA 和 ITSDNA 进行分析的结果，表明疫霉菌形成表观群的趋势与 Waterhouse 的传统分类情况不完全相符。郭成亮（1995）对腥黑粉菌属部分种 ITS DNA 的 RFLP 分析结果表明，PCR-RFLP 可用于区分真菌及其属内亲缘关系较近的种。前人利用对肺曲霉病患者体内分离的烟曲霉进行了 DNA 分型，结果提示多种类型的曲霉病可能由同一 DNA 型的烟曲霉引起，并且发现致病性烟曲霉菌群的分布与人类生活环境和自然环境密切相关。Mizukami 等（1996）用 PCR-RFLP 技术对茅苍术、关苍术、白术的 rDNA 进行研究，发现 Sac Ⅳ 酶切网谱差异明显，能准确区分这 3 种植物。Ngan 等（1999）采用 PCR-RFLP 方法考察了 5.8S rDNA 转录内间隔区，成功区分出人参属 6 种植物及其 2 种易混伪品。张婷等（2005）运用 PCR-RFLP 方法鉴定了市场上收集的 25 种束花石斛、流苏石斛及其形态相似种的原植物，认为 PCR-RFLP 可用于鉴定石斛药材的原植物。因此，PCR-RFLP 不仅达到了与传统方法相同的效果，而且快速、安全、研究周期缩短。

（4）优缺点

RFLP 普遍存在于低拷贝编码序列，并且非常稳定，但 RFLP 实验操作烦琐，检测周期长，成本高昂，不适于大规模的分子育种，在植物分子标记辅助育种中需要将 RFLP 转换成以 PCR 为基础的标记。与核酸序列分析相比，RFLP 可省去序列分析中许多非常烦琐工序，但相对 RAPD 而言，RFLP 方法更费时、费力，需要进行 DNA 多种酶切、转膜以及探针的制备等多个步骤，仅对基因组单拷贝序列进行鉴定。限制性片段太多，不易作比较分析，而且过分依赖于所选用的限制性内切酶种类和数目，容易使结果出现偏差。但 RFLP 又比 RAPD 优越，它可以用来测定多态性是由父本还是母本产生的，也可用来测定由多态性产生的突变类型究竟是由碱基突变或倒位，还是由缺失、插入造成的。这种方法存在的缺点是用 RE 消化整个基因组 DNA 产生的酶切图谱往往伴有浓重的背景，使特征性酶切条带在这一背景下较难辨认。

4.2.2.3　RAPD 与资源真菌的鉴别

（1）基本原理

随机扩增多态性 DNA 技术（random amplified polymorphic DNA，RAPD）是 20 世纪 90 年代发展起来的建立在 PCR 技术基础上的一种分子标记手段，已广泛应用于种群间亲缘关系、分类和系统发育等方面的研究，并表现了一定的优越性。RAPD 是一种有效的遗传标记技术，现已广泛应用于动植物及微生物的遗传变异、分子进化和基因组研究等领域。该技术是在 PCR 技术基础上，利用一系列不同的随机排列碱基顺序的寡聚核苷酸链(通常为 10bp)为引物，在热稳定的 DNA 聚合酶(Taq 酶)作用下，以 dNTP 为原料，对所研究基因组 DNA 进行 PCR 扩增。所得扩增产物通过聚丙烯酰胺或琼脂糖凝胶电泳分离，EB 染色后置于紫外灯光下检测其多态性。扩增产物的多态性反映了基因组的多态性。分析 DNA 片段数量和大小的多态性，从而比较受试菌株间基因的差异。如果被测基因组在扩增区域发生 DNA 片段插入、缺失或碱基突变，那么扩增产物就增加、缺少而发生分子量的改变。通过一系列引物进行 RAPD 分析，其探察区域可能覆盖大部分甚至整个基因组，其结果将比较全面地反映被测生物的 DNA 多态性，从而可以反映生物间的亲缘关系。RAPD 在真菌上主要用于种群变异的研究和种间、种内、生理小种及专化型的区分，也用于真菌的系统学研究。目前国内外关于 RAPD 在真菌分类鉴定上应用的报道大多集中在以下几个方面：在真菌种级分类鉴定上的应用、在真菌种以下分类单元分类鉴定上的应用、在菌株快速鉴别及病害诊断上的应用。

(2)技术特点

RAPD 技术具有用量少、鉴定迅速、具有可重复性等优点，作为一种快速敏感的分子标记，适合于种内菌株遗传多样性、亲缘关系的研究，是真菌种性鉴定有效可靠的工具。这一方法适于病原真菌各秩级的分类与鉴定研究，因为病原真菌基因组庞大，目前许多基因操作技术只能了解其局部的情况，而 RAPD 却能对整个基因组序列作大致的了解。

在 RAPD 分析中，由于使用了 PCR 技术，对真菌 DNA 的提取要求不严，数量也不多，但要求 DNA 纯度较高。同时，干扰 PCR 扩增的多糖和蛋白质需要较好地清除。另外，由于该技术需要 DNA 量少，相关技术也就相应地产生，如真菌 DNA 的迅速提取方法。RAPD 带的多态性是由引物与模板的结合位点数及可扩增区域片段的长度所决定，基因组的遗传变异通过琼脂糖凝胶电泳检测 RAPD 产物的多态性获得。由于多态性高，个别带可以为株系表型特征标志信息。

RAPD 比 RFLP 更加简单快捷，具有可重复性，RAPD 技术一方面继承了 PCR 效率高、特异性强、样品用量少及检测容易的特点，此外与其他 DNA 多态性分析方法相比RAPD 技术还表现出很多独特的优势和特点。

①由于 RAPD 技术引物的设计是随机的，因此可在不知道特异性位点序列的信息的情况下对各种生物进行 DNA 多态性分析构建其基因指纹图谱。

②RAPD 技术需模板 DNA 的量极少，每个反应仅需几十纳克。

③RAPD 技术操作简便、快速，可免去其他 DNA 标记中的克隆制备、多态性筛选、同位素标记、Southern 杂交等步骤。

④由于 RAPD 所用引物均为人工定序合成，因此一套引物可用于多种物种的基因组 DNA 多态性分析。

⑤由于每个 RAPD 标记就相当于一个序列位点，因而这种方法可以使基因型的检测自动化，可以更有效地进行遗传图谱的构建。随着 RAPD 技术的发展，已陆续用于酵母菌和丝状真菌的鉴定和分类。

Loudon 等(1995)以八聚寡核苷酸为引物,利用 RAPD 技术分析了致病的 19 株烟曲霉,并鉴定到种的水平。目前,人们普遍认为物种之间的 DNA 相似性越高,其亲缘关系越近,原因是支系在分化过程中,第一代个体之间虽然会在基因水平存在一些差异,但似乎是极其微小的。但随着分化后代的增多,这种差异必然会逐代增多,因而 DNA 序列上的差异就反映了物种亲缘关系的远近程度。并且物种在属水平或种水平上特定分子量大小的共迁移带之间具有序列同源性,遗传上是相关的。RAPD 作为一种遗传分子标记能在诸多领域中得到应用,其理论基础就在于此。在系统学研究上,正是由于共迁移带具有序列同源性,RAPD 标记已被广泛用于种内、种间的属间的亲缘关系研究,也为植物病原真菌的种类鉴定提供了极好技术手段。

(3)技术应用

由于生态环境的改变和人们生产活动的影响,真菌资源在一定程度上产生了变化,产地和栽培也对生其产生巨大影响。在人类回归自然呼声日益高涨的今天,人们普遍认为野生品比栽培品要好。同时,由于经济利益的驱使,以栽培品冒充野生品的现象时有发生,真菌鉴别造成混乱。因野生品和栽培品来自同一个物种,真菌形态、性状、化学成分、生物活性等往往无明显差异,这就需要寻找一种有效的方法进行鉴别,RAPD 等分子标记的产生为这种鉴定提供了良好的应用前景。RAPD 技术自 1990 年问世以来,已陆续用于酵母菌和丝状真菌的鉴定、分类。前人利用 RAPD 技术对人参、圆参与山参品种的研究中发现,RAPD、技术可以用于野生与栽培真菌品种的鉴别,其长脖类型更接近野生人参。

该技术在中药材鉴定领域已经得到广泛的应用,主要对一些同属不同种或不同产地不同季节来源的中药材的鉴定,直接分析中药材的遗传多样性,找出其特有的 DNA 片段建立指纹图谱并鉴定。应用随机扩增多态性 DNA 技术可以将有些易混淆的种分别区分开来,并可以探讨新种的归类及与其他已知种的相关性。利用 RAPD 技术对 23 株不同产地的灵芝栽培菌种为材料进行指纹鉴别研究,从 DNA 水平上寻找不同产地菌种的遗传差异性,为灵芝栽培菌株的鉴定提供了参考,并为灵芝药材的鉴定提供了思路。利用 RAPD 技术对来自国内外的 10 个灵芝属菌株进行了遗传多样性分析。研究发现,RAPD 分析的结果与传统分类学的结论是一致的,因此认为 RAPD 用于灵芝种间鉴定是有效的,具有用于种内鉴定的可能性。

应用 RAPD 技术在植物病原真菌系统分类研究中取得了不少可喜的成绩业已成功地应用在多种植物病原镰刀菌 *Fusarium oxysporum*、禾谷类白粉菌 *Erysiphegraminis f. sp. cerealis*、锈菌 *Puccinia* spp.、大麦条锈菌 *Puccinia striiformis* 和大麦叶锈菌(*P. hordei* 等植物病原真菌的种。Yuan 等(1995)对两个形态很相似的曲霉菌的种——致病曲霉和大豆曲霉进行了研究,结果表明,3 个 10 碱基随机引物的扩增分析不仅足可将致病曲霉和大豆曲霉的菌株分开,同时还可以将同种的不同菌株分为两个群,并根据 RAPD 分析和形态学特征,纠正了曾被错误鉴定的两个菌株,认为 RAPD 技术是区分致病曲霉和大豆曲霉的一个既快速又可靠的手段。Augustin 等(1999)运用 RAPD 分析了 776 个来自不同地方、不同寄主的顶囊壳属菌株(分属禾顶囊壳小麦变种、禾顶囊壳燕麦变种、禾顶囊壳禾变种和柱孢顶囊壳),将它们分为明显的 4 个群,分别与禾顶囊壳小麦变种、禾顶囊壳燕麦变种、禾顶囊壳禾变种 3 个变种和柱孢顶囊壳相对应。这一结果与形态学分类、致病性检测，以及其他分子生物学手段(如 RFLP、ITS 序列分析)分析结果基本一致。除此以外，在禾顶囊壳小麦变种下又可以分为两个亚群，此结果与前人对此变种的研究结果相似，这表明 RAPD 对此真菌的变种及变种内的分类具有重要意义，与之前的研究方法相比，RAPD 又是一种快速、简便的分类手段。

　　Gandeboeuf 等(1997)对块菌属 *Tuber* 中 12 个分类单位数十个菌株(10 个独立种，2个为同一种下的不同变种，其中有几个种形态学上很难鉴定；每个分类单位均有 5 个以上来自不同国家或地区的菌株)进行了 RAPD 分析，结果表明，RAPD 是分析该属真菌种间遗传变异的有效手段，大多数种类能通过它们扩增的 DNA 产物进行鉴别；该结果与同工酶分析和核糖体 DNA 的 ITS 分析结果相同。前人对我国热带地区的柑橘褐腐疫霉 *Phytophthora citrophthora* 和芋疫霉 *P. colocasiao* 的 16 个菌株的 DNA 进行了 RAPD分析，结果将供试菌株分为 2 类，这一点与传统的形态学分类一致，表明 RAPD 具有属下分种的分类学意义，可用于我国热带疫霉菌的分类鉴定。同时，对 18 种拟茎点霉共 29 个菌株进行 RAPD 分析，分析结果也与形态学分类结果一致。据不完全统计，迄今为止，RAPD 技术已在链格孢属 *Alternaria*、葡萄孢属 *Botrytls*、芽枝霉属 *Cladosporium*、拟茎点霉 *Phomopsis*、茎点霉属 *Phoma*、镰刀菌属 *Fusarium* 等 50 余个属的种级和种级以下单元的区分中得到应用，被认为是一项成熟而有效的技术。

4.2.2.4　AFLP 与资源真菌的鉴别

(1)基本原理

　　AFLP(amplified fragment length polymorphism)是 1993 年由荷兰科学家 Zabeau 和 Vos发展起来并获得专利的一种检测 DNA 多态性的新方法。该方法结合了 RFLP 和 RAPD技术的特点，被认为是迄今为止最有效的分子标记技术。AFLP 是一种选择性扩增限制性片段的方法，适用于所有不同大小的基因组，可分析克隆的 DNA 大片段。AFLP 是RFLP 与 PCR 技术相结合而产生的分子标记。靶 DNA 经可产生黏性末端的 RE 酶切，产生的片段被连接上通用接头，连接产物作为 PCR 扩增的模板，引物是在接头互补顺序和 RE 识别位点的基础上增加 1~3 个选择性核苷酸设计而成的，这样，只有那些与引物的选择性碱基严格配对的酶切片段才被扩增出，通过调整引物 3'端选择碱基的数目可获得丰富的多态性，典型的 AFLP 实验一次可获得 50~100 条谱带。

　　目前，这项技术正逐渐在真菌的分类及系统学研究中得到重视。如选用不同的引物组合能够检出亲缘关系很近的品种的 DNA 样品间极细微的差别，同时它还可以比较不同个体之间总基因组水平上的差异。运用 AFLP 技术，Patchare 等(1998)分析了黑胫茎点霉获得基因对基因假说的进一步证据。该技术用于镰刀菌不同来源分离株的鉴别，得到了极好的结果。因此，AFLP 技术可灵活的用于真菌资源的鉴别上，对那些相近又不同的菌种进行更准确的分类。该技术也被应用于镰刀菌 *Fusarium graminearum* 不同来源分离株的鉴定和区别，得到了良好结果。灌木菌根真菌与植物的根共生在一起，对它的遗传特性群体结构了解甚少，主要原因是不易得到培养物及无足够的材料进行研究，加上更不容易发现有性型，所以用 AFLP 技术研究灌木菌根菌种内和种外的遗传变异，并指出 AFLP 是研究那些重要的、不能培养的活体营养真菌群体遗传的潜在性。

AFLP 技术在真菌的应用目前还不很普遍，但在植物上应用较多，它可用于绘制高度遗传图谱、基因组多样性中的分子标记等。

（2）技术特点

形态学和生理学特征上的差异一直被用作真菌分类的主要标准。但由于仅一个基因的突变就能导致这些特征的转变，所以这些传统的分类方法有很大的局限性。核酸研究方法的引入很好地解决了上述问题，因为 DNA 多态性是不受培养环境影响的，所以对 DNA 多态性的分析被认为是比生理特征法更为有效的菌株鉴定方法。AFLP 技术具有多态性丰富、共显性表达、不受环境影响、无复等位效应，还具有带纹丰富、用样量少、灵敏度高、快速高效等特点。可选用的引物组合检验亲缘关系很近的真菌种的 DNA 样品间极细差别，还可以比较不同个体间基因总水平的差异，其操作过程方便，区分和鉴定结果可靠。其谱带远比 RFLP 和 RAPD 的少得多，对含有大量染色体真菌，就谱带的多少而论，RFLP 获得的谱带最多，RAPD 其次，AFLP 最少。所以，AFLP 技术由于其诸多的优越性，已成为酵母菌研究中的一个有利工具。但是 AFLP 分析试剂盒价格贵、实验技术复杂、对操作人员素质要求高、对 DNA 纯度和内切酶质量要求高，普通实验室一般无法开展。

（3）技术应用

学术界基于 AFLP 技术对于植物病原菌开展分类鉴定仍然是植物病理学的基础工作。长期以来，人们普遍采用传统的以形态及发育学特征为依据的真菌鉴定方法，但存在诸多局限性和不足。为此，人们对将 DNA 指纹技术应用于其鉴定进行了大量研究。然而，学术界对于使用 AFLP 技术应用于资源真菌的研究尚不多见，有待于进一步加强。

Cochliobolus sativus 是一种引起大小麦斑点病的植物病原真菌。人们已确定其中一种致病型菌株 ND90Pr 的致病性是由一单一基因座 *VHv*1 控制的。为了确定与此致病性基因座有关的 DNA 标记，前人通过对 104 株 *C. sativus* 两种致病型 ND90Pr 和 ND93-1 的杂交子代进行 AFLP 分析：在 115 个 AFLP 标记，14 个与 *VHv*1 相连，其中有 6 个与 *VHv*1 连锁，对其中两个连锁 AFLP 标记（E-AGM-CA-207 和 E-AGM-CG-121）进行克隆并用于探测此真菌亲代和子代的基因组 DNA。结果表明，两个标记与 *VHv*1 紧密联系并为含致病性基因座的菌株所独有。在进一步的研究中，他们构建出了 *C. sativus* 的分子遗传图谱，并确定了其电泳染色体组型。遗传图谱包括 27 个连锁群，致病性基因与 6 个 AFLP 标记，并被定位于一个主要连锁群中。利用 AFLP 标记目标基因将有利于对 *C. sativus* 致病性和其他特性相关基因的深入研究。

国内学者利用 AFLP 技术对我国小麦条锈菌主要流行小种和近几年呈上升趋势的 3 个新致病类型的 DNA 多态性进行了分析，并与毒性分析进行了比较研究，结果表明供试菌系的 AFLP 指纹图谱具有很高的多态性，反映了菌系间存在丰富的遗传多样性，另外，AFLP 所揭示的菌系间遗传变异度明显高于毒性分析，能避免毒性分析的一些缺陷，所以认为，AFLP 非常适合于小麦条锈菌这类不能培养的活性营养真菌的研究。在酵母研究中，前人使用 9 对引物，对 *Saccharomyces sensu stricto* 的工业、实验室及典型菌株进行 AFLP 定性分析。其中，*S. cerevisiae*、*S. bayanus*、*S. carlsbergensis* 和 *S. paraloxus* 都具有种属特异性的 AFLP 图谱，仅在菌株间略有差异。19 种 *S. cerevisiae*

菌株由两对引物即可区分。在大量AFLP数据的基础上得到了此酵母的表型图谱，根据图谱可将 *S. cerevisiae* 群簇分为 3 个亚群。同时，前人还报道了 AFLP 用于酵母菌遗传多样性的分析，从多种酵母中分离出商业菌株、典型菌株和酿酒用菌株，利用 AFLP 技术研究它们的遗传多样性。结果表明 AFLP 能够有效地区分非常接近的菌株。而且，由已知酵母菌种所产生的指纹图谱是高度一致的，借此可用来对未知菌株进行鉴定。从对两个酵母菌种 *Saccharomyces cerevisia* 和 *Dekkerabrux ellensis* 的相关性分析结果可知，AFLP 非常适于种间遗传相关性的研究。这项技术在菌株区分、种属鉴定、遗传相似性分析等方面的价值也证实了其在酵母生态学和进化学研究中的潜力。

此外，前人采用 AFLP 方法分析 24 个来源不同的灵芝及紫芝栽培菌株和野生菌株，聚类结果表明 AFLP 技术可以将全部供试材料区分开。

4.2.2.5　rDNA 序列测定与资源真菌的鉴别

（1）基本原理

随着生物技术的发展，尤其是分子生物学和生物信息学等相关学科的迅速发展，一系列分子生物学方法逐渐被应用到真菌的分类鉴定中，其中 rDNA 序列分析是目前真菌分类鉴定中常用的方法，它通过测定真菌 rDNA 序列的一级结构，在数据库中与同源序列比较来确定其种属关系。rDNA 序列分析使真菌分类鉴定更加快速、稳定、可靠。

在真菌的系统发育分析和分类鉴定中，rDNA 序列是指真菌基因组中编码核糖体 DNA 的序列，在真菌基因组中 rDNA 序列是一类中度或高度重复序列，每一重复单位包括高度保守、中度保守和不保守 3 类区段。

核糖体是一个致密的核糖核蛋白颗粒，执行着蛋白质合成的功能，它由几十种蛋白质和 rRNA 组成。rDNA 上的 18S、5.8S、28S rDNA 基因序列进化速率慢且相对保守，存在广泛的异种同源性，其中小亚基 18S rDNA 序列常被用来研究属及属以上分类群的演化关系，大亚基 28S rDNA 中的 D1/D2 区域可用于属及临近等级的分类群。编码 rRNA 的 rDNA 是基因组 DNA 中的中等重复、并有转录活性的基因家族。rDNA 一般由转录区和非转录区（non transcribed sequence，NTS）构成。内转录间隔区 ITS（internal transcribed space），位于 18S 和 5.8S rDNA（ITS1）之间以及 5.8S 和 28S rDNA 之间（ITS2），ITS1 和 ITS2 常被合称为 ITS，并且 5.8S RNA 基因也被包括在 ITS 之内。在 18S rDNA 基因上游和 28S rDNA 基因下游还有外转录间隔区 ETS（external transcribed space）。ITS 和 ETS 区的转录物均在 rRNA 成熟过程中被降解。ITS 和 ETS 包含有 rDNA 前体加工的信息，在 rRNA 成熟过程中有着相当重要的作用。非转录区又称基因间隔区 IGS（intergenic spacer），它将相邻的两个重复单位隔开，在转录时有启动和识别作用。

整个 rDNA 基因簇从 5' 到 3' 端依次为基因间隔区 IGS（包括在 18S rDNA 基因上游的 ETS1 和在 28SrDNA 基因下游的 ETS2）；位置可变的 5S rDNA 基因；18S rDNA 基因；ITS1 序列；5.8S rDNA 基因；ITS2 序列，以及 28S rDNA 基因（图 4-6）。

图 4-6　ITS 结构

（2）技术步骤和特点

通过形态学可以对真菌进行初步鉴定，初步鉴定好的真菌再进行更加精确的测定。将需鉴别的真菌进行增菌培养，提取 DNA，取一定量的 DNA 提取液进行一定倍数的稀释后，在 260nm、280nm 与 320nm 下分别测定 OD 值，以 $(OD_{260}-OD_{320})/(OD_{280}-OD_{320})$ 计算核酸纯度。

$$核酸浓度(\text{ng/L}) = \frac{50(OD_{260}-OD_{320})}{L} \cdot D$$

式中　L——光径长度，cm；

　　　D——稀释倍数。

根据结果将核酸浓度稀释至适合的 PCR 用模板浓度 100～300ng/L。然后进行 rDNA-ITS 扩增在凝胶成像仪上进行显影成像，观察是否扩增出目的条带。将扩增出来的目的核酸片段纯化后进行测序，将测得的序列通过 BLAST 工具和 DNAMAN 软件进行比对分析。

真菌 rDNA 上的 18S、5.8S、28S rDNA 4 种核糖体基因及间隔区有不同的进化程度，存在广泛的异种同源性，有的序列比较保守，有的序列进化较快。18S rRNA 和 28S rRNA 因其序列较长，因此相比之下包含了更多的遗传信息，对它们的研究也相当广泛。18S、5.8S、28S rDNA 基因序列进化缓慢，所以相对保守；由于 ITS 区不加入成熟核糖体，所以受到的选择压力较小，进化快，在绝大多数的真核生物中表现出很高的序列多态性。因此，可以根据它们的序列，将真菌鉴定到属及种、亚种、变种，甚至菌株的水平。

目前，rDNA-ITS 序列分析并不能对所有真菌的属种或组群进行鉴别，其原因有以下两点：

①ITS 区序列尽管是可变的，但对于某些物种其可变的程度相对不高，并不足以用来分析其属种或组群间的差异；

②ITS 序列分析结果还受到比对使用的基因库完善程度的影响。

因此，在基因库中存在的、与待检真菌亲缘关系相近的已知真菌序列缺乏时，或 rDNA-ITS 序列表现极小的差异时，ITS 序列分析的应用能力就受到一定的限制，此时，建议将 ITS 序列分析结果与传统的真菌形态学鉴定结果（真菌培养特征、镜检特征等）相结合才能正确地对真菌进行鉴定，以防止误检、错检。尽管目前 rDNA-ITS 序列分析的应用存在一定的限制，但传统的真菌形态学鉴定方法受主观经验与实验条件的影响较大，而 rDNA-ITS 序列分析用于真菌鉴定相对更客观、简便、快速。

（3）技术应用

核酸序列分析技术是目前研究分子进化和系统发育最可靠有效的方法，两种真菌共有的多核苷酸的相同序列越多，同源性越高，可从属及属以上、种、亚种、变种甚至菌株的水平上鉴定枯腐林木暗色丝孢真菌。国内学者从油茶白朽病枝干上分离得到的一个菌株，结合形态鉴定及 rDNA 的转录间隔区（ITS）序列的测定，并与 GenBank 中同源性较高的菌株构建系统发育树，最后确定该菌株为伏革菌属真菌。从福建省龙海大豆根上分离得到 6 个疫霉菌株，在进行形态鉴定、确定致病性与寄主范围后，对其进行了核糖体 DNA-ITS 序列分析，分离菌株与 GenBank 中大豆疫霉的 ITS 序列仅有 2 个碱基的差异，同源性高达 99.8%，据此将这些病原菌鉴定为大豆疫霉 *Phytophthora sojae*。18S rDNA 与 ITS 在真菌的分类鉴定方面各有优点和局限性，故有一定的适用范围，应根据研究目的、对象和现有的试验条件客观地选择。

ITS 序列特征使其适合作为植物类中药材的 DNA 条形码 1291，进行中药材的分子鉴定，从而为有效遏制各种药材混伪品提供了极有力的技术支持。自 White 等（1990）首先设计 ITS 引物对真菌核内核糖体 RNA 基因进行扩增以来，ITS 序列分析技术在真菌分类、鉴定的研究中应用越来越广泛。传统真菌的分类、鉴定主要是基于营养体和子实体的形态学特征并结合其生理生化性状的描述。但是真菌形态特征容易受到培养条件和其他因素的影响，而且许多子实体类型经常难以获得，传统的分类方法不能满足某些菌种的分类要求。由于 ITS 的序列分析能实质性地反映出属间、种间以及菌株间的碱基对差异，此外 ITS 序列片段较小，人们可以从不太长的序列中获得足够的信息，易于分析，目前已被广泛应用于真菌属内不同种间或近似属间的系统发育研究中。国外这方面的研究起步较早，发展迅速，而且研究的范围比较广泛，主要集中在黑粉菌、疫霉菌、轮枝菌等植物病原菌的分类和系统发育研究上。在国内，虽然相关研究起步较晚，但在西瓜炭疽病菌、辣椒疫霉菌、大丽轮枝菌等植物病原菌的系统发育研究上已取得较大的进展。而且对分离到的未知菌种也可通过 ITS 进行快速鉴定。

目前，ITS 序列已经迅速且广泛应用于众多中药材及其混伪品的鉴定中。根据 rDNA ITS 序列的系统发育分析，将从烟台昆嵛山分离到一株野生灵芝 G1-01，鉴定为赤芝 *Ganoderma lucidum*。黄龙花等应用 ITS 序列分析，探索 20 个灵芝属保藏灵芝属菌株及野生菌株在分子水平上的区别和关系。系统发育分析表明仅根据形态学特征难以将灵芝属菌株进行有效的分类，利用分子生物学的技术手段对灵芝菌株进行分类是一种更有效的方法。因 RAPD 鉴定法只体现了序列的长度差异，而 ITS 序列体现的是碱基的差异，因此 ITS 序列分析比 RAPD 分析更为精准，更有说服力，更适用于对灵芝近缘种的分类鉴定。

4.2.2.6 不同方法对比分析

全球约有 150 多万种真菌，能命名的却只有 10 万种左右。对于富有潜力的真菌资源的开发利用，巨大的鉴别工作，需要人们寻求更新型快捷的鉴别技术。真菌的分类鉴别需要一套完整的分类学、信息学、软件处理、硬件研发、设备更新等方面协同作战的系统工程。分子生物学的发展是真菌分类鉴别结果越来越贴近自然，越来越符合生物系统的发育结果，但分子生物学技术仍然不能解决真菌鉴别的一系列问题。分子生物学技术的运用，使人们对真菌形态学特征进化有了更深入的了解，现代技术用于真菌的分类鉴别，都建立在形态学基础之上（表 4-1）。

应用分子生物学方法，从遗传进化角度阐明真菌种群之间和种间内在分类学关系是目前真菌分类学研究的热点，从过去依赖形态和生理生化等表型特征描述逐渐引入分子生物学鉴定方法，按其亲缘关系和客观地反映系统发展的规律对真菌进行自然分类，达到人们追求已久的自然分类的目的，无疑是分类学发展过程中的重要转折。

表 4-1　几种鉴别方法的比较

方　法	适用范围	优缺点
DNA（G+C）%测定方法	真菌各纲及纲以上菌株	稳定性高于形态分类，但鉴定纲以下菌株时只能作为辅助手段
DNA 分子杂交技术	鉴定范围可深入到种一级，对某些变种、亚种也适合	准确性高于（G+C）%测定法，但对明显相关的种不适用
RFLP 分析	种间和种内	对于种间和种内的分类鉴定灵敏度高
RAPD 分析	种间和种内	用量少，鉴定迅速，具有可重复性，但研究种间及近缘亲属之间的亲缘关系有一定的局限性
AFLP 分析	种间和种内	具有 RFLP 和 RAPD 的优点，但实验准确性易受基因组限制性内切酶的影响
rDNA 序列分析	种间和种以下	能准确反映真菌间的遗传关系，但获得足够数量的全部 rDNA 基因编码序列比较困难
PFGE 技术	种间和种以下	核形分析可直接得出染色体数目、染色体分子量和染色体总量，是一种准确的鉴定方法，但技术本身还有局限性

　　到目前为止，现代生物技术在粮食及其制品的真菌鉴定和毒素检测等许多方面已得到了广泛的应用。随着人们对粮食质量安全检验要求的提高和科技的迅猛发展，新的检验技术正在不断涌现，并应用于粮食安全检验中。主要趋势向 3 方面发展：

　　①快速、高效、低成本的便携式现场检验技术；

　　②粮食品质无损检验技术；

　　③建立粮食检验溯源体系。

　　展望未来的生物技术，将不仅有助于实现简化检测步骤，缩短检测时间，提高检测灵敏度，多种技术联用，以及建立多种毒素同时检测的方法，而且在与环境协调方面，现代生物技术的发展将更有助于粮食毒素检测的可持续发展。

　　综上所述，现代技术用于真菌资源的鉴别，最终目的是对真菌资源鉴别的完善，现代技术已经渗透到人类生活的许多领域，取得了许多具有开发性的研究成果，有的在生产中推广，收到了明显的社会效益；随着技术研究的不断深入，它的前景和产生的影响将会日益地显示出来。现代生物技术的发展和应用，我们的生活方式甚至思想观念将发生根本性的改变，突飞猛进的现代生物技术已经给人类带来了巨大的福利。伴随着生命科学的新突破，现代生物技术已经广泛地应用于工业、农牧业、医药、环保等众多领域，产生了巨大的经济和社会效益。

4.3　资源真菌的保藏方法

　　资源真菌的保藏目的是保证菌种经过较长时间后仍保持生活能力，防止被杂菌污染，形态特征和生理性状尽可能不发生变异。其基本原则是创造不利于菌种生长的一切条件，使其代谢处于休眠状态。菌种保藏三要素是：典型菌种的优良纯种的休眠体；

创造有利于种子休眠的环境(低温、干燥、缺氧、避光、缺少营养);尽可能采用多种不同的手段保藏同一菌株。

4.3.1　斜面低温保藏法

此法为实验室工作用菌种的最常用的保藏方法。操作简单,使用方便,不得特殊设备,操作时,将菌种接种在适宜的固体斜面培养基上,待菌生长充分以后,转移至 2~8℃冰箱中保藏。保藏时间依微生物的种类而有所不同,霉菌、放线菌及芽孢的菌保存 2~4 个月,移种一次;酵母菌两个月移种一次,细菌最好每月移种一次。此法的缺点是菌种容易变异,因为培养基的物理、化学特性不是严格恒定的,传代过多会使微生物的性状和代谢发生变异,在传代过程中,污染杂菌的机会也较多。因此,此法仅能用于工作用菌种的短期保藏,并应随时检查其污染杂菌和变异等情况,传代代数超过 5 代的菌种应灭菌处理后抛弃。

就木霉的保存而言,可以采用定期移植法来进行,该方法又称为传代培养保藏法,包括斜面培养、穿刺培养、液体培养等。本法是指将菌种接种于适宜的培养基中,最适条件下培养,待生长充分后,于 4~6℃进行保存并间隔一定时间进行移植培养的菌种保藏方法。具体的操作步骤如下:

(1)培养基制备

①器皿准备　培养基制备过程中所用的一些玻璃器皿,如三角瓶、试管、培养皿、烧杯、吸管等,经洗涤、干燥、包装、灭菌后使用。

②溶解培养基配料　先在烧杯中放适量水,按培养基配方称取各项材料,依次将缓冲化合物、主要元素、微量元素、维生素等材料加入水中溶解,最后加足水量,搅拌均匀。

③调 pH 值　配料溶解后将培养基冷却至室温,根据要求加稀酸(0.1mol/L 盐酸)或稀碱(10%氢氧化钠)调 pH 值。加酸或碱液时要缓慢、少量、多次搅拌,防止局部过碱或过酸而导致测量不准确和营养成分被破坏。

④加凝固剂　配制固体培养基时需加凝固剂,如琼脂、明胶等。将凝固剂加入液体培养基中,加热并不断搅拌至融解,再补足所蒸发水分。

⑤过滤分装　在二层纱布中间夹入脱脂棉,将配好的培养基趁热过滤并分装。斜面培养基分装量约为试管高度的 1/4(4~5mL),穿刺培养基分装量以试管高度的 1/2 为宜。分装过程中勿使培养基玷污管口,以免弄湿棉塞造成污染。

⑥包扎标记　将试管加棉塞,外面包扎一层牛皮纸或铝箔并注明培养基名称及配制日期。

⑦灭菌　根据要求将培养基灭菌,通常蒸汽灭菌为 121℃、15~20min。

⑧斜面摆放　灭菌后及时摆放斜面,斜面长度不超过试管管长的 1/2 为宜。

⑨无菌检查　将灭菌的培养基放入培养箱中作无菌检验,通常 30℃培养 1~3d。无菌检查合格后将其保存于 4℃下备用。

(2)接种

采取斜面接种,有点接和控块接种两种方法。点接法是把菌种点接在斜面中部偏下方处；挖块接种法则是挖取菌丝体连同少量培养基转接到新鲜斜面上。

(3) 培养

将接种后的培养基放入培养箱中，在适宜的条件下培养至细胞稳定期或得到成熟孢子。培养温度一般为 25~28℃。

(4) 保藏

培养好的菌种于 4~6℃保存，根据要求每 3~6 个月移植一次。保藏湿度用相对湿度表示，通常为 50%~70%。斜面菌种应保藏相继三代培养物以便对照，防止因意外和污染造成损失。

4.3.2 液体石蜡封存法

在斜面菌种培养物上，倒入灭菌后的液体石蜡，高出斜面 1cm，于 4℃冰箱或低温干燥处保存，此法不适用于能利用液体石蜡作碳源的微生物，保存期为一年以上。使用的液体石蜡要求优质无毒，化学纯规格，其灭菌条件是：150~170℃烘箱内灭菌 1h；或 121℃高压蒸汽灭菌 60~80min，再置于 80℃的烘箱内烘干除去水分。由于液体石蜡阻隔了空气，使菌体处于缺氧状态下，而且又防止了水分挥发，使培养物不会干裂，因而能使保藏期达 1~2 年或更长。这种方法操作简单，适于保藏霉菌、酵母菌等，对霉菌和酵母菌的保藏效果较好，可保存几年，甚至长达 10 年。但对很多厌氧性细菌的保藏效果较差，尤其不适用于某些能分解烃类的菌种。

4.3.3 沙土管保藏法

沙土管保藏法是载体保藏法的一种。将培养好的微生物细胞或孢子用无菌水制成悬浮液，注入灭菌的沙土管中混合均匀，或直接将成熟孢子刮下接种于灭菌的沙土管中，使微生物细胞或孢子吸附在沙土载体上，将管中水分抽干后熔封管口或置干燥器中于 4~6℃或室温进行保存的一种菌种保藏方法。

其制作方法是，先将沙与土分别洗净、烘干、过筛。一般沙过 60 目筛，土过 120 目筛，按沙与土的比例为(1~2)∶1 混匀，分装于小试管中，沙土的高度约 1cm，以121℃蒸汽灭菌 1~1.5h，间歇灭菌 3 次。50℃烘干后经检查无误后备用。也有只用沙或土作为载体进行保藏的。需要保藏的菌株先用斜面培养基充分培养，再以无菌水制成 10^8~10^{10} 个/mL 菌悬液或孢子悬液滴入沙土管中，放线菌和霉菌也可直接刮下孢子与载体混匀，而后置于干燥器中抽真空约 2~4h，用火焰熔封管口或用石蜡封口，置于干燥器中，在室温或 4℃冰箱内保藏，后者效果更好。

4.3.4 麸皮保藏法

麸皮保藏法也称曲法保藏。即以麸皮作载体，吸附接入的孢子，然后在低温干燥条件下保存。其制作方法是按照不同菌种对水分要求的不同将麸皮与水以一定的比例1∶(0.8~1.5)拌匀，装量为试管体积 2/5，湿热灭菌后经冷却，接入新鲜培养的菌种，适温培养至孢子长成。将试管置于盛有氯化钙等干燥剂的干燥器中，于室温下干燥数日后移入低温下保藏；干燥后也可将试管用火焰熔封，再保藏，则效果更好。此法适用于产孢子的霉菌和某些放线菌，保藏期在 1 年以上。因操作简单，经济实惠，工厂较多采用。中国科学院微生物研究所采用麸皮保藏法保藏曲霉、米曲霉、黑曲霉、泡盛曲霉等，其保藏期可达数年至数十年。

4.3.5 冷冻真空干燥保藏法

4.3.5.1 概述

冷冻真空干燥保藏法又称冷冻干燥保藏法，简称冻干法。它通常是用保护剂制备拟保藏菌种的细胞悬液或孢子悬液于安瓿管中，再在低温下快速将含菌样冻结，并减压抽真空，使水升华将样品脱水干燥，形成完全干燥的固体菌块。并在真空条件下立即熔封，造成无氧真空环境，最后置于低温下，使微生物处于休眠状态，而得以长期保藏。常用的保护剂有脱脂牛奶、血清、淀粉、葡聚糖等高分子物质。由于此法同时具备低温、干燥、缺氧的菌种保藏条件，因此保藏期长，一般达 5~15 年，存活率高，变异率低，是目前广泛采用的一种较理想的保藏方法。除不产孢子的丝状真菌不宜用此法外，其他大多数微生物(如病毒、细菌、放线菌、酵母菌、丝状真菌等)均可采用这种保藏方法。但该法操作比较烦琐，技术要求较高，且需要冻干机等设备(图 4-7)。

保藏菌种需用时，可在无菌环境下开启安瓿管，将无菌的培养基注入安瓿管中，固体菌块溶解后，摇匀复水，然后将其接种于适宜该菌种生长的斜面上适温培养即可。

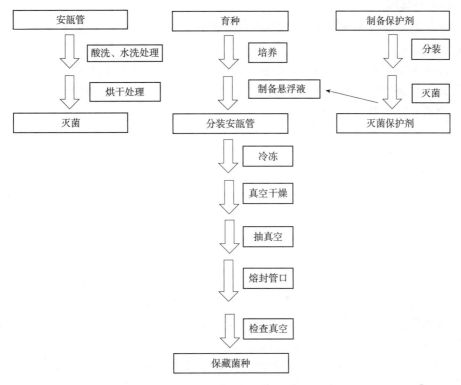

图 4-7 冷冻干燥保藏菌种的一般操作步骤

4.3.5.2　操作步骤

就木霉保存而言，可以将菌种保藏在-80℃冰箱中以减缓细胞的生理活动进行冷冻的一种保藏方法。操作步骤如下：

(1) 安瓿管的准备

安瓿管材料以中性玻璃为宜。清洗安瓿管时，先用2%盐酸浸泡过夜，自来水冲洗干净后，用蒸馏水浸泡至pH中性，干燥后贴上标签，标上菌号及时间，加入脱脂棉塞后，121℃下高压灭菌15~20min，备用。

(2) 保护剂的选择和准备

配制甘油保护剂时，应注意其浓度以及灭菌方法。配制15%甘油于三角瓶中，占三角瓶体积的1/3~2/3处，于121℃下高压灭菌15~20min，备用。

(3) 木霉菌保藏物的准备

在最适宜的培养条件下将木霉菌细胞培养至静止期或成熟期，进行纯度检查后[《微生物菌种纯度检测技术规程》(试行)]，与保护剂混合均匀，分装。木霉菌培养物浓度以细胞或孢子不少于$10^8 \sim 10^{10}$个/mL为宜。采用较长的毛细滴管，直接滴入安瓿管底部，注意不要溅污上部管壁，每管分装量0.1~0.2mL，若是球形安瓿管，装量为半个球部。分装安瓿管时间要尽量短，最好在1~2h内分装完毕并预冻。分装时应注意在无菌条件下操作。

(4) 冻结保藏

将安瓿管或塑料冻存管置于-80℃冰箱中保藏。

(5) 复苏方法

从冰箱中取出安瓿管或塑料冻存管，应立即放置38~40℃水浴中快速复苏并适当快速摇动。直到内部结冰全部溶解为止，需50~100s。开启安瓿管或塑料冻存管，将内容物移至适宜的培养基上进行培养。

4.3.6　液氮超低温保藏法

液氮超低温保藏法简称液氮保藏法或液氮法。它是以甘油、二甲基亚砜等作为保护剂，在液氮超低温(-196℃)下保藏的方法。其主要原理是菌种细胞从常温过渡到低温，并在降到低温之前，使细胞内的自由水通过细胞膜外渗出来，以免膜内因自由水凝结成冰晶而使细胞损伤。美国ATCC菌种保藏中心采用该法时，把菌悬液或带菌丝的琼脂块经控制制冷速度，以每分钟下降1℃的速度从0℃降至-35℃，然后保藏在-196~-150℃液氮冷箱中。如果降温速度过快，由于细胞内自由水来不及渗出胞外，形成冰晶就会损伤细胞。据研究认为，降温的速度控制在1~10℃/min，细胞死亡率低；随着速度加快，死亡率则相应提高。液氮低温保藏的保护剂，一般是选择甘油、二甲基亚砜、糊精、血清蛋白、聚乙烯氮戊环、吐温80等，但最常用的是甘油(10%~20%)。不同微生物要选择不同的保护剂，再通过试验加以确定保护剂的浓度，原则上是控制在不足以造成微生物致死的浓度。此法操作简便、高效，保藏期一般可达15年以上，是目前被公认的最有效的菌种长期保藏技术之一。除了少数对低温损伤敏感的微生物外，该法适用于各种微生物菌种的保藏，甚至连藻类、原生动物、支原体等都能用此法获得有效的保藏。此法的另一大优点是可使用各种培养形式的微生物进行保藏，无论是孢子或菌体、液体培养物或固体培养物均可采用该保藏法。其缺点是需购置超低温液氮设备，且液氮消耗较多，操作费用较高。

要使用菌种时，从液氮罐中取出安瓿瓶，并迅速放到35~40℃温水中，使之冰冻熔化，以无菌操作打开安瓿瓶，移接到保藏前使用的同一种培养基斜面上进行培养。从液氮罐中取出安瓿瓶时速度要快，一般不超过1min，以防其他安瓿瓶升温而影响保藏质量。

2005年，由中国农业科学院主持，中国科学院微生物研究所等单位承担完成了"微生物菌种资源收集整理保存技术规程的研究制定"课题。微生物菌种资源收集整理保存技术规程围绕各类微生物菌种资源的收集、整理、保藏、供应等几个环节，根据微生物的类群特点，规划制定技术规程34个。涉及微生物菌种资源保藏管理技术规程规定了微生物菌种资源保藏的基本原则、要求，菌种资源的收集、整理、保藏、共享的管理流程；不同生物安全级别的微生物菌种操作规程从生物安全的角度对不同生物安全级别防护级别规定了微生物菌种的操作规程；微生物菌种纯度检测技术规程规定了古菌、细菌、真菌、病毒(种)纯度检测的程序和方法；微生物菌种的复核检测技术规程规定了古菌、细菌、酵母菌、丝状真菌等微生物菌种的存活性、纯度、稳定性的检测，对菌种鉴定结果正确性的复核鉴定，还包括当分类学体系发生变化时所应采取的相应措施等；微生物菌种常规保藏技术规程规定了常规保藏技术的基本原则和方法；微生物菌种的冷冻干燥和低温冷冻保藏技术规程规定了冷冻干燥和低温冷冻保藏技术的定义、原理、技术要求、方法与步骤；一、二类微生物菌(毒)种包装、运输和开启技术规程和三、四类微生物菌(毒)种包装、运输和开启技术规程规定了生物安全不同类别微生物菌(毒)种的包装、运输及开启的步骤和要求；大型真菌、木腐菌和植原体的保藏技术规程规定了适宜的保藏方法和保藏程序等。这些规程是资源真菌保藏的重要参考。

4.4　资源真菌的诱变育种和基因工程育种

4.4.1　诱变育种的原理

4.4.1.1　随机突变

随机突变就是在突变位置上随机地引入一种突变，或将随机切割的基因片段杂交到一个临时DNA模板上进行排序、修剪、空隙填补和连接。随机突变通常适合用于缺乏目的基因碱基序列信息和资料的场合。在这种情况下，定点突变的利用就受到限制。

其原理为：将待突变基因克隆到一个载体的特定位点上，其下游紧接着是两个限制性核酸内切酶的酶切位点(RE1，RE2)，前一酶切位点是5'凸出(3'凹陷)的单链末端，后一酶切位点是3'凸出(5'凹陷)的单链末端。然后用大肠杆菌核酸外切酶Ⅲ

(exonuclease Ⅲ，Exo Ⅲ)处理酶切缺口。Eco Ⅲ的主要活性是催化双链 DNA 自 3'-羟基端逐一释放 5'单核苷酸，其底物是线性双链 DNA 或有缺口的环状 DNA，而不能降解单链或双链 DNA 的 3'凸出末端。因此，当用 Exo Ⅲ处理时，则可逐一水解 3'凹陷末端。在适当时机，终止 Exo Ⅲ的酶切反应，缺口用 Klenow 片段(Klenow fragment，DNA 聚合酶的一个片段)补平，底物为 4 种 dNTP，再加上一种脱氧核苷酸的类似物。在缺口填补过程中，这个类似物会掺入到 DNA 链上的一处或多处。再用 S1 核酸酶处理单链末端，形成平头末端，并用 T4 DNA 连接酶连接。这种重组质粒转化大肠杆菌后，50%的基因上携带有错配的碱基，导致位点变异。

4.4.1.2　定点突变

定点突变是指通过聚合酶链式反应(PCR)等方法向目的 DNA 片段(可以是基因组，也可以是质粒)中引入所需变化(通常是表征有利方向的变化)，包括碱基的添加、删除、点突变等。定点突变能迅速、高效地提高 DNA 所表达的目的蛋白的性状及表征，是基因研究工作中一种非常有用的手段。其原理为：将克隆基因的某些特定位点的核苷酸用另一种核苷酸代替或在特定位置增加或减少一个或几个核苷酸的一种技术。首先人工合成一段长约 14 个碱基的寡聚核苷酸链，它的中央为预先确定的待引入基因的碱基，两端序列与待突变点两端的序列互补。寡聚核苷酸与克隆基因的单链重组 DNA 退火复性。以这个片段作为引物，在 Klenow 片段酶催化下合成第二条 DNA。第二条 DNA 链中含有新引入的碱基。双链 DNA(包括载体)转化宿主细胞后进行复制，结果有 50%的细胞含有所需的突变。通过 DNA 序列分析、鉴定突变顺序。

4.4.2　诱变育种的方法

真菌的诱变育种主要利用人工方法(物理、化学、生物方法)诱发微生物的基因突变，改变其遗传结构和功能，从各种各样的变异体中筛选出性状优良、目的产物产量高的突变株。人工诱变是增加微生物细胞的基因突变率来进行微生物育种，在工程菌株的构建方面具有重要应用。

4.4.2.1　物理诱变

(1)紫外诱变

紫外线照射是一种简单有效的诱变方法，紫外线是常用的物理诱变因子。紫外诱变的原理是通过紫外照射使同一条链的 DNA 相邻嘧啶形成通过共价键结合的 T=T 共价二聚体，氢键作用被弱化，造成 DNA 链部分扭曲变形，碱基无法正常配对，造成细胞的突变或死亡。紫外照射会引起 DNA 的缺失、重复和移码突变，通过 SOS 错向修复系统的碱基修复也有可能导致紫外线照射过的细胞基因突变。研究表明，康乐霉素(K-C)产生菌 ST.91 经紫外诱变后，其突变株的康乐霉素效价提高 460 倍以上。用紫外线照射红色链霉素原生质体后，其突变株产生红霉素的效价比野生型提高 225%(图 4-8)。

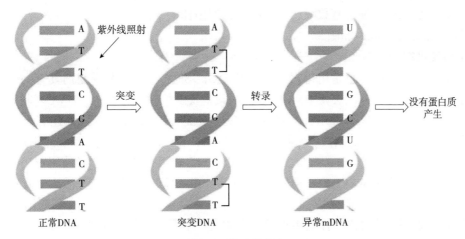

图 4-8　紫外线突变

当紫外线直接照射真菌时，辐射引起正常 DNA 分子相邻胸腺嘧啶分子彼此结合形成二聚体。在突变的 DNA 中，结合的胸腺嘧啶分子不能发挥功能与指导形成 mRNA 分子，结果产生一个异常的 mRNA 分子。mRNA 分子损伤，阻止产生正常的蛋白质。

(2)微波诱变

微波诱变的方法主要应用于植物培育。通过诱变可以为种子杀菌并促进其发芽。近年来，越来越多的学者发现微波诱变微生物原生质体和孢子细胞效果显著，而且方法简单易操作，因此在产业化加工、育种方面有较大应用潜力。其主要原理是通过一定功率和频率的电磁辐射，引起目标的生理生化反应变化，进而发生突变。目前，曲霉、沙门氏菌、酵母等都曾采用微波诱变。

(3)激光诱变

激光诱变是通过激光激发，结合电磁场、热能等综合作用引起细胞 DNA 等突变、酶钝化或活化，改变细胞分裂和代谢。研究发现，用激光诱变赤霉菌，其突变株赤霉素效价可比出发菌株提高 113.7%。作为单一诱变源，激光的方向性强、相干性高，可以广泛应用于微生物诱变育种。

4.4.2.2　化学诱变

化学诱变是通过诱变剂对微生物细胞处理，造成如 DNA 碱基置换、基因重组或突变、细胞染色体断裂等反应，使后代菌株产生变异，筛选出符合育种目标的菌株，以供工业化生产和科学研究。按诱变机制，可分为 4 类：烷化剂、碱基类似物、移码突变剂和其他化学诱变剂。

同时，前人研究明确化学诱变育种具有以下 6 大特点：

①致死率低，对材料损伤小。

②诱变率高，突变范围广。

③诱变损伤可持续，效果有延迟作用。

④诱变剂的效果可残留至后代，引起后代的进一步突变。

⑤诱变后的突变筛选基数大，适于筛选目的菌株。

⑥方法简便，成本低廉。

(1)烷化剂

烷化剂是最有效、也是用得最广泛的化学诱变剂之一。这类诱变剂具有一个或多个活性烷基，烷化剂基团会使 DNA 分子上的碱基及磷酸部分被烷化，DNA 复制时导致配对错误而引起突变。依靠 NTG 诱发的突变主要是 GC-AT 转换，另外还有小范围切除、移码突变及 GC 对的缺失。常用的烷化剂有亚硝基胍(NTG)、乙基硫酸甲烷(又称甲基磺酸乙酯，简称 EMS)、硫酸二乙酯(DES)、乙烯亚胺等。有学者使用亚硝基胍处理萌发状态的链霉菌 WZFF 孢子悬浮液，结果得到一株转谷氨酰胺酶活比出发菌株提高 1.2 倍的突变菌株。前人以黑曲霉 XE6 为出发菌株，经微波(MW)和硫酸二乙酯(DES)诱变处理，选育出一株遗传性状稳定的高产木聚糖酶菌株 mAn-l。

(2)碱基类似物

这类诱变剂主要是在微生物细胞处于代谢旺盛时期时掺入到 DNA 分子中，并在 DNA 进行复制时由于本身分子结构式产生酮式-烯醇式变化而引起变异。碱基类似物是一类与天然的嘧啶嘌呤 4 种碱基分子结构相似的物质，是一种既能诱发正向突变，又能诱发回复突变的诱变剂。对于处在静止或休眠状态的细胞不适合。用于诱发突变的碱基类似物有 5-氟尿嘧啶(5-FU)、5-溴尿嘧啶(5-BU)、5-碘尿嘧啶(5-IU)、2-氨基嘌呤(AP)、6-巯基嘌呤(6-MP)等。程世清等用 5-氟尿嘧啶(5-BU)对产色素菌(分歧杆菌 T17-2-39)细胞和原生质体进行诱变，生物量分别平均提高 22.5%和 16.4%。

(3)移码突变剂

移码诱变剂与 DNA 结合后，引起碱基增添或者缺失，在 DNA 复制时造成点突变以后的所有碱基都往后或往前移动，引起全体三联密码转录、翻译错误而引起菌种性状的变异。这类化合物的平面三环结构可插入 DNA 双螺旋的临近碱基对之间，使 DNA 链拉长，2 个碱基间距离拉宽，造成 DNA 链上碱基的添加或缺失，从而造成碱基突变点之后的全部遗传密码转录和翻译错误。移码突变剂主要包括吖啶橙、吖啶黄、原黄素(2,8-二氨基吖啶)、ICR-171.ICR-191 等化合物。前人通过吖啶橙对阿扎霉素 B 产生菌 NND-52 菌株进行诱变处理，筛选到一株突变菌株，其产量达 1100mg/mL，比出发菌株提高 3 倍以上，且传代稳定。

(4)其他化学诱变剂

还有一些其他的化学诱变剂，如脱氨剂、羟化剂、金属盐类、秋水仙素和抗生素等。脱氨剂可直接作用于正在复制或未复制的 DNA 分子，脱去碱基中的氨基变成酮基，改变碱基氢键的电位，引起转换而发生变异。羟化剂具有特异诱变效应，专一地诱发 G：C+A：T 的转换。用于诱变处理的金属诱变剂主要与其他诱变剂复合处理，如氯化锂(LiCl)又称为助诱变剂。秋水仙素是诱发细胞染色体多倍体的诱变剂。抗生素一般也与其他诱变剂复合使用。

此外，还有学者利用秋水仙素染色体加倍技术构建的纯合的二倍体糖基化酵母，糖基化酶活性比其单倍体亲株有不同程度的提高，幅度在 17%～244%。白先放等人(2011)利用亚硝酸诱变选育黄原胶高产菌株，筛选得到一株黄原胶高产突变株 S-126

菌株，其黄原胶产胶率为 2.35g/L，产胶率比出发菌株提高了 9.3%。化学诱变剂在真菌育种中的应用较多，其诱变效果较为理想。但因化学诱变剂对人体的致畸致癌作用，实际应用中也受到一定的限制。

4.4.3　基因工程育种

基因工程是一种体外 DNA 重组技术。人们有目的地取得供体 DNA 上的目的基因，在体外将供体 DNA 和载体 DNA 重组，再将带有目的基因的重组载体转移入受体细胞，使受体细胞表达出目的基因的产物。为了有利于目的基因产物的工业化生产，通常选择易于培养的微生物为受体细胞，这样一种为了目的基因产物的生产而用基因工程技术改造了遗传结构的微生物细胞又称为"工程菌"。基因工程技术的应用，扩大了微生物发酵产品的范围，有巨大的市场潜力。

4.4.3.1　基因工程的基本步骤

基因工程的基本步骤包括如下 5 步操作(图 4-9)。

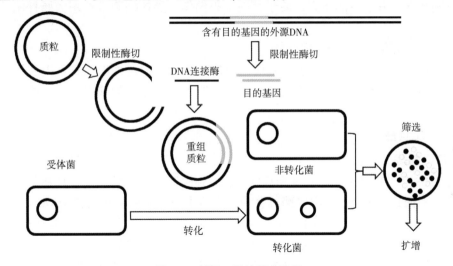

图 4-9　基因工程的基本流程

(1)供体 DNA 的制备

含有目的基因的供体 DNA 有 3 种来源：

①来源于表达目的基因的供体细胞中的 DNA。

②来源于由目的基因的 mRNA 经逆反录酶合成的 DNA。

③来源于用化学方法合成的特定目的基因的 DNA。

以上 3 种来源的 DNA 经分离提取获得以后，采用限制性核酸内切酶切割出黏性末端以利于和载体 DNA 重组。

(2)载体 DNA 的制备

载体 DNA 通常为质粒或噬菌体的核酸。适合基因工程操作的载体应具有 3 种特性：

①载体 DNA 应具有能在受体细胞中大量复制的能力。这一特性有助于带有目的基因的重组载体在受体细胞表达较多的基因产物。

②载体 DNA 应有一个限制性核酸内切酶的切割位点。这样有助于载体 DNA 和供体 DNA 的拼接。

③载体 DNA 应具有选择性遗传标记。选择性遗传标记通常为抗药性突变或营养缺陷型，这样有助于筛选重组细胞。

(3)重组载体的制备

将用同一种限制性核酸内切酶切割的供体 DNA 和载体 DNA 在试管内混合，在较低温度下"退火"，使它们通过黏性末端拼接，再通过连接酶作用形成一个完整的重组载体。

(4)将重组载体引入受体细胞

以转化或转染的方式，将重组载体转移入受体细胞。受体细胞一般选择具有如下特性的微生物细胞：

①便于培养发酵生产；

②非致病菌；

③遗传学上有较多的研究，便于基因工程操作。受体细胞常选用大肠杆菌、酵母菌等。

(5)受体细胞表达目的基因产物

重组载体进入受体细胞后还需要根据载体的遗传标记选择出具有重组载体的受体细胞，再通过大量筛选和对培养条件控制选出能大量表达目的基因产物、遗传上稳定的"工程菌"。

4.4.3.2　工具酶

(1)限制酶

自 1908 年首次从 *E. coli* K 株和日株中分离到限制酶，继后不断发现和分离到新的限制酶，根据其作用特性，限制酶可分为三类。Ⅰ类限制酶随机切割 DNA，不能产生专一性切口，Ⅱ类限制酶能在特定序列切剖 DNA。Ⅰ类和Ⅰ类限制酶同时具有修饰(甲基化)和限制(切割)作用，B 类限制酶对 DNA 的水解有很强的特异性，它要求严格的序列作为切割点，切点所要求的序列中有一个碱基的变异，缺失或修饰都不再能被水解，其中大多数可用于分子克隆使得分子生物学的试验结果真有高度的精确性和特异性，被誉为分子生物学家的"手术刀"，至 1987 年，*Nucleic Acid Reseach* 列出的Ⅱ类限制酶已有 654 种，文献资料中提及的限制酶主要是指Ⅱ类限制酶。

Ⅱ类限制酶是分子量在 $(6\sim10)\times10^4$ Da 的单链多肽，不稳定，最适 pH 值在 $6\sim8$ 之间，NaCl 有抑制作用，能被 Mg^{2+} 激活，疏基有保护作用，通常是落于含有 50% 甘油的缓冲液中贮存于 $-20℃$，取出使用时必须立即置于冰浴中，用后随即放回 $-20℃$。它对底物要求有特异的识别序列，这些被切割的 DNA 片段黏性末端的任何一侧都能和另一末端互补配对，使任何含有该识别序列的 DNA 分子都能和另一个含相同识别序列的 DNA 分子容易地连接成新的重组分子，正是限制酶这一特性的发现和应用于分子生物学，大大加速了基因工程技术的发展。

(2)DNA 连接酶

DNA 连接酶也称 DNA 黏合酶，在分子生物学中扮演一个既特殊又关键的角色，那就是把两条 DNA 黏合成一条。无论是双股或是单股 DNA 的黏合，DNA 黏合酶都可以借由形成磷酸双脂键将 DNA 在 3' 端的尾端与 5' 端的前端连在一起。虽然在细胞内也有其他的蛋白质，例如像是 DNA 聚合酶在其中一股 DNA 为模版的情况下，将另一边的 DNA 单股断裂端，通过聚合反应的过程形成磷酸双脂键（phosphodiester bond）来黏合 DNA（DNA 连接酶将 DNA 片段缝合起来，恢复被限制酶切开的两个核苷酸之间的磷酸双脂键）。但是 DNA 聚合酶的黏合过程却只是聚合反应一个附带的功能而已，真正在细胞内扮演 DNA 黏合反应的工作还是以 DNA 黏合酶为主。DNA 黏合酶的功能便是黏合断裂的 DNA，而细胞内只有 DNA 复制与 DNA 修复的反应牵涉到 DNA 断裂的合成，因此 DNA 黏合酶就是在上述的两个机制扮演重要的角色。

（3）其他工具酶

①大肠杆菌 DNA 合聚酶 I　此酶能把核苷酸残基加到双链 DNA 中一条有缺口的 3' 末端链上，同时能从缺口的 5' 端除去核苷酸。这两种反应是同步的，这就引起缺口沿 DNA 移动，若加进去的核苷酸带有标记物就能使生成的 DNA 双链带有标记物，这就是核酸探针标记方法之一的缺口平移。

②大肠杆菌 DNA 聚合酶 I 大片段　此酶是大肠杆菌 DNA 聚合酶 I 经枯草杆菌蛋白酶消化产生的大片段，它保留了加核苷酸残基到双链 DNA 中一条有缺口的 3' 末端的功能，但失去了从缺口 5' 端除去核苷酸的功能，此酶用于 cDNA 克隆时第二链 cDNA 的合成和随机引物标记核酸探针，也是聚合酶链反应（（PCR）技术最初使用的聚合酶。

③T4 多核苷酸激酶　此酶催化 ATP 上的 rip 转移到 DNA 或 RNA 末端。如果 ATP 的 rip 是 ^{32}p 则可进行核酸探针的 5' 末端标记。

④T4 连接酶　此酶催化 DNA 邻近的 3'-OH 和 5'-P 间一种磷酸二酯键的形成，分子克隆时用于互补黏性末端 DNA 分子的连接和平头末端双链 DNA 分子间互相连接或与合成接头连接。

4.4.3.3 载体

（1）质粒载体

质粒（plasmid）是细菌或细胞染色质以外的，能自主复制的，与细菌或细胞共生的遗传成分，其具有以下 3 个主要特点：

①质粒是染色体外的双链共价闭合环形 DNA（covalently closed circuar DNA，cccDNA），可自然形成超螺旋结构，不同质粒大小在 2~300kb 之间，15kb 的大质粒则不易提取。

②质粒能自主复制，是能独立复制的复制子（autonomous replicon）。一般质粒 DNA 复制的质粒可随宿主细胞分裂而传给后代。按质粒复制的调控及其拷贝数可分两类：一类是严谨控制（stringent control）型质粒的复制常与宿主的繁殖偶联，拷贝数较少，每个细胞中只有一个到十几个拷贝；另一类是松弛控制（relaxed control）型质粒，其复制宿主不偶联，每个细胞中有几十到几百个拷贝。每个质粒 DNA 上都有复制的起点，只有 ori 能被宿主细胞复制蛋白质识别的质粒才能在该种细胞中复制，不同质粒复制控制状况主要与复制起点的序列结构相关。有的质粒的可以整合到宿主细胞染色质 DNA 中，随宿主 DNA 复制，称为附加体，如细菌的性质粒就是一种附加体，它可以质粒形

式存在，也能整合入细菌的 DNA，又能从细菌染色质 DNA 上切下来。F 因子携带基因编码的蛋白质能使两个细菌间形成纤毛状细管连接的接合（conjugation），通过这细管遗传物质可在两个细菌间传递。

③质粒对宿主生存并不是必需的。这点不同于线粒体，线粒体 DNA 也是环状双链分子，也有独立复制的调控，但线粒体的功能是细胞生存所必需的。线粒体是细胞的一部分，质粒也往往有其表型，其表现不是宿主生存所必需的，但也不妨碍宿主的生存。某些质粒携带的基因功能有利与宿主细胞的特定条件下生存，例如，细菌中许多天然的质粒带有抗药性基因，如编码合成能分解破坏四环素、氯霉素、氨苄青霉素等的酶基因，这种质粒称为抗药性质粒，又称 R 质粒，带有 R 质粒的细菌就能在相应的抗生素存在生存繁殖。所以，质粒对宿主不是寄生的，而是共生的。医学上遇到许多细菌的抗药性，常与 R 质粒在细菌间的传播有关，F 质粒就能促使这种传递。

（2）噬菌体载体

噬菌体（phage）是感染细菌的一类病毒，有的噬菌体基因组较大，加入 λ 噬菌和 T 噬菌体等；有的则较小，如 M13. f1. fd 噬菌体等。用感染大肠杆菌的 λ 噬菌体改造成的载体应用最为广泛。

4.4.3.4 转化方法

（1）CaCl$_2$/PEG 介导的原生质体的转化

许多丝状真菌采用 CaCl$_2$/PEG 介导的原生质体转化。因此，制备高效的原生质体是进行转化的前提和基础，原生质体的状态对转化效率的影响很大。首先是用溶壁酶处理菌丝体或萌发的孢子获得原生质体，然后将原生质体、外源载体 DNA 混合于一定浓度的 CaCl$_2$、PEG（聚乙二醇）缓冲液中进行融合转化，若去掉 PEG 则无转化发生，然后，将原生质体涂布于再生培养基中选择转化子。

通常用处于对数生长期的菌丝来制备原生质体，用 Novozyme 234、纤维素酶、蜗牛酶中的一种在高渗缓冲液中进行酶解，边酶解边在显微镜下观察菌丝释放原生质体的情况。通过离心收集原生质体，使原生质体的浓度控制在 $10^7 \sim 10^8$ 个/mL，用于原生质体的转化。CaCl$_2$ 是转化体系中不可缺少的部分，CaCl$_2$ 的使用浓度在 10~50mmol/L。有时还需要加入 1%二甲基亚砜和 0.05~0.1g/L 的肝素钠、1mmol/L 的压精胺。另外，还需加入高浓度的 PEG，通常为 40%的 PEG4000 或 PEG6000，它有助于促进原生质体之间的融合，促进 DNA 的吸收。目前，这套转化体比较成熟，一般而言，大多数丝状真菌的转化效率在 5~30 个转化子/μg DNA，当然，也有一些文献报道了一些菌株具有较高的转化效率，如糙皮侧耳 *Pleurotus ostreatus* 的转化效率为 200 个转化子/μg DNA，地生弯颈霉 *Tolypocladium geodes* 的转化效率为 $3 \times 10^3 \sim 5 \times 10^3$ 个转化子/μg DNA。

（2）基因枪的转化

基因枪技术（biolistics，microprojectileor particle bombardment）是由美国康奈尔大学生物化学系 John. C. Santord 等于 1983 年研究成功。这一方法是依靠一种基因枪来帮助导入外源基因。PDS-1000 系列基因枪是唯一商品化的基因枪。基因枪根据动力系统可分为火药引爆、高压放电和压缩气体驱动 3 类。其基本原理是通过动力系统将带有基因的金属颗粒(金粒或钨粒),将 DNA 吸附在表面,以一定的速度射进受体细胞,由于小颗粒穿透力强,故不需除去细胞壁和细胞膜而进入基因组,从而实现稳定转化的目的。基因枪的优点有:采用菌丝或孢子进行转化,而且孢子和菌丝比原生质体的萌发率高很多;无需制备原生质体,可以节省时间,制剂如酶等,像葡萄钩丝壳 Uncinula necator 原生质体的制备就比较困难,再生率低。缺点是仪器的价格太贵,不过在大多数大学,科研机构都有对外服务,基因枪的转化频率与受体种类、微弹大小、轰击压力、制止盘与金颗粒的距离、受体预处理、受体轰击后培养有直接关系。目前已有关于丝状真菌用基因枪进行转化的报道。从构巢曲霉菌种的转化结果来看,基因枪转化与传统的 CaCl$_2$/PEG 介导的原生质体的转化相比转化效率较低,但转化子的遗传稳定性好于传统的方法。目前基因枪转化广泛应用在植物转基因中。

(3)限制酶介导的转化

限制性内切酶介导的 DNA 整合技术(restriction enzyme-mediated integration,REMI)是通过转化而产生带有标记突变子的一项新技术。在转化混合物中添加限制性内切酶可明显提高异源整合的频率,其原因为限制性内切酶可识别受体基因组以及外源质粒的共同酶切位点,并在胞内实现切割和重新整合。REMI 介导的转化需要根据实验来确定受体细胞、给定限制性内切酶以及外源质粒的最佳转化条件,以获得高的转化效率。现有的报道普遍证明 REMI 介导的转化方法因菌种不同,转化效率表现也不同。在构巢曲霉中 REMI 的转化效率可以提高 20~60 倍;线状质粒转化 A. fumigatus 的效率比环状质粒提高 5~10 倍;在粗糙脉孢菌中转化率影响不大,有的甚至降低。

(4)根癌农杆菌介导的转化

该方法简称为 ATMT,是利用农杆菌 Agrobacterium tumefaciens 在致瘤和转化过程中可将其环状质粒中的 T-DNA 随机插入植物、真菌、放线菌及动物基因组中。Ti(tumor-inducing)质粒上的 T-DNA 和 vir(virulence)区是农杆菌侵染植物所必需的。T-DNA 的转化依赖于 Ti 质粒上一系列 vir 基因表达,而这些 vir 基因的表达受小分子的酚类和糖类物质的双重调节。在众多的酚类信号物质中,以乙酰丁香酮和乙基芥子酰胺诱导 vir 区基因表达的能力较强,其中,在转化中最常用的是乙酰丁香酮(Acetosyingone,AS)。人们用与基因组没有同源性的 T-DNA 转化丝状真菌,可以使外源 DNA 插入基因组,标记的突变基因可以根据已知插入 DNA 序列,用质粒拯救或 PCR 方法克隆。若用同源基因转化时,可发生同源重组,用于研究目标基因的功能。随着 ATMT 转化丝状真菌技术的不断成熟,以及根癌土壤杆菌介导的丝状真菌转化有单拷贝随机整合以及精确度高的特点,它可能成为工农业重要丝状真菌分子遗传学研究的重要手段之一,并将产生深远的影响。

已有文献报道了通过根癌农杆菌 LBA 4404 Ti 质粒介导建立一个高效的产黄青霉遗传转化体系,并以此将透明颤菌血红蛋白(Veoscilla hemoglobin,VHb)基因 vgb 导入产黄青霉,比用原生质体转化法转化效率提高 10%。近几年,诸多学者利用农杆菌转化技术实现了木霉 Trichoderma recsei、曲霉 Aspergillus awamon、镰孢霉 Fusarium venenatum、刺盘孢菌 Colletotrichum gloeosporioides、脉孢菌 Neurospora crassa 以及伞菌 Agaricasbisporus 等多种丝状真菌的转化。

　　ATMT 转化丝状真菌时，可以采用多种受体材料，从而避免原生质体制备的烦琐步骤，在一定程度上简化了转化程序，扩大了应用的范畴。另外，ATMT 不仅可以提高转化效率，而且还具有异源随机插入和同源 DNA 置换及获得遗传稳定的转化子的特点。

（5）电穿孔法

　　电转化是一种使用瞬间高压电，使细胞膜破裂，短时间内保持小分子 DNA 进入细胞内，被广泛用于将外源核酸转化或转染原核与真核细胞的有效方式。该法在细菌和酵母中的应用较为广泛，真菌也有报道。在丝状真菌中也应用了电转化技术，与普遍采用的 $CaCl_2$/PEG 方法相比，虽然简化了操作步骤，但对提高转化率并无明显作用。传统的电转化仪采用的是毫秒级的电脉冲，可是这种长时间的电脉冲造成转化细胞成活率低。虽然 DNA 在电转化中进入细胞，但是如果此时细胞并不处在分裂期，细胞核膜没有充分溶解，外源 DNA 就无法有效整合，因而进入细胞并不意味着转化成功。与 PEG 法相比，电穿孔法转化效率较稳定，但仍有转化效率低的缺点。

　　除了以上几种方法外还有醋酸锂法进行的转化，它的转化对象是完整的细胞。其基本原理：用醋酸锂或其他一价金属离子（Na、K、Ca、Rb 等）处理对数生长期的细胞使之成为感受态，经热休克（heat shock）处理，在 PEG 帮助下，质粒 DNA 进入真菌细胞，形成转化子。

4.4.4　诱变育种和基因工程育种实例

4.4.4.1　诱变育种实例

（1）物理诱变技术

　　物理诱变通常使用物理辐射中的各种射线，包括紫外线、X 射线、γ 射线、α 射线、β 射线、快中子、微波、超声波、电磁波、激光射线和宇宙射线等。近年来，离子辐照、微波、超高压诱变育种也成为诱变育种的新方法。

　　①离子辐照诱变　离子束具有高传能线性密度（Let），且在射程的末端还有尖锐的电离峰（Bragg 峰）。这使重离子能在生物介质中产生高密度的电离和激发事件，同时产生的高活度自由基造成间接损伤，从而引起较强的生理生化作用，可引起染色体的重复、易位、倒位、缺失或使 DNA 分子取代、补充、断裂等。前人通过 10keV 氮离子注入 β-胡萝卜素生产菌三孢布拉霉 *Blakeslea trispora* 筛选得到 2 株产量比出发菌株提高 20% 的高产菌株，经过多次传代试验表明该菌遗传稳定性较好，并对 pH 值、温度、转速等发酵条件进行初步优化，使 β-胡萝卜素的产量达到 2.2g/L。赵南等（2010）向井冈霉素产生菌注入能量 10keV、剂量 $15×10^{13}$ 个/cm 氮离子实施诱变，再生培养后单菌落接斜面上摇床进行效价测定，筛选高产菌株。结果获得诱变菌株 9275#，其有效 A 组分含量较出发菌株提高 33.52%，且具有高的遗传稳定性。

　　②微波　作为一种高频电磁波，微波与生物组织的相互作用主要表现为热效应和非热效应，能刺激水、蛋白质、核酸、脂肪和碳水化合物等极性分子快速震动，这种震动能引起摩擦，能够对氢键、疏水键和范德华力产生作用，因此可以使得单孢子悬液内 DNA 分子间强烈摩擦，孢内 DNA 分子氢键和碱基堆积化学力受损，使得 DNA 结构发生变化，从而发生遗传变异。采用带水循环冷却装置的微波设备，对紫红曲

Monascus purpureus 进行诱变处理，研究微波辐照功率和辐照时间对红曲霉菌的致死规律和突变规律，获得微波功率和时间的最佳辐照剂量，结果表明：在微波功率 500W、辐照时间 80s 时，得到突变株 W5S8，液态发酵产橙色素色价为 16.38U/mL，较原始菌株橙色素色价 10.26U/mL 提高了 59.62%，连续遗传 5 代，产色素性状稳定。在低产双乙酰值酵母的筛选研究中，采用微波诱变与甲基磺酸乙酯(EMS)诱变相结合的方法对出发菌株 2.003 进行诱变，以筛选出产双乙酰值低的酵母菌株。小试实验表明：与出发菌株相比，突变株 B82 的双乙酰生成量下降了 40%；经大生产试验，突变株 B82 双乙酰峰值低、还原快，有一定的应用价值。

③超高压　高压导致细胞体积减小，胞内物质浓缩，使得先前互不接触的各种酶、蛋白质及核酸类物质接触，这种接触必然会导致一些不可预测的反应发生，如 DNA 在高压下会与切割 DNA 的核酸内切酶接触而使得 DNA 发生变化。研究发现，DNA 在高压长时间处理下，DNA 合成对压力敏感。高压可以影响到 DNA 的超螺旋结构，甚至影响 DNA 母链的解旋，还使得 DNA 失去紧急修复的应急反应(SOS)机制。利用超高压技术对红酵母 *Rhodotorula glutinis* NR06 进行诱变处理，在 300MPa 处理 10min 时获得一突变株 NR06-H39，其 β-胡萝卜素产量达到 9.64mg/L，比出发菌株 NR06 的 6.30mg/L 提高了 53.02%，且遗传稳定性良好。另有研究报道，在对初选的细菌纤维素菌株 J2 进行超高压诱变，试验结果表明，超高压诱变压力、时间对细菌纤维素菌株有显著或极显著影响。细菌纤维素菌株高压诱变条件为压力 250MPa、时间 15min、温度 25℃，经超高压诱变，获得产纤维素能力高、遗传稳定性好的诱变菌株 M438。

(2)化学诱变育种技术

化学诱变的作用机制与物理诱变剂有很大区别，化学诱变剂都是与 DNA 起化学作用。化学诱变剂往往具有专一性，它们对基因的某部位发生作用，对其余部位则无影响。在一定程度上，诱变剂具有定向突变的应用意义。常用的化学诱变剂有碱基类似物、烷化剂、移码突变剂。

①碱基类似物　这类物质与碱基有着相似的结构，通过取代核酸分子中碱基的位置，再通过 DNA 的复制，引起突变。由于作用位点单一、专一性强，碱基类似物常与其他诱变剂组合使用。但近年来出现了利用碱基类似物的单一诱变报道。在对产色素菌(T17-2-39)的诱变育种试验中，采用 5-溴尿嘧啶(5-BU)作为诱变剂，对产色素菌(T17-2-39)细胞和原生质体进行诱变，分别获得比原菌株生物量和产色素量提高的新菌株，其中生物量分别平均提高 22.5% 和 16.4%。在对野油菜黄单胞菌的 α-淀粉酶基因进行的体外诱变中，采用基因体外定向进化策略中易错 PCR 技术，用碱基类似物 5-溴脱氧尿苷三磷酸(5-BrdUTP)部分取代脱氧胸苷三磷酸(dTTP)，对野油菜黄单胞菌的 α-淀粉酶基因进行了体外诱变。通过与鉴别培养基筛选，得到 5 个具有高酶活的诱变基因，通过与出发基因序列比较，分析了突变位点和酶功能变化的相应关系。结果显示，基因诱变后酶活的改变主要是由淀粉酶基因空间结构的改变而引起的，而不是由启动子的变化引起的。

②烷化剂　烷化剂主要是通过烷化基团使 DNA 分子上的碱基及磷酸部分烷化，DNA 复制时导致碱基配对错误而引起突变。在以林肯链霉菌 *Streptomyces lincolnensis*

9502 为出发菌株，进行 NTG 诱变处理，并用高效的琼脂块培养法对菌株进行筛选的研究中，得到产林可霉素相对效价提高 35.4% 的变异株 9502-7。对 9502-7 菌株孢子采用紫外线处理，得到变异高产菌株 9502-7-12，其相对效价较出发菌株提高 50% 以上。在诱变选育丁二酮高产菌株的研究中，以乳酸乳球菌乳酸亚种丁二酮变种为出发菌株，采用亚硝基胍进行诱变选育，得到高产丁二酮菌株，用邻苯二胺比色法检测突变株丁二酮，其产量达到 0.72mg/L，比出发菌株产量 0.056mg/L 提高 12.9 倍，且遗传性质稳定。

③移码突变剂　吖啶及其衍生物类可插入到 DNA 分子中，通过复制过程导致遗传密码中碱基移位重组，最终改变突变株的遗传特性。在对枯草芽孢杆菌 G3 抗真菌活性改良的研究中，用诱变剂吖啶橙诱变得到 20 个突变株，其中 5 个突变株 Ga1、Ga8、Ga12、Ga13 和 Ga19 在肉汤和 PDA 平板上形成黏液状菌落，完全不同于出发菌株。PDA 平板抑菌圈试验，突变株对番茄叶霉菌和黄瓜灰霉菌产生比野生株 G3 更大的透明抑菌圈。其中，Ga1 菌株对番茄叶霉菌和黄瓜灰霉菌的抑菌带宽分别是 G3 的 1.71 和 1.69 倍。用番茄叶霉菌为指示菌的生物测定结果表明，突变株固体培养物或摇瓶培养物以最小抑菌浓度(MIC)和有效抑菌中浓度(EC50)表示的抗真菌活性皆高于 G3 菌株。突变株 Ga1 抗真菌活性最强。摇瓶培养时，Ga1 菌株产生比 G3 更多的伊枯草菌素 A，Ga1 菌株增强了合成伊枯草菌素 A 的能力。

(3) 其他类诱变技术

氯化锂属于协同诱变剂，与其他诱变剂联用时，往往会产生很好的协同诱导突变作用，尤其与紫外线诱变组合。核糖霉素产生菌核糖苷链霉菌 *Streptomyces ribosidificus* 原生质体经紫外线和氯化锂复合处理得到 2 株新的菌株 RF2-25 和 RF3-173，产生抗生素核糖霉素的能力分别比出发株 RF-5 提高了 17% 和 15.3%。

原生质体诱变是以原生质体为材料，采用物理或化学诱变剂处理，经过再生培养，从而选育获得突变株的一门技术。在原生质体诱变筛选香菇多糖高产菌株的研究中，选择剂量为 600Gy 的 ^{60}Co γ 射线对香菇原生质体进行诱变，得到多糖遗传稳定性保持良好，多糖产量比出发菌株提高了 20.6% 的突变菌株。

在选育重金属去除菌的研究中，选用紫外线和亚硝酸对产朊假丝酵母 CR-001 进行单因子和多因子诱变处理，通过复合诱变得到了 6 株具有高重金属抗性的高效重金属去除菌。经过传代后，CRC2811-1 和 CRC7-2 的抑菌圈直径分别减至 1.7mm 和 1.2mm；对 Cr 的去除率分别从 80.2% 和 81.2% 提高到了 95.2% 和 94.7%，其余 4 株突变株的抗性和除铬性能均可保持稳定。诱变抗生素抗性菌株是选育产抗生素的前提。在对抗真菌抗生素 Terreic acid-179M 产生菌黄柄曲霉 *Aspergillus flavipes* 抗性的研究中，通过多轮复合诱变，以对自身次生代谢产物抗性作为筛选策略，选育到对自身抗生素抗性提高且发酵相对效价提高到 383% 的高产菌株。近来还有研究表明，微生物对作用于核糖体的抗生素所产生的某些抗性突变会直接影响其次级代谢功能，从而改变产物水平和代谢能力，使突变株的产能获得大幅提高。

4.4.4.2　基因工程育种实例

基因工程首先在原核生物——细菌中获得成功，这大大地激励了许多科学家将这一技术应用到丝状真菌的研究中，目前丝状真菌的遗传转化(基因工程)在理论上和应用上均取得了较大的进展，本文评述了转化的丝状真菌种类及选择标记，丝状真菌的复制型转化和整合型转化，丝状真菌摄取外源 DNA 的方法途径以及丝状真菌基因工程的应用等内容。

(1)转化的丝状真菌种类与选择标记

①转化丝状真菌种类　第一个被转化的丝状真菌是由 Mishra 和 Tatum（1973）报道的粗糙链孢霉，他们用来自野生型菌株的总 DNA 处理肌醇缺陷型菌株获得了肌醇原养型转化菌落，但当时尚没有可利用的分子技术对转化子进行鉴定，Case 等（1979）首次证实了 DNA 介导的粗糙链孢霉的遗传转化，他们证实在转化子中含有整合于染色体上的质粒 DNA 片段，随后，在越来越多的丝状真菌中实现了遗传转化，据作者不完全统计，截至 1995 年已有 90 余种丝状真菌转化成功，其中有许多种类可被具有不同选择标记的多种载体所转化。已转化成功的丝状真菌中有工业真菌（如黑曲霉、米曲霉等）、医用真菌（如产黄青霉、顶头孢霉）、植物病原真菌（如玉米黑粉菌、小麦全蚀菌等）、杀虫真菌（如白僵菌、绿僵菌）、真菌上寄生真菌（如哈氏木霉）、食用真菌（如裂褶菌、鬼伞等）、菌根真菌（如卷边桩菇、漆蜡蘑等）等。

②选择标记　遗传转化通常是稀有事件，因此，从大量的未转化细胞（原生质体）背景中筛选转化子必须依赖于可供选择转化子的遗传标记，筛选所希望的转化子通常是将经 DNA 处理的样品涂布于琼脂平板培养基上而进行，筛选策略可基于原养型生长、药物抗性、抗生素抗性或利用报导基因通过视觉而筛选。

最初转化的丝状真菌多是利用营养缺陷型菌株而进行的，通过将野生型等位基因转移到相应的营养缺陷型菌株中，在基本培养基中筛选原养型生长菌落而得到转化子。目前，已用于丝状真菌转化的野生型标记基因有 Ade（腺嘌呤）（据统计有 2 种丝状真菌被转化，下同）、Met（蛋氨酸，3 种）、Pyr（嘧啶，17 种）、Trp（色氨酸，9 种）、Nic（尼克酸，1 种）、Ribo（核黄素，1 种）、Arg（精氨酸，7 种）、Ien（亮氨酸，3 种）、Pro（脯氨酸，1 种）、Inl（肌醇，1 种）、Nit（氮，1 种）、Am（谷氨酸脱氢酶，1 种）、NiaD（硝酸还原酶，11 种）。

然而，在大多数丝状真菌中难以获得适宜的营养缺陷型菌株，而且，根据经验试验，高产菌株中的任何正向突变均具有无法控制的副作用，并最终降低产量，这自然阻碍了利用遗传工程改良菌株，因此利用不需要相应突变型菌株的显性标记（药物或抗生素抗性）进行遗传转化尤为有用，最早利用的显性抗性基因是卡那霉素抗性基因（kan^R），对卡那霉素或 G418 具有选择抗性。目前利用 kan^R 实现的遗传转化丝状真菌约有 6 种，利用博来霉素抗性基因（ble^R）（对博来霉素或腐草霉素具有抗性）实现转化的丝状真菌约有 14 种，利用 B 微管蛋白基因（ben^R）（对苯菌灵具有抗性）实现转化的丝状真菌约有 18 种，利用潮霉素磷酸转移酶（hph）基因（对潮霉素具有抗性）而实现转化的丝状真菌约有 62 种，利用 bar 基因（对双丙磷 Bialaphos 具有抗性）实现转化的丝状真菌 1 种，利用邻氨基苯甲酸合成酶基因的显性突变基因（$trp3^{iar}$）（对 5-氟吲哚具有抗性）而实现转化的有 2 种。另外，利用 $amdS$ 基因（能使转化子在以乙酰胺为唯一氮源中生长）而实现转化的丝状真菌约有 12 种，寡霉素抗性（oli^R）作为一种半显性抗性具有种的特性，因而其应用受到限制。用于丝状真菌转化的报导基因有 $E.coli$ β-半乳糖苷酶基因（lacZ）、$E.coli$ β-葡糖苷酶基因（GUS）。利用上述报导基因可通过与指示化合物的显色反应而视觉检测导入的基因所编码的酶活性，并可对其表达水平定量化，同时，还可利用融合有报导基因的载体获取启动子序列，并比较其启动子效率高底。

（2）外源 DNA 导入丝状真菌受体的方法

外源 DNA 导入丝状真菌中最普遍使用的方案是 $CaCl_2$/PEG 介导的原生质体转化。首先是用溶壁酶处理菌丝体或萌发的孢子获得原生质体，然后将原生质体、外源载体 DNA 混合于一定浓度的 $CaCl_2$/PEG(聚乙二醇)缓冲液中进行融合转化，若去掉 PEG 则无转化发生，然后，将原生质体涂布于再生培养基中选择转化子。

（3）丝状真菌的复制型转化和整合型转化

①复制型转化　复制型转化需要构建含有真菌复制子的复制型载体，已从卷枝毛霉、布拉克须霉、米曲霉、玉米黑粉菌等多种丝状真菌的线粒体 DNA 或基因组 DNA 中分离到自主复制顺序(*ars*)，最初人们做了大量工作试图在体外构建构巢曲霉和粗糙链孢霉的自主复制载体，但没有检测到载体的自主复制，后来，David 等(1991)成功地构建了构巢曲霉自主复制型载体 *ARp*1；Tsukuda 等(1988)将玉米黑粉菌的 *ars* 插入到整合型载体中成功地构建了复制型载体，它能在黑粉菌细胞中自主复制，并使转化率高达 10000 个/μg DNA；另外，在灰绿犁头霉、构巢曲霉、尖镰孢柄壳孢、布拉克须霉等丝状真菌中也实现了自主复制质粒的转化。

除了在体外构建自主复制载体外，也可在丝状真菌体内获得能自主复制的重组质粒，这是通过非复制型载体与染色体 DNA 或线粒体 DNA 整合，获得受体菌能自主复制的顺序而形成重组质粒，这种重组质粒具有自主复制能力，目前，已在灰绿犁头霉(染色体 DNA 与非复制型载体的重组)、构巢曲霉(染色体 DNA 与非复制型载体的重组)、尖镰孢(染色体 DNA 的端粒顺序与非复制型载体的整合)、糙皮侧耳(染色体 DNA 与非复制型载体的重组)、花药黑粉菌(线粒体 DNA 与非复制型载体的重组)等丝状真菌体内获得复制型重组质粒。

②整合型转化　已实现转化的丝状真菌中，绝大多数都是整合型转化，Hinnen (1978)将酵母菌的整合转化分为 3 种类型，在丝状真菌中同样存在这 3 种类型。第一种类型为转化 DNA 与受体染色体同源序列之间的重组，通过单交换导致转化 DNA 整合到染色体 DNA 上。第二种类型是转化 DNA 与受体染色体的异源重组，通过单交换导致转化 DNA 整合到受体染色体上。含有异源序列的载体和含有同源序列的载体均可产生异源重组，但含有同源序列的载体与受体染色体发生异源重组的比例较少。第三种类型是转化 DNA 与受体染色体同源重组，通过双交换导致转化 DNA 中的基因取代受体染色体中的基因。三种类型发生的频率随菌株，甚至选择标记的不同而异，但在丝状真菌中，第二种类型的异源整合转化是常见的，这明显不同于酵母菌，丝状真菌的异源整合转化可能不需要广泛的序列相匹配(matching)，因为整合连接处的核苷酸序列很少或没有同源性(razanamparan)等，不过，有关异源整合所需的最低程度的同源性尚未确定，这可能由于菌株或标记的不同而不同，也可能受目前尚不清楚的重复弥散顺序的分布的影响。总而言之，整合转化受多种因素影响，如序列同源性的程度、转化 DNA 的构型、特异性选择标记、被转化的菌株种类以及尚未确定的影响 DNA 断裂和修复的特异性基因及其产物的活性等。

4.5 资源真菌的专利保护

4.5.1 专利的概述

4.5.1.1 专利的概念和种类

(1)专利的概念

专利的作用一方面鼓励发明创造，保护发明人的利益；另一方面是公开专利技术，推动科学快速向前。国家通过授予发明人专利权的方式换取发明人向社会公开技术成果，使科学在更高起点上得到进一步的发展与提高。生物技术类发明专利特别之处是申请人除了向专利局提交专利申请文件外，还需将发明所涉及的微生物菌种寄存在世界知识产权组织（WIPO）确认的保藏机构保藏并向公众发放，以达到充分公开的目的。一个活体的微生物菌种就是一个自动化的生产工厂，在生物技术类发明中，往往就是专利的核心。专利微生物菌种保藏量和发放量从一个侧面反映一个国家和地区在生物技术上的研究水平、生物学研究的活跃程度并可评价专利对生物技术领域保护效果。

(2)专利的类别

根据国际专利分类表（2016 版）（http：//www. sipo. gov. cn/wxfw/zlwxxxggfw/zsyd/bzyfl/gjzlfl/201608/t20160831_ 1289458. html），可以分为 A——人类生活必需、B——作业；运输、C——化学；冶金、D——纺织；造纸、E——固定建筑物、F——机械工程；照明；加热；武器；爆破、G——物理、H——电学等。

(3)专利的种类

专利的种类在不同的国家有不同规定，在我国有发明专利、实用新型专利和外观设计专利等；在部分发达国家中有发明专利和外观设计专利。

《中华人民共和国专利法》（以下简称《专利法》）第二条第二款对发明的定义是："发明是指对产品、方法或者其改进所提出的新的技术方案。"发明专利并不要求它是经过实践证明可以直接应用于工业生产的技术成果，它可以是一项解决技术问题的方案或是一种构思，具有在工业上应用的可能性，但这也不能将这种技术方案或构思与单纯地提出课题、设想混淆，因为单纯的课题与设想不具备工业上应用的可能性。

①实用新型专利　《专利法》第二条第三款对实用新型的定义是："实用新型是指对产品的形状、构造或者其结合所提出的适于实用的新的技术方案。"同发明一样，实用新型保护的也是一个技术方案。但实用新型专利保护的范围较窄，它只保护有一定形状或结构的新产品，不保护方法以及没有固定形状的物质。实用新型的技术方案更注重实用性，其技术水平较发明而言，要低一些，多数国家实用新型专利保护的都是比较简单的、改进性的技术发明，可以称为"小发明"。

实用新型是指对产品的形状、构造或者其结合所提出的适于实用的新的技术方案，授予实用新型专利不需经过实质审查，手续比较简便，费用较低，因此，关于日用品、机械、电器等方面的有形产品的小发明，比较适用于申请实用新型专利。

②外观设计专利 《专利法》第二条第四款对外观设计的定义是："外观设计是指对产品的形状、图案或其结合以及色彩与形状、图案的结合所作出的富有美感并适于工业应用的新设计。"并在《专利法》第二十三条对其授权条件进行了规定："授予专利权的外观设计，应当不属于现有设计；也没有任何单位或者个人就同样的外观设计在申请日以前向国务院专利行政部门提出过申请，并记载在申请日以后公告的专利文件中""授予专利权的外观设计与现有设计或现有设计特征的组合相比，应当具有明显区别"，以及"授予专利权的外观设计不得与他人在申请日以前已经取得的合法权利相冲突"。

外观设计与发明、实用新型有着明显的区别，外观设计注重的是设计人对一项产品的外观所作出的富于艺术性、具有美感的创造，但这种具有艺术性的创造，不是单纯的工艺品，它必须具有能够为产业所应用的实用性。外观设计专利实质上是保护美术思想的，而发明专利和实用新型专利保护的是技术思想；虽然外观设计和实用新型与产品的形状有关，但两者的目的却不相同，前者的目的在于使产品形状产生美感，而后者的目的在于使具有形态的产品能够解决某一技术问题。例如一把雨伞，若它的形状、图案、色彩相当美观，那么应申请外观设计专利，如果雨伞的伞柄、伞骨、伞头结构设计精简合理，可以节省材料又有耐用的功能，那么应申请实用新型专利。

外观设计是指对产品的形状、图案或者其结合以及色彩与形状、图案的结合所作出的富有美感并适于工业应用的新设计。外观设计专利的保护对象，是产品的装饰性或艺术性外表设计，这种设计可以是平面图案，也可以是立体造型，更常见的是这二者的结合。

(4) 专利的特点

专利属于知识产权的一部分，是一种无形的财产，具有与其他财产不同的特点。

①排他性 也即独占性。它是指在一定时间(专利权有效期内)和区域(法律管辖区)内，任何单位或个人未经专利权人许可都不得实施其专利；对于发明和实用新型，即不得为生产经营目的制造、使用、许诺销售、销售、进口其专利产品；对于外观设计，即不得为生产经营目的制造、许诺销售、销售、进口其专利产品，否则属于侵权行为。

②区域性 是指专利权是一种有区域范围限制的权利，它只有在法律管辖区域内有效。除了在有些情况下，依据保护知识产权的国际公约，以及个别国家承认另一国批准的专利权有效以外，技术发明在哪个国家申请专利，就由哪个国家授予专利权，而且只在专利授予国的范围内有效，而对其他国家则不具有法律的约束力，其他国家不承担任何保护义务。但是，同一发明可以同时在两个或两个以上的国家申请专利，获得批准后其发明便可以在所有申请国获得法律保护。

③时间性 是指专利只有在法律规定的期限内才有效。专利权的有效保护期限结束以后，专利权人所享有的专利权便自动丧失，一般不能续展。发明便随着保护期限的结束而成为社会公有的财富，其他人便可以自由地使用该发明来创造产品。专利受

法律保护的期限长短按有关国家的专利法或有关国际公约规定。世界各国的专利法对专利的保护期限规定不一。

4.5.1.2　专利的原则

授予专利权的发明和实用新型，应当具备新颖性、创造性和实用性。

(1)新颖性

新颖性，是指该发明或者实用新型不属于现有技术；也没有任何单位或者个人就同样的发明或者实用新型在申请日以前向国务院专利行政部门提出过申请，并记载在申请日以后公布的专利申请文件或者公告的专利文件中。

(2)创造性

创造性，是指与现有技术相比，该发明具有突出的实质性特点和显著的进步，该实用新型具有实质性特点和进步。

(3)实用性

《专利法》规定："实用性，是指该发明或者实用新型能够制造或者使用，并且能够产生积极效果。"能够制造或者使用，是指发明创造能够在工农业及其他行业的生产中大量制造，并且应用在工农业生产上和人民生活中，同时产生积极效果。这里必须指出的是，专利法并不要求其发明或者实用新型在申请专利之前已经经过生产实践，而是分析和推断在工农业及其他行业的生产中可以实现。

非显而易见的(nonobviousness)：专利发明必须明显不同于习知技艺(prior art)。所以，获得专利的发明必须是在既有的技术或知识上有显著的进步，而不能只是已知技术或知识的显而易见的改良。这样的规定是要避免发明人只针对既有产品做小部分的修改就提出专利申请。若运用习知技艺或为熟习该类技术都能轻易完成，无论是否增加功效，均不符合专利的进步性精神；而在该专业或技术领域的人都想得到的构想，就是显而易见的(obviousness)，是不能获得专利权的。

适度揭露(adequate disclosure)：为促进产业发展，国家赋予发明人独占的利益，而发明人则需充分描述其发明的结构与运用方式，以便利他人在取得专利权人同意或专利到期之后，能够实施此发明，或是透过专利授权实现发明或者再利用再发明。如此，一个有价值的发明能对社会、国家发展有所贡献。

4.5.2　资源真菌的专利

医药应用方面的微生物相关专利(族)中，以细菌相关的专利(族)最多，而酵母/真菌相关的专利(族)近年来增长明显。国际上已有70多个国家生产、应用和推广微生物肥料；微生物农药的开发相对成熟，在20世纪90年代以来呈现快速发展的态势，并于本世纪以来趋于稳定态势；微生物资源在动物饲料中应用的专利量也呈现稳定增长的态势。

微生物资源在化学品中应用的专利权人分布来看，位于前10位的专利权人分别是味之素株式会社/有限公司、杜邦公司、巴斯夫股份公司、协和发酵工业株式会社、帝斯曼知识产权资产管理有限公司、赢创德固赛公司、诺维信公司、日本产业技术综合研究所和佳能株式会社。

从微生物资源在水处理中应用的国家(地区)分布来看，前三位分别是日本(1989项)、中国(640项)和美国(638项)。

世界知识产权组织发布的"国际保藏机构 2001 年至 2012 年专利微生物保藏与发放"统计数据显示，2008—2012 年间，我国专利微生物年新增保藏量连续 5 年保持世界第一位，保藏总量居世界第二位；其中，2012 年新增的保藏量占当年世界新增保藏总量的近一半。国家知识产权局 2015 年发布实施《用于专利程序的生物材料保藏办法》(详见附录 6)。令人遗憾的是，在最能反映专利微生物研究活跃程度的发放率这一指标上，我国专利微生物的发放率只有 2.63%，远远低于 23.55% 的世界平均发放率水平，这表明我国微生物的应用潜力仍有相当大的发展空间。应尽快改变专利菌种保藏与发放中"重保藏、轻发放，重专利权人利益保护、忽视社会公众利益维护"的局面，在促进专利微生物菌种研究的基础上，适当进行产业化开发利用。

思　考　题

1. 简述资源真菌诱变育种的基本原理。
2. 简述资源真菌基因工程育种的基本原理和操作方法。
3. 常用的资源真菌保藏方法有哪些?
4. 简述资源真菌的专利保护现状及存在的问题。

第5章
食用资源真菌

真菌作为有药用价值的食用菌，无论野生还是人工生产的品种都以丰富的多样性闻名于世。包括药用真菌在内的中医中药为我国国粹，以食药用菌为基础的保健品已在国际市场上占有一席之地。我国是食用菌物种非常丰富的国家，包括部分木质化的灵芝，总数达 1000 多种。人工成功培养并形成子实体的食用源真菌有 80 多种，如果包括应用菌丝体发酵培养的则达 200 多种，如香菇、豹皮香菇、大杯香菇、虎皮香菇、裂褶菌、侧耳(糙皮侧耳)、金顶侧耳、鲍鱼侧耳、黄白侧耳、泡囊侧耳、佛罗里达侧耳、肺型侧耳、粉褶侧耳、桃红侧耳、菌核侧耳(虎奶菇)、刺芹侧耳、白灵侧耳(白灵菇)、贝型圆孢侧耳、亚侧耳、白侧耳、宽褶奥德蘑、长根奥德蘑、金针菇、香杏丽蘑、蒙古口蘑、杨树口蘑、荷叶离褶伞、榆生离褶伞、斑玉蕈、花脸香菇、大白桩菇、蜜环菌、假蜜环菌(安络小皮伞)、网盖红褶伞、银丝草菇、草菇、美味草菇、高大环柄菇、柱状田头菇(杨树蘑)、光盖黄伞(滑菇、滑子蘑)、黄伞(柳蘑)、绉环球盖菇(大球盖菇)、双孢蘑菇、巴氏蘑菇、褐鳞蘑菇、大肥蘑菇、美味蘑菇、毛头鬼伞(鸡腿蘑)、小孢毛鬼伞、黑木耳、毛木耳、大木耳、黄褐木耳、银耳、金耳、榆耳、牛舌菌、猴头菌、小刺猴头菌、珊瑚猴头菌、灰树花、猪苓、茯苓、槐栓菌、圆孢刺孢多孔菌、云芝、灵芝、紫灵芝、密纹灵芝、松杉灵芝、硬孔灵芝、树舌灵芝、竹荪、长裙竹荪、短裙竹荪、棘托竹荪、羊肚菌、蛹虫草、冬虫夏草(无性阶段)、日本虫花、大虫花、黑柄炭角菌(乌灵参)等。如此多的人工培养子实体和菌丝体发酵种，以及提供多种风味和功能营养丰富的食用菌，其中多种具有药用价值的真菌可加工成多种保健品。

据统计，全世界共有菌类 25 万种，我国已报道的食用菌近有 1000 种，人工栽培种类近 70 种；有药用价值的真菌有 300 多种，而迄今真正作为药物使用的只有 20～30种，仅是大型真菌种类的极少部分。

5.1 食用真菌的主要类群及生态分布

据估计世界上的菌物超过 150 万种。全世界已知菌物逾 10 万种，其中蕈菌有 1 万多种，我国已知达 3000 种。蕈菌是菌物界 Kingdom Fungi 中的大型生物类群，是一个习惯称呼，主要是指担子菌门和子囊菌门中的大型种类。其中，少数种类有性孢子产生在子囊中，属于子囊菌门 Ascomycota；大多数种类有性孢子产生在担子上，属于担子菌门 Basidiomycota。

蕈菌中可以被人类食用或是药用的种类被称为食药用菌。全球估计有 2000 多种，我国有 1200 多种。目前，人工栽培的食药用菌有灵芝、茯苓、猪苓、桑黄、木耳、云芝等，野生的有冬虫夏草、蝉花、雷丸、安络皮伞等。这些食药用菌在我国都有上千年的应用历史，它们虽功效不同，但最大的优点，也是它们的共同点就是无毒副作用。近代医学研究表明，它们不仅具有益气、强身、祛病、通经、益寿等功能，还具增强人体免疫力，抗肿瘤的功效(附录 4)。

　　真菌作为食用、药用或保健品，在我国有悠久的历史。早在 6000~7000 年前的仰韶文化时期，我们的祖先就已采食蘑菇等食用菌了。2000 年前的《礼记》《吕氏春秋》和《齐民要术》等古籍文献中都有人类食用菇类的记载(图 5-1)。东汉时的《神农本草经》记载药物 365 种，其中就记载有茯苓、猪苓、雷丸、木耳等 10 多种真菌。南北朝时期的陶弘景所著的和《名医别录》和《本草经集注》中增添了马勃和蝉花等。明代李时珍的《本草纲目》增加了六芝、桑耳、槐耳、柳耳、皂荚菌、香蕈、天花蕈、羊肚菜、鬼盖、鬼笔、竹荪、桑黄、蝉花、雪蚕以及茯苓、猪苓、雷丸等 40 余种。清代汪昂所著的《本草备要》首次明确记载了冬虫夏草并作为药用保健品。

图 5-1　《礼记》《吕氏春秋》《齐民要术》

5.1.1　食用真菌的主要类群

5.1.1.1　子囊菌中的食药用菌

　　食用菌属于子囊菌，在我国它们分别归属于 6 个科，即麦角菌科 Clavicipitaceae、盘菌科 Pezizaceae、马鞍菌科 Helvellaceae、羊肚菌科 Morchellaceae、地菇科 Terfeziaceae

和块菌科 Tuberaceae。

一般而言，大多数食用菌均具有保健功能(表5-1)。尽管子囊菌中的食药用菌种类不多，但是其中的一些种类具有很高的研究和开发利用价值。如麦角菌科的冬虫夏草 *Cordyceps sinensis* 是著名的补药，因其能补肾益肺、止血化痰、提高白细胞、增强人体免疫机能，故有极高的经济价值，现在每千克干品售价已高达1万余元。块菌科的黑孢块菌 *T. melanosporem*、白块菌 *T. magnatuni*、夏块菌 *T. aestivnm* 等种类，因其独特的食用和营养保健价值，在欧美被誉为"享乐主义者的最好食品""厨房里的钻石""地下的黄金"，在国际市场上其价格更是惊人，每千克鲜品售价高达2000~3000美元。目前，块菌科的一些种类已在我国陆续发现，如在四川发现的中国块菌。羊肚菌科的许多种类，如羊肚菌 *Morchella esallenta*、黑脉羊肚菌 *M. angusticeps*、尖顶羊肚菌 *M. conica* 以及粗柄羊肚菌 *M. crassipes* 等，都是十分美味可口的食用菌，多年来深受国际市场的青睐。地菇科的网孢地菇 *Terfezia terfezioides*、瘤孢地菇 *T. leonis*，也是鲜美可口的食用菌。马鞍菌科的马鞍菌 *Helvella elastica*、棱柄马鞍菌 *H. lacunosa* 是分布很广的食用菌。

表5-1 主要食用菌保健食品的资源与功能成分

保健功能	食用菌资源	功能成分
增强免疫力及抗肿瘤	香菇、巴西蘑菇、黄白银耳、银耳、金顶侧耳、猴头菌、蜜环菌、木耳、金针菇、羊肚菌、灰树花	多糖、脂质、多糖蛋白、多肽、糖肽、氨基酸、维生素、微量元素、甾醇等
降血压	金针菇、灰树花	提取物
辅助降血脂	银耳、金针菇、香菇、巴西蘑菇	多糖、虫草素、提取物、香菇素、香菇嘌呤、不饱和脂肪酸
辅助降血糖	银耳、猴头菌、巴西蘑菇、灰树花	多糖、提取物
调节神经系统	蜜环菌、猴头菌	提取物
保肝、护肝	黄金银耳、银耳、猴头菌、香菇、巴西蘑菇	多糖、蛋白质、氨基酸
抗氧化及延缓衰老	木耳、黄金银耳、金顶侧耳	多糖、黄酮、皂苷、生物碱
抗辐射	木耳、黄金银耳、银耳	多糖、提取物
缓解体力疲劳、耐缺氧	木耳、蜜环菌	多糖、虫草素、提取物
抗菌消炎、抗病毒	猴头菌、黄金银耳、香菇、榆耳	氨基酸、提取物

5.1.1.2 担子菌中的食药用菌

我们日常见到的广泛栽培的食用菌绝大多数都是担子菌。在我国它们分别归属于40个科，大致可以分为四大类群，即耳类、非褶菌类、伞菌类和腹菌类。

(1)耳类

这里的耳类主要指木耳目 Auriallariales、银耳目 Tremellales 和花耳目 Dacrymcetales 的食用菌。常见种类如下：

①木耳科 黑木耳 *Auricularia auricular*、毛木耳 *A. polytricha*、皱木耳 *A. delicata* 以及褐黄木耳 *A. fuscosuccinea*(又称褐琥珀木耳、琥珀木耳、紫耳、水耳)等(图5-2)。其中，黑木耳是著名的食用兼药用菌。

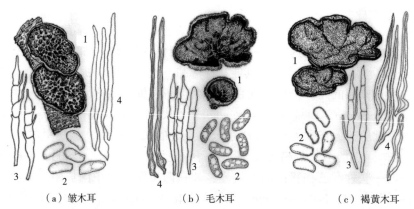

图 5-2 木耳科食药用菌(仿绘自《中国经济真菌》，卯晓岚，1998)

1. 子实体 2. 孢子 3. 担子 4. 背毛

②银耳科 银耳 *Tremella fuciformis*、金耳 *T. aurantia*、茶耳 *T. foliacea*、橙耳 *T. cinnabarina* 等(图 5-3)。其中，银耳和金耳都是著名的食药用菌，有关银耳的介绍将在第 6 章药用资源真菌部分进行详细阐述。

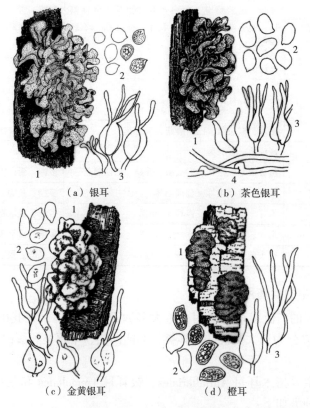

（a）银耳　　　　　　　　　（b）茶色银耳

（c）金黄银耳　　　　　　　　（d）橙耳

图 5-3 银耳科食药用菌(仿绘自《中国经济真菌》，卯晓岚，1998)

1. 子实体 2. 孢子 3. 担子 4. 背丝

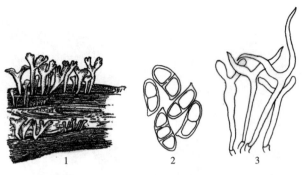

图5-4 桂花耳(仿绘自《中国经济真菌》，卯晓岚，1998)

1. 子实体 2. 孢子 3. 担子

③花耳科 桂花耳 *Guepinia spathularia*（图 5-4）。

（2）非褶菌类

非褶菌类主要指非褶菌目 Aphyllophorales 的可食用的菌类。它们主要分属于珊瑚菌科 Clavariaceae、锁瑚菌科 Clavulinaceae、革菌科 Thelephoraceae、绣球菌科 Sparassidaceae、猴头菌科 Hericiaceae、多孔菌科 Polyporaceae、灵芝菌科 Ganodermataceae 等。常见的种类如下：

①珊瑚菌科 虫形珊瑚菌 *Clavaria vermicularis*（图 5-5a）、杯珊瑚菌 *Claricorona pyxidata*Doty（图 5-5b）、棒珊瑚菌 *Clavariadelphus pistillaris*（又称为棒槌菌、杵棒）（图 5-5c）。

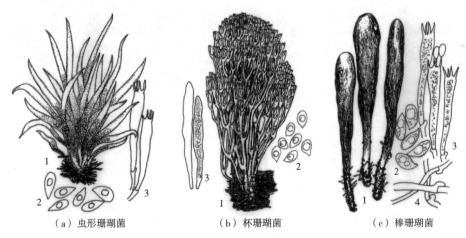

（a）虫形珊瑚菌　　　　（b）杯珊瑚菌　　　　（c）棒珊瑚菌

图5-5 珊瑚菌科(仿绘自《中国经济真菌》，卯晓岚，1998)

1. 子实体 2. 孢子 3. 担子 4. 菌丝

②锁瑚菌科 冠锁瑚菌 *Clavulina cristata*、灰色锁瑚菌 *C. cinerea*（图 5-6）。

③绣球菌科 绣球菌 *Sparassis crispa*（图 5-7）。

④革菌科 干巴菌 *Thelephora ganbajum* 是中国云南特有的著名食用菌，菌肉坚韧，纤维质细嫩，味美清香（图 5-8）。

⑤牛舌菌科 Fistulinaceae 牛舌菌 *Fistulina hepatica*（图 5-9）。

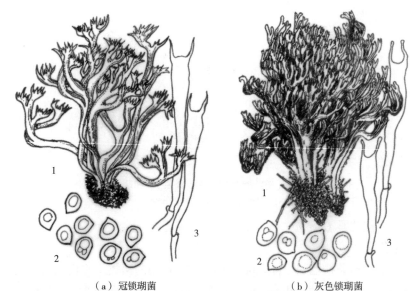

（a）冠锁瑚菌　　　　　　　　　（b）灰色锁瑚菌

图 5-6　锁瑚菌科食用菌（仿绘自《中国经济真菌》，卯晓岚，1998）
1. 子实体　2. 孢子　3. 担子

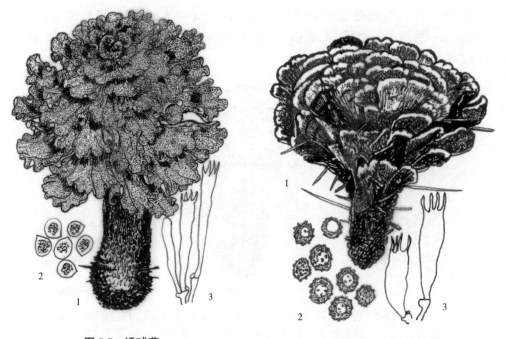

图 5-7　绣球菌
1. 子实体　2. 孢子　3. 担子

图 5-8　干巴菌
1. 子实体　2. 孢子　3. 担子

⑥猴头菌科　猴头 *Hericium erinaceus*、珊瑚状猴头 *H. coralloides*。其中猴头是著名的食药用菌，被誉为中国四大名菜之一（图 5-10）。

⑦灵芝菌科　灵芝 *Ganoderma lucidum*、树舌灵芝 *G. applanatum*、紫芝 *G. sinense*（图 5-11）。其中灵芝被誉为灵芝仙草，有着神奇的药效。有关灵芝的介绍将在第 6 章

药用资源真菌部分进行详细阐述。

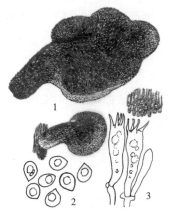

图 5-9　牛舌菌

（仿绘自《中国经济真菌》，卯晓岚，1998）

1. 子实体　2. 孢子　3. 担子

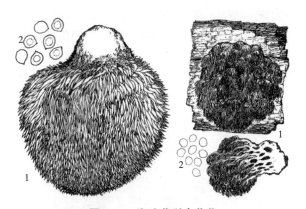

图 5-10　猴头菌科食药菌

（仿绘自《中国经济真菌》，卯晓岚，1998）

1. 子实体　2. 孢子

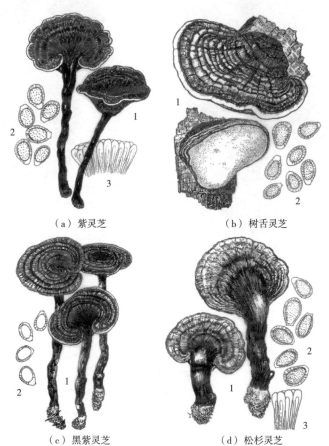

（a）紫灵芝　　　　　　　　　（b）树舌灵芝

（c）黑紫灵芝　　　　　　　　（d）松杉灵芝

图 5-11　灵芝菌科食药用菌（仿绘自《中国经济真菌》，卯晓岚，1998）

1. 子实体　2. 孢子　3. 盖表层细胞

⑧多孔菌科　灰树花 *Grifola frondosa*、猪苓 *G. umbellate*、茯苓 *Poria cocos*、硫色干酪菌 *Laetiporus sulphureus*（图 5-12）。猪苓和茯苓的菌核都是著名的中药材。灰树花又称栗子蘑，近年来越来越受国际市场的青睐。

⑨鸡油菌科 Cantharellaceae　鸡油菌 *Cantharellus cibarius*、小鸡油菌 *C. minor*、白鸡油菌 *C. subalbidus*、灰号角 *Cratherellus cornucopioides*、金黄鸡油菌 *C. aurantiaca* 等（图 5-13）。鸡油菌近年来在国际市场上十分走俏，尤其是盐渍的鸡油菌。

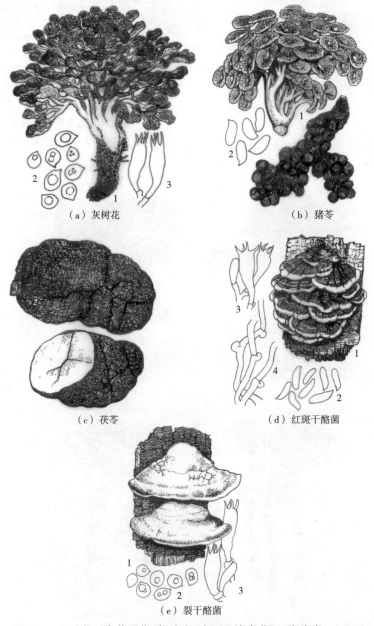

（a）灰树花　　　　　　　　　　（b）猪苓

（c）茯苓　　　　　　　　　（d）红斑干酪菌

（e）裂干酪菌

图 5-12　多孔菌科食药用菌（仿绘自《中国经济真菌》，卯晓岚，1998）

1. 子实体　2. 孢子　3. 担子　4. 菌丝

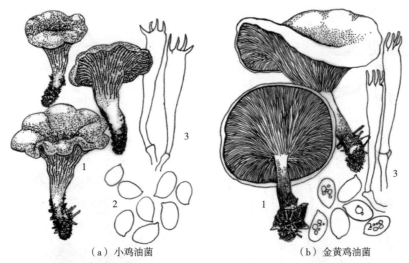

（a）小鸡油菌　　　　　　　　　　　　（b）金黄鸡油菌

图 5-13　鸡油菌科食药用菌（仿绘自《中国经济真菌》，卯晓岚，1998）

1. 子实体　2. 孢子　3. 担子

(3)伞菌类

伞菌类的食用菌主要指伞菌目 Agaricales 的可食菌类，伞菌目的食用菌种类最多。我们栽培的食用菌如侧耳 *Pleurotus ostreatus*、榆黄蘑 *P. citrinopileatus*、香菇 *Lentinula edodes*、草菇 *Volvariella volvacca*、金针菇 *Flammulina velutipes*、双孢蘑菇 *Agaricus bisporus*、大肥菇 *A. bitorquis*、鸡腿菇 *Coprinus comatus* 等，几乎都是伞菌目的食用菌。常见的种类如下：

①蘑菇科 Agaricaceae　双孢蘑菇 *A. bisporus*、野蘑菇 *A. arvensis*、林地蘑菇 *A. silvaticus*、草地蘑菇 *A. pratensis*、大肥菇 *A. bitorquis* 等（图 5-14）。

②粪锈伞科 Bolbitaceae　田头菇 *Agrocybe praecox*（图 5-15）、杨树菇 *A. aegerita*。

③鬼伞科 Coprinaceae　毛头鬼伞 *Coprinus comatus*、墨汁伞 *C. atramentarius*、粪鬼伞 *C. sterquilinus*、鸡腿蘑 *C. ovatus* 等均可食用，但不宜与酒同食（图 5-16）。

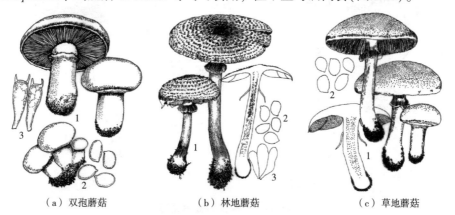

（a）双孢蘑菇　　　　　　　（b）林地蘑菇　　　　　　　（c）草地蘑菇

图 5-14　蘑菇科食用菌（仿绘自《中国经济真菌》，卯晓岚，1998）

1. 子实体　2. 孢子　3. 担子

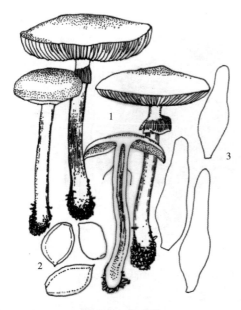

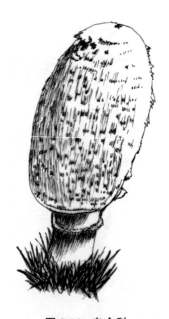

图 5-15　田头菇

（仿绘自《中国经济真菌》，卯晓岚，1998）

1. 子实体　2. 孢子　3. 囊体

图 5-16　鬼伞科

（仿绘自《中国经济真菌》，卯晓岚，1998）

④丝膜菌科 Cortinariaceae　金褐伞 *Phaeolepiota aurea*（金盖环锈伞、金盖鳞伞）、黏柄丝膜菌 *Cortinarius collinitus*、米黄丝膜菌 *C. multiformis*、白紫丝膜菌 *C. alboviolaceus* 等（图 5-17）。

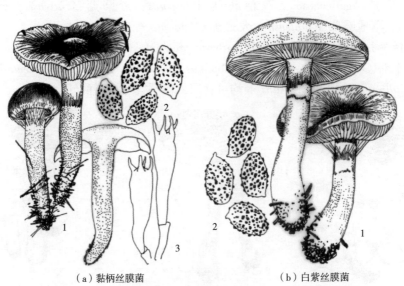

（a）黏柄丝膜菌　　　　　　　　　　（b）白紫丝膜菌

图 5-17　丝膜菌科食用真菌

（仿绘自《中国经济真菌》，卯晓岚，1998）

1. 子实体；2. 孢子；3. 担子

⑤蜡伞科 Hygrophoraeae　鸡油蜡伞 *Hygrophoras cantharellus*、变红蜡伞 *H. miniaita*、变黑蜡伞 *H. nigrescens*（图 5-18）。

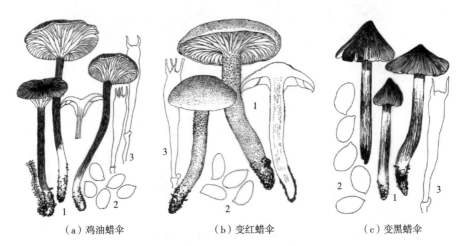

|（a）鸡油蜡伞|（b）变红蜡伞|（c）变黑蜡伞|

图 5-18　蜡伞科食用真菌

1. 子实体；2. 孢子；3. 担子

⑥光柄菇科 Pluteaceae　灰光柄菇 *Pluteus cervinus*（图 5-19a）、草菇 *Volvariella volvacea*（图 5-19b）、银丝草菇 *V. bombycina*。

|（a）灰光柄菇|（b）草菇|

图 5-19　光柄菇科食用真菌（仿绘自《中国经济真菌》，卯晓岚，1998）

1. 子实体　2. 孢子　3. 担子

⑦粉褶菌科 Rhodophyllaceae　晶盖粉褶菌 *Rhodophyllus clypeatus*（图 5-20a）、斜盖粉褶菌 *R. abortivum*（图 5-20b）。

⑧球盖菇科 Strophaiaceae　滑菇 *Pholiota nameko*、毛柄鳞伞 *P. mutabilis*、多脂鳞伞（黄伞）*P. adipose*、大球盖菇 *Stropharia rugosoannulata*、尖鳞伞 *P. squarrosoides*。

| （a）晶盖粉褶菌 | （b）斜盖粉褶菌 |

图 5-20　粉褶菌科食用真菌（仿绘自《中国经济真菌》，卯晓岚，1998）

1. 子实体　2. 孢子

⑨靴耳科 Crepidotaceae　靴耳 *Crepidotus mollis*。

⑩鹅膏科 Amanitaceae　白橙盖鹅膏菌 *Amanita caesarea*（图 5-21）、湖南鹅膏菌 *A. hunanensis*。

⑪口蘑科 Tricholomataceae　大杯伞 *Clitocybe maxima*（图 5-22a）、雷蘑 *C. gigantean*、鸡枞 *Termitomyces albuminosa*、肉色香蘑 *Lepista irina*（图 5-22b）、紫丁香蘑 *L. nuda*（图 5-22c）、黄褐松口蘑 *Tricholoma falvocastanem*（图 5-22d）、口菇长根菇 *Oudemausiella radicata*、松口蘑（松茸）*T. matsutake*、棕灰口蘑 *T. terreum*（图 5-22e）、金针菇 *Flammulina velutipes*（图 5-22f）、堆金钱菌 *Collybia acervata*（图 5-22g）、红蜡蘑 *Laccaria laccata*（图 5-22h）、蜜环菌 *Armillaria mellea*（图 5-22i）、榆生离褶伞 *Lyophyllum ulmarium*（图 5-22j）等。其中，松口蘑是十分珍贵的食用菌，在日本享有"蘑菇之王"的美称，每千克鲜品价格高达几十美元甚至上百美元。

图 5-21　白橙盖鹅膏菌
（仿绘自《中国经济真菌》，卯晓岚，1998）

1. 子实体　2. 孢子

⑫牛肝菌科 Boletaceae　美味牛肝菌 *Boletus edulis*（图 5-23a）、铜色牛肝菌 *B. aereus*（图 5-23b）、厚环粘盖牛肝菌 *Suillus grevillei*（图 5-23c）、松乳牛肝菌 *S. pictus*、褐疣柄牛肝菌 *Leccinum scabrum*。

⑬铆钉菇科 Gomphidiaceae　铆钉菇 *Gomphidius viscidus*、红铆钉菇 *C. roseus*（图 5-24a）、斑点铆钉菇 *G. maculatus*（图 5-24b）、黏铆钉菇 *G. glutinosus*（图 5-24c）、血红铆钉菇 *Chrogomphis rutilus*（图 5-24d）、绒红铆钉菇 *C. tomentosus*（图 5-24e）和亚红铆钉菇 *G. sabroseus*（图 5-24f）。

（a）大杯伞　　　（b）肉色香蘑　　　（c）紫丁香蘑　　　（d）黄褐松口蘑

（e）棕灰口蘑　　　（f）金针菇　　　（g）堆金钱菌

（h）红蜡蘑　　　（i）蜜环菌　　　（j）榆生离褶伞

图 5-22　口蘑科食用真菌（仿绘自《中国经济真菌》，卯晓岚，1998）

1. 子实体　2. 孢子　3. 担子

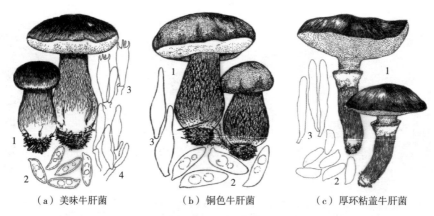

（a）美味牛肝菌　　　　　（b）铜色牛肝菌　　　　　（c）厚环粘盖牛肝菌

图 5-23　牛肝菌科食用真菌（仿绘自《中国经济真菌》，卯晓岚，1998）

1. 子实体　2. 孢子　3. 囊体　4. 菌丝

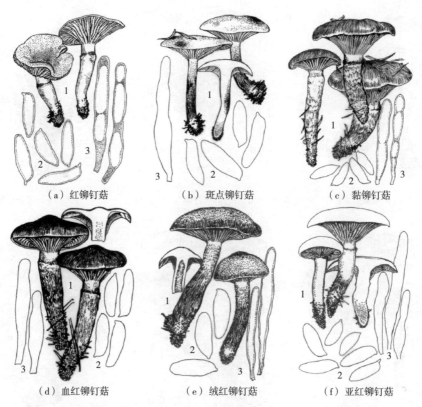

（a）红铆钉菇　　　　　　（b）斑点铆钉菇　　　　　（c）黏铆钉菇

（d）血红铆钉菇　　　　　（e）绒红铆钉菇　　　　　（f）亚红铆钉菇

图 5-24　铆钉菇科食用真菌（仿绘自《中国经济真菌》，卯晓岚，1998）

1. 子实体　2. 孢子　3. 囊体

⑭桩菇科 Paxillaceae　卷边网褶菌 *Paxillus involutus*（图 5-25a）、毛柄网褶菌 *P. atrotomentosus*（图 5-25b）。

⑮红菇科 Russulaceae　大白菇 *Russula delica*、变色红菇 *R. integra*、正红菇 *R. vinosa*、变绿红菇 *R. viressens*、松乳菇 *Lactarius deliciosus*、多汁乳菇 *L. volemus*。

（a）卷边网褶菌

（b）毛柄网褶菌

图5-25 桩菇科食用真菌（仿绘自《中国经济真菌》，卵晓岚，1998）

1. 子实体　2. 孢子　3. 囊体

⑯侧耳科 Pleurotaceae　糙皮侧耳 *Pleurotus ostreatus*、金顶侧耳 *P. citrinipileatus*、桃红侧耳 *P. salmoneos-tramineus*、凤尾菇 *P. pulmonarius*。

（4）腹菌类

腹菌类的食用菌主要指从灰包目 Lycoperdales、鬼笔目 Phallales、柄灰包目 Tulostomatales、黑腹菌目 Melanogastrales 和层腹菌目 Hymenogastrales 的可食用菌类；其中黑腹菌目和层腹菌目的食用菌属于地下真菌，其子实体的生长发育是在地下土壤中或腐殖质层下面土表完成的。常见的种类如下：

①灰包科 Lycoperdaceae　网纹灰包 *Lycoperdon perlatum*、梨形灰包 *L. pyriforme*、大秃马勃 *Calvatia gigantean*。

②鬼笔科 Phallaceae　白鬼笔 *Phallus impudicus*（图 5-26a）、短裙竹荪 *Dictyophora duplicate*（图 5-26b）、长裙竹荪 *D. indusiata*（图 5-26c）、黄群竹荪 *D. multiolor*（图 5-26d）、棘托竹荪 *D. echinovolvata*。

③灰包菇科 Secotiaceae　灰包菇 *Secotium agaricoides*（图 5-27）。

④黑腹菌科 Melanogastraceae　黑腹菌 *M. ambigaus*（图 5-28），北美黑腹菌 *M. natsii*（图 5-29），倒卵孢黑腹菌 *M. obovatisporas*（图 5-30）。

⑤须腹菌科 Rhizopogonaceae　山西根须腹菌 *Alpova shanxiensis*（图 5-31a），红根须腹菌 *Rhizopogon rubescens*（图 5-31b）、黑根须腹菌 *R. piceus*（图 5-31c）。

⑥层腹菌科 Hymenogastraceae　苍岩山层腹菌 *Hymenogaster cangyanshanensis*（图 5-32）、棱孢层腹菌 *H. vittaltus*（图 5-33）。

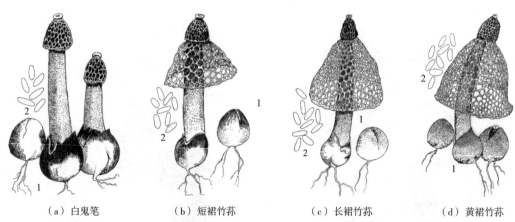

（a）白鬼笔　　　　　（b）短裙竹荪　　　　　（c）长裙竹荪　　　　　（d）黄裙竹荪

图 5-26　鬼笔科食用真菌（仿绘自《中国经济真菌》，卯晓岚，1998）

1. 子实体　2. 孢子

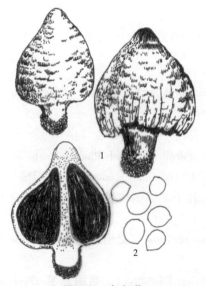

图 5-27　灰包菇

（仿绘自《中国经济真菌》，卯晓岚，1998）

1. 子实体　2. 孢子

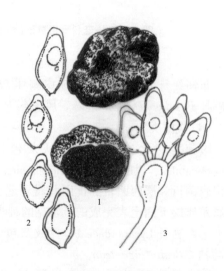

图 5-28　黑腹菌

（仿绘自《中国经济真菌》，卯晓岚，1998）

1. 子实体　2. 孢子　3. 担子

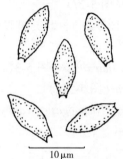

10 μm

图 5-29　北美黑腹菌担孢子

（仿绘自《中国经济真菌》，卯晓岚，1998）

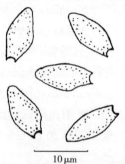

10 μm

图 5-30　倒卵孢黑腹菌担孢子

（仿绘自《中国经济真菌》，卯晓岚，1998）

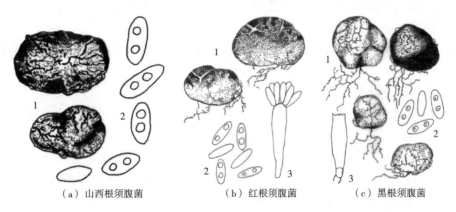

（a）山西根须腹菌　　　（b）红根须腹菌　　　（c）黑根须腹菌

图 5-31　须腹菌科真菌（仿绘自《中国经济真菌》，卯晓岚，1998）

1. 子实体　2. 孢子　3. 担子

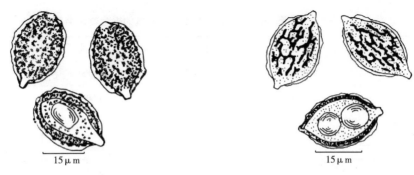

15 μm　　　　　　　　　　　15 μm

图 5-32　苍岩山层腹菌担孢子　　　　**图 5-33　棱孢层腹菌担孢子**

5.1.2　食用真菌的生态分布

食用真菌的种类繁多，分布范围广泛，土壤、水以及空气中均含有食用真菌，甚至在一些极端恶劣环境条件下也存在某些食用真菌。

(1) 土壤的功能

土壤作为资源真菌生活的重要载体，其特有的良好天然基质是由固体无机物（岩石和矿物质）、有机物、水、空气和生物组成的复合体。土壤具有重要的功能，主要表现在以下几个方面：

①生物残体为资源真菌提供了良好的碳氮来源，岩石的风化为资源真菌提供了大量矿质元素及微量元素，从而为资源真菌的生长提供了重要的营养物质。

②土壤的水分含量尽管会因土壤类型、植物种类以及各地气候、环境的不同而有所不同，但其为资源真菌的生长发育提供了必要的保障。

③土壤环境具有较为合适的酸碱度，一般而言，土壤的 pH 值在 5.5~8.5 之间，为大多数资源真菌的生长发育提供了适宜酸碱度。

④土壤是不均匀介质，微环境下的通气状况也不尽相同，但一般均能满足各类资源真菌对氧气的不同需求。

⑤土壤温度随季节和昼夜的变化幅度大大低于气温的变化，有利于资源真菌的生长、发育。

⑥土壤具有保护资源真菌不受烈日暴晒的功能，从而有助于保障资源真菌免受各种射线的伤害。

（2）食用真菌分布

土壤中资源真菌种类齐全、数量多，代谢潜力大，是自然界最丰富的微生物库和基因库（表 5-2、表 5-3）。资源真菌主要聚集在土壤的表土层和耕作层，多以微菌落的形式分布在土壤颗粒和有机质表面以及植物根系，然而，由于土壤是一个很不均一的介质，存在许多不同的微生态位，不同生理型的微生物生活在这些微环境中，因而，在土壤颗粒甚至在微小土壤颗粒中也存在不同的生理类群。一般而言，土壤中细菌数量最多，放线菌和真菌次之，藻类和原生动物较少，但若以生物量计算，则以真菌最多。

表 5-2　典型花园土壤不同深度每克土壤的微生物菌菌落　　　　　　个/g

土壤深度(cm)	细　菌	放线菌	真　菌	藻　类
3~8	9750000	2080000	119000	25000
20~25	2179000	245000	50000	5000
35~40	570000	49000	14000	500
65~75	11000	5000	6000	100
135~145	1400	—	3000	—

表 5-3　国内存在的主要野生食用菌种类及其分布情况

真菌名称	拉丁名	国内分布	生　境
袁氏鹅膏	*Amanita yuaniana*	云南、四川等地	夏季于马尾松和青冈林中地上散生或单生
隐花青鹅膏	*A. manginiana*	四川、云南、贵州、江苏、福建等地	夏、秋季于针阔混交林地上单生或散生
白侧耳	*Pleuroellus albellus*	广东	夏、秋季在腐木上群生或丛生
真线假革耳	*Nothopanus eugrammus*	广东	春至秋季生阔叶树腐木上
腐木生硬柄菇	*Ossicaulis lignatilis*	吉林、台湾、广西、云南、西藏等地	夏、秋季在阔叶树等腐木上群生至近丛生
黄毛黄侧耳	*Phyllotops isnidulans*	黑龙江、吉林、甘肃、新疆、青海、广西、西藏、广东、四川等地	在阔叶树倒木或针叶树倒腐木上群生和近丛生
栎生侧耳	*Pleurotus dryinus*	福建	夏、秋季在栎、榕树、梧桐、悬铃木等多种阔叶树木上单生或丛生

（续）

真菌名称	拉丁名	国内分布	生　境
大红菇	*Russula alutacea*	河北、陕西、甘肃、江苏、安徽、福建、云南等地	夏、秋两季雨后，生混交林及阔叶林内地上，与某些阔叶树种形成菌根
变绿红菇	*R. virescens*	黑龙江、吉林、辽宁、江苏、福建、河南、甘肃、陕西、广西、西藏、四川、云南、贵州等地	夏、秋季在林中地上单生或群生
红黄鹅膏	*Amanita hemibapha*	黑龙江、内蒙古、河北、安徽、福建、湖北、湖南、河南、四川、云南、广东、西藏等地	夏、秋单生或散生于林中地上
双色牛肝菌	*Boletochaete bicolor*	四川、云南、福建、西藏等地	夏、秋单生或群生于松栎混交林中地上
美味牛肝菌	*Boletus edulis*	黑龙江、吉林、安徽、江苏、福建、河南、湖北、广东、云南、四川、新疆、西藏、台湾等地	夏、秋散生或群生于松栎混交林中地上，为外生菌根菌
灰网柄牛肝菌	*Retiboletus griseus*	广东、广西、四川、云南、西藏、福建等地	夏、秋群生或簇生于松栎等针阔混交林中地上，与松属的一些树种形成外生菌根
鸡油菌	*Contharellus cibarius*	黑龙江、吉林、湖南、江苏、安徽、浙江、陕西、江西、福建、河南、四川、云南、贵州、甘肃等地	夏、秋季单生或群生或近丛生于阔叶林中地上。常与云杉、冷杉、栎、栗、山毛榉、鹅耳枥形成外生菌根
梭柄松苞菇	*Catathelasma ventricosum*	云南、四川、贵州、西藏、黑龙江等地	夏、秋季单生或群生于高山区，松杉混交林中地上，松杉等的外生菌根
铆钉菇	*Gomphidius glutinosus*	黑龙江、吉林、辽宁、河北、山西、湖南、广东、云南、四川、西藏等地	夏、秋季单生、散生或群生于红松林中地上，与红松、赤松形成外生菌根
毛柄库恩菌	*Kuehneromyces mutabilis*	吉林、山西、青海、云南、福建等地	春至秋丛生于阔叶树倒木或树桩上
香孔菇	*Lactarius camphoratus*	吉林、江苏、福建、广西、四川、贵州、云南等地	夏、秋散生或群生于林中地上

（续）

真菌名称	拉丁名	国内分布	生　境
血红乳菇	*L. sanguifluus*	山西、江苏、浙江、四川、甘肃、青海、西藏等地	夏、秋单生或散生于针叶林中地上
多汁乳菇	*L. volemus*	黑龙江、吉林、辽宁、江苏、安徽、湖南、福建、广东、广西、四川、云南、贵州、西藏等地	夏、秋散生或群生于阔叶林、针叶林或混交林地上，为外生菌根菌
硫黄菌	*L. sulphureus*	黑龙江、吉林、内蒙古、河北、山西、安徽、江苏、浙江、福建、江西、河南、广东、广西、四川、云南、贵州、西藏、陕西、甘肃、新疆等地	夏、秋覆瓦状叠生于栎、桦、李、杏等落叶树的枯木基部或伐桩及贮木场的原木上，有时也生于针叶树的树干基部。但研究发现该菌能引起小孩视觉幻觉等现象（刘吉开，2004），因此建议小孩少吃这类真菌
朱红硫黄菌	*L. miniatus* Overeem	河北、黑龙江、福建、新疆等地	夏、秋覆瓦状叠生于林中落叶松、米槠等树干基部，有时也生于栎树等阔叶树基部
豹皮香菇	*Neolentinus lepideus*	黑龙江、吉林、河北、江苏、安徽、山西、福建、台湾、陕西、云南、新疆、西藏等地	夏、秋单生或近丛生于马尾松等针叶树的倒木、树桩上
白香蘑	*Lepista caespitosa*	黑龙江、山西等地	秋季群生于针叶和阔叶林中地上
肉色香蘑	*L. irina*	黑龙江、山西、内蒙古、甘肃、新疆、西藏等地	夏、秋季散生或群生于草地或林中地上，常成蘑菇圈
紫丁香蘑	*L. nuda*	黑龙江、吉林、山西、福建、西藏、青海等地	夏、秋单生、丛生或群生于林中、林缘地上，有时发生于果园或农地
粉紫香菇	*L. personata*	黑龙江、甘肃、新疆等地	夏、秋群生于林中地上，或形成条带似蘑菇圈
花脸香蘑	*L. sordida*	黑龙江、河北、山西、河南、甘肃、青海、四川、新疆、福建、西藏等地	夏、秋群或近丛生于山坡草地、菜园、火烧土、堆肥场等地，在草原上经常形成蘑菇圈
白杯伞	*Clitocybe candida*	四川、山西等地	夏、秋季群生于靠近高山蒿草的草原上，常形成蘑菇圈
大白桩菇	*Leucopaxillus giganteus*	河北、内蒙古、吉林、辽宁、山西、黑龙江、青海、新疆、浙江等地，以内蒙古及河北张家口以北地区为多	夏、秋单生或群生于草原、林缘、竹林、庭园中，有时形成蘑菇圈

（续）

真菌名称	拉丁名	国内分布	生　境
灰色齿脉菌	*Lopharia cinerascens*	辽宁、黑龙江、吉林、河南、青海、西藏等地	夏、秋季单生或散生于阔叶林地
高大环柄菇	*Macrolepiota procera*	黑龙江、河南、吉林、辽宁、江苏、安徽、浙江、福建、四川、贵州、云南、海南、广东、湖南、西藏等地	夏、秋单生、散生或群生于林中或林缘草地上
硬柄小皮伞	*Marasmius oreades*	河北、山西、青海、四川、西藏、湖南、广东、内蒙古、福建、贵州、安徽等地	夏、秋群生或簇生于林地、路旁、草地、草坪或草原上，有时形成蘑菇圈
条柄铦囊蘑	*Melanoleuca grammopodia*	黑龙江、山西、西藏等地	夏、秋群生于林中空地或林缘草地
直柄铦囊蘑	*M. strictipes*	新疆、山西、西藏等地	夏、秋单生或群生于林中或灌丛草地上
宽褶大金钱菌	*M. platyphylla*	河北、吉林、山西、青海、四川、江苏、云南、新疆、西藏等地	夏、秋单生或群生于林中、林草地及旷野草地上
革耳	*Lentinus strigosus*	黑龙江、吉林、河北、江苏、安徽、浙江、江西、福建、台湾、河南、湖北、湖南、广东、广西、甘肃、四川、贵州、云南、新疆、西藏等地	夏、秋单生、群生或丛生于柳、杨、桦、栎和枫的腐木上
贝壳状革耳菌	*Panus conchatus*	河南、陕西、甘肃、福建、广东、云南、西藏等地	夏、秋丛生于阔叶树的腐木上
裂褶菌	*Schizophyllum commune*	黑龙江、吉林、辽宁、河北、河南、山西、陕西、甘肃、四川、安徽、江苏、浙江、江西、湖南、湖北、广东、广西、海南、贵州、云南、西藏等地	春、秋散生或群生于各种阔叶树、针叶树干及禾本科植物秆上
黄白蚁果伞	*Termitomyces aurantiacus*	四川会东县	夏、秋单生或群生于红壤土林中地上
根白蚁巢伞	*T. eurhizus*	江苏、浙江、福建、江西、湖北、湖南、广东、广西、海南、四川、贵州、云南、台湾、西藏等地	夏、秋散生、群生于黑翅土白蚁的蚁巢上

（续）

真菌名称	拉丁名	国内分布	生　境
亮盖蚁巢伞	*T. fuliginosus*	四川、云南、福建等地	夏、秋生白蚁的蚁巢上
干巴菌	*Thelephora ganbajun*	云南	夏、秋丛生于海拔 600～2300m 处云南松、思茅松林中松树的根际
黄绿口蘑	*Tricholoma sejunctum*	黑龙江，吉林、江苏、浙江、青海、四川、云南等地	夏、秋单生或群生于林内地上
洛巴口蘑	*T. giganteam*	广东、香港等地	秋季簇生于凤凰木树下的草地上
松口蘑	*T. matsutake*	黑龙江、吉林、安徽、甘肃、山西、湖北、四川、贵州、云南、西藏、台湾等地	秋季散生或群生于赤松或赤松及其他阔叶树混交林中地上，长并形成蘑菇圈，为外生菌根
蒙古口蘑	*T. mongolicum*	河北、内蒙古、黑龙江、吉林、辽宁等地	夏、秋群生于北方草原上，大量成群生长并形成蘑菇圈
杨树口蘑	*T. populinum*	山西、河北、内蒙古、黑龙江等地	秋季群生或散生与杨树林中沙质土地上
棕灰口蘑	*T. myomyces*	黑龙江、吉林、辽宁、河北、山西、河南、江苏、广东、云南、四川、贵州、甘肃、西藏等地	夏、秋群生或散生与松林或混交林中地上
印度块菌	*Tuber indicum*	云南、四川等地	生于栎林下，也生于松林下以及马桑、地石榴（榕属）的根际矿质土中

5.2　用真菌的栽培与利用

我国是食用菌物种多样性非常丰富的国家，包括部分木质化的灵芝，总数统计可达 1000 多种。人工培养成功并形成子实体的有 80 多种，如果包括应用菌丝体发酵培养的达 200 多种，如香菇、侧耳（糙皮侧耳）、金顶侧耳、鲍鱼侧耳、刺芹侧耳、白灵侧耳（白灵菇）、金针菇、草菇、双孢蘑菇、毛头鬼伞（鸡腿蘑）、黑木耳、毛木耳、银耳、金耳、猴头菌、猪苓、茯苓、灵芝、紫灵芝、竹荪、羊肚菌、蛹虫草、冬虫夏草（无性阶段）等。如此多的人工培养子实体和菌丝体发酵种，提供了多风味、多营养、多功能的食用菌和多种药效的药用真菌以及可加工成多功能的保健品。目前，一些重要的食用菌已经实现了规模化的栽培（表 5-4），然而，由于缺乏对食用菌某些生物学特性的认知，人们对于一些食用菌尚未完全实现规模化的栽培（表 5-5）。

表 5-4 已经实现商业化栽培的食用菌种类及其分布情况

真菌名称	拉丁名	国内分布	生境	栽培方式
野蘑菇	*Agaricus arvensis*	黑龙江、内蒙古、河北、河南、陕西、新疆、青海、西藏等地	夏、秋散生或群生于草地、路旁、耕地、林下	稻草、麦秸、玉米秸、茅草等草料和马粪、牛粪、猪粪、家禽粪等粪料进行栽培
泡囊侧耳	*Pleurotus cystidiosus*	台湾、福建、广东等地	春至秋群生或散生于榕等阔叶树枯干上	利用阔叶树的木段进行段木栽培，也可以利用木屑、棉籽壳、稻草、蔗渣进行袋或瓶栽
白黄侧耳	*P. corlnucopiae*	黑龙江、吉林、河北、河南、陕西、山东、浙江、安徽、江西、广西、海南、云南、新疆等地	春、秋覆瓦状丛生于栎属、山毛榉属等阔叶树朽木、倒木、伐桩上	利用棉籽壳、杂木屑等进行袋栽
佛罗里达侧耳	*P. floridamus*	北京、河北、山西、江苏、浙江、广东、云南等地	夏、秋覆瓦状丛生于杨树、栎树等阔叶树的枯干上	利用棉籽壳、稻草、废棉、麦秸、玉米芯等进行袋栽、瓶栽、菌床栽培
淡红侧耳	*P. djamor*	华南地区	夏、秋丛生于泛热带地区的阔叶树，如巴西橡胶、棕榈、毛竹等树木的枯干上	利用阔叶树的木段进行段木栽培，也可以利用阔叶树的木屑及棉籽壳、稻草、麦秸进行代料栽培
阿魏侧耳	*P. ferulae*	新疆荒漠区	春季单生或丛生于伞形花科植物的根上	农林产品的副产物如杂木屑、棉籽壳、蔗渣、稻草、芦苇、玉米芯、野草等袋栽或瓶栽
双孢蘑菇	*A. bisporus*	四川、新疆，也有野生种	秋至春群生生于草地、牧场	稻草、麦秸、玉米秸、茅草等草料和马粪、牛粪、猪粪、家禽粪等粪料进行菌床覆土栽培
巴西蘑菇	*A. blazei*	从巴西引种栽培	夏、秋群生于含有畜粪的草地上	甘蔗渣、稻草、麦秸、棉籽壳、玉米秸、茅草、木屑及牛马粪堆料发酵进行菌床覆土栽培

（续）

真菌名称	拉丁名	国内分布	生 境	栽培方式
蘑菇	*A. campestris*	河北、黑龙江、吉林、江苏、台湾、陕西、甘肃、山西、新疆、四川、云南、内蒙古、西藏、福建等地	春至秋单生或群生于草地、田野、路旁、堆肥场、林下空地上	稻草、麦秸、玉米秸、茅草等草料和马粪、牛粪、猪粪、家禽粪等粪料进行菌床覆土栽培
木耳	*Aaricularia auricula*	黑龙江、吉林、辽宁、河南、河北、湖南、湖北、四川、云南、广西、贵州等地	春至秋群生或丛生于栎、榆、桑、槐等树木枯干或段木上	段木和代料两种栽培方式，适宜栽培黑木耳的树种有栓皮栎、麻栎、乌桕、悬铃木、油桐、木油桐、枫树、香椿等；适宜黑木耳栽培的培养料有木屑、棉籽壳、甘蔗渣等
毛木耳	*A. polytrihca*	黑龙江、吉林、内蒙古、河北、山西、山东、江苏、安徽、浙江、江西、福建、台湾、河南、广东、广西、海南、陕西、甘肃、青海、西藏等地	夏、秋群生或丛生于栎、枫、构等阔叶树干或枯枝上	采用阔叶树木屑、棉籽壳、甘蔗渣、米糠、麸皮、玉米粉等进行袋栽和筒栽
短裙竹荪	*Dictyophora duplicate*	黑龙江、吉林、江苏、福建、广东、广西、四川、贵州、云南等地	夏至秋生于阔叶林或竹林下的腐殖土上	利用木屑、竹屑、甘蔗渣、木块进行覆土栽培
棘托竹荪	*D. echinovolvata*	湖南、贵州等地	夏至秋单生或群生于竹林或竹阔混交林中地上	各种阔叶树的枝条、木块进行覆土栽培
长裙竹荪	*Phallus indusiatus*	江苏、安徽、江西、广东、广西、四川、云南、贵州、台湾等地	夏至秋单生、群生于竹林或阔叶林下，枯枝落叶层厚的腐殖质层上	可以各种阔叶树的枝条、木块进行覆土栽培
红托竹荪	*D. rubrovolvata*	云南、贵州等地	夏、秋群生于竹林中的腐殖土上	可以各种阔叶树的枝条、木块进行覆土栽培

（续）

真菌名称	拉丁名	国内分布	生　境	栽培方式
金针菇	*Flammalina velutipes*	黑龙江、吉林、辽宁、河北、山东、河南、安徽、山西、江苏、浙江、福建、广东、广西、四川、云南、贵州、青海、甘肃、西藏等地	秋、冬、春丛生于各种阔叶树的枯干、倒木、树桩上	利用软质阔叶树种的木屑、棉籽壳、甘蔗渣等进行袋栽和瓶栽
猴头菌	*Hericum erinaceus*	黑龙江、福建、吉林、河北、山西、河南、浙江、广西、甘肃、四川、西藏等地	春至夏单生或对生于栎（麻栎、板栗、袍栎、栓皮栎）、胡桃等活立木的死节、树洞及腐木上	主要采用阔叶树木屑、棉籽壳、蔗糖渣等进行袋栽和筒栽
香菇	*Lentinus edodes*	陕西、安徽、江苏、浙江、福建、江西、湖北、湖南、广东、广西、云南、贵州、四川、台湾等地	秋、冬、春群生或丛生于壳斗科、桦木科、金缕梅科等200多种阔叶树的枯木、倒木或菇场段木上	段木和代料两种栽培方式。目前生产中多采用代料栽培。适宜栽培的树种壳斗科、桦木科、槭树科和金缕梅科
小孢鳞伞（滑子蘑）	*Pholiota microspora*	河北、山西、吉林、黑龙江、浙江、河南、四川、甘肃、青海、台湾、广西、云南、西藏等地	秋至春群生或丛生于阔叶树倒木、树桩上	可用段木栽培和木屑栽培两种方式。目前多采用阔叶树木屑或木屑与秸秆、棉籽壳、玉米芯、葵花秆进行压块栽、袋栽
金顶侧耳	*Pleurotus citrinopileatus*	黑龙江、吉林、辽宁及河北、广东、西藏等地	夏、秋季丛生于榆、栎等阔叶树的倒木、朽立木或伐桩上	可用木屑、棉子壳、豆秸、稻草、玉米芯等农作物的下脚料进行袋栽、瓶栽或地栽
糙皮侧耳	*P. ostreatus*	黑龙江、吉林、河北、河南、陕西、山东、浙江、安徽、江西、广西、海南、云南、新疆等地	秋、春覆瓦状丛生于各种阔叶树的枯木或朽桩上	可用棉籽壳、稻草、废棉、麦秸、玉米芯等进行袋栽、瓶栽、菌床栽培

（续）

真菌名称	拉丁名	国内分布	生　境	栽培方式
肺形侧耳	*P. pulmonarius*	广西、云南、台湾、西藏等地	春、秋单生或丛生于阔叶树枯木上	可用棉籽壳、稻草、废棉、麦秸、玉米芯等进行袋栽、瓶栽、菌床栽培
银耳	*Tremella fuciformis*	吉林、山西、江苏、浙江、安徽、福建、台湾、湖北、湖南、广东、广西、四川、贵州、云南、陕西、甘肃等地	晚春至秋末、冬初单生或群生于阔叶树枯木或倒木上	可用段木栽培和代料栽培两种方式。但目前主要利用木屑、棉籽壳、甘蔗渣等进行瓶栽、袋栽
草菇	*Vlovaria volvacea*	广东、广西、湖南、福建、江西、河北等地	春末至秋末单生、群生、丛生于稻草、蔗渣、蕉麻等植物纤维材料堆上	主要采用甘蔗渣、稻草、麦秸、棉籽壳、玉米秸、茅草进行袋栽、草砖地棚栽培及菌床栽培

表 5-5　尚未实现规模化栽培的食用菌种类及其分布情况

真菌名称	拉丁名	国内分布	生　境	栽培方式
扇形侧耳	*Pleurotus flabellatus*	西藏东南部	夏、秋季生于树干上，近群生或丛生	已有驯化栽培
双环林地蘑菇	*Agaricus placomyces*	分布于河北、山西、黑龙江、江苏、安徽、湖南、台湾、香港、青海、云南、西藏地区	秋季于村中地上及杨树根部单生、群生及丛生	利用菌丝体进行深层发酵培养
白杵蘑菇	*A. osecanus*	分布于河北、内蒙古、新疆等地	秋季在草原上，可形成蘑菇圈，群生或散生	在栽培双孢蘑菇的条件下可以出菇
林地蘑菇	*A. silvaticus*	我国东北、西南、西北、东南都有发现	夏、秋季自然发生于针、阔叶林中草地上，单生或群生	国内外均有报道成功进行了人工驯化栽培，其特点是不用覆土也能出菇
圆孢蘑菇	*A. gennadii*	自然发生于我国新疆博斯腾湖的芦苇滩腐殖土中，分布于新疆西部及西南部地区	夏、秋季生灌丛沙地、湖边芦苇丛中，单生、散生或丛生	已分离到种源并人工栽培成功

（续）

真菌名称	拉丁名	国内分布	生　境	栽培方式
貂皮环柄菇	*Lepiota ermine*	黑龙江、吉林、辽宁、台湾等地	夏、秋季林地腐殖层上或草地上群生	利用各种农作物秸秆、牲畜粪、麸皮、米糠等栽培生产
绣球菌	*Sparassis crispa*	黑龙江、吉林、广东、云南等地	夏、秋单生、丛生于针叶树的根、树桩上	我国已获得人工栽培专利
榆生玉蕈	*Hypsizygus ulmarius*	黑龙江、吉林、青海等地	夏、秋生于榆、柳、槭等树种的干部，多生于枯立木上	以木屑、麦麸、蔗糖、石膏按一定比例人工栽培
羊肚菌	*Morchella esculenta*	吉林、河北、山西、河南、江苏、陕西、甘肃、青海、新疆、四川、云南等地	春末、夏初及初秋散生或群生于阔叶林中地上或林缘空旷处及草丛、河滩地上、森林火烧后的迹地、苹果园等地	可仿生栽培，国外已经尝试人工栽培成功
蜜环菌	*Armillaria mellea*	河北、山西、吉林、黑龙江、江西、福建、浙江、湖南、广西、四川、云南、西藏、陕西、甘肃、青海、新疆等地	夏、秋丛生或群生于林中地上、腐木上、树桩或树木的根部	采用树桩或段木等进行人工栽培
柱状田头菇	*Agrocybe cylindracea*	江西、福建、台湾、贵州、云南、浙江、西藏等地	春至秋单生、双生或丛生于榆、杨、榕、油茶等阔叶树的树干或树桩上	可以利用阔叶树的木屑及玉米芯、棉籽壳瓶栽、袋栽、箱栽
皱木耳	*Auricularia delicate*	四川、云南、黑龙江、贵州、广东、广西、福建、海南、台湾等地	属于夏、秋群生或丛生于千年桐、赤杨叶等其他阔叶树的倒木上	栽培方法同黑木耳
香杏丽蘑	*Calocybe gambosa*	河北、山西、内蒙古、吉林、黑龙江等地	夏、秋群生或丛生于草原上，形成蘑菇圈	国外已经尝试栽培成功
大杯伞	*Clitocybe macima*	河北、山西、吉林、黑龙江、青海等地	夏、秋单生、群生于云杉、落叶松林中地上	杂木屑、稻草、棉籽壳、废棉团等进行人工栽培

（续）

真菌名称	拉丁名	国内分布	生　境	栽培方式
牛排菌	*Fistulina hepatica*	河南、福建、广西、云南、四川等地	春至秋季单生或叠生于米槠、栲树等壳斗科枯干、树桩上或树洞中	采用壳斗科木屑麸皮玉米粉等进行袋栽、瓶栽
猪苓多孔菌	*Polyporus umbellatus*	吉林、河北、陕西、山西、湖北、四川、贵州、云南、甘肃、青海、西藏等地	6~7月丛生于桦、枫、柞、山毛榉、柳、栎等阔叶树的林地上	半人工栽培
松乳菇	*Lactarius deliciosus*	河北、山西、吉林、辽宁、江苏、安徽、河南、浙江、江西、湖南、台湾、四川、云南、甘肃、青海、西藏、新疆、香港等地	夏、秋单生或群生于松林内地上，外生菌根菌	半人工栽培
虎皮韧伞	*Lentinus tigrinus*	江苏、浙江、福建、湖南、广东、广西、海南、云南、贵州、四川、新疆等地	春至秋群生、丛生于阔叶树的腐木上	可利用木屑培养基进行袋栽
荷叶离褶伞	*Lyophyllum decastes*	辽宁、黑龙江、吉林、江苏、青海、四川、广西、江苏、贵州、云南、新疆等地	夏、秋季丛生或单生于针、阔混交林和阔叶林地，尤其容易着生在埋入土中的朽木上	已经利用堆肥栽培成功
铦囊蘑	*Melanoleuca cognata*	河北、吉林、山西、青海、四川、江苏、云南、新疆、西藏等地	夏、秋单生或群生于林中、林缘草地及旷野草地上	可以广泛利用农林产品的副产物，如稻草、麦秆、玉米芯、棉籽壳、牛粪、马粪及农业堆肥进行菌床覆土栽培
砖红韧黑伞	*Naematoloma sablateritium*	吉林、陕西、青海、安徽、山西、江西、云南等	夏、秋丛生于混交林及桦树的木桩上	日本已实现人工栽培

（续）

真菌名称	拉丁名	国内分布	生境	栽培方式
长根奥德蘑	*Oudemansiella radicata*	河北、吉林、广东、江苏、浙江、安徽、福建、河南、广东、海南、广西、四川、云南、西藏、台湾等地	夏、秋单生或群生于阔叶林或混交林中地上，其假根着生在地下腐木上	采用阔叶树木屑、棉籽壳、玉米芯粉、木片、木头碎块进行袋栽或菌床覆土栽培
多脂鳞伞	*Pholiota adiposa*	黑龙江、吉林、河北、山西、浙江、河南、陕西、甘肃、四川、云南、广西、青海、新疆、西藏等地	秋季单生或丛生于杨、柳、桦等树干上	可以棉籽壳、玉米芯、杂木屑等进行袋栽
贝形圆孢侧耳	*Pleurocybella porrigens*	福建、云南、西藏、北京、广东等地	夏、秋叠生、群生于针叶树的枯干上	利用木屑、棉籽壳、稻草、蔗渣进行袋栽或筒栽
长柄侧耳	*Pleurotus spodoleucas*	吉林、云南等地	秋季丛生于阔叶树的枯干上	棉籽壳、稻草、废棉、麦秸、玉米芯等进行袋栽、瓶栽、菌床栽培
菌核韧伞	*Lentinus tuber regium*	云南等地	夏、秋单生或丛生于土中腐木或木桩上	利用阔叶树木屑、棉籽壳、农作物秸秆等进行栽培
美味扇菇	*Paellus edulis*	河北、黑龙江、吉林、山西、广西、陕西、四川、云南等地	秋季子实体丛生或叠生于桦树、椴树及阔叶树的倒木、枯立木、伐桩或原木上	可以阔叶树木屑进行袋栽、瓶栽、菌床栽培
皱环球盖菇	*Stropharia rugosoannulata*	云南、西藏、吉林、福建（栽培种）等地	春至秋单生、群生或丛生于路旁、草丛、林缘和园地	利用农作物秸秆进行菌床覆土栽培
金耳	*Tremella aurantialba*	四川、云南、甘肃、西藏、福建等地	春、秋生于壳斗科植物的腐木上	段木栽培
毛头鬼伞	*Ciprinas comatus*	黑龙江、吉林、辽宁、河北、山西、内蒙古、甘肃、新疆、青海、西藏、云南等地	春至秋群生于田野、林缘、路旁、公园等处	
榆耳	*Gloeostereum incarnatum*	吉林、辽宁、内蒙古等地	单生或覆瓦状叠生于榆、椴等树木的枯木或枯枝上	用阔叶树木屑、玉米芯等袋栽、瓶栽

（续）

真菌名称	拉丁名	国内分布	生　境	栽培方式
灰树花	*Grifola frondosa.*	河南、北京、吉林、浙江、福建、广西、四川、云南等地	夏、秋生于山毛榉、栎、栲及其他阔叶树的树干、伐桩周围的老根上，导致木材腐朽	利用阔叶树木屑棉籽壳等栽培，袋栽或瓶栽
斑玉蕈	*Hypsizigus marmoreus*	北温带，引进品种	秋天群生或丛生于水青冈等阔叶树的枯立木、倒木上	利用阔叶树木屑、棉籽壳、玉米芯等栽培，瓶栽或袋栽
刺芹侧耳	*Pleurotus erymgii*	新疆、青海、四川等地	春末、夏末单生、群生或丛生于伞形花科植物茎基部或根部	利用阔叶树木屑、棉籽壳、玉米芯等栽培，瓶栽或袋栽
白灵侧耳	*P. nebrodensis*	四川西北部和新疆等地	春末、夏初单生或丛生于伞形花科植物茎基部或根部	可以利用阔叶树木屑棉籽壳、玉米芯等栽培，瓶栽或袋栽
银丝草菇	*Volvariella bombycina*	河北、山东、山西、辽宁、黑龙江、甘肃、新疆、西藏、四川、云南、福建、广东、广西等地	夏、秋常单生或群生于杜英、二球悬铃木、樟树、桂花等阔叶树的枯木或树洞中	利用农业副产物进行栽培，菌床或袋栽
茯苓	*Poria cocos*	吉林、浙江、安徽、福建、江西、河南、湖北、湖南、广东、广西、四川、贵州、云南等地	多生于马尾松、黄山松、云南松及赤松等松属根上	利用段木或木屑栽培

随着对食用菌资源开展科学研究的不断深入，在不久的将来，绝大多数的食用菌均会实现规模化的栽培，更好地服务于人类的生产、生活。

5.2.1　木腐生型食用菌栽培

腐生于朽木上以纤维素、木质素为主要营养的食用菌，其栽培包括段木栽培和代用料栽培两大类。

5.2.1.1　段木栽培

此法是模拟食用菌的自然生态环境，并在此环境下进行人工栽培的一种生产方式（图 5-34、图 5-35）。

图 5-34 段木银耳栽培

图 5-35 段木香菇栽培

（1）树种选择

人工栽培时，选择树种应尽量与自然条件相一致，但一般对树种的要求并不十分严格，除含树脂及芳香类化合物的松柏科植物及香樟、檀香、香楠等少数树种外，均可利用，其中以壳斗科植物为佳。

（2）树龄与粗度

树龄太小，含养分少，产量低，质量差；树龄过大，树皮厚，心材大，操作难，一般以 15~20 年为适宜树龄，树木粗度以胸径 6~20cm 为宜。

（3）砍树时期

选择含营养丰富，水分适中的时期进行砍伐。常以晚秋树叶脱落后至第二年春季树木萌发以前的这段时期为砍树的适宜时期。

（4）截段和架晒

砍伐后的树木应加以修剪。首先，把树枝自下而上的用刀（斧）砍掉，留下 1cm 的基部，防止伤害树皮，然后截成 1~1.2m 长的木段。为满足腐生真菌所需条件，还需常进行晾晒脱水，使段木中的组织死亡，按粗细分组并以"井"字形堆叠在通风、向阳、干燥的地方，堆顶与四周加盖树枝与塑料薄膜，以防暴晒引起树木脱皮。堆积覆盖后，每隔 10~15d，上下、内外翻倒一次，使干燥一致。

（5）接种

经过架晒的段木即可用于接种。所谓接种，就是把已培养好的菌种接入段木的组织中，并使其定植下来的过程。接种质量的好与坏，是段木栽培的关键一环，在接种前务必要检查段木组织是否枯死，水分状况是否适中，再根据各地区的气温、栽培种类等情况选定适宜时期接种，接种方法如下：

①打孔 又称打眼、打穴，按栽培品种特性的要求，确定接种孔穴的株行距，并成品字形、梅花形排列。常用打洞工具有电钻、手钻、打孔锤等。

②下种 为确保下种菌丝成活，菌种要与树皮、木质部相贴，但又不能过紧，为避免杂菌污染与失水风干，还要加上树皮制成的穴盖。

a. 木屑菌种：把颗粒状的菌种装入洞穴中，八分满，加上厚度适宜，比洞穴略大的树皮盖，钉紧，使树皮盖与菌种间保存一定空隙。

b. 棒形种木：把粗细、高矮适宜的种木钉入穴中，顶端与段木表面平，盖底与木质部间留有空隙。

c. 三角种木：段木斜放，用接种斧砍成倒三角形的接种穴口，然后把已培养好的三角形种块，放入穴口中，再以锤打实。

(6) 上堆发菌

为使接入段木接种穴中的菌种尽快恢复并长入段木中去，应创造适宜菌丝定植生长的环境条件。此时需把段木堆积起来，这个过程称为上堆发菌。上堆之前，需对环境进行检查清理，在地面铺好砖石或枕木，后将段木按"井"字形分层堆成高 1m 左右的堆。为保持堆内温度、湿度及空气适宜，段木间要保留一定空隙，堆积完毕，在堆的表面与四周覆盖好薄膜及树枝，每隔 1 周翻堆一次，若显干燥，应适量喷水。上堆发菌 1 个月左右，菌丝即可在段木中定植。堆中温度要保持在 22～28℃，堆中空气的相对湿度保持在 80% 左右。保温是菌丝定植的关键因子，堆温要随气温变化进行调节。

(7) 散堆排场

上堆发菌后，菌丝开始向段木的木质部延伸，要掌握时机，及时转入散堆排场阶段。散堆排场的目的是使菌丝向木质部纵深生长，增加营养的积累，创造由营养生长向生殖生长过渡的物质条件，散堆排场也可以说是上堆发菌的发展和继续。散堆排场的场地，要求潮湿、向阳、遮阴。成排的段木铺在地上或一端稍稍垫起，以利吸收泥土潮气，接受阳光雨露。为使段木中菌丝体生长均匀、旺盛，对段木必须细心管理，要求早晚各喷水一次以保持湿度，每 10d 左右段木应翻转一次，待原基大量形成后，则应及时转入子实体快速生长的起架管理阶段。

(8) 起架管理

段木中的菌丝体经过一定时间(如银耳 40～60d，黑木耳 2～5 个月，香菇需 1 个夏秋)的发育，完成营养成长阶段达到生理成熟。生理成熟后如果得到外界条件的低温与光的刺激，子实体就会大量萌发。起架管理阶段，除必要的低温和光照外，还必须有足够的湿度(相对湿度 80%～95%)。香菇以"六湿四干"为宜，而银耳、木耳则要求更大的湿度，最适为"八湿二干"，甚至"九湿一干"。另外，在该阶段，必须保证栽培场地有充足的空气。种类不同，对温度条件的要求各不相同，一般低温结实的菇类(平菇、金针菇、猴头、香菇)多在 16～17℃以下的秋冬季节发生；而适合较高温度结实的银耳、木耳，则多在 20～28℃的春、秋时期产耳，相对湿度都要求在 80%～95%。

起架管理时，段木排列方式以鱼鳞式、人字形、牌坊式及直立式等多见。

(9) 采收

从菇蕾或耳芽的出现到采收只需 3～7d，要适时采收，采收过早影响产量，过迟则质量下降。伞菌类要求在菌幕刚破裂，盖缘仍内卷时采收，而银耳、木耳等胶质子实体则以子实层发育成熟，孢子大量发生时为采收适期。

段木栽培，不仅成本高、浪费木材，运输也十分不便。由于生产的不断发展和栽培工艺的改革，段木栽培已逐渐被新的方法——代(用)料栽培所代替。但目前对香菇、灵芝、银耳及木耳等种类，代用料栽培在产量或质量方面，尚存在一些有待进一步解决的实际问题，所以段木栽培方式仍继续被使用，但主要适于木材丰富的山区。

5.2.1.2 代料栽培

以来源广泛的农林副产品、含纤维素类及其他多种营养物质的部分城乡垃圾等，代替木材栽培药用菌的方法，称为代(用)料栽培法。代料栽培法是食用真菌生产中的一项重要革新，它具有原料来源广泛，生产周期短，经济效益高，不受地区限制和培养条件容易控制等特点，为实现食用真菌栽培生产现代化开辟了新途径。

(1) 代料种类

目前应用较为普遍的代用料主料有：锯木屑、棉籽壳、稻草、玉米芯、甘蔗渣等；辅助料有：麦麸、米糠、石膏、碳酸钙、硫酸镁、蔗糖及葡萄糖等。木屑与麦麸的重量比约为4:1，另加糖1%，石膏或碳酸钙1%~2%。

(2) 栽培方式

①瓶栽 瓶栽是利用玻璃或塑料制的瓶子栽培食用菌的一种方式。瓶子的种类，根据栽培对象而定。一般灵芝及猴头用细口的蘑菇瓶。而银耳、木耳和菇类多用罐头瓶。瓶栽用料以锯木屑、棉籽壳、甘蔗渣为多，均用熟料。所谓熟料，即为经过高温灭菌过的培养料，主要包括拌料、装瓶、灭菌、接种、培养等几个步骤。

a. 拌料：锯木屑78%，麦麸或米糠20%，糖1%，石膏或碳酸钙1%，加水130%，拌和均匀。

b. 装瓶：将拌好的培养料，装入瓶中，边装边用手墩实，用小铲把表面压平，后用锥形棒在中间穿一个洞，直到底部。用内外两层牛皮纸或内层用纸，外层用塑料布包好，并用线绳扎紧。

c. 灭菌：高压(1.5kg/cm^2)灭菌2h，常压灭菌(100℃蒸汽)6~8h。

d. 接种：出锅后送入无菌室(箱)或无菌操作台内，在无菌环境条件下接入试管种，每管可接6~8瓶，原样包扎好。

e. 培养：置于26℃温箱中恒温培养，经15d左右，菌丝体即能长满全瓶，由试管种直接扩大成的瓶装菌种为原种。按上述过程，把原种接入灭菌的装培养料的瓶中，经培养后即为栽培种。每瓶原种可扩大成50~80瓶栽培种。栽培种可直接用来培养子实体，也可做床栽、露地栽培及人防工程栽培的菌种。

瓶栽的投资大、效益低，主要用于对环境条件要求较严格的一些种类，如灵芝、猴头、银耳及木耳等。

②袋栽 袋栽是瓶栽的发展，利用聚丙烯制成不同规格的圆筒形，常称为PP袋。PP袋的样式、规格不同，通常为长18~20cm、直径10~12cm，或长50cm、直径12cm。先将一端扎紧，再用蜡火烧熔密封。装料可用人工，也可机装，装毕同样密封好，再用直径2cm的打孔器，在袋的一侧，每隔10cm打一个深为1.5cm的接种口，再用3cm×3cm的药用胶布贴在口上，然后进行灭菌、接种、培养。

木耳、银耳的大面积生产，已广泛使用袋栽，袋栽有一种仿瓶栽的方法，即塑料筒一端密封，装料后将另一端镶入用硬塑料管制成的瓶口，以线绳扎紧瓶口，塞紧棉塞即可灭菌、接种、培养。

③菌砖、菌柱栽培　有的种类不适宜采用床栽等生料开放式生产，而瓶栽的出菇面又只有瓶口，其他几面得不到利用，影响产量或延长生产周期。为克服上述缺点，可在瓶栽的基础上，将一定大小的聚丙烯薄膜衬在砖形或圆柱形的模具内壁，装料成型，打孔包严，灭菌后接种培养，也不将长满菌丝的培养料从瓶中扣出，压入砖形模具成型，接入后 2~3d，菌丝体重新愈合。后立置于培养架上，进行出菇管理，此法子实体从菌砖、菌柱四面生出，养分能得到充分利用。

④室内床栽　在清洁的房屋内搭成单层、双层或多层床架，床面宽度 1cm 左右，长度不限，多层床架每层间距约 60cm，床底铺好消毒的塑料薄膜，分上、中、下三层辅料，分层播种，培养料下层厚，上层薄，而播种量则下层少、上层多，最后成鱼脊形，为防止杂菌污染床面应均匀布满菌种，使其早期占领床面，这种播种方法称层播。还可按一定穴行行距进行穴播，播种后用塑料薄膜覆盖以利发菌，当菌丝体长满时用手拍可发出砰砰的声音，并有一种弹性感。待床面形成大量原基以后，则应及时揭去塑料薄膜，进行增湿、降温、通气与透光等出菇处理。从此以后，室内的空气湿度应保持在 80%~95%，每天早晚要进行喷雾调湿和开门窗换气，室外温度低于出菇适温时，应中午换气，否则早晚通风换气，采完第一茬菇后，停水两天，以后管理同前。一共可采 4~5 茬，产量逐期减少，从接种到结菇约需 1 个月左右的时间，每茬菇从出菇到采收需 7~10d。

床栽主要适于蘑菇栽培，此外，平菇、凤尾菇、金针菇、香菇等均可采用床栽。培养料除蘑菇用粪草外其余各种用纤维素类物质，如稻草、玉米芯、木屑、棉籽壳等。

⑤畦地栽培　栽培形式近于床栽，但都是室外保护地栽培，各地可根据当地气候特点，选择适宜季节，选择平地或半地下式栽培，床底铲平并略高于地平面，阳畦床面的四周要用砖头砌成南低北高的矮墙，利于采光增温。辅料和接种方法与床栽相同，上面加盖弓形塑料薄膜，封闭培养。畦地栽培主要适于平菇、凤尾菇等。

⑥露地栽培与粮菜混作　这两种栽培方法与床栽相似，它们主要靠阴棚或植物遮阴。由于管理粗放，所以产量也相对低下。它的优点是不要求较复杂的设备，投资少、经济效益更高。一旦自然条件突然变坏，由于缺乏保护设施，容易遭受损失。该法主要适于栽培适应能力较强的品种，如平菇与凤尾菇等。

⑦人防工程栽培　我国各地大小城市，普遍备有人防工程设施，又称地道，在人防工程中栽培食用菌的方法，称人防工程栽培，近年已广泛用于食药用菌的栽培。人防工程中具有较恒定的低温条件，但通风、透光条件比较差。利用人防工程栽培时，一定要考虑上述因子，适宜栽培那些低温型的种类，如平菇、金针菇、猴头等。

5.2.2　粪草腐生型食用菌栽培

粪草腐生型的食用菌与木腐生型食用菌生活的基质不同，所以栽培方式也不同。下面以蘑菇为例说明粪草腐生型菌的栽培方式。

蘑菇又称洋蘑菇、白蘑菇、双孢蘑菇等，生产量占全世界食用菌生产总量的 69%。蘑菇含多种维生素和氨基酸等营养物质及多糖类等药效成分。此外，还含有干扰素的诱导剂——双链核糖核酸，对人体的病毒与癌细胞有抵抗作用，对胆固醇起溶解作用，能抑制人体中血清胆固醇的上升，起降压作用。

（1）栽培时期与场地

利用自然气候条件栽培，分春、秋两季。蘑菇可进行室外露地栽培和室内床架栽培。室内栽培时，无论是特建的专业菇房还是利用已有设备，都应保证室内有比较恒定的温湿度和良好的通气条件，房顶有通风窗，房前墙设有上、中、下三层可以开闭的通风窗，下层窗距地面10cm左右。

（2）培养料及其堆积

蘑菇的培养料以含碳素多的畜粪和禾谷类秸秆为主，再加一些氮肥、磷肥等辅料经堆积发酵而成。蘑菇培养料配制时，粪与草的配比为7∶3，另加石膏为粪草总量的1%，过磷酸钙为粪草总量的0.5%，将禾谷类秸秆切成3~4段，浸湿后，铺成10cm厚，其上铺厚为6~7cm的畜粪并用水淋湿，再反复铺一层粪，一层草，层层淋湿直到堆高1.5m，最后以干草或塑料薄膜寝盖，进行发酵。

原料中自然存在的微生物开始进行降解代谢，之后高温放线菌成为优势菌，同时其他高温微生物对基质进一步降解，杀灭害虫和其他引起污染的微生物，堆温升至60~80℃。随堆内的空气与水分的下降，发酵逐渐缓慢下来，堆温也不断降低。为调节堆内的空气与水分要间隔8d、7d、6d、5d、4d，翻堆5次。

（3）造床与消毒

最后一次翻堆时，培养料（菌床材料）要喷1%~2%石灰水，在进房前，对发酵堆四周及表面用0.2%敌敌畏进行消毒，后去掉表层，进房铺床，一般厚度在10~20cm，温暖、潮湿的环境卞料可薄些，否则相反。

（4）后发酵与消毒

造床后，由于表面积扩大、散热加速，温度急速下降，经2~3d后，床温又逐渐回升到30~40℃，马粪尤其明显，造床后培养料继续发酵的过程，称为后发酵。后发酵的酿热，可杀死床料中的微生物与昆虫，驱走游离氨，更适蘑菇菌丝生长。为使后发酵顺利进行，要关闭菇房的门窗，若温度过低，可采取加温措施，使房内温度保持55~60℃，3~4h。在此期间，可以结合熏蒸消毒，杀死房内和床料的微生物与昆虫。熏蒸剂多用甲醛，用量为0.25kg/100m^3。

（5）播种

当床温降到27~28℃时，则应及时播种，一般上床4~7d即可。床温过高菌丝体易老化，温度过低则菌丝生长缓慢，产菇期延长。播种方法分散播、条播、穴播及混播多种，播种后为使菌种尽快恢复生长，也要采取表面覆盖等保温措施。

（6）复土

播种半个月左右，菌丝几乎长满全部菌床，为促使蘑菇发生。此时必须向床面覆盖一层壤土，否则蘑菇就不会发生，壤土要求疏松、不含病菌害虫、有良好的持水性、pH值为6.5~8.0的中性泥炭土与苔藓混合物，或用草炭加石灰。覆土分大（如蚕豆）小（黄豆）两种，根据寝土的pH值选用2%碳酸钙（或熟石灰拌匀）与石膏等进行调节。含水量以60%为宜，覆土顺序：先铺大颗粒，厚约0.8~2cm，后在上面铺小粒土，厚0.7~1.5cm，总厚度为2.5~3.5cm。

（7）管理

蘑菇的栽培管理，分覆土后到开始出菇及出菇后到栽培结束两个阶段。

①覆土后到出菇前　这段工作的重点是保温、保湿及通气，满足菌丝体生长和子实体分化所需条件，温度由高转低，从 27℃ 降至 17℃，湿度由低转高，湿 60% 增高至 80% 以上，通气量由小到大，次数由少到多。

②结菇阶段　控制温度在 12~18℃ 的低温条件，湿度保持在 80%~85%，通气量增大，次数增加，pH 值控制在 6.3~6.8。

（8）采收与追肥

①采收　每天采收 1~2 次，标准菌盖直径 3~4cm，用手指捏住菌柄基部边捻边提，轻拿、轻放。采收后，用镊子把绳索状的菌丝束剔除，再次覆土填平采收穴，恢复出菇条件，约一周后又出现产菇高峰，如此循环操作，直至出菇结束。

②追肥　为补充所消耗的营养，可用 1% 葡萄糖液或 2% 的黄豆汁，0.1%~0.2% 的尿素追肥，还可施入适宜的维生素、氨基酸、激素等。

5.2.3　蜜环菌与天麻栽培

蜜环菌 *Armillariella mellea* 是一种食用菌，属层菌纲、伞菌科、蜜环菌属。自然界中，蜜环菌适应性很强，作为一种兼性寄生真菌，能在 600 多种树木或草本植物及竹类上生活，分布广泛。立木、草根或者枯死树根、树干它都能分解利用。但天麻对环境要求比较严格，凡是有天麻生长的地方，一定有蜜环菌；而有蜜环菌的地方，却不一定有天麻。野生天麻多分布于海拔较高（800~2000m）的山区林间，以气候多雨潮湿、冬暖夏凉、富含腐殖质土的地方为多。我国野生天麻主要分布在四川、云南、贵州、陕西、湖北、湖南、河南、安徽、辽宁、吉林、黑龙江、甘肃、西藏、台湾等地。天麻生长所需的营养依赖于蜜环菌，所以，木材是天麻、蜜环菌生良好长的营养物质基础，离开了这个基础，培养天麻好比是做"无米之炊"，这样，天麻-蜜环菌-木材三者之间就构成了一个自然的食物链。因此，蜜环菌是天麻生长的重要物质基础。

夏秋季在针叶或阔叶树等多种树干基部、根部或倒木上丛生密环菌。常常引起很多树木的根腐病。菌丝体或菌丝索能在不良的环境条件下或生长后期发生适应性变态。蜜环菌分布很广，广泛分布于北半球的温带地区。我国云南、河北、山西、黑龙江、吉林、浙江、福建、广西、陕西、甘肃、新疆、四川、西藏等地均有分布。图 5-36 为蜜环菌在全球的分布情况。

天麻 *Gastrodia elata* 又名赤箭、定风草、水洋芋等，属被子植物门、单子叶植物纲、兰科、天麻属。供药用的部分是其地下块茎，简称天麻（图 5-37）。天麻生活方式特殊，无根无绿叶，只有与蜜环菌等共生才能生长发育。因此，种植天麻必须事先培菌。天麻生长的基本营养物质来源于蜜环菌，没有蜜环菌天麻就不能生长。天麻与蜜环菌之间的关系极为复杂，自 1911 年以来，学术界对天麻与蜜环菌关系的讨论就存在共生、寄生、气生、腐生及相互寄生、食菌植物等不同的见解。20 世纪 80 年代初，刘成运观察了昭通天麻与蜜环菌的显微变化，发表了《天麻食菌过程中细胞结构形态变化的研究》《天麻食菌过程中蜜环菌活力的变化及几种酶的组织化学定位》《天麻消化蜜环菌过

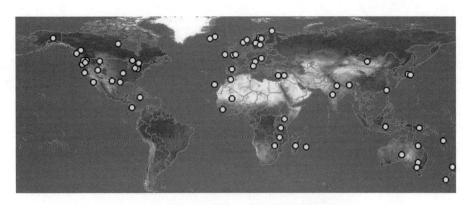

图 5-36 蜜环菌在全球的分布情况

图 5-37 天 麻

程中超微结构的变化及酸性磷酸酶细胞化学定位》等文章。

天麻是一种传统的名贵中药。早在 2000 多年前的《神龙本草经》中已被列为上品药材。历代学者认为天麻有熄风、定惊、止晕等功效。据现代医药学研究，天麻含有十多种药效成分，其中天麻苷是最重要的活性成分。临床表明，天麻对治疗眩晕头痛、面肌痉挛、风湿性腰痛有明显疗效，具有降低血脂、扩张外围血管、预防老年性痴呆、增强机体免疫力等功能。有些国家还将天麻用作飞行员的保健药物，认为可增强视神经的分辨能力。

在我国药用天麻长期依赖野生，常常供不应求。20 世纪 50 年代，我国开展了天麻野生变家栽的研究，并于 1963 年先后在湖北、四川等地进行纯菌种分离和人工无性繁殖工作，并获得成功。70 年代中期以后，特别是 80 年代人工栽培天麻技术发展迅速，一度产品供过于求。由于无性繁殖多代后麻种退化现象严重，直到 90 年代初期，栽培方法没有较大改进，天麻又出现供应紧张。徐锦堂等在总结天麻无性繁殖成功经验的基础上，又揭示了天麻在有性繁殖阶段与小菇属真菌与蜜环菌共生完成生活史的规律。首创了天麻有性繁殖新技术——树叶菌床栽培法。并在陕西、湖北、贵州等地迅速推广，使我国人工栽培天麻技术迈上一个新的台阶。

5.2.3.1 生物学特性

天麻是多年生草本植物，除抽薹、开花、结实期（45～65d）在地表之外，大部分时间生活在地下。

（1）天麻的形态特征

天麻形态特征可以分为地上植株形态和地下块茎形态。

地上植株形态：天麻植株高 1m 左右，干直立、圆柱形，直径 0.5~2cm，中心海绵状，老化时中心变空，植株上有 13~17 个明显的环节，节处有膜质鳞片状叶，长 1~2cm，基呈鞘状包茎。天麻为总状花序顶生，每株开花 30~70 朵，花淡黄色或红黄色，似兰花状，自下向上开放，花两性、左右对称；果实为淡褐色蒴果，种子细小呈粉末状，每果含种子 2 万~7 万粒，种子纺锤形或弯月形，长 0.8~1mm、宽 0.16~0.2mm，种皮无色透明。花期 6~7 月、果期 7~8 月。

地下块茎形态：天麻的地下块茎，根据形态和发育阶段的不同，可分为以下 4 种类型：

①箭麻　能抽薹开花的天麻块茎。肉质肥厚，长圆形。个体较大，一般长 4~12cm、直径 2~7cm，单重 100g 以上。皮黄白色，有明显环节 10~20 个，环节处有膜质鳞片、顶生红褐色、青白色或暗红色"鹦鹉嘴"状混合芽，芽被 7~8 片淡棕色鳞片，出苗后茎秆似剑，故而得名。

②白麻　不抽薹出土的天麻块茎。发芽生长时，其生长锥长出雪白粗壮的幼芽，故名白麻。一般茎长 2~11cm、粗 1~5cm，重几克至十几克。顶芽不明显，仅有圆形生长锥。

③米麻　由种子发芽后的原球茎形成或由箭麻、白麻等分生出来的较小的天麻球茎个体，形状似米粒，故名米麻。一般长度在 1cm 以内，重 2g 以下。

④母麻　箭麻抽薹开花或白麻发出新麻后，原来的麻体衰老，表皮变成黑褐色，内部变空或腐烂，其上长出许多老化的黑色菌索，这种老化天麻称为母麻。

（2）蜜环菌的形态特征

①菌丝和菌索　蜜环菌的菌丝体以菌丝和菌索两种形式存在（图 5-38a）。菌丝乳白色，绒毛状，有分隔，后期无数的菌丝扭结成菌索。菌索外面有一层红褐色胶质外壳，内部为一束白色或粉白色菌丝。幼嫩的菌索为棕红色，前端有白色生长点，能继续生长并产生叉状分枝。菌索老化后为棕黑色，有韧性，不易折断后。菌索折断，可以从断口处继续长出菌丝。菌丝或菌索在暗处发出荧光假蜜环菌菌丝形态与蜜环菌极相似，若误用假蜜环菌栽培，不会形成天麻。假蜜环菌菌丝生长速度快，表面有皱折，不光滑，菌索扁平呈鹿角状，仅菌丝培养初期发荧光，老菌索不发荧光（图 5-38b）。

②子实体　蜜环菌子实体为著名的食用菌之一，在东北称之为榛蘑。子实体丛生呈伞状，菌盖近卵圆形，表面有褐色鳞片及放射条纹。且常有黏液，菌盖土黄色，菌肉白色，直径 4~8cm。菌柄中生、纤维质、圆柱状、中空，长约 4~15cm，与菌盖同色，菌环在菌柄的中上部，易消失（假蜜环菌菌盖不黏，无菌环）。菌褶白色，老熟后常出现暗褐色斑点。孢子印白色，椭圆形，无色透明，大小为 (7~13)μm×(5~7)μm。

（3）营养条件和环境条件

①天麻的营养来源　天麻的营养来源于蜜环菌，这是人工栽培天麻的基础，天麻与蜜环菌之间有着极为复杂的营养关系。蜜环菌菌丝同时寄生于树体和天麻，一般情

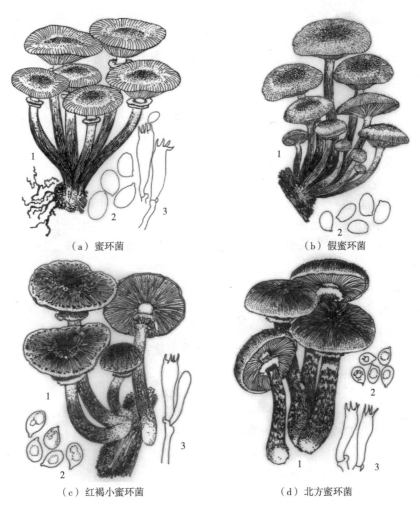

（a）蜜环菌　　　　　　　　　　（b）假蜜环菌

（c）红褐小蜜环菌　　　　　　　　（d）北方蜜环菌

图 5-38　蜜环菌（仿绘自《中国经济真菌》，卯晓岚，1998）

1. 子实体　2. 孢子　3. 担子

况下，蜜环菌从木材中获得营养维持代谢，而天麻则靠消化伸入皮层的蜜环菌菌丝获得营养进行生长发育。当蜜环菌营养来源不足，而天麻生长势减弱时，蜜环菌又能利用天麻体内的营养供其生长，这种现象叫作"反消化"。因此，过去认为蜜环菌是天麻的唯一营养来源的看法是不全面的。研究证明，菌材上的营养可以通过菌索传递给天麻，土壤中的营养也可以通过蜜环菌或者直接被生长的天麻利用，成为天麻的辅助营养。必须指出，蜜环菌在天麻的生长发育过程中是营养的主要提供者，没有蜜环菌就没有天麻的基本营养。故人工栽培中，培养优良的蜜环菌菌材为天麻生长发育提供充足的营养是实现天麻高产的关键。

蜜环菌能和天麻块茎建立共生关系，为天麻提供营养，但对天麻种子的萌发不仅没有促进作用，反而有抑制作用。而人们从天麻种子发芽形成的原生球茎上分离出的紫黄小菇等真菌，被证明与天麻种子有共生关系，并为天麻种子的萌发和生长提供营养。此类真菌被称为天麻种子的共生萌发菌，在天麻种子萌发到与蜜环菌建立共生关系的一段时间里，为天麻种子的萌发和生长提供营养。

②蜜环菌的营养来源　蜜环菌是一种兼性寄生真菌，能在 200 多种植物上生长和发育，其中以木本植物占多数，特别是阔叶树。一般在砍过或烧过的树、竹根部以及枯倒的树干上营腐生生活。

③环境条件

a. 温度：天麻喜凉爽、潮湿的环境，野生天麻生长在高海拔、半阴半阳沟谷地。天麻的生长适温为 20~25℃。地温低于 14℃，则停止生长。超过 30℃，天麻和蜜环菌的生长都受到抑制。人工栽培时，32℃左右的高温持续 15d 以上，就会造成大幅度的减产甚至绝收。天麻的块茎虽然耐寒力较强，在 0~3℃ 的低温条件下能安全越冬，但生长期骤寒也会使天麻受冻害。只要能控制好越冬和越夏的温度，在海拔较低的地区人工栽培天麻也能成功。蜜环菌不耐高温，菌丝体生长的温度范围为 5~32℃，而以 24~28℃ 下生长最快，超过 30℃ 则生长速度明显下降，33℃ 以上可导致菌丝体死亡。

b. 湿度：天麻喜阴雨连绵、空气湿润的气候条件。一般要求降水量 1600~1700mm，土壤含水量 20% 左右。若土壤湿度过大，则天麻块茎易腐烂；若土壤湿度过小，蜜环菌生长则受抑制，从而影响天麻产量。蜜环菌喜湿润，必须在一定的湿度条件下才能旺盛生长。单独培养蜜环菌时，土壤含水量宜为 25%，如蜜环菌伴栽天麻时，土壤的含水量则以 20% 为宜。

c. 空气：腐殖质丰富、质地疏松、透水性和透气性良好的沙质壤土适宜天麻的生长。透水性差、通气不良的黏性土壤不宜种植天麻。蜜环菌是一种好气性真菌。在厌氧条件下，蜜环菌不能生长或生长不良。菌素形成需要氧气，在树根、树桩及天麻块茎的表面，由于与空气接触面大，能明显地看到网状生长的菌索。所以，在人工培育菌材时，使用木屑和沙土作为覆盖物，以利透气、排水，如用黏重的土壤作覆盖和填充物，则菌索生长不良。

d. 光线：天麻块茎生长阶段是在地表下进行的，因而不需要光照。但箭麻抽薹开花时，则要有一定光照条件。

e. 酸碱度：野生天麻多生长在阔叶林、毛竹林与林下腐殖层较厚的阴凉湿润地带。蜜环菌属于腐生型兼性寄生真菌。因而，适宜栽培天麻土壤的 pH 值为 5.5~6.0。

5.2.3.2　天麻的栽培方法

(1)栽培季节的选择

天麻栽培的时间，以块茎处于休眠期最好。大体可分为秋冬季栽培和春季栽培两种，秋冬季栽培多从 11 月上旬开始，地面冻结前为止；春栽多从 3 月中旬开始，到清明前后为止。具体还依各地纬度、海拔及栽培方式不同而有所差异(图 5-39)。一般情况下，秋栽天麻产量高于春栽，因为秋冬季栽培有利于天麻和蜜环菌的结合，原因是天麻和蜜环菌生长的起点温度不同。蜜环菌 5℃ 时开始生长，而天麻 10℃ 左右才开始生长，故秋冬季栽培时，天麻正处于休眠状态，而蜜环菌已缓慢生长，待春天气温转暖，天麻开始生长时，蜜环菌已大量生长并有足够的养分供应天麻吸收利用，所以产量高。而春季栽培，由于气温回升较快，蜜环菌和天麻接近同步生长，就没有那么充足的养分供应给天麻吸收利用，故天麻产量较低。

（2）蜜环菌菌种制作

①母种培养基 水 1L、马铃薯 200g、蔗糖 20g、磷酸二氢钾 3g、硫酸镁 1.5g、维生素 B₁10mg，琼脂 20g，控制值为 pH 5.5~6.0。制作好培养基后，采用孢子或组织分离法来分离菌种，在 23℃ 下培养 7~10d，菌种即可长满斜面，然后再进行一次扩接即可用于原种生产。

②原种和栽培种所用培养基的配制 配方有以下两种：

配方一：大米芯（粒状）30%、阔叶锯木屑 50%、麸皮 11%、蔗糖 1%，pH 值控制在 5.6~6.0 之间。

配方二：阔叶木屑 70%、麸皮或米糠 30%，控制 pH 值处于 5.5~6.0 之间。

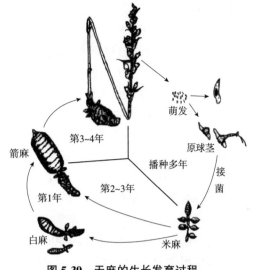

图 5-39　天麻的生长发育过程

料中含水量调至 60%，灭菌处理后进行接种培养，经 23℃ 培养 30d 左右即可发满，原种扩接即可获得栽培种。

③菌枝的培养 栽培天麻时需要菌材伴栽。菌材上带有蜜环菌的小枝、小棍叫菌枝。利用树枝培养菌种，蜜环菌生长快、培养时间短，容易抑制杂菌。菌枝不仅可被用于培养菌材和菌床，在栽培天麻时还可以在菌丝生长较弱的部位补充菌种。

a. 菌枝培养时间：每年可培养两次，3~5 月培养的菌枝供 6~8 月培养菌材或天麻播种时使用；7~9 月培养的菌枝供秋冬、春季栽种天麻使用。

b. 菌枝树种的选择：适宜蜜环菌生长的树种有山毛榉科、桦木科及其他阔叶树类（针叶树、樟树除外），常用的树木有栓皮栎、槲栎、青枫、板栗、红桦、榆等，其中桦木发菌快，最适宜菌枝培养，但容易腐朽，只能用一年，槲栎、青枫发菌慢，但经久耐用，适宜作菌材。选好树种后，取其直径 1~2cm 的树枝或砍菌材时砍下的枝条作培养菌枝的材料。

c. 培养方法：将收集到的树枝去掉细小的枝叶斜砍成长 10cm 左右的小段。为了缩短培菌时间，提高菌枝的质量，应先将树枝浸泡在 0.25% 硝酸铵溶液中处理 10min。选择无污染的地方，挖一深 30cm、宽 60cm、长 100cm 的土坑，先在坑底平铺一层树叶，然后将树枝一根靠一根摆两层，摆时将树枝的切口相对，在切口之间撒上已备好的三级菌种，在树枝层上也撒一层菌种，然后覆盖腐殖土或沙土（以盖严树枝为准）。用同样的方法培养 6~7 层，顶部覆土 6~10cm，再盖一层树叶或其他覆盖物以保持湿度。在适宜温湿度情况下，约经 40d，菌枝就可培养好。

（3）菌材的培养

菌枝不能直接用于天麻栽培，为了保持天麻一年生长所需要的营养供给，必须用较耐腐烂，能长期为蜜环菌提供营养的材料伴栽天麻，才能获得高产，菌材培养时间一般在 8~10 月。

①备材　在适宜培养蜜环菌的树种中，选择直径 6~13cm 的枝干，截成 60cm 长的木段(树材)并进行破口(即在树材上砍些伤口)，破口的目的在于使蜜环菌容易通过伤口侵入到菌材内部。破口的方法有两种：

a. 鱼鳞口：在枝材上用刀每隔 6cm 砍一刀，深度达本质部为宜，树材两侧各砍一行，树材较粗时可增加行数。

b. 长三角形口：在树材相对两侧每隔 10cm 砍一长三角形口，先砍成鱼鳞口，再沿垂直方向砍一刀，将树皮砍掉即可。此法也称为"定位培菌"，在天麻种植时，种麻就放在三角形口中，以便与蜜环菌接合。

②培养方法　根据培菌时的接菌方式和菌材的使用方式可将菌材的培养方法分为：

a. 活动菌材培养法：所培养的菌材，在将来栽天麻时随用随取。在天麻栽培场地，选择适当地点挖窖，窖深 30~50cm、宽 100cm，长度视需要而定，一般每窖以培养 100~200 根菌材为宜。将窖底 8~10cm 的土层挖松，放入适量的腐殖土与底土拌匀，每节新材两侧各放 3~5 根菌枝，并用腐殖质土填充材间缝隙，要求实而不紧，如此铺放 3~4 层。若用上一年的旧菌材作菌种时，每隔两根新材放一根旧菌材，在铺第二层时，上下层菌材要错开。一窖搞好后给窖内淋浇 10%的马铃薯液(一份马铃薯，切片后放在 10 份水中沸煮 30min，过滤后取澄清液)，无马铃薯液可用清水代替，以渗透到窖底为宜，气温低时，可加热到 30℃左右使用。顶层盖土并以草覆盖。

b. 固定菌材培养法：培养的菌材在种植天麻时留在原位置不动，称为固定菌材。此法培养的菌材由于种植天麻时不移动或移动少，菌索很少被扯断，蜜环菌能很快在种麻上着生，促进天麻早期生长，尤其在春季栽培天麻时效果最为显著。培养菌材的窖就是将来栽天麻的窖，因此要按栽天麻的要求挖窖。窖深 30cm、长宽各 65~85cm，以每窖固定培养 16~20 根菌材为宜。培养方法同活动菌材培养法。

(4)无性繁殖栽培技术

①露地坑栽天麻　无性繁殖通常是采用白麻作种，种植过程中，只需将白麻育成商品即可。

a. 种麻的选择：良好的种麻应该是发育完好、色泽新鲜、芽嘴短、无病虫害、无破损、表面无蜜环菌菌索侵染、重 10~20g、有性繁殖后的前两代白麻。一般要求随采收、随选种、随栽培，若冬季不能栽培，要将麻种妥善保藏，以备到第二年春季栽培使用。

b. 栽培过程：露地坑栽天麻的方法有两种，活动菌材栽培法和固定菌床栽培法活动。

活动菌材栽培法：选避北风、向阳、沥水、砂壤土、而又较荫蔽湿润的栽培场地，刮去表层土壤，堆放一旁作填充用土，挖掘 65cm×65cm、深 30cm 的方坑，坑底挖成 15°左右的坡度，窖间距离保持 60cm 以上，每窖种麻用量按公式计算得出：

每窖用种量(kg)= 菌材根数×每根菌材伴栽种麻个数×每个种麻平均质量(kg)

播种时将窖底土层松动，混合腐殖土。将坑底整平，撒一层枯枝落叶，将菌材顺坡排放在窖中，菌材与棒材要相间排列，紧靠在一起。用腐殖土填充菌材间隙，当埋没菌材一半时，将种麻靠放于菌材有菌索处，大种麻相距15cm，中小白麻为6~30cm，菌材两端再各放一个种麻，继续填腐殖土与菌材同等高度或稍高3cm，然后撒枯枝落叶，排放菌材，播第二层种麻，播完后覆土6~10cm，最后再盖一层草或落叶，至此播种结束。这种栽培方法又名菌材添新材法，是栽培天麻的基本方法，此法接菌率高，产量也较稳定，是目前仍在广泛使用的一种方法。

固定菌床栽培法：把固定菌材窖中的泥土小心挖出，取出上层菌材，将下层菌材隔一取一，把种麻靠菌材顺放在有菌处，将新材放入两根菌材的空隙处并填入腐殖质土，第二层栽培与活动菌材栽培法相同。

c. 田间管理：天麻栽植后，各地应根据本地情况，进行必要的田间管理。

防冻：冬春季节要加干草或薄膜，保温防冻，以免造成减产或无收。

防旱：久旱、土壤湿度不够时要及时淋水，并盖草保湿。干旱会造成天麻新生幼芽大量死亡，尤其是在天麻生长最旺盛的7~8月，损失更大。适宜和稳定的土壤湿度才能保证幼麻正常的发育。

防涝：如窖内水分过大可造成土壤板结，透气性差，将会导致蜜环菌缺氧死亡、天麻块茎腐烂、其他微生物活动猖獗。产区人们常说"宁旱勿涝"，说明水分过多对天麻生产的危害是非常严重的。

防害：防止人畜践踏和山鼠、病虫等的危害是任何生产环节都不可缺少的。

11月栽种的天麻在翌年11月收获，春季栽种的当年11月收获，收获的方法同有性栽植。

②箱栽天麻　箱栽天麻灵活机动，方便管理，简便易行，受自然环境影响小，成功率和产量都比较高。

a. 培养箱的要求：为了便于管理和搬动，箱子不宜过大，一般长60cm、宽40cm、高30cm为宜。在箱底钻直径2~3cm的圆孔3~5个，以利渗水。也可用旧包装箱、竹筐、水果篓等物，内衬草帘或旧薄膜等代替。

b. 培养料配制：一般用阔叶树木屑加沙，比例为3∶1或5∶2(体积比)。沙以粗沙或粗细混合沙为好，不干净的沙应用清水洗干净。也可用谷壳或粗粉碎的玉米芯加沙。稻谷壳加沙(2∶1)效果也很好，还可用较肥沃的含沙较重的沙壤土。选上述任何一种配方，加适量水，拌和成均匀的湿润状态备用。

c. 菌枝或菌材培养：培菌的时间一般在每年的8~9月，11月菌材全部长好，即可用于栽培。先在箱底铺22cm厚的粗沙或小鹅卵石，在其上铺2~3cm厚的培养料，相间平摆一层已处理好的菌材和棒材(已调好水分，并已砍鱼鳞口)。撒播菌种(木屑种或小枝条种)，然后用培养料填空隙至平；再如上述过程，逐层摆放菌材(或棒材)，接菌种；每箱可排放菌材5~7层。最上一层用调好水的纯木屑封口，或用上述培养料封口，厚约2~3cm。然后将箱垫离地面，以利通气。可按行排放，也可架叠存放，置阴凉处，保温20℃左右；并注意水分管理，以少浇勤浇为主，保持培养料呈湿润状态。一般是沿箱边先浇水，中间适当浇，待数小时后箱底有水渗出即可。

d. 栽培过程：箱栽天麻的方法有两种，固定菌材伴栽法和活动菌材伴栽法。

固定菌材伴栽法：在栽培前，先从已培养好菌材的培养箱中铲去上层锯木屑和培养料，取出上层菌棒；对下层菌棒采取抽一留一的方法，换入已处理过的棒材；若底层菌材未朽烂或菌材充足时，可不必更换，直接按一定的距离摆放种麻(一般相距 4~7cm，依种麻的大小而定)，并注意要把种麻放在靠近菌材、菌索集中处。在摆放天麻种时生长点要向内，并使麻种与箱壁保持 3cm 以上的距离。再覆以调好水的培养料 8~10cm；然后如上法摆放第二层菌材、棒材和麻种，上覆培养料至箱口平，再覆 1~2cm 已调好水的纯木屑封口，置阴凉处，保温保湿培养，严防过热或过冷，一年左右就可以采挖。

活动菌材伴栽法：在箱底铺 2cm 的粗沙或细卵石，以利透气，在其上铺 2~3cm 厚的培养料，在料上平行摆好菌材，或相间摆几条棒材，摆好麻种，用培养料填空后，在菌材上面再盖 3~5cm 厚的培养料；再平行摆好菌材，点播麻种，以培养料填空，最后上面再覆盖一层 2cm 的纯木屑封口，进行水、温、气的管理即可。

③地道种天麻　在防空洞、山洞或地下室内栽天麻有特殊的优越条件，因地道内温湿度稳定，光照弱，很适合天麻的生长。方法是：先在地道内垒好窖。最好是用红砖将底层架空，四周用红砖垒成长 120cm、宽 90cm、高 30~40cm 的长方形窖，在窖底先铺一层填空料，厚约 5cm，再平行相间摆菌材、棒材，还可撒些菌种在棒材上；加入填充料至菌材的一半时，点播麻种，使之紧靠在菌材上，以利于蜜环菌较快地侵入麻体，给天麻供应养分。然后接着铺填充料，使菌材、棒材和种麻被全面覆盖，在其上继续加厚 2cm 的填充料，又相间地铺一层菌材和棒材，覆填充料至菌材的一半后，播种天麻，再覆以 10~15cm 厚的填充料，整平至窖面呈龟背形即可。

播种后的管理工作主要是抓好水分管理，控制好填充料的湿度在 55% 左右。秋冬季节，洞内比较干燥，可每隔 10d 左右淋水一次；夏季洞内比较潮湿，可隔 20d 或更长的时间淋水一次。填充料的配方(体积比)有：

沙：谷壳：腐殖土 = 1：1：0.25；
沙：木屑：腐殖土 = 1：1：0.2；
沙：腐殖土：碎树叶 = 1：0.5：2；
沙：碎稻草：糠腐殖土 = 1：1：0.2：0.5；
沙壤土填充料，其中沙占大部分。

(5)有性繁殖栽培技术

天麻有性繁殖栽培是近年来形成的一套新技术，它从根本上解决了天麻无性繁殖的种源问题，可显著提高繁殖系数，并在一定时间内保持旺盛的生命力，同时在有性繁殖过程中可以通过人工授粉杂交，利用杂种优势，培育出新的良种。

①场地设置和种麻的选择

a. 场地设置：种子园宜选在房前屋后、背风向阳、便于管理的地方，四周不能与菜地相连，土壤要疏松，不易积水。场地选择好后，搭一个 2m 高的荫棚，荫蔽度在 70%，周围做好篱墙，避免畜禽为害。

b. 种麻选择：用于生产有性种子的麻种只能用箭麻。秋季收获天麻时，选择个体发育完好、健壮、无损伤、无病虫为害、顶芽饱满、重量在 100g 以上的箭麻作为培养种子的种麻，种麻越大，获得的种子越多，质量越好。

②种麻定植 种麻选好后要及时定植，但在比较寒冷的地区可以先将箭麻保藏在
1~3℃、含水量20%~25%的沙土中，等到春季土壤解冻后再行定植。箭麻本身贮存有
丰富的养分，能够满足抽薹、开花、结果和种子成熟的需要，故可将箭麻直接定植在
土中，不需要菌材。定植时将地整平，做宽60cm的畦，两畦间留50cm的人行道，以
便授粉操作。将箭麻顶芽朝上，向着人行道，株距10cm左右，在箭麻顶芽旁插一树枝
作标志，然后覆5cm左右的细土。开春后，当气温升至12℃以上时，芽萌动，15℃时
即可出土。当花茎较高时，要在原标志部位插一根长1.5m的竹竿，将花茎绑扎其上，
以防倒伏。

③抽薹后的管理要点

a. 防风：大风来临前要加固篱墙，增加挡风设备，防止吹倒花序。

b. 防晒：过分日晒、地温过高会烧坏花序轴，使花穗严重失水，影响结实。

c. 防暴雨：暴雨易冲坏花朵，影响种子的形成，因此暴雨来临要增加防雨设备。

d. 防害：开花季节，气温较高，加之种子园湿度较大，适宜病虫发生，此时常有
蚜虫、介壳虫、伪叶甲和腐烂病等为害花序，应及时进行防治。同时还应注意鼠类、
畜禽等的为害。

e. 保湿：在抽薹开花期间应保持土壤含水在20%~25%，大气相对湿度为
70%~80%。

室内箭麻育种可以减少许多管理上的麻烦，但必须经常注意温、湿度的调节，要
有一定时间的通风。如育种较少，可用木箱、盆钵等定植箭麻，人工授粉，同样收获
种子。

④人工授粉 由于天麻特殊的花器构造，自然情况下很难完成授粉，因此必须进
行人工辅助授粉。方法是：当花粉松散膨胀时，将药帽盖顶起，在药帽盖边缘微显花
粉时，用镊子轻轻压下唇瓣，使雌蕊柱头露出，挑开花药帽粘出花粉块，再将其粘在
另一朵花的柱头上，即完成授粉过程。选晴天的上午10时前，进行人工授粉，以异株
授粉效果好，花期每天都要坚持此项工作，并且只能在开花的当天进行。当花筒张开，
唇瓣翘起，此时柱头黏液最多，是授粉的最好时机。过晚授粉效果差、果小、种子多
无胚仁或不饱满。

⑤采收及播种 天麻种子在6月中旬至7月中旬成熟，当果壳上6条纵缝线出现微
裂时，将该蒴果和邻近的3~5个尚未开裂的果实一同剪下，放在阴凉干净光滑的纸上，
过一夜全开裂。取出种子后要立即播种。成熟的种子只能放在瓶子里于0~4℃下保藏
5~7d，否则将失去活力。天麻种子的发芽率很低，一般条件下只有7%左右，同时还有
大量萌发形成的原生球茎，由于不能接合上蜜环菌而死亡。因此为了提高种子萌发率，
需要事先进行萌发菌的培养。目前常用的萌发菌有紫箕小菇 *Mycene osmundicola* 和石斛
小菇 *Mycena dendrobii*，紫箕小菇的萌发率虽不及石斛小菇的高，但长出的天麻块茎形
状好、个体较大。萌发菌菌种的培养基多用树叶和木屑等原料制作，方法与普通菌种
制作相同。

播种前要在当年的3~4月提前按固定菌材培养法培养好菌材。播种的，先用铁锹
铲开菌材培养窖上方的覆盖物、盖土等，慢慢揭去上层菌材，轻轻除去底层菌材表面

的沙土，然后给上面撒上一薄层拌有萌发菌的树叶，再将种子均匀地洒在上面，撒一薄层沙土并将原来取出的菌材按原样放在播种层上，用腐殖土填平缝隙，菌材表面再加一薄层树叶萌发菌，再用同样的方法播第二层种子，播量以每窝 10~15 个果实为宜。最后撒少量树叶，将原挖出的沙土填回窖内，播种即告结束。也可以在种子成熟的季节将菌材、枝叶萌发菌及蜜环菌种一起播种。

天麻种子适宜的萌发温度是 22~25℃，如果播种初期温度不够，应加覆盖物，以提高地温。7~8 月当气温较高时，要在菌床上搭荫棚遮阴，并在四周洒水降温。整个生长期注意防止雨水大量进入栽培窖，并防止人畜践踏和病虫为害。天麻种子播后，第二年的 11 月即可采收。收获时要细心，不能使块茎受到机械损伤。挖出的天麻要拿回室内分选，箭麻可用于商品加工，白麻和米麻可作为第一代种麻直接播种进行无性繁殖。冬季严寒地区应将白麻、米麻妥善保藏，以备来年使用。种麻保藏方法是：挖 30cm 深土坑，坑底铺 3cm 的沙质土。将挖出后摊晾了 2~3d 的种麻平铺在坑内，并覆盖 2cm 厚的沙土，并使顶部呈瓦背形，以利排水，冬季加盖麦草等物保温防冻。

5.2.3.3　天麻的收获与储藏

(1)天麻采收

天麻以足年来收为宜，也有一年半后才采收的。每年 10 月至翌年 3 月为采收期，采收前应查看母麻营养消耗情况，如麻体发黄，敲击发出"咚咚"声，箭麻和大白麻都较大时，就可采收。收获时要细心采挖，尽量保持麻体完整无损，碰伤的天麻极易染菌，且不能留种。采收的天麻要进行初步筛选，并将商品麻(箭麻和 50g 以上的大白麻)和种麻分装，妥善保管以备再用。

(2)天麻加工

采收后，商品麻应及时加工，特别是春季收获的箭麻，若不及时加工，其芽会继续生长，严重影响药效和成品折干率。天麻加工的工序可分为：分级(大小分开以利掌握加工成熟度)、清洗(去掉泥沙及鱼鳞皮层)、旺火蒸(至天麻肉体透明无黑心)、熏(用硫黄熏至色泽鲜亮白净)、烘干(用烘房等烘至外表光滑明亮、内部胶状透明)。

(3)天麻储藏

越冬期存放天麻要注意室内温度形为 0~6℃、空气相对湿度在 45%~55%、混合沙土含水量 18% 左右，采用分层存放法，底层铺 10cm 厚沙，撒一层种子，再撒 2~3cm 沙土，再撒种子，堆积厚度 30~40cm，上层覆 10cm 沙土，最外层盖草帘。天气冷时还可用塑料薄膜保温保湿，以保证子麻来年春播时光滑无损，生活力旺盛。

5.2.4　块菌的栽培

块菌，又名松露，属于真菌门 Eumycota、子囊菌亚门 Ascomycotina、盘菌纲 Discomycetes、块菌目 Tuberales、块菌科 Tuberaceae、块菌属 *Tuber*。部分块菌因其具有奇特的香味和营养价值，被视为名贵的食用菌。在欧美等发达国家，块菌号称"黑色金刚石"，是野生菌的极品，它与鱼子酱、鹅肝酱同被称为三大珍品。块菌有多种疗效，富含 17 种氨基酸(其有人体自身不能合成的 8 种氨基酸)、锌、锰、铁、钙、磷、硒等必需营养素，具有增强免疫力、抗衰老、益胃、清神、止血、疗痔等药用价值，具有抗癌活性，对癌细胞有一定的抑制作用，还可以激发脑细胞活力。

法国、意大利的黑孢块菌 *Tuber melanosporum* 和白块菌 *T. magnatum* 在国际市场上价格贵如白金，并已经成为当地文化的重要部分。每年仅欧洲市场的可食用块菌交易额就达数亿美元，为这些国家的地区经济和种植业者带来巨大经济效益。我国每年也有一定数量的可食用块菌出口。但是，由于各种自然和社会因素引起世界范围内环境的恶化，使可食用块菌产量不断下降。例如，黑孢块菌产量由 1990 年的 2000t 降至如今的不足 100t。值得庆幸的是，可食用块菌产量的下降以及对其需求的增加促进了对其栽培技术的研究。

5.2.4.1 生物学特性

(1) 可食用块菌的种类与分布

块菌的主要分布在欧洲的法国、意大利、西班牙等国。自 1985 年以来，我国陆续发现约 20 多种块菌，主要分布在四川和云南两地，其他省份也有少量分布。目前，国际上可食用块菌主要有：黑孢块菌、勃良第块菌 *T. uncinatum*、波奇块菌 *T. borchii*、台湾块菌 *T. formosanum*、夏块菌 *T. nestivum*（图 5-40a）、白块菌、印度块菌 *T. indicum*（图 5-40b）、中国块菌 *T. sinense* 等。其中，黑孢块菌、勃垦第块菌、波奇块菌、台湾块菌已经能够进行商业化栽培。商业化生产最成功、最广泛的为黑孢块菌和勃垦第块菌。

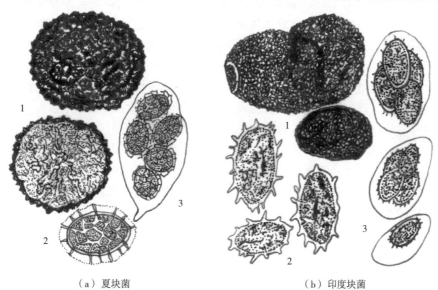

（a）夏块菌   （b）印度块菌

图 5-40　可食用菌块（仿绘自《中国经济真菌》，卯晓岚，1998）

1. 子囊果　2. 孢子　3. 子囊

中国科学院昆明植物研究所刘培贵研究员及其带领的研究组先后对国产块菌的分类学、分子系统发育、菌根合成和根际微生物多样性进行了系统研究。研究澄清了部分种类的混乱，迄今确认在我国分布的块菌属种类有 16 种，其中包括两个新种即脐凹块菌 *T. umbilicatum* 和阔孢块菌 *T. latisporum*，以及 2 个新纪录种，即凹陷块菌 *T. excavatum* 和波氏球孢块菌变种 *Tuber borchii* var. *sphaerosperma*。基于 ITS 序列分析和

大量野外考察及标本的形态解剖学比较研究，发现发表于台湾的屑状块菌
T. furfuraceum 是会东块菌 *T. huidongense* 的异名。基于 DNA 分子的 nrDNA-LSU、ITS 和
b-tubulin 三个序列的单独与联合分析，结合大量的野外考察和标本形态解剖学对比研
究，明确了一直存在着争议的国产黑块菌所涵盖 5 个种（*Tuber himalayense*，*T. indicum*，
T. sinense，*T. pseudohimalayense*，*T. formosanum* 和 *T. pseudoexcavatum*）的种间界限。研究
确认 *T. pseudohimalayense* 和 *T. pseudoexcavatum* 是同一个种，后者是前者的异名；
T. sinense 是 *T. indicum* 的异名；发现于台湾的 *T. formosanum* 因其所共生的宿主植物和地
理分布明显异于 *T. indicum*，并且在形态解剖上也存在一些特征上的细微差异，明确应
该是一个独立的种。*T. indicum* 在分子系统树上明显分布在两个支干上，显示至少是两
个独立的系统发育种（phylogenetic species）。

近年来，在我国西南地区的野外考察中惊奇地发现了大量尚未报道描述过的白块
菌类群，结合形态解剖学和分子系统学的研究，表明属于块菌属 *Tuber* Sect. Puberulum
或 Sect. Borchii，初步鉴定为 5 个新分类群，它们具不同的香味，其中不乏具有特殊怡
人香味的类群。这一发现可能改写块菌类起源于北美或西欧为块菌起源和分化中心的
学说；同时也表明我国白块菌类群具有巨大的经济价值和开发潜力，极大地补充丰富
了我国白块菌类群物种多样性。

昆明植物所刘培贵研究组已成功地合成了国产印度块菌 *Tuber indicum* 和华山松
Pinus armandii、板栗 *Castanea mollissima* 的菌根幼苗，获得国家发明授权专利，并且将
接种成功的菌根苗移栽至野外建立了块菌种植园科技示范实验基地，预期 4~5 年后可
以产出块菌子囊果，8~10 年后逐步增加产量，管理得当可以连续 40~45 年采集收获块
菌子实体。

由于块菌的种植是一个新生事物，加之其生物学特性，块菌苗移栽到野外后需要
进行有效的精心管理，所以块菌的种植及其管理的推广任重而道远。

我国西南是以喀斯特地貌发育形成的石灰岩为主的多山地区，其中石灰岩（碳酸钙
和碳酸氢钙）为主的土壤地质条件，再加上中山、亚高山（海拔 1000~2600m）地带的气
候、植被条件，特别适合于发展块菌种植业。因此，在我国西南规模化种植块菌具有
巨大的发掘潜力，可以考虑把发展块菌种植业作为我国西南经济模式和农林产业结构
调整的新型产业来培育。

（2）形态特征

外部形态子囊果呈不规则球形、椭圆形，表面有明显的如桑葚状的突疣，疣突多
圆钝，由深网状沟缝分隔，果直径（2.5~5.5）cm×（2.1~4）cm 或更大，黑褐色、深咖
啡色，鲜时黄褐色，是一种具有独特的香味、口感和营养价值的食用菌。真菌无性型
与松、杉、栎、粟、桑等植物共生。

5.2.4.2　栽培技术

由于块菌是外生菌根菌，与树木形成了极为密切的共生关系，具有独特的生态环
境，因此，全人工栽培难度较大，目前尚无成功先例。1966 年，法国人率先利用菌根
技术开展对黑孢块菌的栽培研究，1978 年，法国 Agro-Trulfe 公司人工田间栽培黑孢块
菌成功，并开始投入商业生产；1987 年开始，新西兰先后在北岛的 Island Bay、南岛的

Mexandra 之间的区域建立 70 多个种植园。1988—1993 年加利福尼亚北部和 Carolina 的北部开始有黑孢块菌的生产；1990 年，澳大利亚 Askrigg trufferie 农场开始建设澳洲最大的块菌种植园，占地逾 80hm²；1993 年，以色列这个没有块菌的国家成功地建立了黑孢块菌种植园。现阶段主要通过半人工栽培（cemi-artificial cultivation）或者菌根合成栽培（mycorrhizal synthesis）两种途径来培育块菌。前者是指那些没有利用纯培养菌种，而使用天然菌种的栽培法（如香菇、黑木耳的砍花栽培就属于这一类）；后者是在前者基础上发展而来，关键是用人工分离培养的块菌纯菌种来培育菌根化树苗。它是菌根型食用菌发展中唯一具有规模化生产潜力的技术。

在野外调查中，惊奇地发现印度块菌（中华块菌）菌塘内的紫荆泽兰几乎全部被抑制或杀死。2009 采集了菌塘内外的紫荆泽兰根样，初步观察研究发现，和菌塘外的紫荆泽兰相比菌塘内尚残存紫荆泽兰根的内生菌根（VA）的感染程度很低，甚至没有感染。2010 年进一步采样进行了内生菌根的感染程度及存在量的观察和比较，发现菌塘内紫荆泽兰根的内生菌根的感染程度仅是菌塘外紫荆泽兰根感染程度的 50%。这表明块菌发育成熟时代谢分泌出来的合物可通过他感作用（allelopathy）抑制菌塘内紫荆泽兰根的内生菌根真菌的发育和侵染。紫荆泽兰是内生菌根植物，内生菌根发育不良或不发育就不能生存或生存力降低。黑块菌类的块菌（T. melnonosporum，T. indicum 和 T. aestivum）都可以形成明显的菌塘，即菌塘中的草本植物和小灌木都会被抑制甚至萎蔫致死，又称"火烧区"（burned area）。对菌塘的解释多种，有微生物区系改变说等，但是都不能令人满意。已发现的内生菌根被抑制的现象，可能为菌塘形成提出最合理的诠释。这一工作还在进行中，希望通过湿筛土壤样品，得到 VA 的孢子，比较菌塘内外的 VA 种群的多样性，进一步支持菌塘内生菌根被抑制的猜想。这一新发现的证实不仅将对菌塘的形成做出了新的解释，更重要的是可以通过对国产黑块菌的他感化学物质（allelochemicals）及化学生态学（chemical ecology）的深入研究来揭示和探讨防治清除紫荆泽兰的新思路和新途径（这一思路寻求化学生态学方面的合作伙伴共同探索研究）。

另外，块菌是菌根性真菌，特殊的生态环境使其与土壤微生物有密切关系。在块菌的菌根合成过程中，高质量菌根的形成是其成功的关键因素。关于影响菌根形成的非生物因素，如 pH 值、Ca²⁺ 等离子基质配方等方面已经有很多的研究，但关于块菌形成菌根过程中块菌根际微生物所扮演的角色的研究鲜有报道。而在菌根合成实践中合成基质中加入抗生素致使某些细菌无法在菌根合成时起作用。对此，通过筛选了块菌根际微生物不同菌落（放线菌、细菌）进行分离、纯化培养，分别再回接种到块菌菌种+幼树苗菌根合成试验中，迄今发现有促进菌根感染合成的优秀菌株会显著提高印度块菌菌根的感染率，提高菌根合成数量。这一工作属于原创性的工作，目前还在试验分析中。近年来开展的相关研究发现，加入苏云金芽孢杆菌 Bacillus thuringiensis 会显著提高印度块菌菌根的感染率，提高菌根合成数量；在接种块菌的菌剂中加入抗生素会使菌根形成的数量显著下降，推测是因为抗生素致使某些细菌无法在菌根合成时起作用所致。

块菌属中具有经济价值的种类备受国际市场及美食界的青睐，由于国际市场需求迅猛、国内市场的逐步认可，其市场价格一路飙升。块菌成了百姓特别是偏僻山区群众的主要经济来源，在利益的驱使下为了能抢先获得更多块菌子实体，导致采集者在幼子实体生长发育期(6~10月)即已开始采集，不成熟的块菌不仅个体小、香味淡、营养价值低，市场价格也低，严重影响经济收入。为了取得更多的经济利益，采集者采取超强度的反复地毯式掠夺方式使得块菌自然成熟的繁殖体数量和质量受到重创，导致种群变小，数量严重萎缩，遗传结构受到破坏，基因交流严重受阻，导致恶性循环，造成严重损失，在商业化采集区块菌已濒临绝迹。从宏观角度看，森林生态环境受到严重破坏，而生态系统的破坏直接影响块菌的生长和生存；传统采集方法很不科学，由于块菌的生物学特性，生长于地下，不易发现，采集者多用挖刨马铃薯的方法寻找块菌，以锄头、钉耙等传统农用工具满山遍野盲目地寻找块菌，这种方法对块菌生长的生态环境及其菌塘造成毁灭性破坏。块菌发生于华山松、板栗树下，与地上特定树种形成共生关系，通过块菌菌丝与植物根系形成的菌根进行物质和信息交流，形成互惠互利的依赖关系。共生树木与块菌真菌之间信息和物质交换的通道和桥梁一旦被挖断阻隔，就难以恢复。采用传统农具满地挖，这对地下和谐的共生生态系统造成极大的破坏。更令人担忧的是，在块菌主产区范围内进行全方位的反复的刨挖，甚至把共生的树木根系都挖断，林相受到破坏，是对块菌生境最致命的破坏。由于缺乏必要的生物学常识，采集者认定了产块菌的地方后，年年多次都会在采集过的地方多次刨挖，地下共生系统根本没有了恢复的时间和喘息的机会，之后块菌将再不可能继续发生。这种杀鸡取卵式的采集方式的不科学性和严重后果日渐严重。加之没有任何法律法规的保护和可持续利用措施，野生块菌已陷入灾难性的境地，采取必要的保护措施和拯救濒临灭绝的经济块菌已迫在眉睫。迫切需要采取保护措施，建立块菌种植园以减轻对块菌自然产地的压力。

(1)块菌的半人工种植技术

栽培程序为：培育树苗→人工接种形成感染苗→感染苗移栽→翻根修整等管理→5~7年开始形成子实体。子实体可持续成形20~30年。

①块菌菌种的收集　在块菌成熟的季节收集成熟、个头大、外形好、无损伤、香味相对较浓的中国块菌和印度块菌子实体，先用牙刷轻轻洗净表面泥土，再在75%的酒精中浸泡3min对其表面灭菌，同时再在酒精灯火焰上快速灼烧后与121~126℃下灭菌2h的河沙混合，并于3~5℃的温度下冷藏保存备用。

②供试宿主植物种子的收集　选择适宜的宿主树木品种不仅是菌根化苗生产的前提，也是块菌栽培成败的关键。在自然或人工接种条件下，块菌可与栎 Quercus、榛 Corylus、铁木 Ostrya、鹅耳枥 Carpinus、椴 Tilid、杨 Populus、柳 Salix、榉 Fagus、粟 Castaned、松 Pinus、雪松 Cedrus、冷杉 Abies、胡桃 Juglans、斗目花 Helianthemum 等属的树木根系形成菌根。其中，橡树 Quercus pubescens、榛子树 Corlus avellana 为最常用的块菌人工栽培宿主树种。研究表明，黑孢块菌更容易在无性系树苗根系上形成菌根。收集优质的云南松、华山松及板栗植物种子，云南松和华山松用水选去除空壳后晾干，装在玻璃罐中常温贮藏备用；板栗种子水选去除霉烂和不饱满的种子，晾干表面水分，与湿度为25%~35%的洁净河沙按体积比种子：河沙=1：2的比例混合，装入纸箱中并置于5℃的冰箱中保存备用。

③宿主植物种子的处理　将收集的种子水选去出空壳，用0.1%的高锰酸钾液浸泡

处理 30min 后，用自来水冲洗去表面残留的高锰酸钾溶液，然后再用清水浸泡 1~4d，在这期间每天换一次清水。宿主种子也可用 AgNO₃ 等进行表面消毒处理。

④宿主植物的培育 将处理后的植物种子播入混合基质(基质为蛭石与珍珠岩的混合物，其体积比为蛭石：珍珠岩：泥炭土为 1：1：1，混合湿润后在 121~126℃的高压灭菌器下灭菌 2.5~3h)中，用清水将基质浇透后放置于 25℃的恒温室中进行催芽，待 80%以上的种子发芽后再移入温度为 10~35℃的大棚中进行植株培育，同时将基质的湿度保持在 50%~80%。

⑤块菌的接种 块菌人工种植研究始于 18 世纪的法国和意大利。当时是在出产野生黑孢块菌处栽植小树苗，靠自然感染培养菌根化树苗。现在西班牙仍沿用着这种"原始接种技术"。采用原始接种技术生产菌根化树苗成本低、方法简单，但是存在生产效率低和污染率高的缺点。到了 20 世纪 70 年代初期，菌物工作者开始利用子囊孢子生产菌根化树苗，即接种时将孢子悬浮液与消毒后的基质混匀，然后移栽上幼树苗来培养菌根化树苗；或者在栽植上树苗的栽培基质中注射子囊孢子悬浮液，培养菌根化树苗。这种"现代接种技术"培养的菌根化树苗自 1978 年首次收获黑孢块菌子实体后，现已经广泛应用于各种可食用块菌的人工栽培研究和生产中。

选择一张洁净的工作台，用 75%的酒精将桌面擦干净后，再将灭菌接种基质倒在桌上或已用 5%的甲酚皂液浸泡 5h 的塑料筐中；选择长势好、根系发达的宿主植株，用剪刀剪去主根，放在已灭菌处理过的容器中备用；选择一只黑色的育苗杯，先在杯中装入占杯体积 1/3 的灭菌土，再将植株放入杯中央，用小勺将配制好的块菌菌剂撒在根上，最后加入灭菌接种基质至距育苗杯边缘 0.5cm 处。

欧洲主要采用子囊孢子接种法，其主要做法是将块菌子实体粉碎过筛后制成孢子悬液，自然干燥后与树皮粉末等混合配成一定浓度的菌剂，然后与消过毒的基质混匀，移栽至幼苗，在苗圃里生长 1~2 年后即可移栽到种植园。种植园通常采用透气性好、质地松软的混合基质，如蛭石和珍珠岩等，pH 值约为 7.9，含有一定的 N、P、Ca 等营养盐元素。

我国学者采用块菌的菌丝体接种法，将块菌菌丝体接种于摇瓶(150r/min)中培养 20d，菌丝体干质量为 50mg/mL 时接种到马尾松、云南松、高山松等幼苗根部。接种前树苗种子用 0.1% HgCl₂ 溶液表面消毒 30s、无菌水清洗 3 次后在沙床上进行催芽，苗高 3~4cm 时进行移植。采用的基质为蛭石−泥炭−河沙(1：1.5：2)，pH 值为 5.2。每天两次淋浇自来水，每两周淋施复合肥(N：P：K=15：5：10)液 1 次。

⑥接种菌根苗的培育 将已接种块菌的植株放置于温度为 10~35℃的洁净大棚中，每隔 2~4d 浇一次自来水，并使育苗基质的湿度保持在 50%~80%，经 6 个月的培育后即长出块菌菌根苗。

⑦菌根化树苗的鉴定 菌根化树苗的质量是非常重要的。Reyna 等(2002)研究认为，有 10%~25%根系形成菌根即为合格的菌根化树苗。意大利菌物学家认为应该达 33%，而且污染程度不能超过 25%。但是目前的取样方法对菌根破坏严重，对菌根化程度的形态学鉴定非常困难甚至无法实现。近几年，开始利用分子生物学技术对可食用块菌和其他隔离种群的精确鉴定。例如，可以利用一种快速的分子标记方法对亚洲黑孢块菌子实体及其菌根化比率进行可靠的检测。但是分子生物学技术鉴定费用高，

因此，在研究中防止接种及种苗培养过程中的污染仍是非常关键的。研究发现，适宜的水分条件有利于宿主根系的发展，并可减少土壤有害微生物，促进块菌菌根的形成。目前，法国已经提出了一套严格控制菌根化树苗质量的操作规程。

（2）块菌种植园的建立与管理

①块菌种植园的建立　自 1970 年以来，法国、意大利、西班牙、新西兰、澳大利亚、新西兰等国先后开展了可食用块菌的商业化人工栽培，并取得了突破性进展，各国均有上百个块菌种植园。其中，法国最早采用半人工模拟栽培技术实现了黑孢块菌的商业化生产。最大的黑孢块菌种植园建立在西班牙，占地面积约 $500hm^2$。20 世纪 80年代以来，在美国建立了近百个黑孢块菌种植园。新西兰 1987 年才首次建立第一个黑孢块菌种植园，但由于生态环境适宜块菌的生长，块菌园的发展较快，而且除了黑孢块菌外，还建立了小型的波奇块菌和勃良第块菌种植园。瑞典也建立了勃良第块菌栽培试验基地。在不产块菌的以色列也建立了黑孢块菌种植园，并于 2000 年开始收获。亚洲的块菌栽培起步较晚，目前为止，栽培成功的仅有台湾块菌。试验研究与生产实践表明，块菌栽培与土壤、气候条件关系密切，块菌种植园非常适于建立在阳光充足温暖的石灰岩地区的地方。

②块菌种植园的管理方法　块菌种植园的管理多种多样，从精细管理到粗放管理，方法很多。精细管理方法与果园管理技术类似，包括土壤耕作、灌溉、除草与树木修剪。精细管理方法费用高，但是块菌产量高。水分对块菌子实体的形成很重要，无灌溉条件下黑孢块菌的平均产量为 $2 \sim 50kg/hm^2$，灌溉条件的平均产量为 $150kg/hm^2$。宿主树整枝成灌木状利于提高块菌的产量。黑孢块菌园中通常会出现典型的火烧状菌落圈，表明块菌菌根发育良好，并很快会形成子实体，这时松土要尽可能浅。

一个块菌种植园在收获 10 年之后，产量仍能够达到 $15 \sim 20kg/hm^2$，那么这个种植园就是成功的。Reyna 等（2002）研究发现，经过多年采收的老块菌园会逐渐失去生产能力，利用子囊孢子在宿主树木根系上接种，使新生根系能继续形成菌根。这种老块菌园恢复技术能有效延长块菌园的收获时间。

（3）块菌种植的意义

①促进林木生长，提高森林的生态效益　块菌必须从树木根系吸收自身生长所需物质，才能形成菌根，并长出子实体，而块菌则通过其菌套（mantle）和数量、长度远远超过根毛的外延菌丝（emanating phyphae），在土壤中形成庞大的菌丝网，扩大了与土壤接触面积——即吸收面，能将更多的水分、磷、促生物质以及抗生物质吸收到菌根中来，供给共生树利用，从而促进树木的生长与增殖，提高树木的抗逆性，减免病害的发生。

块菌的这一有益功能已被我国云南省的块菌合成试验所证实：据调查，利用印度块菌和台湾块菌接种青冈栎，不仅菌根的形成率高达 96.55%，而且一年生菌化苗平均高比对照苗（未接种块菌）分别提高 19.52%（台湾块菌）和 28.33%，同时，使苗木褐斑病 *Phyllosticta* sp. 株感病率降低 80.0% 和 90.9%；叶感病率降低 94.1% 和 99.7%；接块菌植株平均宿存的健康叶比对照分别提高 127.4% 和 151.4%，可见块菌诱发抗病性十分明显。

②块菌经济价值高，开发利用块菌资源是山区农民脱贫致富之路　块菌气味浓香，

味道鲜美，营养丰富，是人们酷爱的美味佳肴，但人们至今还不能在人工条件下栽培它们，市场需求仍主要靠野生资源。近年来，块菌产量锐减，市场供需矛盾日益突出，"物以稀为贵"，块菌的身份也与日俱增，其价格高昂令人咋舌。在法国，从产区农民手中直接购买的鲜品黑孢块菌，每千克价格达 165~600 美元；在伦敦批发市场上每千克鲜品售价为 797.5 美元；而在新西兰的奥克兰，每千克罐装鲜品售价竟高达 1650 美元，相当于人民币 1.32 万元。在意大利人工栽培块菌园，每种植 100 株"块菌树"，即可收获约 200kg 左右鲜品块菌，价格高达 20 万美元。在我国台湾，经 6 年培育的 1 株幼树可产鲜品块菌 1.5kg，产值可达 4 万~6 万新台币。据记载，20~40 年是云南松生长最旺盛的时期，每公顷 3441 株，年平均材积生长量在 8.8~8.9m^3，以 400 元/m^3 计，年产值仅 3560 元/hm^2，6~7 年生"块菌树"，每 100 株产值 1600 万元，需要 4494hm^2 的 20 年生云南松生长 1 年，可见，栽培块菌时间短、收益丰厚，对广大贫困山区的群众而言，采集和销售块菌不仅增加个人收入，为脱贫致富找到一条路子，还为国家增加了税收和争创外汇做了贡献，而对森林毫无损害。

③营造生态公益林的经济补偿问题得到解决　近年来，出产块菌的省份实施"长防林""珠防林""天然林保护"等国家重点工程，并作为禁伐区，这对保护人类生态环境，减少自然灾害等无疑具有重要意义，但这些公益林具有效益外在性和受益对象广泛的特点，造成"少数人负担，全社会受益""林业部门负担，全社会受益"的不合理局面，对于林业投入来说其经济回报却难于得到保证。如果将块菌技术应用于这些造林活动中，实施以菌养林，以林促菌，不仅森林可长得更好，块菌产生的经济效益也可进一步得到发挥，而这种经济效益丝毫无损于森林的生态效益及其自身的发展，也使长期以来未能解决的公益林的补偿问题迎刃而解。

5.3　我国食用菌资源利用现状及展望

5.3.1　发酵技术在食用菌中的利用

5.3.1.1　食品工业上的应用

液体发酵食用菌菌丝体的营养成分，无论是蛋白质、氨基酸，还是维生素的含量，都类似于子实体。目前，食用菌液态发酵正在大量研究开发中，由于用工业化液体发酵来生产食用菌蛋白质，要比饲养家禽或家畜来获取蛋白质的时间短、效率高、成本低。因此，食用菌的深层发酵在食品工业方面将有很大的发展前途，将有望成为 21 世纪人类所需的蛋白质的主要来源之一。

5.3.1.2　生物医药产业上的应用

食用菌在深层培养过程中会产生多糖、生物碱、萜类化合物、甾醇、酶、核酸、维生素、具抗生素功能的多种化合物以及植物激素等多种生理活性物质，这些物质分别具有对心血管、肝脏、神经系统、肾等人体器官和系统的防病治病作用以及抗癌、消炎、抗衰老、抗菌、提高免疫力等功效。目前，许多液体发酵的食用菌菌丝体可用于制药，对于那些在人工栽培条件下不易形成子实体或者其菌丝体与子实体含相类似有效成分的覃菌，可以利用发酵产物代替子实体。现在，我国市场上供应的食用真菌药物，如蜜环片、灵芝菌片、宁心宝胶囊等均已采用液体发酵菌丝体制造。

5.3.1.3　其他行业上应用

液体发酵形成的菌丝体以及含有多种代谢产物的发酵液，是上等的饲料，一般作为蛋白质原料加入到饲料中，具有易吸收、转化效率高、经济效益好等特点，是动物饲料中蛋白质的重要来源。

随着科学技术的发展，尤其是微生物学、覃菌学、发酵工艺学和工程学的相互渗透和交叉，特别是发酵产物分离技术的发展，食用菌液体发酵技术在食品和医药等行业上的应用将更广泛、前景更宽阔。国家对于食用菌及其菌种相关产品和检测建立了一系列标准，有助于向规范性利用食用菌及其菌种相关产品的道路迈进（详见附录5）。食用菌液体培养技术在制备食用菌菌种上的突出优势使其将成为我国食用菌生产工厂化、规模化的必由之路，并将促使我国的食用菌发展得到质的飞跃。

5.3.2　分子生物学在食用菌中的利用

5.3.2.1　在食用菌菌种鉴定和遗传多样性研究方面的应用

食用菌菌种、菌株的质量好坏直接关系到食用菌产业能否良性发展。目前，食用菌行业缺乏统一管理，菌种管理混乱，菌种退化、老化，品源混杂，同种异名，同名异种等问题严重。分子标记技术为这一难题提供了快速、准确的的鉴定手段，可以快速、灵敏、准确地用于食用菌的菌种、菌株的鉴定。现在应用比较多的技术有 RAPD、RFLP、SRAP、ISSR、SCAP 和 rDNA 的 ITS 序列来进行分析。利用分子标记所揭示的多态性，通过各种统计分析方法计算相似系数，进行聚类和排序分析，确立供试菌株的亲缘关系或进行种内遗传多样性研究。

5.3.2.2　在食用菌的分子育种方面的应用

目前，食用菌的育种方法主要有野生驯化、杂交育种、诱变育种、原生质体融合育种和基因工程育种等。野生种驯化是从野生子实体中分离获得菌丝体，经过栽培试验，筛选获得优良菌种。这种育种方法需要分离大量的菌株，从中筛选高产优质的菌种，只能从现有的菌株中筛选，而不能创造出新的种性。

（1）杂交育种

该育种方式是培育菌种的有效手段。诱变育种主要是通过改变核酸分子引起变异，而杂交则是通过两个或几个亲株的染色体片段的交换或重新组合而获得新的性状（图5-41）。进行杂交时，亲代必须有标记。凡同宗接合的食用菌，可用营养缺陷型来标记。营养缺陷型是指在营养特征上表现某种缺陷的变异菌株。它在不含氨基酸、维生素等有机物的基本培养基上不能生长。可以把两个不同品种的营养缺陷型混合接种在基本培养基上，如果它们能生长，即就意味着它们可能进行了杂交。对于异宗接合的食用菌，可以利用菌丝的性别来进行杂交，取来自两种不同品系的单孢子分离物混合接种在一起，经培养后，凡出现双核菌丝的组合，并能正常结实，就证明能杂交。

通过杂交亲代的选择，就能得到融合亲代优点而除去亲代缺点的优良菌种，使生产水平大幅提高(图 5-42)。

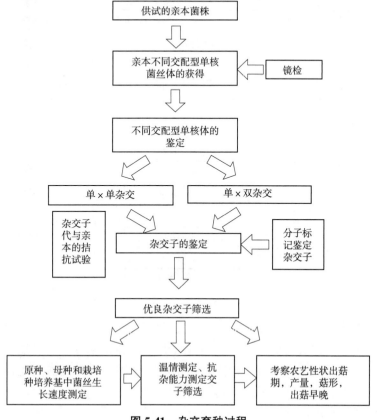

图 5-41 杂交育种过程

(2) 诱变育种

该育种方式是通过物理或化学的手段，促进变异，再从众多的变异个体中筛选出好的品种，这种方法随机性很强，需要大量的筛选才能获得好品种。原生质体融合育种用于远缘杂交，是克服"种间性隔离"的技术。但是由于有丝分裂过程中有些染色体会丢失，融合子不稳定，未得到广泛应用。杂交育种是一种有效的品种改良技术，它可以组合双亲的优良性状、甚至会表现出杂种优势，培育出超越亲本的杂交种。目前来看，对食用菌育种较为有效的理化因子包括^{60}Co、紫外线、离子束、激光、X 射线、超声波、快中子、亚硝酸、亚硝酸胍、氮芥、硫酸二乙酯等。研究人员根据各自的试验条件及不同菌种的特点选择不同的诱变方法，在食用菌新菌种的选育工作中已取得了不少成果。

(3) 分子育种

该育种方式是将现代生物技术手段整合到经典遗传育种方法中，结合表现型和基因型筛选，培育优良新品种。分子育种包括分子标记辅助育种和基因工程育种两个方面。分子标记辅助育种是把分子标记应用于亲本选择、新品种的早期筛选与杂交鉴定，从而缩短育种周期，提高育种效率。基因工程育种是按人们的预想、经过周密的设计，在基因水平上改造食用菌的遗传物质，按人们的意志创造所需新品种。这是意志定向

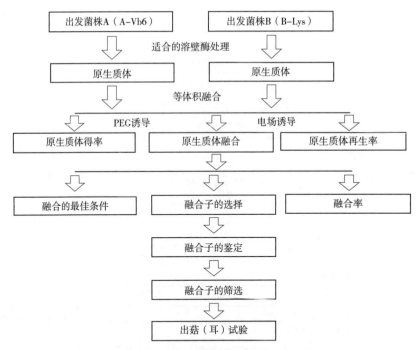

图 5-42　获得具有优良性状菌株的流程

改造食用菌的遗传性状的育种方法，大大提高了育种的目的性、精确性和可操作性。

回顾食用菌育种方法的历史，可发现育种的手段和技术在不断发展和完善。最初人们认为食用菌可以驯化，出现了野生食用菌驯化技术。后来随着对遗传变异现象的认识，出现了诱变育种技术，提高了微生物自发突变率，这就为选育高产、耐高温、多糖含量高的优质食用菌开辟了新的途径。几乎与诱变育种在同一时期，在对微生物有性生殖、转化及转导结合等研究的基础上，出现了杂交育种技术，该技术是在已知的不同性状的亲本间杂交，故比诱变育种的方向性和自觉性要好，这就为食用菌的定向育种提供了保证。20 世纪 60 年代出现了细胞融合技术，随着细胞融合技术在食用菌育种上的应用，使得食用菌育种技术得到空前的进步。20 世纪 70 年代出现的基因工程技术给微生物育种带来了新的革命，它所创造的新物种是自然演化中不可能出现的，作为一种可控的育种手段，必将在食用菌定向育种中发挥重要作用。

思　考　题

1. 简述块菌的种类。
2. 简述蜜环菌的菌种制作方法。
3. 简述我国食用菌资源利用现状。
4. 简述分子育种在食用资源真菌开发利用方面的应用。

第6章
药用资源真菌

　　以真菌作为药材治疗疾病在我国有着悠久的历史。早在 2550 年前，我们的祖先就会用豆腐上生长的霉治疗疮痈。《神农本草经》中记载的药用资源真菌有茯苓、灵芝、冬虫夏草、木耳等。在《本草拾遗》和《本草纲目》中也都有药用资源真菌的记载。真菌用作现代药物始于 20 世纪 40 年代，1940 年首次将提纯后的青霉素作为抗生素用于临床试验，从而开创了用抗生素治疗传染病的先河。1956 年第二种真菌抗生素——头孢霉素试制成功。这种抗生素不仅具有青霉素的优点，而且不易引起人体的过敏反应。甾族化合物的转化是真菌为医药界提供的又一类珍贵药物来源。近来发现平菇、草菇、金针菇、蘑菇等真菌均含有抗癌成分，对肿瘤的发生具有防治作用；猴头菇具有抗癌、治疗胃和十二指肠溃疡的作用，用猴头菌制成的猴菇菌片可用来治疗消化道肿瘤；猪苓用于治疗肺癌，可以缓解症状；银耳多糖、灵芝多糖等均为药用真菌制成的新药。在药用资源真菌中，以茯苓的应用最广，其在治疗各种癌症的秘方中最为常见。

　　早在 2500 年前，我国就已有采用酒曲治疗肠胃病的先例。赤芝、紫芝、茯苓、猪苓、雷丸、大秃马勃、紫色秃马勃、冬虫夏草、僵蚕、香菇、木耳以及蝉花等药用真菌在长期的医疗实践中疗效得到了充分的验证，至今仍被广泛地应用。临床上常用的药用资源真菌还有银耳、麦角、落叶松蕈、空柄假牛肝菌、大红菇、白乳菇、竹黄和糖谷老（禾生指梗霉）等百余种（详见附录 7）。

　　我国药用资源真菌种类众多，已查明的就有 200 多种，我国对药用资源真菌的系统研究是从 20 世纪 60 年代开始的。早期的研究工作着重于药用资源真菌的人工栽培（如茯苓、猴头、灵芝等人工栽培研究），自 70 年代以来，对药用真菌的开发利用已从早期的使用子实体配伍入药发展到工业深层发酵，物理、化学方法提取有效成分、改造结构成分的阶段，给药途径方面除了口服方式外，还发展了针剂等多种途径方式。同时，我国在药理、药化、临床实验、制药工艺等方面也开展了大量的工作。

　　广义的药用资源真菌是指一切可以用于制药的菌物，狭义指用于医药的大型真菌（蕈菌）。野生真菌主要包括冬虫夏草、蝉花、雷丸、安络小皮伞等。目前，已经实现人工栽培的药用资源真菌主要包括灵芝、茯苓、猪苓、桑黄、木耳、云芝等，这些药用真菌在我国都有上千年的应用历史，它们虽功效不同，但它们最大的优点，也是共同点就是无毒副作用。近代医学研究表明，药用资源真菌不仅具用传统的益气、强身、祛病、通经、益寿等功能，还具增强人体免疫力，抗肿瘤、抗癌的功效。许多药用菌兼具有食用价值。

　　1930 年德国首次报道了用蘑菇属、皱孔菌属和鬼笔菌属中某些种的发酵产物，经处理后用于治疗癌症；1950 年发现美味牛肝菌的水提取物对小白兔肉瘤 180 具有抑制作用；Lucus 等（1959）发现从大秃马勃中分离出的马勃素对小白兔肉瘤也有抑制作用。此后，日本从近百种蘑菇类和多孔菌类中提取了多糖等有效物，并以此类物质做了肉瘤 S-180 和艾氏癌的抑制试验，证明绝大多数的种类含有的真菌多糖对试验动物有效，表明菇类及多孔菌类真菌具有提高肌体免疫力的作用（表 6-1）。

表 6-1　部分真菌有效抗癌成分及其抗癌机理

类　别	真菌有效抗癌成分	抗癌机理
多糖	云芝多糖、灵芝多糖、猪苓多糖、银耳多糖、茯苓多糖、香菇多糖、裂褶菌多糖	机体免疫调节及抗癌作用
糖肽	云芝糖肽、香菇糖肽、平菇糖肽、蜜环菌糖肽	机体免疫调节及抗癌作用
蛋白质或肽类	菌素酸性蛋白、木贼镰孢菌丝环己缩肽、香菇聚辅苷酶	对机体的营养作用及对瘤细胞的抑制作用
核酸及类似物	双孢菇双链核糖核核酸、冬虫夏草素、草菇嘌呤浸出素、水粉罩素、烟云杯伞云罂陡头素	诱导活性因子，阻止瘤细胞增殖、分裂
抗生素	牛舌菌抗生素、田头菇素、小皮伞菌素、黏液系菌素、月光霉素、穆陡头素	可能作用于肿瘤细胞膜，使其内容物渗漏

食用菌有效物的提取和肿瘤抑制试验引起了食、药用菌科技工作者的重视。日本首次将提取的香菇、金针菇、豹皮菇、长根奥德菇、灵芝、云芝、灰树花和针层孔菌、裂蹄针层孔菌、稀针孔菌等多种真菌多糖制作成产品并投放市场，多数真菌多糖对肉瘤 S-180 和艾氏癌的抑制率达 60% 以上，最高可达 100%。

我国科技工作者对冬虫夏草、蜜环菌、灵芝等多种食、药用菌也开展了有效物质的提取和研究工作。目前，我国有 263 种菌提取物被报道可用于抗癌（表 6-2），其中，食用菌 165 种，占 63%，此外还有大量的野生菌类有待研究试验。目前市场上已定型生产的真菌药物有天麻蜜环菌片、银蜜片、冠脉乐、猴菇菌片、香菇多糖、灵芝多糖、灵芝饮片、灵芝孢子粉胶囊、木耳脑脉康等，另外还开发了金菇露、银耳益智精等一批真菌保健食品和饮料。尽管大多数食用菌均具有较好的药用效果，值得关注的是，本教材中所指的"药用资源真菌"是《中国药典》已承认的、具有明确药用效果的资源真菌（不一定能直接食用）。

表 6-2　真菌中已报道的抗癌物质

药用菌名称	抗癌肿瘤物质	成分类别
Aspergillus fumigatus	Fumagillin（$C_{26}H_{34}O_7$）	倍半萜类
Nidula candia	Nidual（$C_{15}H_{16}O_5$）	倍半萜类
Taxomyces anddreariae	Taxol（$C_{47}H_{51}NO_{14}$）	二萜类
Pestalotiopsis mecrospora	Taxol（$C_{47}H_{51}NO_{14}$）	二萜类

（续）

药用菌名称	抗癌肿瘤物质	成分类别
T. andrcanac	Taxol（$C_{47}H_{51}NO_{14}$）	二萜类
A. spergillus sp.	NF00659 A1（$C_{35}H_{52}O_6$），A2（$C_{37}H_{54}O_6$），A3（$C_{28}H_{42}O_6$），B1（$C_{35}H_{52}O_5$），B2（$C_{37}H_{54}O_5$）	三环二萜 α-吡喃酮类
Myrotheciun verrucaria	Myrocin C（$C_{20}H_{24}O_5$）	海松烷型五环二萜
Microsphaeropsis sp.	TAN1496A（$C_{22}H_{28}N_2O_9S_2$），TAN1496C（$C_{22}H_{28}N_2O_9S_3$），TAN1496E（$C_{22}H_{28}N_2O_9S_4$）	哌啶生物碱
Leptosd phaeria var. *brasiliensis*	Leptosins A，B，C，D，E，F，G，H，I，J	双哌啶生物碱
	5-N-acety-lardeemin（2，$C_{28}H_{28}N_4O_3$）	吲哚生物碱
A. fumigatus	fuminquinazolines A，B，C，D，E，F，G	生物碱
Pennicillium sp.	Communesins A，B	生物碱
Claviceps purpurea	Ergocrytine，Ergocornine	生物碱
M. sp. JY16	Cororubicin（$C_{48}H_6N_2O_{21}$）	蒽醌类
Paeecilomyces sp.	Saintopin（$C_{18}H_{10}O_7$）	蒽醌类
Chryssosporium verrucosum	CB（C3368-B $C_{16}H_{12}O_5$）	蒽醌类
Hypocrella bambusae	Hypotclli A	花醌类化合物
Cladosporium cladosporoides	Calphostins（UCN-1028）A（$C_{44}H_{38}O_{12}$），B（$C_{37}H_{34}O_{11}$），C（$C_{44}H_{38}O_{14}$），D（$C_{30}H_{30}O_{100}$），I（$C_{44}H_{38}O_{15}$）	Peryenequinone 类
Shiraia bambusicola	Shiraiachrome A，B	Peryenequinone 类
Neocosmospora tenuicristata	Radicicol（$C_{18}H_{17}O_6Cl$）	有机羧酸类
M. chalcea	MacquarimicinB（$C_{22}H_{28}O_6$），C（$C_{22}H_{26}O_5$）	内酯类
Talaromyces trachysperms	Trachypic acid（$C_{20}H_{28}O_9$）	三羧酸类
Alternaria braassiciccola	Depudecin（$C_{11}H_{16}O_4$）	二烯化合物
Trichoderma harzianum OUP-N115	Trichodenones A（$C_7H_8O_2$），B（$C_7H_9O_3Cl$），C（$C_7H_9O_2Cl$）	环戊烯酮化合物
Cantharellus cinnabarinus	Canthaxanthin V	类胡萝卜素
Dacrymyces stillalus	Canthaxanthin V	类胡萝卜素
Helicoma ambiens RE-1023	Trapoxin（$C_{34}H_{42}N_4O_6$）	环四肽
A. fumigatus F93	GER1-SP002-A（$C_{23}H_{32}O_2$）	二苯基甲烷化合物

6.1 药用真菌的主要类群及来源

6.1.1 主要类群

药用真菌种类多样，通常所说的药用真菌多指在生长发育的一定阶段能够形成个体较大的子实体或菌核结构的高等真菌, 其中大部分属于担子菌门, 少数属于子囊菌门, 在酵母等其他真菌中也有少数种具有药用价值。

我国药用资源真菌种类丰富, 已报道的约 981 种, 分别归属于 48 个科, 144 个属, 约 5% 的真菌属于子囊菌亚门, 约 95% 的真菌属于担子菌亚门。就子囊菌门的药用真菌而言, 其特点在于种类少, 经济价值高, 多为野生菌 (图 6-1); 就担子菌门的药用真菌而言, 全世界约有 250 种, 我国约有 90 种 (图 6-2), 其中 30 种为剧毒型真菌, 主要归属于伞菌目、鹅膏科、鹅膏属, 主要中毒类型是胃肠型、致幻型、肝损型、溶血型四种。

图 6-1 子囊菌中的药用真菌种类   图 6-2 担子菌中的药用真菌种类

药用真菌按其功效可分成以下几类。

①滋补强壮类 如冬虫夏草、银耳、灵芝等;

②利尿渗湿类 如猪苓、粟白发等;

③止血活血消炎祛痛类 如麦角、肉球菌、木耳、安络小皮伞、马勃、朱红栓菌;

④止咳化痰类 如金耳、竹黄;

⑤安神类 如茯苓;

⑥驱虫类 如雷丸;

⑦祛风湿类 如空柄假牛肝菌、大红菇;

⑧平肝息风类 如蝉花、变绿红菇;

⑨降血压类 如草菇;

⑩调节机体代谢类 如蜜环菌、香菇、鸡油菌等。

6.1.2 主要来源

药用真菌的来源有野外采集、人工栽培和发酵培养 3 种途径。野生药用真菌资源不仅稀少, 而且不易采集, 其获取还受到生态环境、季节等自然条件的限制, 有些野生种类的产量 (如冬虫夏草、麦角等) 已满足不了临床的需求。人工栽培的蕈菇类多采用段木栽培或锯木屑瓶栽, 灵芝的段木栽培也获得了成功, 当前以茯苓、银耳及黑木耳的栽培产量较大。锯木屑瓶栽的主要原料为锯木屑、麦麸或糠皮, 也可加入少量糖类、石膏或硫酸铵等。灵芝、银耳、茯苓和猴头等都可采用木屑瓶栽。人工栽培能批量生产, 较野外采集具有显著的优越性。

为进一步扩大药物的来源, 改进真菌类药物的生产方法, 1957 年以来, 中国医学科学院药物研究所等单位在麦角栽培培养的基础上先后研究成功了麦角菌的固体培养及深层发酵培养技术以及提制麦角新碱的生产工艺。1970 年，我国各药用真菌研究和生产单位分别对灵芝、蜜环菌、亮菌、安络小皮伞、银耳、猴头、猪苓、茯苓和云芝等进行了发酵、药物化学、药理及临床等方面的综合研究，并制定了新的生产工艺应用于生产。麦角新碱、蜜环菌片及亮菌片已被列为国家的科学研究成果。

此外，从银耳、茯苓、猪苓、云芝和香菇等担子菌中提制的真菌多糖，也引起国内外的重视，日本和美国都进行过大量的工作。经化学分析证明这些多糖虽结构各异，但都具有 β-1,3 键连接主链和 β-1,6 键连接支链构成的葡聚糖基本结构。多糖化合物毒性很小，对肉瘤 S-180 有较强的抑制作用；它们抗肿瘤的作用机制与毒性类药物直接杀伤细胞作用不同，而是通过提高机体免疫功能间接抑制肿瘤的生长，从而为抗癌药物的研究与应用开辟了新途径。

为了满足临床和生产的需求，在药用真菌的研究工作中，需不断选育优良菌种，改进栽培技术措施或发酵生产工艺，对有效成分还不清楚的一些药用真菌(如台菇及糠谷老等)，应加强对其化学成分的分离提取及药效评价等研究工作。

6.2　药用真菌的栽培生产

我国已知的数百种药用与食药兼用真菌中，目前可进行大规模人工栽培生产的种类还不多，其中多数为木腐生型。属粪土、粪草腐生型的种类，由于驯化困难，只有蘑菇、草菇及花脸蘑菇等少数种类能进行人工栽培；共生营养的菌根真菌有些只能进行半人工栽培。

6.2.1　灵芝的栽培

灵芝 *Ganoderma lucidum* 属担子菌门、层菌纲、非褶菌目、灵芝菌科、灵芝属，别名红芝、灵芝草、丹芝、木灵芝、瑞草、万年蕈等，是我国的传统中药。传统意义上的灵芝实际上包括了灵芝和薄盖灵芝两个种。灵芝尽管品种繁多，但是药用价值和功效基本相同。灵芝的药用起源于我国，灵芝是我国中药医宝库中的一朵奇葩。我国古代将灵芝视作可起死回生的仙草，并有不少神奇的传说。现代医学研究的成果揭开了灵芝神秘的面纱，其对人体有益的成分有数千种，归纳起来主要是氨基酸、有机酸、生物碱类、香豆素类、有机锗、多肽、灵芝多糖等，这些物质具有提高机体免疫力的功能，临床上用作抗肿瘤和抗辐射等，其中有机锗具有很好的抗衰老作用。灵芝多糖在辅助肿瘤的化学治疗或放射治疗时，对胃癌、肺癌、肝癌、结肠癌、膀胱癌、肾癌、前列腺癌、卵巢癌、子宫癌等疗效显著。

灵芝虽已广泛应用于临床，但仍未成为严格意义上的西药，而多以中药复方应用，以其子实体水煮浸提浓缩成灵芝精粉、孢子粉，而后去杂干燥消毒制成灵芝孢子粉。单独服用或与虫草粉、人参、枸杞等中药混合服用均能收到很好的疗效。将子实体切片或粉碎作茶饮或浸于白酒、黄酒后内服，也有很好的健身效果。近年来，在临床实践中，已经试制成功了灵芝糖浆、针剂、片剂、蜜丸、水剂、灵芝合剂等，用于治疗神经衰弱、头昏失眠、慢性肝炎、肾炎、血清胆固醇高、高血压、冠心病、白细胞减少、鼻炎、慢性气管炎、支气管哮喘、胃病、十二指肠溃疡等疾病。

野生灵芝主要分布于我国黑龙江、河北、河南、山西、山东、江苏、浙江、安徽、江西、福建、广东、广西、海南、贵州、四川、云南等地以及日本、欧洲、北美洲等国家和地区。

6.2.1.1 灵芝的生物学特性

(1) 形态特征

灵芝菌丝呈白色、纤细、具有分隔，有锁状联合，菌丝分泌白色草酸钙结晶；子实体 1 年生，有柄，木栓质；菌盖肾形、半圆形、罕近圆形，直径 12~20cm，厚达 2cm，表面褐黄色或红褐色，向边缘渐变色，有同心环沟和环带且有皱，有漆样光泽，边缘锐或钝，往往向内卷；菌柄圆柱形，侧生，罕偏生，长 3~19cm，粗 0.5~4cm，紫褐色，其皮壳的光泽比菌盖显著；菌肉近白色至淡褐色，厚 0.2~1cm；菌管长 0.2~1cm，近白色，后变为浅褐色，管口初期白色，后期呈褐色，平均 4~5 个/mm；孢子褐色，卵形，一端平截，(8.5~11.5)μm×(5~7)μm，外孢壁光滑，内孢壁粗糙，中央含有一个大油滴。

(2) 生长发育所需要的环境条件

①营养条件　灵芝是分解木质纤维素能力极强的木腐型真菌，生于阔叶林内伐桩上，有时生于针叶树干基部，能引起立木腐朽。其生长发育所需主要营养为碳素、氮素和无机盐，在含有纤维素、半纤维素和木质素的基质上灵芝菌丝均可良好生长。代料栽培中，树木的木屑和农作物的秸秆、皮壳(棉籽壳、甘蔗渣、玉米芯等)都是栽培灵芝的主要碳素来源。氮素主要来自于麸皮、米糠以及无机氮肥。栽培料中适量添加石膏、过磷酸钙、磷酸二氢钾、磷酸氢二钾、硫酸镁等可满足灵芝生长对矿物质(如钙、磷、镁、钾等)的需求。

②温度条件　灵芝是高温菌类，适宜菌丝生长的温度为 25~30℃，以 26~28℃ 为最适，子实体生长的适温为 24~28℃。环境温度低于 20℃子实体就发黄、僵化，高于 35℃子实体易死亡。灵芝在生长发育期间不需要温差刺激，温差过大易造成畸形。

③湿度条件　灵芝生长和发育需要充足的水分和较高的空气相对湿度。灵芝固体培养料的适宜含水量一般在 65%左右，但培养料非常疏松，料中的空隙率较大时(如以甘蔗渣为原料)，其含水量可增加至 70%左右。在菌丝生长期间培养室内空气相对湿度以 60%为宜；在子实体发育期间，空气相对湿度应较高，以 80%~95%为宜，若连续 1~2d 低于 60%，则子实体具分生能力的顶端由白色变为灰色，以后很难再恢复生长。

④空气条件　灵芝是好气性真菌。在菌丝生长阶段，培养料孔隙中含有一定量的二氧化碳可以降低菌丝的纤维化程度和菌丝的呼吸强度，减少营养物质的损耗，有利于菌丝保持幼嫩的营养体状态；若二氧化碳浓度过高，菌丝的呼吸会受到抑制，也就不能很好地生长。只有当空气中存在较多氧气时，才有利于形成子实体。在子实体形成阶段二氧化碳的体积分数应小于 0.1%，当二氧化碳的体积分数高于 0.3%时菌蕾无法形成。在子实体发育阶段，二氧化碳体积分数以 0.03%~0.1%为宜，当其体积分数超过 0.1%时，子实体不能很好地开片且长柄；当体积分数高于 0.3%时，子实体呈鹿

角状，孢子不能形成。因此，室内应加强通风换气，使二氧化碳体积分数低于0.1%，才能形成菌盖较大、较厚、圆整而菌柄短的优质子实体。

⑤光照条件　灵芝子实体的生长和发育对光照极为敏感，菌丝体生长阶段不需要光线，但光是灵芝子实体正常色泽形成所必不可少的环境因素，子实体生长阶段需要适量的散射光，黑暗或阳光直射条件下均不能形成子实体，光照不足会导致子实体畸形。原基的形成需要弱光条件即可，但其分化和发育则需较强的光照条件，形成形态正常、健壮的子实体需要光强3000lx以上，以3000~10000lx为宜。适量的散射光是子实体色泽鲜艳的必要保证。此外，子实体生长有很强的向光性，盆景栽培时可以利用这一特点进行造型。

⑥酸碱度条件　灵芝喜欢在偏酸的培养料中生长。灵芝菌丝能在pH值为3.0~7.5的环境中生长，但以pH值5.0~6.0为最适宜。

6.2.1.2　灵芝栽培技术方法

灵芝的早期人工栽培主要采用段木栽培、代料栽培以及菌丝深层培养方式。

(1)段木栽培

①准备段木　栽培灵芝的段木原料以木质较坚硬的桦树、栎树等阔叶树种为宜，直径以8~18cm为好，每段长约1m，含水量40%左右。在熟化消毒的当天或是前一天进行切段，长度一般为30cm，切面及周围棱角要削平，以免刺破塑料袋。塑料袋一般选择口径规格为15.20cm、26cm或32cm的聚乙烯筒料，每袋装一段，根据段木粗细选择大小适当的袋子，两头缚紧。若段木过干，可放在水中浸泡过夜再装袋。

②灭菌接种　装好的段木袋在100℃条件下常压灭菌10h。加热时要避免添加冷水以致降温，影响灭菌效果，同时还应注意加热灶的实际温度，防止死角和断水。

接种时按1m³段木用50kg的菌种量，同时进行二次空间灭菌。所接菌种要紧贴段木切面。

③菌袋培养　菌袋培养时应将菌袋放在干燥通风的室内较暗处，放室外要采取必要的遮雨、保湿和遮阳措施。菌袋立体墙式排列，两菌墙之间留通道，以便检查。接种后7d内要加温到22~25℃，以利于菌丝恢复生长。菌丝生长的中后期若发现袋内产生大量水珠，要加强室内的通风和降温，每天午后开门窗通风换气1~2h。一般培养20d左右菌丝便可以长满整个段木表面，这时可采用刺孔放气的方法减少袋内积水；通过开窗换气增加袋内氧气，促进菌丝体向木质部深层生长。室内培养期约2个月。

④排场埋土　发菌结束后，去除菌袋，将段木的断面一端朝下排放在畦床内。排场埋土最好选择在4~5月间天气晴好时进行。埋土时应选择背风向阳、空气新鲜、环境清洁的后酸性土壤地块，挖一道宽1.5m、深13~17cm的畦地，刨除土表层6~10cm的泥土，在畦底撒铺一层薄细土，再在细土上横排一层发好菌的段木，段木之间的距离约1.5~2cm，中间用细土填实不留空隙，然后在段木上填铺一层3cm厚的新土，新土层上缘保持与地面齐平或略高一点，四周开设排水沟，防止雨水进入畦内。畦上还需搭建高度33cm左右的矮荫棚，荫棚上先盖塑料薄膜，薄膜上再覆盖草帘或树枝叶，以防阳光直射和雨水冲刷。段木埋好后，每天用喷雾器喷水1~2次，保持土表湿润而不粘手，以后便可长出灵芝。在越冬时，畦面不喷水，可采用柴草覆盖进行保温、保

湿处理。

⑤后期管理　培养后期温度应保持在 25~28℃，空气相对湿度 90% 左右，透散射光，保持培养环境良好的通风条件和较小的温差变化。在子实体有大量褐色孢子弹落、菌盖表面色泽一致、不再增大而转为增厚时进行采收。

在适宜环境条件下，排场覆土后 20~30d 便可有子实体形成，子实体从原基出现到采收历时 3~4 周，若以采收孢子粉为目的，则时间还要更长。套袋采粉要在子实体充分成熟时进行，采收孢子粉的时间一般为 1 个月左右。

(2) 代料栽培

灵芝代料栽培常采用瓶栽法和袋栽法。其中袋栽法可采取墙式出芝方法，这种栽培方法可充分利用空间，易于创造适于灵芝子实体生长发育的环境条件。代料的常用配方有：

配方一：阔叶树木屑 79%、麸皮或米糠 20%、石膏粉 1%。

配方二：棉子壳 89%、麸皮或米糠 10%、石膏粉 1%。

配方三：玉米芯 84%、麸皮或米糠 15%、石膏粉 1%。

配方四：阔叶树木屑 40%、玉米芯 40%、麸皮或米糠 14%、石膏粉 1%。

配方五：玉米芯 50%、豆秸 35%、麸皮或米糠 14%、石膏粉 1%。

配方六：棉子壳 50%、阔叶树木屑 35%、麸皮或米糠 14%、石膏粉 1%。

配制代料时，将新鲜无霉变的各种原料按比例称取，先把主辅料掺合在一起干拌至均匀，再加水湿拌并使料内水分均匀一致，含水量达 62%~65%，堆焖 10h，使各原料充分吸水后再次搅拌并及时装袋。料水比为 1∶(1.8~2.0)，拌料时要使培养料充分吸水，以满足灵芝子实体生长对水分的需要。

装袋时，先将料袋一头用撕裂绳扎紧，然后再装入拌好的培养料。装袋要求培养料上下松紧要一致，随装随压实，装至离袋口 8cm 左右时，将袋口扎紧。装好的料袋要及时灭菌，可采用高压蒸汽灭菌或常压蒸汽灭菌。低压聚乙烯料袋只适合采用常压蒸汽灭菌，聚丙烯料袋采用高压蒸汽灭菌或常压蒸汽灭菌均可。采用高压蒸汽灭菌时，应在 147kPa 压力下保持 1.5~2h。大规模生产一般采用常压蒸汽灭菌，当灭菌锅内温度升至 100℃ 时，保持 8~10h。停火后当料袋温度降至 50~60℃ 时即可出锅，待冷却至 30℃ 以下时，可在料袋两端进行接种。菌种要与培养料紧密接触，并及时将袋口扎紧。为了防止杂菌污染，整个接种过程应在无菌条件下进行，接种场所和所有接种用具都必须按要求严格进行灭菌。

发菌期保持培养场所温度应控制在 27℃ 左右，空气相对湿度 <70%，一般 40~50d 发菌完成。在发菌阶段，约每隔 10d 翻堆一次，上下、内外调换菌袋位置，以保持菌袋温度和所受的压力一致性，有利于菌丝均匀生长。翻堆时要检查菌袋是否产生杂菌，如果菌袋内有少量杂菌产生，拣出经除治后另室培养；如果菌袋内大面积污染杂菌，应及时淘汰，不可乱扔乱放，以免污染环境。

接种后的菌袋经过 10~15d 的培养，菌丝从菌袋两端向内吃料 4~5cm 时，可解去袋口捆绳，但不要拉动塑料袋口，可使少量空气进入菌袋。当菌袋两端菌丝继续向内生长，相距 6~8cm 就要长满菌袋时，要适当拉动袋口，增加通气量。

袋栽多在塑料大棚或温室出芝，子实体生长阶段培养场所温度应控制在26~28℃，在此温度下，子实体生长正常。灵芝是恒温结实性菇类，出芝场所应尽量保持恒温条件，避免出现较大的温差变化。出芝期间保持出芝场所较高的相对湿度非常重要，子实体发生和生长适宜的空气相对湿度约为90%。如果空气干燥，原基易枯死，菌盖生长不正常；湿度超过95%易造成杂菌污染。保持湿度的办法是每天向出芝场所喷雾状水2~3次，保持地面潮湿。袋口处不能有积水，不宜向原基上喷水，当菌盖表面产生孢子粉时也不宜向菌盖上喷水。子实体生长阶段必须有充足的光线，良好的光照条件可使菌盖分化快、菌柄短、菌盖大、颜色深而且有光泽。出芝场所应根据子实体生长情况，每天进行通风换气，通风次数和时间应灵活掌握，一般每天通风2~3次，每次约30min，通风时要避免干风直吹子实体。经过正常管理，子实体逐渐长大，待完全成熟后即可采收，袋栽灵芝一般可采收两潮芝。

6.2.2 冬虫夏草的栽培

冬虫夏草菌 *Cordyceps sinensis*，别名虫草、冬虫草、夏草冬虫，是一种属于囊菌纲、肉座菌目、麦角菌科、虫草属的真菌寄生于鳞翅目蝙蝠蛾幼虫的虫菌结合体(图6-3)。冬虫夏草性甘、温，滋肺补肾，主治肺结核、咯血、虚喘、盗汗，盗精、阳痿、腰膝酸痛。多生于高寒的山区、草原、河谷和草丛中，分布于甘肃、青海、四川、云南、西藏等地。

6.2.2.1 生物学特性

(1)形态特征

冬虫夏草由虫体和子实体连接而成，外表黄棕色或黄褐色。虫体极似家蚕，细长圆柱形，长约3~5cm，粗约0.3~1cm，有20~30个明显环节，腹部有足8对，尤以中部4对较为明显。子实体是指延伸于寄主昆虫体外的、由菌丝反复纽结和分化后形成的肉眼可以识别的繁殖器官。冬虫夏草质地较脆，头部红棕色，长有子座，子座多单生，细长如棍棒，长约4~10cm，顶

图6-3 冬虫夏草

部膨大，表面棕褐色，质地略韧，断面黄白色且呈纤维状，子座的头部散生或密生着子囊壳，子囊壳中形成无数的子囊，子囊内含能进行有性繁殖的子囊孢子。

(2)生长环境条件

冬虫夏草的分布与地形、地貌、海拔都有密切的关系。其寄主蝙蝠蛾喜生长在潮湿、低温、阳光充足、排水良好的环境中。冬虫夏草菌的分离培养必须掌握温度、酸碱度和光照条件，碳、氮源及无机盐的利用状况。

①营养条件　冬虫夏草菌是一种先寄生活体寄主，再由腐生阶段发育成熟的真菌，其对氮源中的多种有机氮均能较好地利用，而对无机氮如硫酸铵、硝酸钾等利用较差。培养该菌以活虫体最佳，蛋白胨与酵母膏合用生长也十分理想，二者单独使用也可，牛肉膏等也可为该菌的培养提供氮源。冬虫夏草菌可利用多种碳源，以葡萄糖和麦芽糖合用时生长最快，单用葡萄糖时也能良好地生长，次之是淀粉，再次之是蔗糖。

冬虫夏草菌的培养对灰分养料有一定的需求，在有微量的硫酸镁、磷酸氢二钾的培养基中该菌生长旺盛，次之是磷酸二氢钾，其他钠、钙、铁、铜等无机盐也可被该菌利用。

②温度条件　冬虫夏草的人工栽培不受海拔限制，关键决定于温度。冬虫夏草是一种中、低温型菌类，菌丝生长繁殖适宜温度为 5～32℃，最适温度为 12～18℃，菌核和子座形成阶段以 10～25℃为宜。

③光线条件　冬虫夏草菌在子囊孢子萌发和菌丝生长初期，适应于弱光和短光照条件，后期则适应于较强光照条件。在人工培养过程中，菌丝、分生孢子和子座等具有明显的趋光性，向阳面生长多而密，背光面生长稀疏，全黑环境下培养的各种菌态纤弱、细长、稀疏。

④酸碱度条件　冬虫夏草菌是一种偏酸性真菌，最适 pH 值为 5.0～6.0，当 pH 值处于 4.5 以下和 6.0 以上时，随着 pH 值的增高或降低，生长变得缓慢至不生长。

⑤寄主条件　冬虫夏草的人工栽培要求寄主——蝙蝠蛾幼虫必须是活的，以个体大、肥胖的较好，寄主数量多少由栽培量决定，一般需幼虫 $1kg/m^2$。母菌种 1 支，细砂土 50kg，可栽出鲜冬虫夏草 0.5 千克，晒干品 0.05kg，价值 100 元。

6.2.2.2　冬虫夏草栽培技术方法

(1) 栽培条件

冬虫夏草的人工栽培主要包括菌种和昆虫两个栽培准备条件。

①材料要求　冬虫夏草的人工栽培对菌种的纯度要求比较严格。菌种的分离通常采用冬虫夏草的组织块分离法。分离材料最好是每年的 10 月底至 11 月，在青藏高原高寒草甸土壤刚开始冻结时采集的材料，这个时期刚感染冬虫夏草菌的蝙蝠蛾幼虫进入僵虫期时间不长，冬虫夏草菌嫩小的子座芽刚长出虫头部 0.2～0.5cm，虫体内其他杂菌较少，最易进行分离。如果材料是次年 5～6 月份采集的，在僵虫体和子座上会有许多种杂菌，难以分离获得纯菌种。若用子囊孢子进行分离培养，最好在每年的 7 月中、下旬子囊孢子部分成熟时采集分离培养。

②菌种分离的操作方法　菌种的分离主要有以下 3 步：

第 1 步，僵虫体(即菌核)的分离：分离前，先用水刷洗净虫体表面，再用无菌水清洗 2～3 次；然后用 0.1%～0.2%的氧化汞溶液对分离材料进行约 3～5min 的表面消毒；后用无菌水清洗。选取与胸足为界的前段部分，用解剖刀切去表皮，避开消化道，将从血腔内取出的菌丝切成芝麻粒大小，压入平板培养基中，每皿 1～2 粒。置于 15～19℃环境中培养，待菌落长至 0.2～0.5cm 时，挑选少量菌丝在平板培养基上分纯 2～4 次，确定无其他杂菌后，移入试管保存和培养。

第 2 步，子座芽的分离：从僵虫头顶切下洗净的子座芽，置入 0.1%氧化汞液中消毒 2～3min，用无菌水洗净，切取中间部位组织块压入培养基中，培养条件同僵虫体分离。

第 3 步，子囊孢子分离：用透明纸袋套住子囊孢子成熟的子座，使掉落的子囊孢子粘贴在纸袋上，然后，把有子囊孢子的纸袋浸入 25%的葡萄糖溶液中，然后将含有孢子的葡萄糖溶液放入 15～19℃条件下培养。每天镜检，当孢子萌发时，用微吸管吸取单个孢子滴于平板培养基中培养，培养条件同上。也可把整个成熟的冬虫夏草带回室内，用棉纸把僵虫和连虫体的子座包住，仅留出有孕部分，在无菌室中，下置横放一载玻片，始终保持虫体湿度，每天镜检，当看到子囊孢子弹到玻片时，用微吸管吸到平板培养基中培养，培养条件同上。

③菌种纯化培养基的选用

马铃薯葡萄糖琼脂培养基（PDA）：该培养基为虫草菌属真菌的通用培养基，在分离培养初期可用该配方，不过菌种生长不十分旺盛，而且易老化、退化。

加富培养基（Ⅰ）：多性蛋白胨10g，葡萄糖50g，磷酸氢二钾1g，硫酸镁0.5g，活蚕蛹30g，生长素0.5μg，琼脂20g，加水1000mL，pH值5.0。

加富培养基（Ⅱ）：蛋白胨40g，葡萄糖40g，去皮鲜马铃薯100g，磷酸氢二钾1g，硫酸镁0.5g，牛肉膏10g，生长素0.5μg，蝙蝠蛾活幼虫（磨碎）30g，琼脂20g，高寒草甸土浸出液1000mL，pH值5.0。

在加富培养基上，菌落比在PDA培养基上生长旺盛和迅速；加富Ⅱ号又优于Ⅰ号。

④菌种生产培养方法　冬虫夏草菌分离纯化后，即可用于各种实验和扩大生产。其扩大生产的常用方法有3种：固体静置培养法、振荡培养法和大罐通气发酵培养法。

静置培养：主要用在固体培养，如试管斜面、三角瓶培养、米饭培养等。在静置培养中只要控制好温度和光照条件便可使菌正常生长。当斜面上的分生孢子成熟后，即可放入1~2℃的冰箱中保存8~14个月，也可作为菌种直接用于生产。

振荡培养：采用液体培养基培养菌种或小规模繁殖培养，都可用振荡培养。把固体培养基配方除去琼脂后可作为液体培养基的配方。振荡设备最好选用恒温振荡培养机，用三角瓶置液体培养基，把试管固体菌种接入即可培养。经不断振荡使液体培养基中各种成分混合均匀而不致沉淀，同时促进气体与液体接触和交换，使氧气进入液体培养基中，有利于菌丝的生长和分生孢子的形成。

大罐通气发酵培养：在大规模生产菌丝和分生孢子等菌粉时，必须用大罐通气发酵培养法。该方法的通气方式是采用吸气或真空泵减压等方法，经过滤器去除杂菌后送入罐内液体培养基中供冬虫夏草菌的生长发育。

（2）栽培方法

由于有性型冬虫夏草的人工培育难度较大，近10多年来，大部分开展冬虫夏草人工培育研究的单位和人员都纷纷转向对无性型的研究与应用。由于冬虫夏草菌无性型培养技术容易掌握，而且从自然界采集冬虫夏草分离出来的真菌，绝大部分理化性质和药理功能与冬虫夏草的有性型相似，所以各地都将分离出的真菌确定为冬虫夏草菌的无性阶段，并纷纷建厂生产菌粉。目前已从自然界的冬虫夏草体中分离出的中华虫草菌无性型共有9属31种，其中有16种已经在北京、吉林、山西、上海、青海、浙江、福建、江西、广东、云南、贵州等19个地区40多个厂家进行了深层大规模发酵培养和固体培养，菌丝体和分生孢子体作为有性型冬虫夏草的代用品，部分厂家已进入大的产业化生产阶段，如至灵胶囊、金水宝胶囊、宁心宝胶囊、心肝宝、冬虫夏草鸡精、虫草胶囊、冬虫夏草酒、冬虫夏草人参补酒等20多种产品的年产值已达千万元至数亿元规模。而且，由于用菌丝体和分生孢子人工繁殖周期短、产量高，今后作为冬虫夏草有性型的代用品，其开发、应用的潜力还极大。

利用自然气温，一年可栽培两季，春季 3~5 月，秋季 9~11 月，若在室内人工控温，一年四季均可栽培，而且还可缩短生长期。冬虫夏草的栽培方式很多，可采取室内外瓶栽、箱栽、床栽、露地栽培等方式，根据不同的条件选择栽培方式。无论哪种栽培方式，在栽培前都必须先培养菌虫，使昆虫在入土之前感染上这种病毒性菌液，使得昆虫入土时已病重不乱爬，有利于早死，快出，生长均匀。

菌虫的培养方法是将已制好的液体菌种用喷雾器喷在幼虫身上，见湿为止，每天喷 2 次，3d 后当受菌液侵害的幼虫出现行动迟缓或处于昏迷状态时，即可进行栽培。

①瓶栽　该法适合于家庭栽培，将普通罐头瓶洗净后，在瓶内先垫一层 2.5~3cm 的细沙土，土质含水量 60%，然后将感染菌液的幼虫放在上面，每瓶放两只为宜，要求两只幼虫之间不要靠拢，腹面向下，放伸，上面再盖 3cm 厚的细沙土，稍压平表面。为了保持湿润，再用塑料薄膜封口，放入室内(外)适宜的温度下进行管理，避免阳光直射。

②箱栽　该方法也适合于家庭栽培，可利用大小木箱或塑料盆进行栽培。木箱底部和四周要有塑料薄膜，防止水分散失，先将细沙土铺 5~7cm 厚，再均匀地放入菌虫，每只虫之间相隔 2~3cm，上面再盖沙土 3~5cm，表面用塑料薄膜保湿。为了节约场地，还可将木箱重叠起来。

③床栽　床架栽培是进行批量生产的栽培方式，这种方式一般适合在室内进行，可充分利用室内空间进行层架栽培，节约场地。床架宽 100cm，长可根据自己的房间设计，采用竹、木制作，每层四边高 12cm 用于挡土，栽培时先铺一层塑料薄膜，再倒细沙土 5~7cm 拍平，放入菌虫，距离按箱栽，上面盖沙土 3~5cm，然后覆盖塑料薄膜。

④露地栽　指室外栽培。室外栽培关键要选好场地，首先要避免阳光直射和雨水冲刷，选择能遮阴，能排水，能防旱，能防人畜踩踏的地块。栽培方法可采用平地式或畦式两种方法。平地式栽培是将一般平地、被地、荒地铲除表土 15cm，宽 100cm，长不限，然后填上 5cm 厚的沙土，按上述方法放入菌虫，再盖细沙土 5~7cm，外用塑料薄膜覆盖，四周要有排水沟，上面要有树林或遮阴。

⑤畦式栽培　畦式栽培可避免阳光和高温的问题，适宜在广大农村推广栽培。畦宽 100cm，深 50cm，长度不限，四周同样要求能排水，栽培时在畦底部先铺 5cm 厚的细沙土，再按上述方法放入菌虫，然后又盖细沙土 5cm，最后覆盖塑料薄膜。畦旁用竹拱弓，上盖草帘遮阴和降温。

(3)管理技术

冬虫夏草栽培后的管理技术非常简单，主要是温度、湿度、光照、空气方面的管理。

①温度　冬虫夏草对温度的要求比较宽泛，菌丝生长 12~18℃ 为好，温度低长势慢，但杂菌少成活率高。一般在 -40℃ 都可存活，但高于 40℃ 就会死亡，在后期子座生长阶段温度控制在 20~25℃ 有利生长。因此，栽培时一般温度控制是先低后高，但在栽培时宁可保持低温使菌生长缓慢，也不能温度过高受影响。

②湿度　湿度管理是冬虫夏草生长发育的关键，虫体内的营养和湿度基本能满足

冬虫夏草菌的生长要求，只需要外界物能保持虫体本身的湿度即可，因此，应保持沙土的湿润，要求含水量达60%为宜，如果干燥可喷少量的清水保持湿润。

③光照　冬虫夏草栽培不需很强的光照，以避光为好，后期子座发育时以散光为好，但不能让太阳直晒，特别是室外栽培应采用林荫、人工搭荫棚、草帘覆盖等方式遮蔽阳光。

④空气　冬虫夏草菌丝生长阶段不需要很多空气，特别是在子座快要出土时应立即揭去塑料薄膜增加空气，以利子座的生长，并保持空气相对湿度处于75%~95%。子座出土后10~20d便趋于成熟。

（4）采收加工

在自然条件下，冬虫夏草生长期一般为9个月，生长快慢主要决定品种性质成熟标准是子座出土伸高3~5cm，顶端发育成子囊果——"毛笔尖"时即可采收。

采收方法：用竹、木杆轻轻刨开沙土，将冬虫夏草拣出来，放在筐内，注意不要把虫体与子座弄断，更不可把虫体或子座刨烂，收完后用水冲净泥沙，及时放在太阳下晒干或烘干。

加工方法：封装冬虫夏草是以散虫草作为原料加工而成。即散虫草回潮后，整理平直，每7~10条用线扎成小把用微火烘烤至完全干透后即可，48个小把尾对尾装入铁格，装3层，每层16个以上，经过熏硫和烘干，加上商标用红丝绳捆扎牢固。规格要求每封虫草应保持在0.25g左右，用木箱装，内衬一层防潮纸，外用铁带捆扎，置于通风干燥处贮存。

6.3　食药用资源真菌的加工技术

食药用资源真菌的加工材料在选择方面非常广泛，从食药用资源真菌前期生长发育过程中形成的子实体、菌柄、菇脚等部位，到后期加工过程中所产生的碎屑、加工废液、废料均可以作为进一步加工的原料。目前，国内外市场上已推出品种繁多的食药用资源真菌系列保健食品，其加工材料主要包括以下两类：

（1）菌丝体

食用菌的菌丝体同样存在丰富的营养价值。在日本，已经以工厂化的形式从菌丝体中提取营养和风味物质。他们从培养出的香菇菌丝体中提取香菇鲜味成分，其中含有14种氨基酸，这些物质可作为调味品或食品添加剂使用。同时，日本还有人员利用蘑菇的菌丝体开发出各种保健饮料，该类饮料经分析其中含有40多种酶、多糖多肽、18种氨基酸、B族维生素等多种营养物质，是一种备受青睐的健康饮品。国内现在也有部分厂家通过培养菌丝体来制作饮料，但都未形成规模。

（2）子实体

我国的食用菌子实体大部分用于鲜食或干制，还有一部分被制成罐头，品种相对单一。利用食用菌的独特风味，可将食用菌制成各类休闲食品，如即食银耳、香菇果脯等。食用菌还可以用来作为饮料的原料，现在市面上出现的食用菌原料饮料主要可分为两大类：食用菌果肉饮料和食用菌复合饮料。食用菌果肉饮料主要采用子实体果肉或者以其深层发酵液为原料制成；而复合饮料是指采用食用菌和其他的植物或者动物成分复合制成，如金针菇大豆复合饮料、食用菌大豆酸奶、芦笋银耳蜜汁、银耳果汁饮料等。利用食用菌的子实体还可以制成酒类，此方面以灵芝酒为典型代表。除此之外，采用菌体自溶或者外加酶溶解的方式得到的菌体提取液也已作为保健品面市。

据统计，目前我国野生食用菌超过 2000 多种，驯化栽培的食用菌种类超过 100 种，商品化的种类约为 60 个，一系列的珍稀品种也相继驯化栽培成功，极大地丰富了国内国际食用菌市场，实现了栽培品种的多样性。但与我国极为丰富的食用菌资源相比，目前能进入产业化、规模化生产的种类还很少，还有巨大挖掘潜力。我国的食用菌栽培模式多种多样，不同菌类栽培模式众多，同一菇类栽培模式也各不相同。但是，由于我国食用菌产量大部分来源于一家一户的作坊式生产，缺乏精细、科学的栽培管理，食用菌产品的质量参差不齐，对内对外贸易都受到了较大影响。国人渐渐认识到只有实施了标准化生产，产品在国际市场上的竞争能力才能提高。因此，我国的食用菌产业正由数量型向质量型转化。

食用菌的加工技术与以往相比有了较大的发展。鲜品是国内食用菌市场最主要商品形式；干品、腌制品、罐头是我国食用菌在国际市场的主要商品形式。食用菌的加工已进入了机械化阶段，其主要加工形式为机械热风干燥、冷藏保鲜、浸渍和制罐加工。食用菌产品除了以往的脱水烘干制品、罐头制品、腌制品外，还开发了速冻制品、真空包装制品、饮料、调味品，方便食品，保健品，药品等。

我国食用菌罐头出口以蘑菇罐头为主体，其他品种及珍稀品种有一定发展，出口量和出口额平稳增长。其他品种及珍稀品种将是今后扩大出口的新亮点，出口市场遍布全球 100 多个国家和地区，主要市场为美国、加拿大、欧洲、日本和东南亚。目前，我国出口食用菌罐头的主要品种有蘑菇、草菇、滑子蘑、香菇、金针菇、平菇、白灵菇、牛肝菌、鸡油菌、真姬菇及两种或两种以上食用菌混合的"什锦菇"等。福建、浙江、河南、四川等地都是人工栽培菌类加工出口大省，而云南、四川及东北地区则是全国野生食用菌的加工和出口大省。每年出口金额在 5000 万美元以上的食、药用菌产品主要有 5 个品种：小白蘑菇罐头、干香菇、其他伞菌属蘑菇罐头、鲜香菇和鲜松茸。在国内，食用菌行业的集中度很低，发展规模、机械自动化程度，鲜干菇质量控制、包装流通环节及劳动效率等方面与世界先进水平还存在一定差距。结束目前这种粗放型的、低水平的、外延式的增长，必须要依托行业内的龙头企业。安惠生物科技有限公司、上海大山合集团有限公司等食用菌行业龙头企业已经开始着手解决单个企业或者若干个小企业不能够做好的问题，包括品牌和技术创新，不仅在品牌上做文章，同时通过建设中华灵芝文化馆、上海菇菌科技馆等形式充分挖掘食用菌文化，以文化带动行业发展。

食用菌的常规加工技术主要有干制、盐渍、罐头 3 种技术方式，具体加工技术方式介绍如下。

6.3.1　干制技术

食用菌的干制也称烘干、干燥、脱水等，它是在自然或人工控制条件下，促使新鲜食用菌子实体中水分蒸发的工艺过程。经过干制的食用菌称为干品。干制设备要求不高，技术不复杂，易掌握；干制品耐储存，不易腐败变质，可长期保藏。有的食用菌(如香菇)经干制后可增加风味，改善色泽，提高了商品价值。但干制过程会引起营养成分及品质的变化，菇体中某些生理活性物质以及维生素类物质(维生素C)往往不耐高温，在烘干过程中易受破坏，菇体中的可溶性糖在较高的烘干温度下容易焦化而损失，并且使菇体颜色变黑。

6.3.1.1 干制原理

由于干制品所含可溶性固形物浓度相对提高，因而具有很高的渗透压，能使附在其上的腐败菌产生生理干旱，无法活动。菇体所含的游离水在干燥过程中容易排除，但化合水结合于组织内的化合物质中，干燥过程中难以排除。菇体脱水是通过菇体表面水分汽化和菇体内水分的向外扩散而实现的。由于水分含量降低，酶的活性也受到抑制，这就是食用菌干制品能长期保藏的原理。

6.3.1.2 干制方法

菌类的干制分为晒干、烘干和冷冻干燥等方法。

(1)晒干

晒干是一种自然干制的方式，包括晾干和晒干。晒干后，不仅有利于保存，还能改善菌类品质和提高营养价值，晒制还能促使香菇中所含的维生素D原转化成维生素D_2。晒干过程一般耗时2~3d，对后熟作用强的菇类务必于采收当日以蒸煮方式作灭活处理后再进行晒干处理。

(2)烘干

烘干是食用菌干制的主要方法。它是将鲜菇置于烘房、烘笼、烘干机中用炭火、电热或远红外线等作热源进行干燥的过程。烘干不受气候条件影响，干燥快，省工、省时，产品质量有保证。适宜采用烘干技术进行脱水干燥的食用菌如口蘑、香菇、猴头菌、木耳、银耳、灵芝、竹荪等，干燥后不影响品质，有的还能增加风味与适口性。但是有些菇如草菇、金针菇、平菇等干制后，其风味、适口性变差。在脱水前可对菇体进行预处理，其方法之一为杀青，就是把菇体投入沸水中煮透，一般为2~8min，然后迅速冷却，但此法易造成菇体软化，影响形态。也可用预热处理的方法，如草菇需纵剖，然后切口向上摆在烤筛上，勿重叠；金针菇扎成小捆整捆放在烤筛上，放入烘箱后，使温度升高到(64±2)℃，处理20~30min，然后再进行常规烘烤。烘房或脱水机的烘烤温度控制较为关键，温度过低易使产品腐烂变色，过高又会将产品烤焦。烘烤温度从35℃开始，每小时升高1~2℃，经7~8h后鲜菇水分散发30%，12~13h后散发50%。当温度升至60~65℃(勿超过75℃)时，水分已散发70%，然后将温度降至50~55℃，继续烘烤2~3h即可。在烘烤过程中，要调整好通风口和排风口的开启程度，保持一定的换气量，加速鲜菇脱水。干制的菇体在空气中易吸湿而回潮，引起霉变和生虫，因此，干品应储藏于密封的塑料袋或容器中，放到清洁、干爽、低温的房间储藏。

(3)冷冻干燥

先将菇体中的水分冻成冰晶，然后在较高真空下将冰直接汽化而除去。为了做到长期保藏，最好采用真空包装并在包装袋内充氮。如双孢蘑菇的冷冻干燥工艺是：将蘑菇放入密闭容器中，在-20℃下冷冻，然后在较高真空条件下缓缓升温，经10～12h，因升华作用而使蘑菇脱水干燥。经过这种处理的蘑菇具有良好的复原性，只要在热水中浸泡数分钟便可恢复原有形状，除硬度略逊于鲜菇外，其风味与鲜菇几乎没有差别。

6.3.2　盐渍技术

6.3.2.1　盐渍原理

盐渍是让食盐渗入菇体组织内，降低其水活度，提高菇体的渗透压，以控制微生物的生长活性，抑制腐败菌的生长，从而防止食用菌腐败变质，保证其商品价值。其制品称为盐水菇。

食盐属高渗透压物质，质量浓度为10g/L的食盐溶液可以产生610kPa的渗透压。生产盐水菇所用的溶液中食盐的质量浓度可达350g/L，能产生20MPa以上的渗透压，菇体组织中的水分和可溶性物质外渗，盐水渗入，最后达到平衡，使菇体组织也有很高的渗透压。一般微生物细胞液的渗透压在350～1670kPa之间，一般细菌则为300～600kPa。食盐溶液的渗透压则要高出许多，使附着在菇体表面的有害微生物细胞内的水分外渗，原生质收缩，质壁分离，造成生理干燥，迫使微生物处于假死状态或休眠状态，甚至死亡，从而达到防止腐烂变质的目的。

食盐溶解后就会离解，并在每一离子的周围聚集着一群水分子，也就是离子水化。水化离子周围的水分聚集量占总水分量的百分率随着盐分浓度的提高而增加，水分活度则随之降低，也抑制了微生物的生长；而高浓度食盐离解产生高浓度的钠离子和氯离子，造成微生物所需的离子不平衡，产生单盐毒害，同样也抑制了微生物的活动。

食盐对微生物分泌的酶活力也有破坏。由于氧很难溶解在盐水中，在盐液中形成了缺氧环境，需氧菌是难以生长的。

6.3.2.2　盐渍工艺

(1) 选料

选择好原料菇，当天采收，当天加工。

(2) 漂洗

用质量浓度为6g/L的盐水洗去菇体表面的杂质，接着用0.05mol/L柠檬液(pH值为4.5)漂洗，能显著改变菇色。因为菇体内的多酚氧化酶能利用酪氨酸形成黑色素的合成前体物质，经氧化作用形成黑色素。而用低酸碱度的柠檬酸溶液可有效地抑制多酚氧化酶的活性，防止菇色变深和变黑。

(3) 杀青

杀青是指在煮沸的稀盐水中杀死菇体细胞的过程。其作用是进步抑制酶活性，防止子实体开伞和褐变，防止破坏细胞膜结构，增加细胞透气性，排出菇体内的水分，以便盐水能很快进入菇体，然后依菌盖直径进行分级。

(4) 制备饱和食盐水和调酸剂

准备10：4的水与食盐，将食盐溶化于水中直至饱和，用波美比重计测其浓度为

23°Be′左右，再放入少量明矾静置，冷却后取其上清液用8层脱脂纱布过滤，使盐水达到清澈透明，即为饱和食盐水，备用。

配制调酸剂，其中柠檬酸占50%，偏磷酸钠占42%，明矾占8%，混合均匀后，加入饱和食盐水中，用柠檬酸调pH值至3.0~3.5即可。

(5)盐渍

将杀青、分级后沥去水分的菇按每100kg加25~30kg食盐(精盐)的比例逐层盐渍。先在缸底放一层盐，接着放一层菇(8~9cm厚)，依次一层盐一层菇，直至满缸。缸内注入煮沸后冷却的饱和食盐水。表面加盖帘(竹片或木条制成)，并压上鹅卵石，使菇浸没在盐水内。3d需倒缸一次。以后5~7d倒缸一次。盐渍过程中，要经常用波美比重计测盐水浓度，使其保持在23°Be′左右，盐水浓度降低时应及时倒缸。

(6)装桶

盐渍20d以上即可装桶。装桶前先将盐渍好的菇捞出淋尽盐水。一般用塑料桶分装，加入新配制的调酸剂至菇面，用精盐封口，排除桶内空气，盖紧内外盖。

6.3.3 罐头加工技术

将经过一系列处理之后的新鲜食用菌装入特制的容器内，经过抽气密封、隔绝外界空气和微生物，再经过加热杀菌，便能在较长时间内保藏食用菌，其保藏的产品称为食用菌罐头。

按罐藏内容物的组成和制造目的的不同，食用菌罐头可分为两大类。以食用菌整菇、片菇或碎菇为主要原料，注入适当浓度的盐水作填充液，称为清水罐头，主要用于菜肴的烹调加工，是当前食用菌罐头生产的主要类型。将菇类和肉、鸡、鸭等原料配制，经烹调加工制成的罐头(如蘑菇猪肚汤等)称为复合式食用菌罐头，可直接食用。食用菌罐头厂一般采用马口铁罐和玻璃瓶罐，也可采用复合塑料薄膜袋包装。我国食用菌罐头的生产大约从20世纪50年代开始，一直发展至今。目前，蘑菇罐头已成为我国罐头出口的拳头产品，除此之外，还有草菇罐头、香菇罐头、金针菇罐头等新品种，均已批量出口。

6.3.3.1 罐头加工原理

食用菌罐藏品能较长时间保藏的主要原理是：罐藏容器是密封的，隔绝了外界的空气和各种微生物。制罐过程中，密闭在容器里的食用菌及制品经过高温灭菌，罐内微生物的营养体被完全杀死，但可能有极少数微生物孢子体没有被杀死。如果残存的微生物是好气性的，由于罐内形成一定的真空而无法活动；如果是厌气性的，罐藏品仍有变质的危险，所以，罐藏品有一定的保藏期限，通常为两年。由于高温灭菌也破坏了菇体的全部酶系统，使菇体内的一切生理生化反应不能进行，防止了菇体变质。

6.3.3.2 罐头加工工艺

(1)原料准备

①选择好原料菇　原料菇必须符合制罐等级标准并应及时加工处理。

②漂白护色　将菇体置于质量浓度为0.3g/L的焦亚硫酸钠溶液中浸2~3min，再

倒入质量浓度为 1.0g/L 的焦亚硫酸钠溶液中漂白，然后用清水洗净。

③预煮　将菇体放入已烧开的 2% 食盐水中，煮熟但不要煮烂，可抑制酶活性，防止酶引起的化学变化；预煮可以排除菇体组织内滞留的气体，使组织收缩、软化，减少脆性，便于切片和装罐，也可减少对铁皮罐的腐蚀。

④冷却　将煮过的原料迅速放入冷水中冷却。

⑤分级　采用滚筒式分级机或机械振荡式分级机进行分级。

（2）装罐

空罐使用前用 80℃ 热水消毒。装罐采用用手工或罐机装罐方式。由于成罐后内容物重量减少，因此装罐时应增加规定量的 10%～15%。

（3）注液

注入汤液可增加风味，排除空气，有利于在灭菌、冷却时加快热量的传递速度。

汤液一般含 2%～3% 的食盐或 0.12% 的柠檬酸，还可以加入 0.1% 的抗坏血酸。

（4）排气抽真空

排气最重要的目的是除去罐头内所有空气。空气中氧气会加速铁皮腐蚀。排气后可以使罐头的底盖维持一种平坦或略向内凹陷的状态，这是罐头食品正常良好的标志。排气有两种方法：一种是原料装罐注液后不封盖，通过加热排气后封盖；另一种是在真空室内抽气后再封盖。

（5）封罐

封罐的目的主要是防止腐败性细菌侵入。早期的封罐方式是手工焊合封盖，现在普遍使用双滚压缝线封罐机，有手摇、半自动和全自动真空封罐机。

（6）灭菌

灭菌的目的是使罐头内容物不受微生物的破坏，一般采用高压蒸汽灭菌。采用高温短时间灭菌有利于保证产品的质量。蘑菇罐头灭菌温度为 113～121℃，灭菌时间为 15～60min。

（7）冷却

灭菌后的罐头应立即放入冷水中迅速冷却，以免色泽、风味和组织结构遭受大的破坏。玻璃罐冷却时，水温要逐步降低，以免玻璃罐破裂。冷却到 35～40℃ 时，则可取出罐头，擦干后抽样检验，打印标识并包装贮存。

6.4　食药用菌的遗传育种技术

6.4.1　遗传与变异

何谓遗传？"龙生龙，凤生凤"，物种代代相似的现象即为遗传；何为变异？"一母生九子，九子各有别"，这种子代与亲代之间以及子代相互之间的不同即为变异。遗传和变异是对立统一的，它们相辅相成，缺一不可，遗传是生物生存和繁衍的基础，它使物种相对稳定；变异是生物进化的动力，它造就了生物大千世界。遗传是相对的，变异则是绝对的，没有变异就不能研究遗传。和其他生物一样，食药用菌的同样符合遗传与变异的对立统一规律。从统一角度来看，食药用菌的遗传性是很稳定的，它的种性不会因一般环境条件的变化而发生变异。例如营养、水分、湿度、温度、酸碱度、光线和二氧化碳等环境因子的变化一般只会影响食药用菌菇子实体的形状、大小、色泽和产量，而不容易导致食药用菌种性的改变，即不能造成可遗传的变异。可遗传的变异只有两类，即遗传基因的重组和基因突变所导致的变异。如平菇的产孢缺陷型就是可以遗传的变异。无孢平菇的子实层不能产生担孢子，只能通过菌丝体的转接即无性繁殖来保持其不产孢子的变异性状。应用于生产的还有白色金针菇、白色木耳、白色灰树花等新品种，都是遗传性状很稳定的变异菌株。

（1）遗传物质的分子结构

Avery 等（1944）从肺炎双球菌的转化试验中发现，决定生物性状的转化因子是 DNA（脱氧核糖核酸）而不是蛋白质，证明 DNA 是遗传物质。Watson 和 Crick（1953）又确定了 DNA 分子结构是双股螺旋，由此阐明遗传的机制就是 DNA 分子的半保留复制，从而开创了分子遗传学这一划时代的学科领域。

DNA 分子由脱氧核糖核酸组成，脱氧核糖核酸由脱氧核糖、磷酸和 4 种碱基组成。这些碱基是：胸腺嘧啶（T）、胞嘧啶（C）、鸟嘌呤（G）和腺嘌呤（A）。在 DNA 两条单键的相对位置上，碱基有互补配对关系（图 6-4），即 A 与 T 和 C 与 G，碱基的这种对应关系被称为"互补法则"。

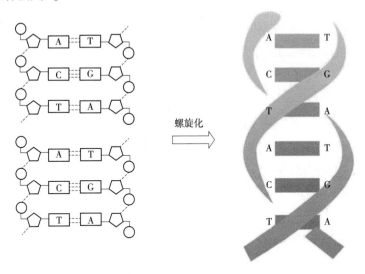

螺旋化

图 6-4 DNA 分子的平面结构

磷酸（P）和脱氧核糖（D）在 DNA 链的外侧，碱基（A∶T、C∶G）在链的内侧互补配对，两条链通过碱基的氢键相连接。

（2）基因控制性状的过程

基因是遗传物质的最小功能单位。从分子水平而言，基因是 DNA 分子中负载遗传信息的特定核苷酸序列。基因包括结构基因和调控基因等多种形式。DNA 链中的遗传信息主要通过 DNA 的复制、转录和转译而使基因得以表达来控制生物的某种表型性状。不同的食药用菌之所以有不同的形态特征和生理代谢，就在于它们的遗传基因各不相同。

基因决定蛋白质的结构和功能。基因的化学成分是 4 种脱氧核苷酸，蛋白质的化学成分是 20 种氨基酸。脱氧核苷酸单链中每 3 个碱基为一组遗传密码，可形成 $4^3 = 64$ 组密码。

DNA 主要存在于细胞核内，蛋白质却是在细胞质内的核糖体上合成，所以，需要 RNA(核糖核酸)作为信使把核内 DNA 的遗传信息转录到核外，在 rRNA(核糖体 RNA)和 tRNA(转运 RNA)的帮助下，由不同的三联体密码转译为各种氨基酸。氨基酸序列的不同决定了蛋白质的复杂性，进而也就有了生物性状的多样化。DNA 的复制、转录和转译等生物化学过程如图 6-5 所示。

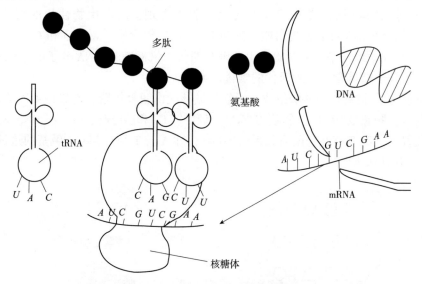

图 6-5　DNA 的复制、转录和转译

遗传信息的传递(从基因到蛋白质)经历两个阶段：第一阶段，按照 DNA 转录链的遗传密码顺序合成 mRNA(信使 RNA)；第二阶段，转译，tRNA 把氨基酸运载到核糖体上，核糖体(从左到右)沿着 mRNA 移动，氨基酸顺序由 mRNA 的密码顺序决定，氨基酸之间由肽链连接。

6.4.2　食药用菌诱变育种

同"种"的标准是相互交配可育。交配不育或交配产生不可育后代的不同个体为异种。例如，马和驴杂交产生的骡不育，则马和驴为异种。平菇"菌种"的定义也是如此。优良菌种通常具有高产、优质、抗逆等特性，因而在不增加生产成本的条件下，采用优种的经济效益较一般品种为高。因此，在食药用菌的栽培生产中，优良菌种的选育是重要的基础工作。从自然界中选择已有菌株供生产上应用的方法称为选种或驯化，而通过基因诱变、杂交或其他生物技术如转基因、细胞融合、基因工程等手段改变个体的基因型，创造新品种的过程称为育种。

德国真菌学家 Esser 曾提出"协调育种"的技术路线。其主要内容有三个方面：第一要有基因突变;第二是基因重组;第三是综合筛选。突变和重组可以使物种产生变异,综合筛选才能获得高产、优质、适应性强的目的菌株。

育种原理和应用技术较为复杂亦很重要,对此方面的内容将从实用角度进行介绍。

突变可分为自发突变和诱发突变,前者指生物体自然发生的遗传变异,特点是发生频率很低,后者是人工采用物理、化学方法处理生物体而诱发的遗传变异,优点是可显著提高突变频率,加快育种速度。

6.4.2.1 物理诱变(紫外线诱变)

(1)紫外线的性质

在育种实践中应用最方便、最广泛的物理诱变因素是紫外线。紫外线的波长稍短于可见光中的紫光,波长范围从 136~390nm。它是一种非电离辐射,能使被照射物质的分子或原子中内层电子提高能级,但并不获得或失去电子,所以不产生电离。

紫外线诱变的最佳波长范围是 200~300nm,其中又以 260nm 左右最佳。紫外线引起杀菌或诱变主要是由于遗传物质 DNA 吸收紫外线而受影响。一般 15W 低功率紫外灯放出的光谱较集中于 260nm,适用于诱变处理;而 30W 以上的高功率紫外灯放出的光谱较平均分散,诱变效果反而不如低功率紫外灯好。

(2)紫外线的诱变原理

紫外线的生物学效应主要在于它可引起 DNA 的变化。DNA 链上的碱基对强烈吸收紫外线。嘧啶比嘌呤对紫外线敏感得多,几乎要敏感 100 倍。紫外线引起 DNA 结构变化的形式很多,如 DNA 链断裂、DNA 分子内和分子间的交联、核酸与蛋白质的交联、胞嘧啶和尿嘧啶的水合作用以及嘧啶二聚体的形成。实验证明,受紫外线照射的胸腺嘧啶溶液改变了原来对紫外线吸收的特征,实际上已形成了另一种产物,经元素分析、分子量测定、结晶形态分析和红外光谱分析,证明新的产物是胸腺嘧啶的二聚体。它的变化过程是两个胸腺嘧啶的双键先分别变为单键,在变成单键的碳原子之间的新键处相互连接,并在两个嘧啶环上相应的 C_5 和 C_6 原子间的 C 键处,形成处于两个胸腺嘧啶间的环状键。

胸腺嘧啶二聚体的形成有重要的生物学意义。前面已经谈过,当 DNA 复制时,双链须先变成单链,然后各自再与附近的碱基形成互补链,两链之间嘧啶二聚体的交联会阻碍双链的分开和复制。同侧链上相邻胸腺嘧啶二聚体的形成,会阻碍碱基的正常配对。在正常情况下,胸腺嘧啶应与腺嘌呤配对,但两个相邻胸腺嘧啶的连接就可能改变这种情况,足以破坏腺嘌呤的正常掺入,导致复制在这一点上突然停止或错误地进行。如新生成的 DNA 单链改变了的碱基顺序,则在随后的复制过程中,已改变的 DNA 链仍以自身为模板进行复制,进而产生了一个在两条链上碱基顺序都有错误的分子,其后果是基因突变。

紫外线除造成 DNA 两条单链之间胸腺嘧啶二聚体的形成外,还导致 DNA 一条单链上相邻胸腺嘧啶的交联、胞嘧啶水合、氢键断裂、DNA 链断裂等变化。

(3)复活作用

光复活在自然界是一个比较普遍的现象,是生物细胞对紫外线损伤的一种修复功能。经紫外线照射后，食药用菌细胞有两种类型的光复活。一种是直接光复活，即经过可见光照射后大部分 DNA 损伤可以恢复，甚至已显示死亡的细胞也复活了。这种光复活作用是通过光激活酶发生的，这种酶可以使胸腺嘧啶二聚体解开而重新成为单体，一种特异的酶制剂在蓝光下，可以打断 DNA 中的胸腺嘧啶二聚体达 90%。另一种复活称作间接光复活，也称为黑暗复活。其原因是细胞在黑暗中减慢了大分子合成过程，这样便有利于某些生物体产生恢复 DNA 损伤的酶，而这种酶的产生是不需要可见光。间接光复活过程包括特殊的核酸酶把含有胸腺嘧啶二聚体的 DNA 双链变成单链、切断二聚体、修复、复制从而形成新的 DNA 双螺旋。

光复活能力的强弱在不同的菌甚至同一种菌的不同品系都存在差异。对于那些有光复活能力的菌，照射以后必须避免把孢子悬液放在长波紫外光和短波的可见光中。在实践中也可使用此原理，利用致死剂量的紫外光与日光（300~500W）反复交替照射处理，以增加被处理菌的变异幅度。导致各种菌光复活的光谱范围也是不一样的，如大肠杆菌为 375nm，灰色链霉菌为 435nm。一般光线波长大于 525nm 对碱基的影响不大，因此，照射后的操作可以在黄光下进行（黄光波长 535~585nm，橙光波长 586~654nm，红光波长 646~760nm）。

（4）诱变的剂量

各种菌类对紫外线的敏感程度差异很大，可以相差成千上万倍。例如，有一种抗辐射的小球菌 *Micrococcus radiodurans*，如用紫外线照射致死 90%，需要的光照强度为 7000lx；而对大肠杆菌来说，致死 90% 只需 1erg/mm^2。两者相差 7000 倍。适宜诱变剂量一般选择在致死率 90%~99.9%。但近年来为了得到有利于生产的正突变型菌株，往往采用致死 70%~80% 的低诱变剂量。致死率一般按下式计算：

$$致死率 = \frac{诱变前总菌数 - 诱变后活菌数}{诱变前总菌数} \times 100\%$$

除上述以致死率表示诱变的相对剂量外，还可以用物理仪器测定绝对剂量，单位以 erg/mm^2 表示。但由于用仪器测定不便，所以一般不采用能量这一绝对剂量单位，而是用时间作为相对的剂量单位。生物体所受射线的剂量决定于灯的功率、灯和生物体的距离及照射的时间。灯的功率是固定的，灯的距离如果也是固定的话，那么，剂量就和照射的时间成正比，也就是说可以用照射的时间作为相对剂量。较紫外线的剂量可以通过延长照射时间或缩短照射距离而增加，在短于灯管长度的 1/3 的距离内，强度和距离成反比关系；在这距离以外，则与距离的平方成反比关系。按照上述关系，适当的增加距离并延长照射时间，可以达到与缩短距离并减短时间相等的剂量。在射线的杀菌和诱变作用方面，只要总的剂量不变，效果并不会因为处理时间的长短而不同。另外，只要总的时间相同，分次处理和一次处理的效果也基本相同。例如，连续处理 10s 的杀菌和诱变作用与照射两次、每次 5s 的效果基本相同，但两次处理的时间相隔不应太久。

诱变一般采用 15W 功率的紫外线灯，距离固定在 30cm 左右，采用这样的功率和距离时，使各种微生物细胞致死 90%~99.9% 所需的时间随微生物种类而不同。一般微生物营养体在紫外线下暴露 3~5min 即可死亡，芽孢或孢子在 10min 左右也可死亡。革兰氏阳性菌和无芽孢菌比较容易杀死。用紫外线诱变抗菌素产生菌的气生孢子时，一般照 30s~2min，诱变枯草杆菌和短小芽孢杆菌的营养体以得到营养缺陷型时，照射时间一般为 1~3min。紫外线杀菌能力虽然强，但穿透力比较弱，因此，只有表面杀菌能力。

(5)诱变原生质体

原生质体由于没有细胞壁的遮蔽而对紫外线较敏感，但用双核菌丝制备的原生质体对紫外线的反应曲线有"平台现象"，在诱变试验时应予注意。据周伏忠等(1992)报道，金针菇双核菌丝制备的原生质体，对紫外线诱变有较强的抵抗能力。致死曲线比担孢子或单核菌丝制备的原生质体对紫外线的反应曲线下降坡度要小得多(用香菇所做)。在 0~30s 时间段内，存活率曲线下降到 66%，可见在此期间致死的为单核的原生质体(约占 44%)；在 30~105s 时间段内，曲线下降甚缓，呈现"平台现象"；(这种现象可能是双核互补所致，其机理有待研究)；105s 以后，曲线又迅速下降，可能此时双核损伤过重，不足以指导原生质体细胞壁再生及生长。

(6)诱变育种实例

前人利用紫外线诱变获得了平菇的无孢子突变株(1987)；黑木耳的天门冬氨酸(asp-)缺陷型与毛木耳的腺嘌呤、脯氨酸、尼克酸(ade-、pro-、nic-)三缺陷型；草菇的腺嘌呤(ade-)缺陷型。用这些遗传标记菌株做亲本，采用杂交和原生质体融合技术，分别育成了无孢平菇和杂交木耳等有价值的商品菌株。

物理诱变因素除上述介绍的紫外线外，还有 X 射线、γ 射线、快中子、α 射线和超声波等，在育种研究中也经常采用，但所需设备较昂贵，应用不太方便，因此不逐一介绍。

6.4.2.2　化学诱变

化学诱变因素和辐射一样能引起基因突变或染色体畸变。有关研究发现，从最简单的无机物到最复杂的有机物中都可以找到具有诱变作用的物质，但诱变效果显著的仅占其中极少数。

(1)化学诱变剂种类

化学诱变剂种类根据化学诱变因素对 DNA 的作用机理，可将其分为 3 类：

①与一个或多个核酸碱基发生化学变化，因而引起 DNA 复制时碱基配对的转换而引起变异。此类诱变剂如亚硝酸、硫酸二乙酯、甲基磺酸乙酯、硝基弧、亚硝基甲基脲等。

②诱变剂可在 DNA 分子上减少或增加 1~2 个碱基，从而引起碱基变化点以下全部遗传密码转录和翻译的错误。此类如吖啶类化合物。

③天然碱基的类似物，它们可以掺到 DNA 分子中而引起变异，如 5-溴尿嘧啶、5-氨基尿嘧啶、8-氮鸟嘌呤和 2-氨基嘌呤等。

上述前两类化学诱变剂可直接与 DNA 发生化学反应，然后通过细胞增殖及 DNA 的复制而实现碱基对的转换。这类诱变剂作用于代谢活动十分缓慢的真菌孢子、细菌芽孢和游离的噬菌体，甚至离体的 DNA；第 3 类则不能直接与 DNA 发生反应，必须通过活细胞的代谢才能掺入到 DNA 分子中发生诱变作用。

（2）亚硝酸诱变机理

亚硝酸（HNO_2）的作用机制主要是脱去碱基上的氨基，如 A，C，G 分别脱去氨基而成为 H（次黄嘌呤），U（尿嘧啶）、X（黄嘌呤）等，复制时它们分别与 C、A、C 配对。前面两种情况可以引起碱基对的转换而造成突变，AT→GC，GC→AT 的转换业已经得到证实。由于 X 的分子结构只能与 C 配对，而不能与 T 配对，因此，它不能引起 GC→AT 的碱基对转换而造成突变。此外，亚硝酸还会引起 DNA 两链之间的交联从而导致 DNA 结构上的缺失作用，目前对这方面的机制还不太清楚。

亚硝酸很不稳定，易分解为水和硝酸酐（$2HNO_2 \rightarrow N_2O_3 + H_2O$），硝酸酐继续分解释放出 NO 和 NO_2（$N_2O_3 \rightarrow NO\uparrow + NO_2\uparrow$），因此在临用前需将亚硝酸钠在 pH 值为 4.5 的醋酸缓冲液中生成亚硝酸，反应为：$NaNO_2 + H^+ \rightarrow HNO_2 + Na^+$。

菌体经一定时间处理后，可用稀释来中止反应或用 NaOH、$NaHPO_4$ 来中和剩余的 HNO_2，也可将作用物吸入中性缓冲液中。诱变剂量可用处理时间来控制，存活率开始有一段较长的延迟时间，之后与处理时间成线性关系。由于 HNO_2 容易挥发，所以处理时须用密封小瓶进行。

（3）亚硝酸诱变实例

以平菇孢子为材料，具体方法如下：

①配制 1M 醋酸缓冲液：称取 6.12g 冰醋酸，加蒸馏水到 100mL；称取 8.2g 醋酸钠，加蒸馏水到 100mL。将醋酸钠溶液缓慢滴入到醋酸溶液中，到 pH 值为 4.5（约为 1∶1）。

②配制 0.6M $NaNO_2$ 溶液：称取 $NaNO_2$ 4.14g，加蒸馏水到 1mL。

③配制 0.7M Na_2HPO_4 溶液（pH 值为 8.6）：称取 9.94g Na_2HPO_4 加蒸馏水到 100mL。

以上 3 种溶液使用前须灭菌。

④取平菇孢子悬浮液 2mL（10^6/mL），加入 1mL 0.1 M $NaNO_2$ 溶液和 1mL pH4.5 缓冲液，27℃保温，这时亚硝酸钠的浓度为 0.025 M。

⑤处理 10min（可根据需要定时间）后，取出 2mL 加入到 10mL 0.07 M，pH 值为 8.6 的 Na_2HPO_4 溶液中，这时 pH 值下降到 6.8 左右，诱变作用中止（$HNO_2 + Na_2HPO_4 \rightarrow NaNO_2 + NaH_2PO_4$）。

⑥将处理后的孢子悬液适当稀释，取 0.2mL 涂于整个培养基平皿，于 28℃培养 7~10d，长出菌落后根据需要筛选突变体。

除亚硝酸外，硫酸二乙酯的诱变效果也很显著。例如，前人用硫酸二乙酯诱变佛州侧耳的担孢子后，对 1200 株单核菌株进行鉴定，从中筛选出 25 株营养缺陷型突变体，平均突变率为 2.05%。此外，还获得了 15 株生长缓慢的形态突变体。

6.4.2.3　突变体的筛选

诱变的目的是获得突变体。突变的类型包括形态变异、色素变化、酶活性的提高、抗药性及营养缺陷型等，它们的筛选与应用介绍如下：

（1）形态与色素变异

在突变体中，形态与色素方面的变异是显而易见的。对食药用菌来说，形态与色素变异可分为两个层次：一是菌落；二是子实体。例如美味侧耳 *Pleurotus sapidus* 的担孢子经紫外线诱变后，有部分存活孢子萌发出了特异型菌落，有的呈皱折式生长，有的气生菌丝消失，有的分泌色素，有的菌丝生长速率加快，经反复转接这些性状亦不消失。从中选出生长旺盛并确认为是单核体的菌株与野生糙皮侧耳 *P. ostreatus* 的单核菌株杂交，从异核体中筛选出了少孢和无孢平菇。

需要指出，不产孢子的突变基因也存在于未经诱变的菌株中，前人通过对无孢佛州侧耳 *P. florida* 的研究证明，无孢子实体性状由一对隐性基因所控制，其符合一对非连锁隐性基因的分离比例。

许多具有商品生产价值的变种如白色金针菇、白色木耳、白色灰树花、浅色草菇及香菇等，均属于色素变异类型。它们之中有的是经过物理化学因素诱变、杂交等手段而获得的诱变株，有的是偶然发现的自然突变株。自然突变的概率只有百万分之一，只有具备丰富育种知识的人才能抓住这种机遇。否则，当与众不同的变异株出现于眼前时，很可能遭受被淘汰的命运。

（2）酶活性变异

诱变后酶活性方面的变异不能凭直观感觉进行筛选，但可采用间接测定法初筛，例如，将碘加入培养基中来指示液化淀粉酶活力的高低；在加有纤维素的培养基上，透明圈的大小可说明纤维素酶活力的强弱等。

（3）抗药性变异

被诱变菌株对其敏感的某种毒性化合物产生了抗性即为抗药性变异。与选择营养缺陷型变异菌株相比，筛选抗药性菌株有两个优点：一是易于筛选，因为诱变后的大量孢子或原生质体可直接在含有毒物的培养基上进行筛选，只有具抗性的变异株才能生长。如诱变筛选出抗多菌灵的美味侧耳和抗丙硫咪唑的糙皮侧耳。二是有利于生产，抗杀菌剂的品种便于使用杀菌剂控制杂菌浸染。

（4）营养缺陷型

经过诱变失去某些营养物质（如氨基酸、维生素、核酸碱基等）合成能力的变异菌株为营养缺陷型。这类变异株只有在基本培养基中补充了所需营养时才能生长。营养缺陷型菌株在工业上可用来生产氨基酸、核苷酸类物质；在生化研究中可用来了解氨基酸、核苷酸的生化合成途径；在遗传研究中可作为杂交、转化、转导或基因克隆的遗传标记菌株。鉴于营养缺陷型变异菌株如此有用，这里对其筛选及鉴定方法作较为详细的介绍。

①营养缺陷型菌株的浓缩　在诱变后的孢子或原生质体群体中，营养缺陷型发生的频率一般在百万分之几，有的甚至更低。因此，需改变群体中原养型与营养缺陷型两者的比例，使后者相对增加而便于检出，此过程叫做浓缩。

丝状真菌养缺陷型菌株的浓缩可用菌丝过滤法，原理是在基本培养液中原养型的孢子会萌发长出菌丝来，而缺陷型则不会萌发。将培养一段时间的培养物过滤，可以淘汰大部分原养型菌丝而起到浓缩作用。例如，将紫外线诱变过的孢子悬浮培养在基本培养液中振荡培养 18h 后用灭菌脱脂棉过滤，滤液涂于整个培养基平皿进行培养，生出的菌落中有较高比例的营养缺陷型菌株。

②营养缺陷型菌株的拣出　对担子菌的菌丝而言，可采用逐个拣出法将营养缺陷型菌株与原养型菌株分开。具体方法是将诱变后的菌株逐一编号，每株菌同时转接基本培养基（MM）和完全培养基（CM），于 28℃ 培养 7~10d。凡在 CM 上生长而在 MM 上不长的菌株，可初步判定为营养缺陷型菌株。为保证检出效果，应注意以下两个问题：

一是琼脂的纯化。制备基本培养基用的琼脂必须纯净。琼脂成分主要是多糖，含少量钙、镁、钠、钾等矿物质和生长素。纯化的方法是将市售琼脂用 45℃ 以下温水浸洗 2 次，可去掉水溶性杂质、无机盐、生长素和色素等，然后用流动自来水冲洗 2~3d，直至颜色变白，拧干后用 95% 乙醇浸泡过夜，次日取出拧干乙醇，将琼脂裹于纱布中晾干备用。

二是防止菌落蔓延。为防止菌丝蔓延影响检出和鉴定，需在培养基中加入脱氧胆酸钠抑制菌落的生长。

③营养缺陷型的鉴定　营养缺陷型可能需要氨基酸，也可能需要核酸碱基或维生素，到底缺哪一种尚需要进行鉴定。例如，可将多种氨基酸组合排列，纵横分为 9 组（表 6-3），然后把它们分别加入到基本培养基中，1~5 组每组含素 4 种氨基酸；6~9 组每组含 5 种氨基酸，每种氨基酸同时存于两组中。如某菌株仅在 2 组、8 组培养基上生长，经查表可知其为赖氨酸缺陷型。

表 6-3　营养缺陷型鉴定中氨基酸组合及用量情况

组合（mg/L）	第 1 组	第 2 组	第 3 组	第 4 组	第 5 组
第 6 组	丙氨酸 40	精氨酸 20	天冬酰胺 70	天冬氨酸 70	半胱氨酸 120
第 7 组	谷氨酸 90	谷酰胺 90	甘氨酸 40	组氨酸 80	异亮氨酸 70
第 8 组	亮氨酸 70	赖氨酸 70	蛋氨酸 70	苯丙氨酸 80	脯氨酸 60
第 9 组	丝氨酸 50	苏氨酸 60	色氨酸 100	酪氨酸 90	缬氨酸 60

另一种鉴定方法是在配制基本培养基时，将 20 种氨基酸分别依次按照缺少 1 种氨基酸的方法接上待测菌株，经培养在哪种培养基上不长即需要未加的该种氨基酸。这种方法的优点是可以一次同时将需要两种以上氨基酸的菌株鉴定出来。

6.4.3　食药用菌的交配育种

物种发生遗传性变异的原因除基因突变外就是基因重组。重组主要通过有性生殖过程而实现，生物交配是为了获得物种遗传上的基因重组，食药用菌也不例外。来自不同亲本的两个单倍体核融合后发生遗传物质的减数分裂，在此过程中基因发生分离、自由组合或交换，重组或杂交可以产生杂种优势，使食药用菌的新个体产生不同于其亲本的性状。

6.4.3.1　交配育种目标

（1）提高生物转化率

提高生物转化率的目的是使食药用菌增强菌丝利用基质的能力，营养性生长旺盛，生殖性生长具有较高效率，如出菇早、菇潮齐、产量高等。

（2）改善菇体品质

改善菇体的品质包括使菇体表现为柄短、菇形好、色泽与口感受消费者欢迎等。例如，不释放担孢子的平菇，解决了菇农的呼吸道过敏问题，有十分重要的商品生产价值。

（3）增强环境适应性

增强食药用菌的生活力或抗逆性，使之更能适应不良环境。实践证明，在一定范围内杂交重组的双亲间亲缘关系、生态类型差异越大的，杂交后代所形成的杂种优势越强。例如，日本的育种家将从尼泊尔、不丹等国采集的野生香菇与日本当地的香菇进行杂交，改良了品种，这是日本香菇产率高、品质好、商品竞争力强的原因之一。

（4）固定杂种优势

食药用菌生活史的显著特点是其无性世代的质配阶段较长，而其有性世代的核配及减数分裂仅在子实体形成过程中短暂的发生于菌褶组织中。因此，有价值的食药用菌杂种一旦育成，即可通过菌丝体的无性繁殖来固定杂种优势，例如，无孢平菇的无孢性状就是依赖其菌丝的无性繁殖而保持的。食药用菌不像高等动植物那样必须进行有性生殖，导致杂交子代的性状分离，使杂种优势很快衰退。

综上所述，杂交育种是选用已知性状的亲本进行优化组合，从预见性和方向性上都比诱变育种前进了一步，是目前食药用菌育种实践中最主要、最有用的方法。前人育成了不释放孢子的佛州侧耳、无孢子的美味侧耳，这些品种在生产实践中发挥了重要作用。平菇的无孢性状是如控制的呢？其遗传规律又如何？后续研究证明无孢突变基因是隐性的，其分离比率符合一对非连锁隐性基因的控制模式。

6.4.3.2 交配育种技术

（1）单核菌株

进行无孢平菇有性交配育种研究的首要条件是获得交配型清楚的单核体的遗传背景。

（2）交配出菇

将不同交配型的单核体菌丝进行组合培养，若交配成功，镜检菌丝有锁状联合特征，将这样的双核菌丝接种到废棉培养料上，25℃发菌后降温到20℃，并间歇给予光照刺激出菇。

（3）无孢鉴定

对大量菇体样品的初筛采用检查孢子印的方法；复筛采用光学和电子显微镜检查，无孢菇体的标准是菌褶的担子上无孢子或仅有少数败育的孢子。检查担子中细胞核的数目，用核酸的专一性荧光染料4',6-二脒基-2-苯基吲哚浸染菌褶组织。

（4）交配型分离率

随机选用单核菌株与4种交配型的测试菌株交配，目的是检测亲代交配型基因经过减数分裂后在子代中发生分离的频率，进而确定佛州侧耳的交配控制类型。在交配实验中共选用了94个被测株，其中有86个被测株与4个测试株亲和，生成具有锁状联合的双核体，其余8株不与测试株发生交配反应（原因不明），因此，统计的分离率有些误差，4 种交配型出现的理论频率应为 1∶1∶1∶1。

由于在子代中出现了 4 种交配类型，其中 A1B2 和 A2B1 是亲代的两种交配型，另外的 A1B1 和 A2B2 是经减数分裂后在子代中新产生的两种交配型，这是非连锁基因自由分离的结果。由此表明佛州侧耳是 A、B 双因子非连锁的异宗结合控制系统。

（5）测交试验分析

杂合体的两种孢子与隐性亲本回交，理论上应出现产孢、无孢 1∶1 的比率；回交结果是产孢双核体与无孢双核体出现 3∶1(47∶16) 的分离比率。回交出现产孢和无孢两种双核体子代，表明单核体亲本 Pf11 携带的无孢基因为隐性，只有纯合时才得以表达。此外，结实的子代又可细分为三个等级，且无孢、中等产孢与大量产孢的比率约为 1∶2∶1(16∶29∶17)，似乎表明佛州侧耳的野生型产孢基因是不完全显性，其与隐性基因杂合时表现为中等产孢，两个显性基因纯合时大量产孢。

对无孢子实体的细胞学检测表明，大多数担子上无孢子甚至无小梗，偶尔发现十几个丛生的担子上各具有一个发育不成熟的孢子。用核酸染料 DAPI 染色后在显微镜下检测，发现担子中有 2 或 4 个核。担子中有 4 个核以及测交时双核子实体(Pf272+Pf11)产生 4 种交配型孢子的现象表明，无孢突变并不影响担子中的减数分裂过程，电镜照片显示，无孢子实体的担子上无小梗和孢子，很可能是由于小梗的缺失而影响了担孢子的形成。

生产实践表明，无孢菌株和有孢菌株在菌丝生长速率以及子实体产量上并无差异，所不同的是无孢菌株菌柄偏于中生，菌褶较窄而少，菌盖较薄而易开裂，口感脆嫩柔软。由此认为，与产孢有关的一对等位基因纯合时，除不产孢外，还对平菇的其他生物性状产生影响。

6.4.4 原生质体单核化技术

原生质体作为真菌学的研究内容已有 30 年的研究历史。细胞壁是阻碍某些遗传及生理生化研究的屏障，因此，脱壁的原生质体可以成为一种用途很广的实验系统。利用原生质体单核化技术，可以从异宗结合的某一双核体中重新分离出组成该双核体的两个单核体亲本。应用原生质体技术对 3 个属的异核菌株进行了单核化研究，成功地分离出组成每个异核体的两种单核体。过去曾采用机械、化学、饥饿三种单核化方法，各有不尽如人意之处。例如，机械方法处理仅有少数细胞存活，很难同时获得两种核型的细胞；化学方法处理所用的药物不但均有某种程度的毒性，而且没有一种化学药物具有普遍有效的单核化效果。前人采用含少量磷酸盐和镁离子的甘氨酸培养基分离单核菌株，虽对 5 种 14 个菌株有效，但这种方法也存在着培养条件过于严格，操作步骤繁琐的缺点。

6.5 我国食药用菌资源利用现状及展望

6.5.1 我国食药用菌资源利用现状

我国栽培的 60 个食药用菌品种都迫切需要稳定、高产、优质、抗病虫害、抗逆性强的新菌株，这是一项浩繁的工程给从事遗传育种的科研人员提供了机会。利用现代的生物工程技术，让食药用菌用产生人类生长激素、胰岛素、止血剂等已非遥不可及。食药用菌栽培技术的现代化进程正在如火如荼地进行，为建筑、工程、机械、设备、培训、管理、贸易、加工、营销、旅游、展览、原材料、包装等行业提供了巨大的商机和就业机会。此外，食药用菌的产品深加工潜力巨大，可大大提高食药用菌商品的附加值，我国在这方面的研究和应用有着广泛的基础，且领先于世界，大有可为。

食药用菌行业的发展前景是广阔的。21 世纪是生物科技的时代，是人类追求健康的时代，未来 5 年正是食药用菌行业深入发展的好时机。

6.5.2 我国食药用菌资源利用展望

随着社会的进步和经济的发展，人们的生活水平不断提高，传统的食用菌干鲜品和盐渍品已不能满足消费者的需要，食用菌急需进行深加工。我国加入 WTO 以后，为使食用菌市场与国际接轨，更需要食用菌产品加工和包装的发展。目前已有许多深加工产品面市，如菌菇提取物、菌菇调味品、菇类酱油、菌菇酱、即食菌菇片、木耳糖、马勃糖、高铁豆奶、高锌泡茶、智力巧克力、蜜环菌片、东宝金丹等，创造了较好的经济效益和社会效益。因此，充分利用食用菌所含有效成分的优势，寻找社会急需的缺口，开发食用菌深加工产品，必将会给食用菌事业的发展带来美好的前景，促进食用菌栽培业及发酵业的蓬勃发展。

思　考　题

1. 简述药用真菌的主要类型。
2. 简述食药用菌诱变育种的方法。
3. 简述物理诱变的原理。
4. 简述化学诱变的类型。
5. 简述我国药用真菌资源利用的现状。

第7章
农林资源真菌

一般而言，农林资源真菌在农林业生产方面发挥的作用，主要体现在虫生资源真菌防控昆虫，拮抗资源真菌防控植物病害，菌根真菌促进植物生长发育以及除草资源真菌和农药降解的资源真菌等。

7.1 虫生资源真菌及利用

7.1.1 虫生真菌在有害生物控制中的作用及重要性

提起虫生真菌，人们首先想到的便是冬虫夏草，其实，虫生真菌远不指冬虫夏草一种。早在2000年前，我国《神农本草经》中就有关于白僵蚕药用价值的记载。数百年来，冬虫夏草、蝉茸等药用真菌一直被我国人民广泛应用。然而虫生真菌在农林业生产中的作用与地位，则并没有被人们普遍认识。昆虫与真菌之间具有极密切的联系，主要表现在昆虫的噬菌作用与真菌对昆虫的寄生作用方面，少数表现为昆虫与真菌的共生关系(如食用菌鸡纵生长在蚁巢上)。

就资源真菌防控昆虫而言，真菌约占昆虫病原微生物种类的60%以上，真菌防治昆虫种类最多、范围最广，真菌源生物农药应用最广泛的是白僵菌、绿僵菌母药及其制剂。真菌源生物农药除具有一般生物农药的环保、无抗性等特点外，还具有以下优点：

①靶标性强 真菌源生物农药靶标性强，对人畜等高等动物无害，同时对瓢虫、草蛉和食蚜虻等害虫天敌有很好的保护作用，能够有效维护生态平衡。

②持续性强 真菌源生物农药含有活体真菌及孢子或菌丝体，施入田间后，借助适宜的温度、湿度，可以继续繁殖生长，诱发害虫的流行病，增强杀虫效果，从而实现对农林害虫的可持续控制。

③可再生 真菌源生物农药主要利用天然再生资源(如农副产品的谷壳、麸皮、玉米等)生产，原材料的来源广泛、生产成本低廉，不与利用非可再生资源(如石油、煤、天然气等)的化工产品争夺原材料，有利于自然资源保护和循环经济。

④施肥功能 真菌源生物农药以菌种发酵生产过程中的培养基作为产品的主要载体，载体富含经发酵产生的大量氨基酸、多肽酶及微生物元素等作物生长所必需的营养成分。施用生物农药有改良土壤、改善作物生长条件及提高作物产量的效果。

由于化学农药的大量使用对环境生态造成了严重的影响，所以生物防治日益被人们所重视，而虫生真菌作为农作物害虫的一类重要致病菌，以其种类多、安全有效、容易大量生产等优点，在害虫的生物防治中占有重要的地位。昆虫病原真菌经开发可调制成微生物制剂，利用喷施化学农药的器械喷施制剂防治害虫，使用方便，对人畜生物安全性高，无残留不会造成环境污染。

7.1.1.1 虫生真菌的来源、分布及种属

虫生真菌(entomogenous fungi, entomopathogenic fungi 或 entomophagous fungus)又称为昆虫病原真菌，是指一类能寄生在昆虫、蜘蛛等节肢动物幼虫或成虫体表和体内的真菌，由孢子接触寄主体壁直接侵染，并在寄主体内增殖，菌丝体不断繁殖增长，破坏寄主组织使其死亡。该类真菌是最大的昆虫病原微生物类群，寄主范围广泛(详见附录8)。

在自然界中，除高等担子菌和丝孢纲中的暗色菌外，每个真菌类群都含虫生真菌，共涉及 100 余属 800 余种，我国已记录的有 50 属 300 种，主要寄主鳞翅目、鞘翅目、同翅目、双翅目、等翅目、膜翅目等昆虫。

7.1.1.2 虫生真菌的生物学特性

虫生真菌种类众多，不同真菌之间具有不同的生物学特性，总体而言，其具有以下特点：

①真菌一般能侵染其寄主的不同发育阶段(有时包括卵)，一般不伤害天敌，可以同各种天敌和很多杀虫剂相容。

②真菌致死昆虫后能大量产孢，引起扩散，可以在适宜条件下能引发昆虫的流行病。

③不同真菌寄主不尽相同，各种昆虫均可以被多种真菌寄生。

④真菌的生长和繁殖速度较快，容易大量生产，害虫对真菌产生抗性的可能性较小。

尽管虫生真菌具有诸多优点，但其也具有以下缺点：

①相比化学农药，虫生真菌的杀虫效果较为缓慢。同时，虫生真菌的孢子往往从昆虫体壁进行侵染，容易受到太阳光紫外线的杀伤从而失去应有活性；不仅如此，虫生真菌对于多数杀菌剂表现得较为敏感。

②虫生真菌在一定生态环境内的数量往往随着时间的推移具有一定的饱和性，超过该点则会造成自我的抑制。

③虫生真菌在田间的生长发育以及传播流行容易受到昆虫种群、环境因子等多方面因素的影响，因此，较难评价田间虫生真菌使用的效果情况。

7.1.1.3 虫生真菌的控虫机制

一般就细菌、真菌、线虫和病毒等各类昆虫病原物而言，病原真菌是唯一能通过昆虫表皮侵入其体内的微生物，因此，其在害虫生物控制中具有特殊的重要性。真菌入侵过程大致分为以下几个步骤：

①真菌的分生孢子附着于昆虫的体表，开始萌发并形成芽管。

②在接收到特异信号后开始分化形成附着胞等侵染结构。

③凭借附着胞提供机械压力，在体壁水解酶的帮助下形成的侵染钉穿透昆虫体壁，进入寄主血腔。

④病原真菌以孢子等形式在寄主血腔内不断生长，直到充满整个虫体内部，导致寄主昆虫死亡。

昆虫病原真菌附着于体表可分为两种不同方式：

①非特异性附着。指疏水孢子与疏水昆虫体壁进行被动附着，附着力较弱。

②特异性主动附着。即通过诱导分泌的胞外蛋白酶类作用，分生孢子牢固地附着在昆虫体壁上。

虫生真菌穿透昆虫体壁必须有附着胞的产生，并借助附着孢形成的机械压力和水解酶的共同作用才能穿透昆虫体壁。昆虫病原真菌在入侵昆虫体壁的过程中，会分泌蛋白酶、几丁质酶等多种胞外水解酶类。蛋白酶的降解作用不仅利于菌丝穿透侵入，同时也为菌丝的生长提供营养物质。

7.1.1.4 虫生真菌资源的利用和保护

自 20 世纪 60 年代以来，欧美国家及日本在昆虫病原真菌的应用方面均取得了一些突破，到 20 世纪 90 年代已报道的真菌杀虫剂有 7 个种类 24 个商品，分属 8 个国家，此后增至 8 个种类 26 种商品。我国的资源也很丰富，已发现记载的昆虫病原真菌涉及 40 多个属 400 多种，其中虫草 80 种，捕食和寄生线虫的真菌 10 种，寄生昆虫的真菌 215 种，报道的新种达 24 种。

近年来，由于虫生真菌在害虫持续控制及维护物种多样性方面的特殊优势，其应用及基础研究发展迅速。生物防治中应用最广的真菌杀虫剂主要来源于球孢白僵菌 *Beauveria bassiana*、金龟子绿僵菌 *Metarhizium*、玫烟色拟青霉 *Paecilomyces fumosoroseus*、蜡蚧轮枝菌 *Verticillium lecanii* 和汤普生多毛菌 *Hirsutella thompsonii* 等。

苏联在 20 世纪 70 年代批准登记为 Boverin 的微生物杀虫剂即来源于球孢白僵菌，该药剂主要用来防治马铃薯甲虫、苹小食心虫、小麦盾蝽、玉米螟和甜菜象甲等。我国利用白僵菌生产的杀虫剂可防治 40 多种害虫，目前生产上主要利用其防治松毛虫、玉米螟和水稻叶蝉等害虫，防治农林害虫危害面积每年达 $67 \times 10^4 hm^2$。

绿僵菌的应用仅次于白僵菌，由于绿僵菌易于人工培养，目前，美国、巴西已有绿僵菌商品制剂，主要用于防治沫蝉、蚊子等。国内应用其防治梨虎象、天牛、梨星毛虫、菜青虫、蠹虫、蚊子等，其防效达 30%～94%。

玫烟色拟青霉也是研究报道较多的虫生真菌之一，20 世纪 60 年代，日本已有人用它防治桃小食心虫和蚕牛蝇等害虫，用其制成的"808"制剂防治茶叶主要害虫茶绿叶蝉和茶橙螨，使害虫危害期由 120d 缩短至 9～14d。此外，感染玫烟色拟青霉的烟粉虱在雨季或雨季过后数量会骤减；在大田或温室中低温、高湿条件下，该病菌的发生持续时间可延长。

7.1.2 主要虫生真菌

农作物生态系统、蔬菜生态系统、茶园及果园生态系统中的虫生真菌资源极为丰富，广泛分布于真菌的各个门中，其中多数属于子囊菌门 Ascomycota 虫草菌属

Cordyceps、接合菌门 Zygomycot 虫霉属 *Entomophthorales* 及半知菌类 Deutoromycota 丝孢纲 Hyphomycetes，其中丝孢纲真菌在虫生真菌中所占的种类最多。

表 7-1 中列出了已经研究报道和记载的常见虫生真菌共计 36 个属，同时，近年来在我国发现的虫生真菌种类还在不断地增加（详见附录 8）。利用真菌开发的虫害生物防治药剂已经有较多报道（表 7-2）。

表 7-1　重要虫生真菌分类地位及其主要寄主昆虫

门	纲	属	重要代表种	主要寄主
壶菌门	壶菌纲	雕蚀菌	骚蚊雕蚀菌	蚊幼虫、蟑等
		蝇壶菌	乌克兰蝇壶菌	多种昆虫
		链壶菌	大链壶菌	蚊幼虫等
接合菌门	接合菌纲	毛霉	易脆毛霉	瓢虫等
		虫霉	蝇虫霉	家蝇等
		虫疫霉	蚜虫疫霉	蚜虫、双翅目等
		团孢霉	虫生团孢霉	十七年蝉等
		虫疠霉	新蚜虫疠霉	麦长管蚜等
		三孢霉	弗雷生三孢霉	蚜虫等
		耳霉	暗耳霉	蚜虫等
子囊菌门	核菌纲	虫草菌	香棒虫草属	暗黑鳃金龟
		虫壳菌	大别山虫壳	蜘蛛
	不整囊菌纲	赤壳菌	猩红菌	蚧壳虫
		球囊霉	蜂球囊霉	蜂类
担子菌门	层菌纲	隔担耳菌	勃氏隔担耳菌	蚧壳虫
半知菌门	丝孢菌纲	节从孢	少孢节从孢	线虫等
		白僵菌	球孢白僵菌	多种昆虫
	腔孢纲	蚊霉	棒孢蚊霉	蚊类幼虫
		绿僵菌	金龟子绿僵菌	鞘翅目等
		野村菌	紫色野村菌	白毒蛾等
		青霉	指梗青霉	棉蚜等
		曲霉	黑曲霉	褐蚁、桃蚜等
		拟青霉	玫烟拟青霉	舞毒蛾、蟑类
		球束梗孢	丽球束梗孢	鳞翅目
		被毛孢	汤氏被毛孢	螨、线虫等
		镰刀菌	尖孢镰刀菌	黑蚁等
		链格孢	细链格孢霉	大青叶蝉
		芽枝霉	枝孢芽枝霉	膜翅目等

（续）

门	纲	属	重要代表种	主要寄主
半知菌门	腔孢纲	轮枝孢	蜡蚧轮枝孢	蚜虫、星天牛等
		层束梗孢	黄层梗孢	同翅目
		共胶霉	象虫共胶霉	鞘翅目
		头孢霉	蚧头孢霉	星天牛等
		聚端孢	粉红聚端孢	二点豆园蝽等
		帚霉	短柄帚霉	瓢虫等
		侧孢霉	赛氏侧孢霉	大灰象甲等
		座壳孢	粉虱座壳孢	粉虱等

表 7-2　虫害真菌类防治药剂

真菌种名	学　名	商品名	靶标害虫	国家或生产商
粉虱座壳孢	*Aschersonia aleyrodis*	Ascronija	白粉虱、介壳虫	俄罗斯
球孢白僵菌	*Beauveria bassiana*	Bio-Save	家蝇	美国
		Biotrol FBB	介壳虫	美国 Abbott
		Botani Gard™	白粉虱、蚜虫、蓟马	美国 Mycotech
		Boverin	马铃薯叶甲	俄罗斯
		Boverol	马铃薯叶甲	捷克
		Boverosil	马铃薯叶甲	捷克
		Conidia	蜚蠊	德国 Bayer
		Mycocide GH	蝗虫、蚱蜢、蟋蟀	美国 Mycotech
		Mycotrol-ES	白粉虱、蚜虫	美国 Mycotech
		Mycotrol-GH	蝗虫、蟋蟀	美国 Mycotech
		Mycotrol-WP	白粉虱、蚜虫、蓟马	美国 Mycotech
		Mycotrol Biological Insecticide	白粉虱	美国 Mycotech
		Naturalist I	棉铃象、棉跳盲蝽、白粉虱	美国 Mycotech
		Ostrinil	玉米螟	法国 NPP(Calliope)
布氏白僵菌	*Beaurveria brongniartii*	Biolisa Kamikiri	天牛	日本日东电工
		Betel	甘蔗金龟子	法国 NPP(Calliope)
		Engerlinspilz	蛴螬	瑞士 Andermatt
暗孢耳霉	*Conidiobolus obscurus*	Entomophthorin	蚜虫	俄罗斯
绿僵菌	*Metarhizium anisopliae*	Back-off- 1	介壳虫、白粉虱	美国
		Bio1020	蛴螬	德国 Bayer

（续）

真菌种名	学　名	商品名	靶标害虫	国家或生产商
绿僵菌	*Metarhizium anisopliae*	Bio-Blast Biological termiticide	白蚁	美国 Ecoscience
		Biocontrol	甘蔗沫蝉	巴西
		Biotrol FMA	蚊子	美国 Abbott
		BioGreen™	甘蔗沫蝉	巴西
		BiomaxBio-Path	甘蔗沫蝉	巴西
		Cockroach Control™	蜚蠊	美国 Ecoscience
		Combio	甘蔗沫蝉	巴西
		Metarhizin	白粉虱	俄罗斯
		Metapol	甘蔗沫蝉	巴西
		Metaquino	甘蔗沫蝉	巴西
黄绿绿僵菌	*Metarhizium flavoviride*	Green Muscle	蝗虫、蚱蜢	英国 CABI
汤普森被毛孢	*Hirsutella thompsonii*	ABG-6178	柑橘锈螨	美国 Abbott
		Mycar	柑橘锈螨	美国 Abbott
粉拟青霉	*Paecilomyces farinosus*	Paecilomin	柑橘粉蚧	俄罗斯
玫烟色拟青霉	*Paecilomyces fumosorosus*	Biobest	白粉虱、蚜虫	美国 Grace
		Biocon	白粉虱	荷兰 Koppert
		PreFeRal	白粉虱	比利时 Bobest
		PFR-97	粉虱	美国 ECO-tek
蜡蚧轮枝孢	*Verticillium lecanii*	Mycotal	蚜虫	荷兰 Koppert
		Thriptal	蓟马	荷兰 Koppert
		Vertalec	白粉虱	荷兰 Koppert
		Verticon	白粉虱	俄罗斯
		Verticillin	蚜虫	俄罗斯
大链壶菌	*Lagenidium giganteum*	Laginex	蚊子	美国 AgraQuest
		Pae-Sin	粉虱	墨西哥 Agrobionsa
		Bemisin	粉虱	委内瑞拉 Probioagro

7.1.2.1　球孢白僵菌

球孢白僵菌 *Beauveria bassiana* 为子囊菌门真菌，是常见的昆虫寄生菌。球孢白僵菌寄主范围很广，主要侵染昆虫幼虫，也见于成虫。孢子在虫体表萌发后穿过体壁进入虫体，致使虫体僵死，呈白色茸毛状至粉末状。分生孢子梗瓶状，可多次分叉，孢子球状或卵状，在密集的孢子梗上成团，形成密实的孢子头。球孢白僵菌可用于防治松毛虫等农林害虫，但也侵染家蚕，造成养蚕业的重大损失。我国著名的中药——僵蚕，即为白僵菌寄生致死的家蚕幼虫。白僵菌产生的卵孢霉素（Oosporin，$C_{14}H_{10}O_8$）是一种抗真菌的抗生素，对脊椎动物幼体也有剧毒，对小麦、燕麦及豆科植物可产生明显药害作用。人接触大量白僵菌孢子，能产生类似感冒的短期症状。

依据形态指标、生理生化指标及核酸指标可将白僵菌属分为 7 个种，分别是球孢白僵菌、布氏白僵菌、白色白僵菌、多形白僵菌、蠕孢白僵菌、粘孢白僵菌和苏格兰白僵菌。常见白僵菌共有 3 种：球孢白僵菌、小球孢白僵菌、布氏白僵菌，这 3 种白僵病菌的不同发育阶段虽具有共同的形态特征，但也存在一定的差异，球孢和小球孢白僵菌，分生孢子虽都为球形或卵形（各约 50%），均生于对称呈直角的茸状产孢细胞顶端，分生孢子梗呈直角分支聚成集团。所不同的是球孢白僵菌孢子大，直径一般为 $2.5 \sim 3.0\mu m$，菌落呈平绒状，在明胶培养基上逐渐从白色变到乳白色，而在马铃薯琼脂培养基的底部无色或淡黄色；小球孢白僵菌孢子较小，直径一般为 $2 \sim 2.5\mu m$，菌落白色至乳白色初为疏茸状或棉絮状，后期形成乳粉状的孢子层，不使马铃薯琼脂培养基斜面变色，但在清晰明胶培养基上呈粉红色，颜色很不明显，而且 10d 后便消失；布氏白僵菌不同于前两种的主要特征是其分生孢子大多是亚圆形或椭圆形，而且分生孢子开叉较大，一般为 $(2.0 \sim 6.0)\mu m \times (1.5 \sim 4)\mu m$，生于产孢细胞顶端新延伸的"乙"形丝形器上，菌落表面高低不同，白色，初为茸毛状或棉絮状，后期呈粉状，在明胶培养基的底部呈深红色至紫色，某些菌丝命名马铃薯培养基呈不同程度浅紫色至红色。

球孢白僵菌菌落呈绒状、丛卷毛至粉状，有时呈绳索状，但很少形成孢梗索。菌落培养初期多呈白色，后变成淡黄色，偶成淡红色，背面无色或淡黄色至粉红色。目前，已在农业部登记的白僵菌有球孢虫白僵菌（主要用于防治松毛虫和玉米螟）和布氏白僵菌（主要用于防治花生蛴螬）两种，登记剂型有粉剂、可湿性粉剂和油悬浮剂。

球孢白僵菌主要通过表皮接触感染昆虫，也可经消化道和呼吸道感染。侵染的途径因昆虫的种类、虫态、环境条件等的不同而异。扫描电镜或荧光染色观察发现，球孢白僵菌高毒菌株在棉铃虫幼虫体壁上短暂生长即可形成入侵结构，而低毒菌株在幼虫体壁上产生细长的匍匐菌丝，这些菌丝会从害虫体内吸收营养，最终导致害虫死亡。

球孢白僵菌在浸染黑尾叶蝉时有两种方式。第一是通过皮肤侵染，萌发的分生孢子在虫体体壁几丁质较薄的节间膜处长出芽管，芽管顶端分泌溶几丁质酶使几丁质溶解成一个小孔，24h 后萌发管进入虫体。萌发的芽管借助酶的作用，不断通过溶解体壁几丁质向前伸长，直至体壁上皮细胞才生成的菌丝也进入体壁，然后侵入血淋巴组织，菌丝起初延着细胞膜发育生长，然后穿过细胞膜进入细胞内，于是原生质和细胞核失活，养料被耗尽。大量皮下细胞层的破坏是由于体腔内菌丝侵染的结果，此时菌丝受到昆虫体内的血细胞的包围，血细胞出现空泡，着色力降低，同时菌丝产生许多芽生孢子，芽生孢子萌发后产生新的菌丝，以此反复不断增殖，冲破血细胞屏障进入体腔，在体腔内又以芽生孢子、分生孢子等方式繁殖，48 ~ 72h 后扩散到虫体所有组织（如消化道、马氏管、脂肪体等）。感染96h 后，昆虫组织器官大部分被破坏，菌丝成束穿出体表，形成气生菌丝，并开始形成分生孢子梗和分生孢子。侵染120 ~ 118h，虫体表长出大量气生菌丝并释放出分生孢子梗和分生孢子，此时除部分体壁处，其他组织皆被破坏。

真菌孢子萌发的芽管进入虫体后在血腔内自由浮动，逐渐增长变为菌丝，这些菌丝通过吸收虫体内的水分和养分，不断伸长、分枝、增殖并入侵其他器官，使整个虫体充满菌丝体。在该过程中，菌体产生的草酸钙结晶会降低血淋巴的酸度，使机体代谢发生紊乱。同时白僵菌可产生各种毒素，如白僵菌素（Beauvericin）、纤细素（Tenellin）和卵孢素（Oosporein）等。白僵菌素为含 N-甲基氨基酸的环状肽。白僵菌素为针状无色晶体，加醋酸铅于水溶液中可产生絮状白色沉淀，对茚三酮显正反应。研究发现主要有以下几种毒素对寄主的致死产生了关键的作用：

①白僵菌素　它良好的耐热性和稳定性会对离子的运输产生重要的影响，因此导致了细胞核变形和组织崩解了。

②球孢白僵菌素　是从被侵染的家蚕幼虫中研究发现的一种毒素，该毒素的毒性远高于白僵菌素，研究发现该毒素可使寄主肌肉松弛而死亡。

③卵孢毒素　是在球孢和布氏白僵菌的新陈代谢中产生的。

④酶类毒素　是在球孢白僵菌在新陈代谢中释放的一类酶，如蛋白质酶、纤维素酶和淀粉酶等。释放的这些酶都可以降解昆虫体壁的各种化学成分，有利于芽管有效侵入昆虫体壁，加快菌体对寄主昆虫的降解和入侵。

前人发现球孢白僵菌几丁质酶与菌株毒力的呈正相关，所以真菌毒素主要是通过侵染寄主昆虫细胞的免疫系统发挥它应有的作用，所以人们提取的纯毒素会对寄主具有相当大的免疫压力、麻痹肌肉和损害其马氏管等，但真菌分泌毒素对病虫害的杀伤机制还需要人们的研究，并且发现只有一部分白僵菌菌株会产生毒素。

在适宜条件下，致死宿主体内的菌丝体产生分生孢子，虫体表层破碎，孢子随风释放感染其他虫体，形成循环侵染。毒性：用 50×10^8 个/g 活孢子制剂大白鼠腹腔注射和灌胃半数致死量 LD_{50} 分别为 $0.6 \pm 0.1 g/kg$ 和 $10.0 g/kg$，而用纯孢子腹腔注射大白鼠的 LD_{50} 为 $128 \pm 12 mg/kg$，表的该制剂为低毒类微生物农药，对人、畜无致病作用，属弱的变态反应源，无"三致"问题。

白僵菌可寄生 15 个目 149 个科的 700 余种昆虫，对人畜和环境比较安全、害虫一般不易产生抗药性、可与某些化学农药（杀虫剂、杀螨剂、杀菌剂）同时使用。至今为止，白僵菌在国际上已有 17 种产品注册登记，用于防治蛴螬、家蝇、蚧壳虫、白粉虱、蚜虫、蓟马、马铃薯叶甲、蕈蠓、蝗虫、蚱蜢、蟋蟀、棉铃象、棉跳盲蝽、玉米螟、天牛、甘蔗金龟子等害虫。白僵菌高孢粉是国家林业和草原局推广的高效生物杀虫剂之一，可广泛应用于森林害虫，蔬菜害虫，旱地农作物害虫等。多年来，国内应用白僵菌成功地对近 40 种农林害虫进行了防治，如今在生产中使用的主要有：松毛虫、玉米螟、蛴螬、蝗虫、马铃薯甲虫、松褐天牛、白蚁、茶小绿叶蝉、桃小食心虫等。白僵菌防治最成功的昆虫是危害苗圃、草坪、农田等的蛴螬。现今在有机农产品、茶叶的生产中白僵菌被广泛应用。

白僵菌高孢粉无毒无味，无环境污染，对害虫具有持续感染力，害虫一经感染可连续浸染传播，其具有以下优点：

①无农药残留　施用白僵菌后立刻收获产品也不会造成任何农药残留。

②无抗性　害虫对化学农药产生的抗性使化学农药的杀虫效果逐年减退。白僵菌

在自然条件下与害虫的体壁接触，致其感染死，害虫不会对其产生任何抗性。连年使用，效果反而越来越好。

③再生长性　白僵菌新型生物农药含有活体真菌及孢子。施入田间后，借助适宜的温度、湿度，可以继续繁殖生长，增强杀虫效果。

④高选择性　不同于化学农药将益虫、害虫尽数毒杀，白僵菌的专一性强，对非靶标生物如瓢虫、草蛉和食蚜虻等益虫影响较小，因此田间整体防治效果更好。

7.1.2.2　绿僵菌

绿僵菌 *Metarhizium anisopliae*，又称金龟子绿僵菌。绿僵菌属子囊菌门、肉座菌目、麦角菌科、绿僵菌属，是一种广谱的昆虫病原菌，在国外应用其防治害虫的面积超过了球孢白僵菌，防治效果可与球孢白僵菌媲美。绿僵菌通过体表入侵作用进入害虫体内，在害虫体内不断增殖，通过消耗营养、机械穿透、产生毒素，使害虫致死，并不断在害虫种群中传播。绿僵菌具有一定的专一性，对人畜无害，同时还具有不污染环境、无残留、害虫不会产生抗药性等优点。

我国研究开发绿僵菌起步晚，经过多年的研究开发在菌株选育、生产工艺和剂型上已有长足进步。目前，重庆大学基因研究中心完成了杀蝗绿僵菌生物农药的研制，取得了重要的研究成果，产品已在国内多个省份开展示范试验。

与传统的化学药物不同，绿僵菌复合剂可以消灭白蚁、蝗虫等害虫。田间大规模应用试验的结果显示，绿僵菌能适用于室内外，在防治桉树白蚁方面具有用量少、成本低的特点，保证苗木成活率在95%以上。据悉，目前绿僵菌灭白蚁、蝗虫的方法已经作为国家重点推广的应用项目，可广泛应用于农田、林木、桥梁等多个领域的防治工作。每株桉树增加0.02元的成本，就能使95%以上的桉树逃脱白蚁的摧残。

研究发现，在以昆虫体壁为唯一碳、氮源的诱导培养基中，绿僵菌表达分泌多种蛋白酶，根据其底物活性分为两大类：一类包括丝氨酸弹性凝乳蛋白酶；另一类包括丝氨酸类胰蛋白酶。病原真菌在穿透昆虫体壁进入血腔后，首先要克服寄主的免疫抵抗反应，并进而能够有效地获取寄主体内的营养物质供其自身的生长繁殖。研究表明，昆虫病原真菌的细胞壁成分 β-1, 3 葡聚糖及其分泌的蛋白酶可被寄主细胞双重识别，从而启动细胞免疫及体液免疫。昆虫病原真菌之所以能够克服寄主的免疫抗菌作用，不但与其细胞壁结构重新包装改造有关，而且还同真菌分泌的毒性次生代谢产物有关。绿僵菌毒素主要有环孢素和破坏素等。研究表明，当绿僵菌在烟草天蛾的血淋巴中生长时，涉及糖、蛋白和脂类代谢的不同基因均有不同程度的表达，表明绿僵菌可以直接或间接地利用多种营养物质来满足其生长繁殖的需求。

7.1.2.3　淡紫拟青霉

淡紫拟青霉 *Paecilomyces lilacinus* 属于内寄生性真菌，是一些植物寄生性线虫的重要天敌，能够寄生于卵，也能侵染幼虫和雌虫，可明显减轻多种作物根结线虫、胞囊线虫、茎线虫等植物线虫病的危害。该属的主要特征是分生孢子梗呈瓶状或近球形(瓶梗)，在菌丝端或短枝上轮生，分生孢子单孢链状，至今该属报道有近50个种，皆为昆虫病原菌和线虫病原菌。此菌广泛分布于世界各地，具有功效高、寄主广、易培养等优点，特别在控制植物病原线虫方面功效卓著。半个多世纪以来，国内外许多专家学者对此菌进行了广泛而深入的研究，在生物学、生态学、大量培养、控害效能与田间应用等方面取得了一系列研究成果。

淡紫拟青霉是南方根结线虫与白色胞囊线虫卵的有效寄生菌，对南方根结线虫的卵寄生率高达 60%~70%。对多种线虫都有防治效能，其寄主有根结线虫、胞囊线虫、金色线虫、异皮线虫甚至人畜肠道蛔虫，是防治根结线虫最有前途的生防制剂。

淡紫拟青霉菌对根结线虫的抑制机理是淡紫拟青霉与线虫卵囊接触后，在黏性基质中，生防菌菌丝包围整个卵，菌丝末端变粗，由于外源性代谢物和真菌几丁质酶的活动使卵壳表层破裂，随后真菌侵入并取而代之。该菌也能分泌毒素对线虫起毒杀作用。

淡紫拟青霉在农林生产中的控害增产效能主要体现在以下几个方面。

(1) 对昆虫种群的控制功能

淡紫拟青霉可寄生半翅目的荔枝蝽象、稻黑蝽，同翅目的叶蝉、褐飞虱；等翅目的白蚁，鞘翅目的甘薯象鼻虫以及鳞翅目的茶蚕、灯蛾等。

(2) 对植物病原菌的拮抗效能

淡紫拟青霉 36-1 菌株对植物病原菌具有拮抗效能。淡紫拟青霉在玉米小斑病、小麦赤霉病、黄瓜炭疽病菌、棉花枯萎病和水稻恶苗病菌试验中，该菌株活菌体液对以各病原菌菌丝生长抑制率分别为 80.22%、80.50%、77.71%、75.30% 和 61.36%；处理柑橘果面，青、绿霉扩展抑制率为 65.97%；批量处理柑橘，好果率为 78.44%，相比对照高 54.44%。

(3) 促进植物生长

淡紫拟青霉菌剂是纯微生物活孢子制剂，具有高效、广谱、长效、安全、无污染、无残留等特点，可明显刺激作物生长。在淡紫拟青霉的培养过程中，特别是在特殊培养基与深层发酵培养过程中，该菌能产生丰富的衍生物，其一是类似吲哚乙酸产物，它最显著的生理功效是低浓度时促进植物根系与植株的生长。因此，在植物根系施菌不仅能明显抑制线虫侵染，而且能促进植株营养器官的生长，同时对种子的萌发与生长也有促进作用。试验证明，在植物根系周围施用淡紫拟青霉菌剂不仅能明显抑制线虫侵染，而且能促进植物根系及植株营养器官的生长，如播前拌种，定植时穴施，对种子的萌发与幼苗生长具有促进作用，可实现苗全、苗绿、苗壮，一般可使作物增产15%以上。

(4) 产生多种功能酶

此菌能产生丰富的几丁质酶，几丁质酶对几丁质有降解作用，它能促进线虫卵的孵化，提高淡紫拟青霉菌对线虫的寄生率。此外，该菌还能产生细胞裂解酶、葡聚糖酶与丝蛋白酶。Galvez-Mariscal(1991)研究表明：在高效菌株中蛋白酶和葡聚糖酶、淀粉酶活性分别高出 1.2~4.2 倍和 20~120 倍，这些酶能够促进细胞分裂。

(5) 降解效应

前人研究发现，淡紫拟青霉能促进难溶磷酸盐的溶解，实验室研究证实淡紫拟青霉菌的增溶效果可达到 30%，其他线虫拮抗菌达到 20%~40%。同类研究还发现，淡紫拟青霉还能促进许多化学聚合物(如农药,制革废水等)的分解,表明淡紫拟青霉具有一定的环保效应。

(6)对植物线虫病的抵制作用

植物线虫病在我国局部发生、危害严重,几乎每种作物上都有 1~2 种线虫病,有的发生面积不断扩大,危害越来越重,已成为农业生产上亟待解决的问题之一。在植物根系周围施用淡紫拟青霉菌剂不仅能明显抑制线虫侵染,而且能促进植物根系及植株营养器官的生长,常规的化学防治的农药的毒性较大,危害绿色食品的生产,所以应寻找新的技术。淡紫拟青霉生物农药防治植物病原线虫是目前研究的热点。淡紫拟青霉抑制植物线虫的作用机理为淡紫青拟霉孢子萌发后,所产生的菌丝可穿透线虫的卵壳、幼虫及雌性成虫体壁,菌丝在其体内吸取营养,进行繁殖,破坏卵、幼虫及雌性成虫的正常生理代谢,从而导致植物寄生线虫死亡。该菌的防治对象包括大豆、番茄、烟草、黄瓜、西瓜、茄子、姜等作物根结线虫以及胞囊线虫。

7.1.2.4　虫霉属真菌

虫霉科真菌归属接合菌纲,该目菌丝体多核。无性繁殖时,菌丝体形成隔膜,然后断裂成虫菌体,或是在孢子体的顶端形成单生的单核或多核孢子,待成熟时强力射出。如果找不到合适的基物或寄主,可不立即萌发生出菌丝,而多次重复形成能再次强力射出的次生孢子。有性生殖与接合菌纲的其他种类大体相同,可形成接合孢子,也可不经过融合而形成无性接合孢子。

该科成员菌丝体无隔多核。有性生殖与接合菌纲的其他种类大体相同,可形成接合孢子,也可不经过融合而形成无性接合孢子。虫霉科真菌大多寄生在昆虫或其他动物上,一小部分可以寄生在植物上,或者腐生在土或粪中。本科下分 6 属,其中比较重要的是虫霉属、蛙粪霉属和耳霉属。少数种类可引起人和动物的疾病,如裂孢蛙粪霉可使人患皮肤病,耳霉属的一些种可使哺乳动物患鼻虫霉真菌病。

7.1.3　真菌杀虫菌的研发与生产

利用虫生真菌生产杀虫剂已从试验性走向规范化与商品化。世界各国已陆续登记了来源于 8 种虫生真菌的 26 种杀虫剂商品,主要来自于美国和德国等 12 个国家。国内已研制出自僵菌的粉剂、油剂、微胶囊、干菌丝及混合制剂,同时已制定了白僵菌粉剂和油剂的企业生产标准,规定了生产工艺流程、生产中各项参数、机械及每个环节的操作方法和产品的检验方法,该标准的颁布实施将使白僵菌产品规范化。此外,我国对绿僵菌、虫霉也进行了干菌丝生产的研究,对拟青霉等多种真菌也成功地进行了粉剂生产。

多年的研究和生产应用实践表明,虫生真菌具有很多优点。虫生真菌是生物农药的重要组成部分,在害虫防治中具有重要的地位。近 20 年来,国内外在虫生真菌的研究和应用方面取得了不少进展,特别是真菌杀虫剂产品的研制及应用,进一步加快了真菌杀虫剂产业化的进程。然而,生产设备、生产工艺和剂型的创制及其应用配套技术的不规范将给虫生真菌的开发利用带来重重阻碍。因此,建立统一的生产标准及产品质量标准将是进一步加快虫生真菌研究利用的一项重要任务。虫生真菌研究与应用在害虫绿色防控中的作用已引起了世人的广泛关注。

我国是一个农业大国，作物种类多，害虫的危害严重，因此化学农药的用量也大得惊人。我国每年因农药残留超标影响出口的损失达 1000 亿元以上。化学农药的大量使用，严重危害了人畜的健康并污染水资源，而且使害虫的抗性越来越大。客观上要求我们对病虫害的防治要改变以传统的有机合成杀虫剂为主的防治模式，寻求可持续的害虫防治新途径。生物农药以其生产方便、成本低廉、使用安全、无残毒、可扩散流行和害虫不易产生抗药性等特点，成为世界各发达国家竞相发展的高科技之一，同时也是绿色减灾的最重要途径之一。但目前由于我国生物农药品种少、防效不稳定等原因，与实际需要还有很大的差距，大力开发研制生物农药势在必行。因此，虫生真菌作为一类宝贵的生物资源，未来将会得到进一步研究、发掘，在防治害虫实践中发挥更重要的作用。

多年来，人们所注意的虫生真菌主要集中于那些常见的、能自然感染昆虫的真菌上。事实上，在自然界还有很多未经系统利用的虫生真菌，系统的资源调查收集还很有限，从事资源方面研究的人很少，亟待通过加强队伍建设进一步对虫生真菌的资源调查收集，以获得更多更优良的菌株。随着对虫生真菌研究的深入和人们环保意识的增强，虫生真菌作为一种缓效、环保的生物防治材料会越来越受到重视。近年来，随着全球经济一体化进程加快和国际交流飞速发展，外来有害入侵生物(植物、动物和微生物)传播扩散的形势变得非常严峻，由此造成的经济损失(年均近 1000 亿元)、环境问题和社会影响越来越大。

因此，对外来有害入侵生物及其防控技术研究已经引起世界各国的高度重视，外来入侵害虫的生物防治也是其中的重要研究内容。我国的外来入侵害虫及动物估计超过 100 种，重大的害虫有马铃薯甲虫、螺旋粉虱、椰心叶甲、烟粉虱、美国白蛾、柑橘大实蝇、美洲斑潜蝇等。对这些害虫虫生真菌的研究，应当引起高度的重视，其将会成为外来入侵生物研究的一个热点和重点领域。昆虫真菌分子生物学研究已经取得了一定的进展，但对于这方面的研究还刚刚起步且进展较缓慢。因此，对于昆虫病原真菌的分子生物学和生物工程技术的研究需要更多的重视和加强，这将会对昆虫病原真菌产生全新的认识，同时还可能促进虫生真菌研究及其在害虫生物防治的应用更快速地发展。

7.1.4 虫生真菌的安全性及安全性测试

7.1.4.1 虫生真菌的安全性

对于球孢白僵菌(*Beauveria bassiana*，Bb)、金龟子绿僵菌(*Metarhizium anisopliae*，Ma)和粉棒束孢(*Isaria farinosus*，If)等 3 种虫生真菌的各两个菌株进行了室内和室外比较生态学的研究。研究的内容包括不同温度、湿度以及不同紫外线波长对它们孢子活力的影响，以及这些真菌的抗土壤拮抗作用；此外，还研究了球孢白僵菌孢子粉和无纺布这两种菌剂在森林中的宿存情况以及不同宿存期菌株毒力的变化情况。

在众多虫生真菌中，目前广泛用于害虫防治的白僵菌能够侵染鳞翅目、同翅目、膜翅目、直翅目等 200 多种昆虫和螨类。白僵菌依靠自身分泌几丁质酶溶解昆虫表皮的几丁质进入昆虫体内进行侵染，人体不含几丁质，因此不侵染人畜，对人畜无毒无害。

7.1.4.2 虫生真菌的安全性测试

对于虫生真菌的检验，首先，应注意以下事项：在生物安全柜中进行后续试验操作；每次工作前后应对工作区域进行彻底消毒；严禁利用口鼻对所研究的试验对象进行气味吸闻等操作；不可以对组织胞浆菌、球孢子菌进行玻片培养。

其次，一般而言，学术界关于虫生真菌的安全性、毒力稳定性研究往往进行测定。虫生真菌的田间测试经常产生不一致的结果。这说明其毒力的不稳定性，由于真菌毒力最终要表现为杀虫，所以阐明杀虫机理颇为重要。研究证明，无论是虫生真菌自身内部因素，还是环境因子都会影响杀虫效果。不同菌株来源对同种昆虫毒力往往差异较大，同一菌株对不同寄主或同一寄主不同虫龄的毒力也有所不同。这就表现出真菌毒力的复杂性。

为了保证致死效果，应注意以下两方面：

①提高毒力从自然界中大量选育野生优良菌株；选育抗逆性优质突变株；优化产酶条件；遗传改良菌株，主要是基因工程技术及分子克隆技术的应用。

②稳定毒力单孢分离株具相对稳定的毒力，前人用此法获得毒力相对稳定且高效的天然突变株。也可在不影响菌种毒力的前提下进行遗传改良，利用准性生殖或原生质体融合形成杂合二倍体。也能采取生物工程技术，引入毒力相关基因，培育出稳定的高毒力菌株。国内外学者成功借助根癌农杆菌把毒力相关基因 *CDEP*-1. *Bbchitl* 和抗除草剂基因 *bar* 转入了球孢白僵菌，把易于检测的报告基因 *GUS* 转入了虫生真菌。

7.1.5 虫生真菌发展存在的问题及展望

7.1.5.1 虫生真菌发展存在的问题

目前，真菌杀虫剂虽得到了较全面的开发和广泛应用，但还存在一些突出的问题和困难，阻碍了真菌杀虫剂的发展。真菌杀虫剂大多是活体制剂，由于目前生产能力有限，加之活体制剂不能随意添加防腐成分，因此，在生产、使用和贮存上一定程度地限制了真菌杀虫剂的推广。相对高的产品价格使得市场并未被充分打开。真菌源活性物质往往因其品种和生长阶段而异。有些真菌不易繁殖、产孢量低、孢子活力差、加工成制剂后稳定性差，或多代繁殖后致病力下降。同时，多数种类专化性不强，寄主谱较广，有可能伤害到天敌和其他有益昆虫。

7.1.5.2 虫生真菌发展展望

(1) 储备有应用潜力的候选昆虫病原真菌

为提高害虫生防应用程度，寻求更多的具有害虫生防潜力的真菌资源，需要大力开展主要害虫的病原真菌调查，进一步开发和利用我国土著的昆虫病原真菌资源，针对我国的主要虫害开展调查和评估。在评价目标害虫的经济重要性和昆虫病原菌的可利用性基础上，从中筛选极具潜力的研究对象发展真菌杀虫剂，尽可能在少投入、短时间内获得大量成果；加强队伍建设，组织较大规模的资源系统调查和收集，加强这一资源的开发利用将为我国真菌杀虫剂的研制与应用开辟新前景。

（2）加强昆虫流行病的系统研究

研究建立病原—昆虫复合体定量生态因子模型并纳入有害生物综合治理（IPM）体系中加以利用。流行病本身在时空上是一个复杂的动态体系。通过系统分析的方法，分析掌握害虫病害流行规律，从整体观点出发，对系统中的各成分、结构和功能进行分析和综合，提出文字的、图表的以及计算机的模型，通过反复测检，使结构和功能达到最优化，为预测害虫流行病和综合治理害虫服务。

（3）加强发酵技术及制剂加工的研究

真菌制剂已从生产试验走向规范化与商品化。世界上已陆续登记了 8 种杀虫真菌的 26 种商品，分属于 12 个国家。工业化生产的发酵技术及适合的剂型是影响真菌杀虫剂大量生产和商品化的主要因素之一，是造成有些高效、安全的真菌杀虫剂不易繁殖、产孢量低、活力差或多代繁殖后致病力下降等问题的原因。目前中国科学院首创的压力脉动固态发酵技术为低成本工业化生产提供了可能。另外，适当的助剂类型及制剂加工技术对真菌杀虫剂的开发应用亦很重要，科学合理的制剂不仅能促进和调节致病力，而且可以减少对环境的依赖性，提高防治效果和稳定性。

（4）与害虫综合治理策略和遗传工程相结合

害虫生物防治是可持续农业的一个重要组成部分，因此，真菌杀虫剂在实用中应注重与各种虫害防治措施的综合及协调。真菌杀虫剂与其他防治措施尤其是化学杀虫剂的配合使用，对其实际应用有重要推动作用。配合适量适宜组合的化学杀虫剂不仅能充分发挥真菌杀虫剂的防效，而且可以弥补化学杀虫剂在应对抗性害虫上的不足，降低化学杀虫剂给环境带来的污染，降低使用成本、扩大防治谱、增大真菌杀虫剂的应用潜力。近年来飞速发展的基因重组技术已逐渐引入到生物杀虫剂的开发与应用，可通过操纵产生毒素的基因，或改良潜在的具有杀虫作用的特殊酶基因来提高真菌杀虫剂的致病力及防治效果。

7.2 拮抗资源真菌及利用

7.2.1 拮抗真菌及其在自然界的重要性

农药是指防治农业有害生物及调节植物生长的制剂，按来源可分为生物农药和化学农药。生物农药是用于防治农业、林业有害生物和卫生害虫等的生物活体及其生理活性物质，并可以直接施用的生物源制剂。生物农药具有无污染、无残留、无抗药性等优点，被称之为"绿色农药"。生物农药包括微生物源、植物源及动物源农药等，其中微生物源农药占生物农药 95%，通常意义上的生物农药即指微生物源农药。微生物源农药的主体为真菌源和细菌源生物农药，公司主要从事真菌源生物农药生产经营业务。生物农药的具体分类及市场规模比例情况（图 7-1）。

目前，学术界对于利用真菌资源开展生物农药做出了巨大的投入（表 7-3）。

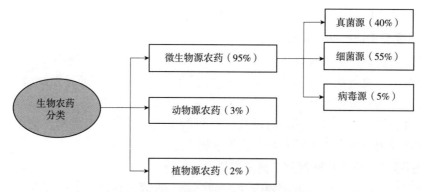

图7-1　真菌源生物农药行业前景分析

表7-3　真菌中已开发和正在开发的用于防治植物病害的药剂

真菌名称	学　名	商品名	靶　标	开发商
大伏革菌	*Phlebiopsis gigantea*	Rotstop	Heterobasidium annosus	Kemira Agro Oy(芬兰)
链孢黏帚霉	*Gliocladium catenulatum*	Primastop	植物病害	Kemira Agro Oy(芬兰)
绿黏帚霉	*Gliocladium virens*	SoilGard(=GlioGard)	植物猝倒病 根病原菌	Thermo Trilogy(美国)
盾壳霉属	*Coniothyriu mminitans*	Cotans WG	菌核病	Prophyta, KONI(德国)
白粉寄生孢	*Ampelomyces quisqualis*	AQ 10 Biofungicide	白粉病	Ecogen Inc. (美国)
浅白隐球酵母	*Cryptococcus albidus*	YIELDPLUS	大麦灰霉病 鸢尾青霉病	Anchor Yeast(南非)
假丝酵母属	*Candida oleophila*	Aspire	大麦灰霉病 鸢尾青霉病	Ecogen Inc. (美国)
镰孢菌属	*Fusarium oxysporium*	Fusaclean	立枯病	法国农业科学研究院 (INRA)
镰孢菌属	*F. oxysporium*	BiofoxC	立枯病 稻恶苗病	SIAPA(意大利)
寡雄腐霉	*Pythium oligandrum*	Polygarndron Polyversum	腐霉病	斯洛伐克植物 保护研究所
木霉属	*Trichoderma harzianum*	Trichoderma 2000	立枯病 菌核病	Myontrol(EfAl) Ltd. (以色列)
木霉属	*T. harzianum*	Trichopel	广谱真菌病害	Agrimin Technologies Ltd. (新西兰)
木霉属	*T. harzianum*	T-22 T-22HBBio Trek Root-Shield	腐霉病 立枯病 菌核病	Bio-Works Geneva (美国)
绿色木霉	*T. viride*	Trichodowels Trichoject Trichoseal 及其他	银叶病病菌及其他 土壤和叶面病原菌	Agrimins Biologicals (新西兰)

（续）

真菌名称	学　名	商品名	靶　标	开发商
木霉属	*T. harzianum* *T. polyperum*	BinabT	真菌引起的萎蔫病、木腐病和小麦全蚀病	Bio-Innovation(瑞典)
木霉属	*T. harzianum*	Trichodex	真菌病害，例如灰霉病	Makhteshim Agan De Ceuster(比利时)

7.2.1.1　真菌源生物农药子行业基本情况

真菌约占昆虫病原微生物种类的60%以上，真菌防治的昆虫种类最多、范围最广，真菌源生物农药应用最广泛的是白僵菌、绿僵菌母药及其制剂。真菌源生物农药除具有一般生物农药的环保、无抗性等特点外，还具有以下优点：

（1）靶标性强

真菌源生物农药标靶性强，对人畜等高等动物无害，同时对瓢虫、草蛉和食蚜蝇等害虫天敌有很好的保护作用，能够有效维持生态平衡。

（2）持效性强

真菌源生物农药含有活体真菌及孢子或菌丝体，施入田间后，借助适宜的温度、湿度，可以继续繁殖生长，诱发害虫的流行病，增强杀虫效果，从而实现对农林害虫的可持续控制。

（3）可再生资源

真菌源生物农药的生产主要利用天然可再生资源(如农副产品的谷壳、麸皮、玉米等)，原材料的来源广泛、生产成本低廉，不与利用不可再生资源(如石油、煤、天然气等)的化工产品争夺原材料，有利于自然资源保护和循环经济。

（4）具有施肥功能

真菌源生物农药以菌种生产发酵过程中的培养基作为产品的主要载体加工而成，载体富含经发酵而产生的大量氨基酸、多肽酶及微量元素等作物生长所必需的营养成分；施用生物农药附带有改良土壤，改善作物生长条件及提高作物产量的施肥功能。

7.2.1.2　生物农药和化学农药的比较

目前应用较为广泛的农药主要有化学农药和生物农药，两者在对生态的影响、见效时间、抗药性、使用成本、经济效益及市场容量等方面差异较大(表7-4)。

表7-4　生物农药和化学农药之间的对比分析

项　目	生物农药	化学农药
作用机理	使昆虫致病甚至死亡	毒死害虫，以毒杀为主
对生态的影响	生产原料和有效成分天然，保证可持续发展；对人畜安全无毒、不污染环境、无残留、标靶性强、不伤害有益生物	危害土壤、水体、大气、农副产品以及其他有益生物，破坏生态平衡，易助长虫害，倒逼农药施用量大量增加和频度增高，引发恶性循环

（续）

项　目	生物农药	化学农药
见效时间	一般为3~10d，不太适用突发性和毁灭性病虫害	见效快，适合用于突发性和毁灭性病虫害
抗药性	多种因素和成分共同发挥作用，不易使虫害和病菌产生抗药性	长期、大量使用易产生抗药性，使得施用浓度和剂量不断提高，造成农药残留较高
使用成本	单次成本较高，综合成本较低	单次成本较低，综合成本较高
经济效益	广泛用于绿色无公害食品、有机食品的生产，提高农作物的品质，解决食品安全问题，提升商品价值	在国内外重视食品安全的趋势下，易遭受多重安全壁垒，难以提升农副产品价值
市场容量	我国生物农药行业市场规模约60亿元，真菌源生物农药约25亿元	我国农药原药及制剂销售额约1000亿元（包含对外出口原药），国内农药销售额约600亿元
政策倾向	大力扶持、鼓励发展	有保有压

7.2.1.3　行业需求分析

　　生物农药广泛应用于农业、林业病虫害防治领域。林业病虫害防治对环保和生态平衡的要求最为严格，因此国家强制要求采用生物防治，生物农药在林业病虫害防治中占据主导地位。国内农业市场按环保和食品安全等方面要求可分为"普通农业""无公害农业""绿色农业"和"有机农业"四个不同等级的市场，其中，"无公害农业""绿色农业"和"有机农业"产品需国家认证认可监督管理委员会指定专门机构认定，对农药使用及残留的标准非常严格。生物农药市场情况具体如图7-2所示。

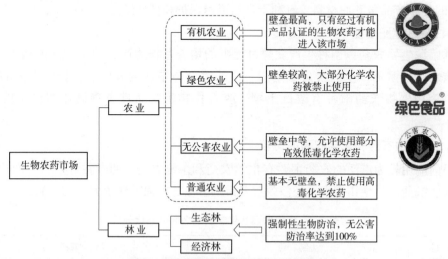

图7-2　真菌源生物农药行业前景分析

（1）农业市场

①农业病虫害防治情况　化学农药过量使用直接导致病虫害产生抗药性，增加了防治病虫害的难度，造成了农产品中农药残留量过高，进而引发环境污染、食品安全

等一系列问题。为有效维持农田生态平衡，保护生态环境，确保食品安全，我国已开始实施绿色农业发展战略，逐步构建了"无公害、绿色、有机"三位一体的分层级的食品安全体系。该体系对农业生产中农药的使用和残留检测标准较高，高效环保的生物农药以其环保、无残留的特点符合了食品安全的需求，市场规模不断扩大。

②"无公害、绿色、有机"农业病虫害防治市场需求　2001年，我国开始全面推进"无公害食品行动计划"，其后几年，我国无公害农业获得较快发展。截至2008年年末，全国共认证无公害农产品34184个，获证单位10923个，产品总量2.06亿吨。在无公害产品农药使用方面，农业农村部颁布实施《无公害农产品管理办法》，残留限制非常严格，明令禁止使用国家禁用、淘汰的高毒化学农药。目前无公害农产品市场中，高效、低毒化学农药市场份额约为80%，生物农药市场份额约为20%，生物农药增长空间较大。

近年来，我国以绿色食品为代表的安全优质农产品获得快速发展，截至2009年9月末，全国绿色食品企业共6489家，产品总数17899个，生产总量达$9000×10^4$t，产品销售总额超过2772亿元，年均增长31.3%。我国绿色食品对农药使用限制较高，AA级绿色食品严禁使用化学农药及各种制剂，A级绿色食品限量使用低毒化学农药，严禁使用高毒化学农药，鼓励使用生物农药。化学农药在绿色农业病虫害防治市场份额约为30%，生物农药市场份额约为70%。

有机食品具有无人工合成物质、无转基因、无化学农药、无化肥、无重金属、无生长调节激素等特性，是食品安全体系中最高标准。根据IFOAM的统计，近年全球有机食品市场一直保持年均20%～30%增速，2008年全球有机食品的市场规模为500亿美元。我国开展有机食品认证以来，有机食品行业获得了快速发展，截至2008年末，我国有机产品认证企业已达2800多家，有机食品市场规模已达81亿元，但与发达国家相比仍有很大差距。有机食品对农药要求十分严格，只有通过"有机产品认证"的生物农药才能用于有机食品的生产，化学农药无法进入该市场。

绿色无公害食品、有机食品的价格通常比普通产品高出50%～100%左右，具有较高经济附加值，农民生产积极性较高。随着我国绿色无公害农业及有机农业的迅速发展，我国生物农药特别是真菌源生物农药的市场需求规模将相应快速扩大。

③普通农业需求　我国普通农业作物经济附加值较低，单次经济成本及速效性是农民用药考虑的主要因素。目前我国普通农业作物主要以化学农药防治为主，生物农药防治使用率处于较低水平，市场份额为5%左右。

④农业病虫害防治市场对真菌源生物农药的需求规模　2008年，我国农业病虫害防治市场对生物农药的需求规模约为36亿元，其中真菌源生物农药市场规模约为12亿元。随着绿色无公害农业、有机农业在农业中的比例的进一步提高以及绿色无公害农业、有机农业使用生物农药的比重越来越高，预计真菌源生物农药在农业市场的需求规模在未来五年内将获得年均超过30%的增长。

(2)林业市场

①森林的生态地位及我国林业病虫害发生状况　森林是地球上最大的陆地生态系

统，是生物圈中最重要的一环，是地球的基因库、碳储库、蓄水库和能源库，对维系整个地球的生态平衡，吸收温室气体起着至关重要的作用。

林业病虫害给我国生态、物种、淡水、能源、粮食、木材和气候等造成严重的影响。目前，我国林业有害生物种类共有 8000 多种，经常造成危害的有 200 多种，林业有害生物发生面积 $2×10^8$ 亩[1]，每年因虫害致死树木 4 亿多株，减少林木生长量 $1700×10^8 m^3$，造成的经济损失上千亿元。我国林业病虫害主要有松毛虫、天牛、松材线虫、美国白蛾及杨扇舟蛾等，具体病虫害情况见表 7-5。

表 7-5　我国林业害虫危害规模及发生规律

种　类	规模及破坏程度	发生规律
松毛虫	我国最重要的森林虫害之一，分布最广，每年成灾面积约 $2000×10^4$ 亩以上，减少松树林木生产量 $500×10^4 m^3$	每隔 2 年左右为一个大发生周期
松褐天牛	危害松树的主要蛀干害虫，是传播松材线虫病的媒介昆虫，被列为国际检疫性害虫	每年 6 月为成虫发生盛期，6 月下旬至 10 月下旬为幼虫为害期
松材线虫病	世界上最具危险性的森林病害，它具有传播途径广、蔓延速度快、防治难度大等特点，有松树的"癌症"之称，目前已蔓延至全国 14 个省(自治区、直辖市)的 192 个县级行政区，674 个乡镇，累计致死松树 5 亿多株，毁灭松林 500 多万亩，每年造成经济损失近 500 亿元	1982 年发现该类害虫，2009 年进入爆发期
美国白蛾	世界性检疫害虫，全国发生面积 $150×10^4 hm^2$，主要危害果树、行道树和观赏树木，尤其以阔叶树为重	成虫发生期在 5 月中旬至 8 月中旬；幼虫发生期在 5 月下旬至 11 月上旬
杨扇舟蛾	几乎遍布国内各地，主要危害杨树和樟树，全国发生面积已达 2200 多万亩	经常性暴发

②国内林业病虫害防治情况　1989 年，国务院颁发《森林病虫害防治条例》，提出"预防为主，综合治理"的方针，以生物防治为主要防治手段。国家林业局《关于进一步加强林业有害生物防治工作的意见》指出：要大力推行生物防治和无公害防治，食叶类害虫生物防治率要达到 80% 以上，无公害防治率达到 100%。

国内林业病虫害防治所需的防治药剂主要由全国各级森防系统，采取公开招标和定点采购相结合的模式统一采购；防治投入主要由各级政府承担，专项防治资金由中央预算内专项资金、基本建设资金和地方配套资金三级资金安排。我国森林具有物种多、面积广、气候差异大及生物链长等特点，不同地理环境的森林病虫害发生规律以及气候条件不同。森林病虫害防治模式由一般防治向工程治理转变，需要生物农药企业提供高效、环保的生物农药产品以及定制化的防治技术服务，以满足不同区域林业

---

① 注：1 亩 = 666.67m²

病虫害的防治需求。

③真菌源生物农药在林业病虫害防治领域具有显著优势 我国于20世纪60年代开始使用真菌源生物农药防治森林病虫害，真菌源生物农药具有环保效果显著、防治效果良好及综合防治成本较低等特点，在林业病虫害防治领域具有显著优势。真菌源生物农药无污染、无残留，具有良好的环境安全性，标靶性强，对脊椎动物无害，有利于保护天敌，保持森林物种的多样性，维护森林生态平衡。

部分林业重要害虫具有隐蔽性且成虫羽化期较长，化学农药难以接触虫体，长期使用化学农药易使森林病虫害产生抗药性，防治效果不明显。真菌适宜在森林的气候环境中生存、繁衍和传播，可以在害虫和病菌中形成不同程度的流行病，达到持续控制害虫效果。同时，真菌源生物农药在与害虫长期共同生活的过程中适应了昆虫的防卫体系，不易产生抗药性，防治效果良好。

真菌源生物农药具有定殖、扩散和发展流行的能力，有利于对病虫害的持续控制，具有明显的后效作用，其施用次数和数量远小于化学农药，大大减少了购药成本和人工成本，具有综合成本竞争优势。

2003—2012 年我国森林病虫害发生面积如图 7-3 所示。

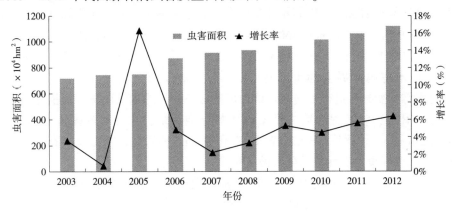

图 7-3　2003—2012 年我国森林病虫害发生面积

④林业病虫害对真菌源生物农药的需求规模 国务院公布的第七次全国森林资源清查结果显示，我国森林面积达 $19545.22 \times 10^4 hm^2$，森林覆盖率达 20.36%。2008 年末，我国主要林业有害生物发生面积约为 $1200 \times 10^4 hm^2$，按照生物农药每公顷防治成本 200 元计算，2008 年我国林业领域生物农药市场规模约为 24 亿元，林业领域真菌源生物农药的市场规模约为 13 亿元。2009 年 11 月，国家林业局发布了《应对气候变化林业行动计划》，计划目标到 2020 年森林面积将比 2005 年增加 $4000 \times 10^4 hm^2$，真菌源生物农药凭借其显著的优势，在林业领域的应用深度和广度将进一步深化和拓展，预计未来国家对林业生物防治投入的持续加大，林业用真菌源生物农药的需求规模将保持每年 20% 左右的增长速度。

化学农药的大量使用严重地破坏农业生态系统，造成环境污染。化学农药在防治植物病害的同时，也杀死了环境中的有益微生物，还会使植物病原菌的抗药性不断增强。因此，在发展可持续农业的前提下，对林木和植物病害应做到可持续控制。在森林生态系统下的可持续控制策略(sustainable pest management,SPM)的主要内容为以森林生态系统特有的结构和稳定性为基础,强调森林生态系统自然调控功能的发挥,协调利用环境和其他有益物种生存和发展影响较小的各种措施,将有害生物控制在生态和经济效益可接受的范围内,并在时空上达到可持续控制的效果。国内外现阶段主要研究的 SPM 策略包括生物防治、选育抗病品种、构建转基因工程菌、将微生物的抗病基因转入植物获得抗病植株等方面。

7.2.2 木霉属真菌利用

7.2.2.1 木霉属真菌概述

木霉 *Trichoderma* spp. 属微真菌,分类上属于半知菌亚门、丝孢纲、丝孢目、粘孢菌类。广泛存在于土壤、根围、叶围、种子和球茎等生态环境中。木霉具有广泛的适应性、广谱性及多机制性,一直是植病生防学家研究的重点对象。因此,迄今为止用于防治植物病害的生防菌中研究最多的是木霉菌。

7.2.2.2 木霉属真菌分类

木霉的分类研究最早可追溯到 220 多年前,Persoon(1794)首先建立了木霉属(*Trichoderma* Pers.)。Tulasne(1860)率先阐明了 *T. viride* 与其有性型 *Hypocrea rufa* 的关系。Harz(1871)提出了第一个精确的木霉属定界,强调微观特征,特别是瓶梗(phialide)在木霉属定界上的重要性。Koning(1902)从土壤中分离得到木霉。Bisby(1939)对木霉的变异性进行了研究,认为那些形态变异的木霉菌株都可描述为一个种,即 *T. viride*。Rifai(1969)提出第一个木霉属的分类系统,并将木霉属分为 9 个集合种(species aggregates)。此外,Rifai、Webster 和 Doietal 还研究了木霉及其有性型的联系,而 Samuels 和其同事对有性型的分类做了更进一步研究。

20 世纪 80 年代中后期到 90 年代初,Bissett 提出了一个新的分类系统,在其分类系统中引进了组的概念。他将木霉属分成了 5 个组,组下设若干个种。

第一组:Hypocreanum 组,包括 *T. lactea*,该种也是该组的模式种。

第二组:Longibrachiatum 组,模式种为 *T. longibrachiatum*,此外还有 *T. citroviride*、*T. pseudokoningii* 和 *T. parceramosum* 3 个种。

第三组:Saturnisporum 组,*T. saturnisporum* 是该组的模式种。

第四组:Pachybasium 组,包括 20 个种,其中 *T. hamatum* 是该组的模式种,另外 19 个种分别是:*T. crassum*、*T. croceum*、*T. fasciculatum*、*T. fertile*、*T. flavofuscum*、*T. harzianum*、*T. longipilis*、*T. minutisporum*、*T. oblongisporum*、*T. piluliferum*、*T. polysporum*、*T. pubescens*、*T. spirale*、*T. strictipilis*、*T. strigosum*、*T. tomentosum*、*T. yirens*、*T. anam*、*H. gelatinose*。

第五组:Trichoderma 组,包括 4 个种,*T. viride* 为该组的模式种,另外 3 个种是 *T. aureoviride*、*T. koningii* 和 *T. atroviride*。

Gams 和 Bissett(1998)根据产孢区的形状、分生孢子梗的分枝方式及大小、瓶梗的着生方式、形状及数量等主要的分组依据,取消了 Saturnisporum 组。Kullnig 等(2002)又将 Hypocreaum 组并入 Pachybasium 组。由于木霉分类单位的不断变化,而且木霉种之间在形态上的相似性，美国农业部植物菌物系统学实验室建立了一个木霉分类鉴定系统(http：//nt. ars-grin. gov/taxadescriptions/keys/Trichoderma Index. cfm)。这个系统描述了33个木霉种，包括没有无性型名称的肉座菌，并提供了一个交互式的检索表，此检索表根据 Gary Samuels 在其木霉及其有性型研究中所采用的性状制定。

7.2.2.3 木霉属真菌的利用

植物生防制剂是指利用生物产生的各种生物活性成分，制备出用于防治植物病虫害、杂草以及调节植物生长的代谢产物总称。植物生防制剂具有以下优点：

①对病虫害防治专一性强；

②对人畜安全无毒、不污染环境、无残留；

③对病菌、害虫的杀伤特异性强，不伤害天敌和有益生物，能保持自然生态平衡；

④生产原料和有效成分属天然产物，它可回归自然，保证可持续发展；

⑤可用生物技术和基因工程的方法进行改造，开发出利用途径多样，害虫和病原菌难以产生抗药性的生防制剂。

目前，真菌类制剂以白僵菌和木霉菌研究最多。自20世纪30年代发现木霉菌对植物病害的防治作用以来，它是研究最多，应用面积最大的真菌杀菌剂。但是木霉菌的制剂与加工技术研究较少，且大量培养技术尚处于模仿阶段。目前，国外登记的木霉菌制剂已达几十种，而国内，将木霉开发成商品化产品的例子还较少，其中较成功的有中美陆生物技术公司生产的生物肥料——迈可健(主要成分是两种木霉：哈茨木霉和绿色木霉)；浙江大学生物技术研究所开发的以绿色木霉 *T. viride* 为主要有效成分的生防制剂以及山东民丰实业公司注册登记的木霉菌制剂——特立克。

木霉菌在其生长周期内可以产生3种繁殖体即菌丝体、分生孢子和厚垣孢子。这3种类型的繁殖体在生防制剂中都有一定的应用。Lewis 和 Papavizas(1991)基于菌丝比分生孢子更为活跃的有效假设，发展了两种制剂与相应的加工技术来防治 *S. rolfsii*、*R. solan*、*P. ultimum* 和 *R. solani* 引起的植物病害。这类制剂的优点在于生防菌可在土壤中迅速生长，制剂储存和活化过程不必保持无菌条件；缺点是使用不方便，储存期短。由于木霉菌分生孢子产生的条件相对不严格，条件适宜时各种固体或液体培养基都能够产生，且采用木霉分生孢子制剂在某些植物病害防治中取得了很好的防治效果，所以目前已经商品化的木霉制剂大多为分生孢子制剂。厚垣孢子是木霉菌在抵抗逆境条件下产生的，它具有耐干燥、耐低温、对土壤抑菌作用不敏感、存活长、易加工储存并利于在土壤中存活等优点，但有关厚垣孢子制剂的开发研究却不多，主要是因为其人工培养条件比较苛刻。目前通过分子生物学手段构建新型产厚垣孢子工程菌株的研究已受到高度重视。

木霉制剂加工和生产的关键技术是如何获得大量的发酵产物(如分生孢子、菌丝体或厚垣孢子等)以及如何延长木霉菌体的生活力，保证制剂的有效期，同时还要考虑到菌株的来源和特点以及木霉制剂的用途。

目前，在木霉制剂加工方面取得成功的主要有以色列 Makhteshim Agan Chemical Works 公司开发的25%木霉可湿性粉剂——Trichodex，该制剂可以防治黄瓜、番茄和葡萄灰霉病、菌核病、叶霉病、霜霉病和白粉病等叶部病害，已在欧洲和北美20多个国家注册，有良好的市场前景。Harman 等(1993)利用原生质体融合技术，筛选出防病效果好，在土壤定殖能力强的木霉菌株，并开发成木霉制剂，商品名称为 F-Stop。我国成功研制的有 1.5×10^8 个/g 木霉可湿性粉剂及山东省民丰实业公司生产的 2.0×10^8 个/g 木霉可湿性粉剂——特立克。截至 2004 年，国内外已经登记的木霉菌制剂多达 50 种，其中主要包括哈茨木霉 *T. harzianum*、多孢木霉 *T. polysporum*、绿色木霉 *T. viride*，多数用植物土传病害的防治。虽然也有大量的试验证明木霉在植物叶面和果实上防治病害的效果非常好，但至今尚无非常适合的制剂报道。因此，开发新菌种的木霉制剂，改进制剂的剂型与加工技术，并研制针对植物叶茎部的木霉制剂，具有良好的创新和实践前景。

7.2.3　木霉属真菌的生防机理

据不完全统计，木霉菌至少对 18 个属 29 种病原物真菌在体外或在活体上表现有拮抗作用。目前木霉已广泛用于多种植物真菌病害的防治，特别是对立枯丝核菌 *Rhizoctonia solani*、镰刀菌 *Fusarium* spp.、齐整小核菌 *Sclerotium rolfsli*、疫霉菌 *Phytophthora* spp.、腐霉菌 *Pythium* spp.、链格孢菌 *Alternaria alternata* 等引起的幼苗立枯病、枯萎病、猝倒病、白绢病、疫霉病等土传病害具有较好的防治效果。近几年，国内学者将木霉用于杜仲、人参、三七等中药材病害以及草坪病害的生物防治，也获得了较好的效果。木霉菌是大面积植物病害生物防治最有效的真菌寄生物，对植物病原菌的拮抗机制主要有重寄生、抗生、竞争作用。

7.2.3.1　重寄生作用

一种真菌生长在另一种真菌上是自然界普遍存在的现象，这种现象称之为菌物寄生现象或重寄生现象。Weindling(1932)发现木霉菌可以寄生于 *R. solani*、*R. rolfsii*、*Phytophthora* sp.、*Pythium* sp. 和 *Rhizopus* sp. 等病原菌上，木霉菌丝通过沿寄主菌丝生长，或缠绕在寄主菌丝上、或穿入菌丝内部，从而导致寄主菌丝的死亡，木霉菌却依靠寄主菌丝作为营养物质进行生长繁殖。木霉对病原菌的作用是一个复杂的过程。首先是识别，木霉菌丝具有趋化性，能够识别并趋向寄生菌体生长；其次是接触，木霉菌缠绕在寄生菌丝上或产生钩状物；再次是寄生，木霉通过溶解细胞壁而穿入寄主菌丝并在其内生长。在此过程中寄主菌丝分泌的一些物质使木霉菌趋向其生长，一旦寄主被木霉菌寄生物识别，就会建立寄生关系。Barak 等(1985)已证明寄主真菌细胞表面的特定外源凝集素(lectin)在识别中起一定作用，决定着木霉与寄主真菌之间的专化关系。Inbar(1994)获得纯化的凝集素并证实了这种微妙的分子识别机制。木霉对寄主真菌识别后，菌丝沿寄主菌丝平行生长和螺旋状缠绕生长，并产生附着胞状分枝吸附于寄主菌丝上，通过分泌胞外酶溶解细胞壁，穿透寄主菌丝，吸取营养。进一步的研究发现移除寄生菌丝后，在病原菌丝上留有溶解位点和穿入孔，这是由木霉菌在侵入或穿透寄主菌丝细胞时，所产生的几丁质酶、葡聚糖酶、纤维素酶以及蛋白酶、脂酶等一系列水解酶类消解病原菌细胞壁所致。在这些细胞壁降解酶中，几丁质酶和葡聚糖酶被认为是最有效的胞壁降解酶成为目前研究的热点，并被公认为是影响生防真菌重寄生能力的重要因子，且两者具有协同作用。

7.2.3.2　抗生作用

生物体新陈代谢过程中能产生一些化学物质，用以抑制其他个体的生长和生殖，这种现象在微生物之间常称抗生现象。木霉在代谢过程中可以产生挥发性或非挥发性的拮抗性化学物质来毒害植物病原真菌，这些物质包括抗生素和一些酶类。抗生素包括木霉菌素（Trichodermin）、胶霉毒素（Gliotoxin）、绿木霉素（Viridin）、抗菌肽（Antibioticpeptide）等。木霉菌在产生抗生素方面具有较大优势，仅抗真菌的代谢产物至少在70种以上，且多数种产生的抗生物质不止一种，如哈茨木霉可产生12种，康氏木霉可产生9种，绿色木霉可产生10种，钩状木霉可产生7种，长枝木霉可产生3种，而多孢木霉也可产生2种。木霉产生的抗生物质种类各异，根据性质可分为挥发性抗生素、水溶性抗生素和挥发性乙醛3类，包括戊酮、辛酮、类萜、乙醛、多肽和氨基酸衍生物等类型。Lynch（1987）通过实验证明，哈茨木霉防治立枯丝核菌的主要机制之一是产生一种具有椰子香味的挥发性抗生素，经鉴定该抗生素为六戊烷基吡喃及戊烯基吡喃。水溶性抗生素，如一些萜类化合物、肽类化合物等。Brukner 等（1993）曾从绿色木霉 *T. viride* 和长枝木霉 *T. longibrachiatum* 中分离提纯获得了一组特殊的抗菌肽，分别为 Trichobrachin 和 Trichovirin。而朱天辉等在研究哈茨木霉对立枯丝核菌 *R. solani* 的抗生现象时发现，"FO60 菌株"产生的代谢物质能抑制立枯丝核菌的菌落生长，降低其菌丝干重，且非挥发性代谢物具热稳定性，可以破坏菌丝细胞壁，使细胞内物质外渗，引起立枯丝核菌菌丝的原生质凝聚，菌丝断裂解体。Dennis 等（1971）则报道了木霉产生的一种挥发性乙醛对病原真菌具有抗性。

木霉菌次生代谢产物为农用抗生素的开发和利用提供了基础，但是某些抗生素性质不稳定，在一定条件下可转化为不具抗菌活性的化合物，如胶霉毒素在酶的作用下或在代谢过程中可转化为二甲基胶霉毒素而丧失活性。大量研究发现，拮抗木霉菌还能产生多种溶菌酶（胞壁降解酶），并在植物病原菌的抗生作用中占据重要地位。与生防作用有关的胞壁降解酶主要是几丁质酶类和 β-1,3-葡聚糖酶。其中几丁质酶类中两种为外几丁质酶：N-乙酰-α-D-氨基葡聚糖苷酶（N-acetyl-α-D-Glucosamindase）和几丁二糖酶（Chitobiosidase），另一种为内几丁质酶。已有的研究表明上述酶类对植物病原真菌的胞壁具强烈的水解作用，从而抑制病原菌孢子萌发并引起菌丝和孢子崩解。此外，两类酶之间具有协同作用，同时还具有与杀菌剂及细菌等生防因子协同作用的功效。虽然 Rodrigue-Kabana 等（1994）论证了蛋白酶对白绢病菌 *Sclerotium rolfsii* 的破坏作用，并提出蛋白酶的活性在 pH 值近中性时最大。但许多近期研究均仍集中在木霉菌侵染各种真菌细胞时产生的胞壁降解酶（主要是 β-1,3-葡聚糖酶、几丁质酶和纤维素酶）。Metealf 和 Wilson（2001）在研究康宁木霉抑制洋葱根部白腐小核菌时发现，木霉的菌丝伸入洋葱根部的表皮及皮层后破坏内部病原菌的菌丝体，但对植物组织无害。其原因是康宁木霉产生了内、外几丁质酶。杨艳红（2005）在研究茶藨生柱锈菌重寄生菌及其机理的过程中，从锈孢子堆中分离得到木霉 3 株菌株"SS003""LS020""MM006"，经过初步研究发现，它们通过产生几丁质酶和 β-1,3-葡聚糖酶等胞壁降解酶来破坏锈孢子的壁。周利（2007）进一步对这 3 株木霉进行了鉴定、生物学特性描述以及对华山松疱锈的防治，发现其中两株木霉"SS003"和"LS020"对华山松疱锈病的防治效果非常好，都能在华山松感病部位的锈子器上定殖和生长，并通过新陈代谢产生的细胞壁降解酶引起锈孢子壁或疣突脱落，锈孢子死亡。Harman 等（1999）在研究利用哈氏木霉 *T. hamatum* 作为生物防治制剂防治腐霉菌和丝核菌时，通过添加几丁质增强木霉菌几丁质酶的活性，提高了哈氏木霉的防治效果。

7.2.3.3　竞争作用

竞争作用包括营养竞争和空间位点竞争。由于木霉菌属于腐生型真菌，具有环境适应性强，生命力强的优势，且生长速度远比一般土传真菌快，所以能与病原菌产生营养和空间竞争。拮抗木霉菌有效地利用植物表面或侵入点附近低浓度营养物质生长存活，占领病原菌的入侵位点而不为病原菌的入侵留下空隙。有研究表明：无论采用土壤处理还是种子处理，木霉都能够很容易地沿着被处理植物的根系生长。因此，竞争作用机制在木霉菌剂抗植物根际土壤中及叶片表面的病原菌时发挥了一定的作用。许多成功的例子表明木霉菌可用于控制引起苗木腐烂的真菌，若把木霉菌加入土壤中或处理植物种子，木霉菌会伴随着植物的根系生长。把木霉孢子悬浮液喷在有病害潜伏的植物根系上，经过一段时期，木霉会布满根系表面，而没有用木霉处理的根系则布满了病原菌。采用二硫化碳土壤消毒防治蜜环菌 *Armillaria mellea* 引起的植物根腐病，一直被认为二硫化碳对病原菌的直接杀伤是有效控制根腐病的主要原因，但后来的研究表明，二硫化碳能有效控制根腐病是由于二硫化碳可使土壤对木霉的抑制作用减弱，导致木霉菌大量繁殖，通过竞争与消解某些营养物质及产生毒性物质等达到控制病害的目的。Sivan 等（1989）对哈茨木霉的竞争作用进行了详细研究，通过添加葡萄糖和天门冬酰胺等试验，证明木霉菌的竞争在镰刀菌的防治中有重要作用。木霉的强竞争力还表现在其能够克服土壤环境中的化学农药及其他生物有毒代谢产物等的抑制作用（张旭东等，2001）。

7.2.3.4　木霉菌对植物生长的影响

现已明确，与植物根部有紧密联系的微生物能直接影响植物的生长。如促进植物生长的根瘤菌、植物根际细菌以及菌根真菌等。木霉也能够对植物的生长产生明显的影响，它能产生植物毒性成分而抑制植物生长，也能通过产生激素、具有根际竞争能力和钝化病原菌的酶，促进植物生长，而木霉对植物生长的影响特别值得一提的是它能诱导植物产生抗性。木霉是促进植物生长还是抑制植物生长因土壤中木霉种间（外源种与固有种之间）及与其他微生物之间的相互作用和影响以及土壤条件、植物根系的变化而变化。因此，木霉对植物生长的影响既有促进的一面，又有抑制的一面。

7.2.3.5　木霉菌对植物生长的抑制

木霉产生的对植物有毒性的活性成分主要为胶霉毒素和绿胶霉素，它们分别是一类表硫代二酮吡嗪复合物（Epidithiodiketopiperazine）和固醇类物质（Sterol）。平皿实验中，在 1mg/L 浓度下，两种物质便会抑制芥菜种子发芽及根的生长，但在相同浓度下，它们并不抑制红色苜蓿和小麦发芽，说明不同植物品种对胶霉毒素和绿胶霉素的忍受度是不同的。此外，这两种活性成分在高浓度条件下还能导致小麦胚根鞘发生膨胀反应，并对白芥菜发芽产生危害，引起子叶萎黄。前人研究发现，一些木霉种能产生大量的胶霉毒素和绿胶霉素，如在无土培养基上的绿色木霉，而另外一些种则完全检测不到这两类物质，说明不同木霉菌株在产生这两种物质上存在明显差异。胶霉毒素与绿胶霉素对植物产生的毒性影响比它们作为抑菌物质的影响要低得多。目前，胶霉毒素与绿胶霉素对植物产生毒性的机理还处于研究阶段。

木霉某些种也产生二氢绿胶霉素衍生物，二氢绿胶霉素是由绿胶霉素经酶催化后产生。二氢绿胶霉素有非常弱的拮抗活性，但除草活性较强。二氢绿胶霉素对大部分植物有毒性作用，且毒性作用远远高于木霉的其他代谢产物。将多种产毒菌株混合接入土壤中产生的二氢绿胶霉素，对一年生植物产生较强的毒性，但对单子叶植物的毒性较弱。木霉在培养过程中也产生其他对植物有毒性的代谢产物，如 Cutler(1986)通过实验证明绿色木霉 *T. virens* 和哈茨木霉 *T. harzianum* 产生的6-戊基-α-吡喃酮(6-pentyl-α-pyrone)能够抑制植物生长。而 Cutler 和 Jazyno(1991)的实验也证明从哈茨木霉中分离到的哈茨吡啶酮(harzianopyridone)对植物同样产生毒性。

7.2.3.6　木霉菌对植物生长的促进

众所周知，根瘤菌、促进植物生长的植物根际细菌以及菌根真菌对植物的生长有促进作用。有资料表明，木霉菌株具有溶解可溶性物质的能力，从而促进植物对矿物质的吸收，进而促进植物生长。Chang(1986)通过实验证实，当用以泥土或糠为基质的哈茨木霉培养物或其分生孢子悬浮液处理土壤后，辣椒、长春花和菊花等植物均出现发芽率高、开花早而多、植株高及植株湿重增加的现象。前人研究发现，在固定的悉生环境下进行了哈茨木霉和康宁木霉刺激植物生长的实验，在玉米、马铃薯、烟草及红萝卜上均表现出了高发芽率、出苗率及植株干重的增加。木霉刺激植物生长的明显程度与植物生长基质有密切的关系，Kleifeld 和 Chet(1992)发现用泥土或糠作为基质的哈茨木霉菌株 T-203 培养物在刺激辣椒生长方面比以孢子悬浮液作为种子包衣剂有更明显效果，暗示泥土或糠给 T-203 提供了丰富的养分，使它能够在土壤中大量增殖。植物根际微生物在木霉促进植物生长过程中也起到重要作用，Calvet(1993)观察了用深绿木霉 *T. aureaoviride* 和一种菌根真菌 *Glomus mosseae* 混合处理金盏花后，出现了明显的刺激生长作用，这种刺激生长的作用是因为深绿木霉与这种菌根真菌混合后，对土壤致病菌终极腐霉 *Pythium utimum* 产生了抑制作用(深绿木霉本身不会对终极腐霉产生抑制作用)，因而促进了植物生长。美国及以色列一些实验室对哈茨木霉的根际能力进行过大量研究，并获得了大量数据，但并没有提及与刺激植物生长有关的根际微生物和哈茨木霉相互作用的机理，同时由于实验中使用的木霉菌株并不是对所有植物品种都起作用，并且在同一实验室，使用同一菌株条件下，前后两次实验结果常不一致，表明木霉在刺激植物生长过程中易受其他条件的影响。

Windham(1986)用哈茨木霉和康宁木霉菌丝培养物处理玉米、马铃薯及烟草种子，待种子发芽后，用玻璃纸膜将均匀的哈茨木霉和康宁木霉菌丝培养物与发芽的玉米、马铃薯及烟草种子再分开的过程中发现了一种可扩散的能刺激植物生长的因子。Björkman(1988)在试验中发现用具有根际能力和刺激植物生长的哈茨木霉菌株'1295-22'处理后的玉米植株根部比未经处理的健壮的多，因而推断菌株'1295-22'可能部分抑制或完全抑制了能引起玉米根部氧化的物质的活性。Ahmad 和 Baker(1988)使用

100μg/mL 的苯莱特杀真菌剂诱变哈茨木霉、康宁木霉及绿色木霉菌株，产生了对苯莱特具有耐药性的菌株，提高了菌株的根际能力。有根际竞争能力的菌株能有效利用复杂的碳水化合物，诸如棉绒，微小结晶状纤维素，木质素及木聚糖等作为碳源。因此，那些经诱变的木霉菌株能够有效利用与植物根部有密切关系、复杂的碳水化合物，导致它们的菌丝在根表面能快速生长并能随着根的生长进行拓展。在对几种不同植物的刺激生长实验中，哈茨木霉诱变种均能提高种子的出苗率和促进植株生长。前人通过研究发现采用营养缺陷型突变体哈茨木霉菌株'T12'和'T95'进行原生质融合，产生了根际能力提高的菌株'1295-22'，该菌株也能够促进甜玉米、棉花的根部生长。这个针对病原菌在木霉促进植物生长过程中所起作用的研究暗示，刺激植物生长是木霉对植物种子或幼苗直接作用的结果，并不是在抑制其他病原菌过程中所产生的结果。

7.2.3.7 木霉诱导植物产生抗性

诱导抗性是指植物经外界因子诱导后，激活植物本身的防御系统而使植物能够抵御病原菌或害虫的侵害。木霉能够产生诱导因子诱导植物组织产生防御反应。Ahmand (1989)提出哈茨木霉'T39'能够通过抑制病原菌灰葡萄孢 *Botrytis cinerea* 的果胶溶酶活性和降低多聚半乳糖醛酸酶活性致使寡聚半乳糖醛酸酐积累。寡聚半乳糖醛酸酐能够作为植物进行防御反应的诱导因子，从而抑制病原菌灰葡萄孢对大豆叶部的侵染。黄有凯(2003)以哈茨木霉为出发菌株，经过离子束注入诱变，用诱变株的发酵液浸种后，对种子发芽后的生理生化变化进行了比较，发现诱变株的发酵液能提高过氧化物酶、多酚氧化酶和超氧化物歧化酶的活力，并增加新的同工酶谱带，而氧化物酶、多酚氧化酶和超氧化物歧化酶的活力是植物抗性的生化指标，说明该菌株的发酵液能诱导植物产生抗性。

7.3 菌根菌肥真菌及利用

7.3.1 菌根类型和菌根植物

真菌与植物根系结合形成特殊的共生体称为菌根(mycorrhiza)，对促进各生态系统中生物之间的物质交换、能量流动、信息传递、生物的演化与分布，保护生物多样性，稳定生态系统，保持生态平衡和可持续发展，促进农、林、牧业生产，具有不可替代的意义。根据菌根的形态和生理特性把菌根划分为外生菌根、内生菌根、内外生菌根和其他菌根等类型。其中，内生菌根和外生菌根是重要的菌根种类，也是研究得最多的种类。

7.3.1.1 外生菌根

外生菌根，又称菌套菌根，其主要特征是菌根真菌的菌丝在寄主植物的营养根表面形成一个紧密交织的菌套，在根的皮层细胞间形成哈蒂氏网，菌丝一般不侵入到细胞内部(图7-4、图7-5)。外生菌根的结构主要有：

①在植物营养根表面，形成一层由菌根菌的菌丝体层叠交织而成的菌套(mantle)；

②在根部皮层细胞间隙，由于菌根菌丝体生长而形成类似网络状的结构——哈蒂氏网（Harting net）；

③菌套表面通常有各种形状的短小附属物，此即菌套表面的外延菌丝（emanating phyphae）（图 7-6）。

形成外生菌根的植物大部分为开花植物，约占开花植物的3%，主要限于被子植物和裸子植物中的乔木，只有少数是草本植物和亚灌木，主要包括柏科、松科、槭树科、桦木科、蔷薇科、壳斗科、胡桃科、樟科、榆科、杨柳科、豆科、无患子科、桃金娘科以及椴树科。

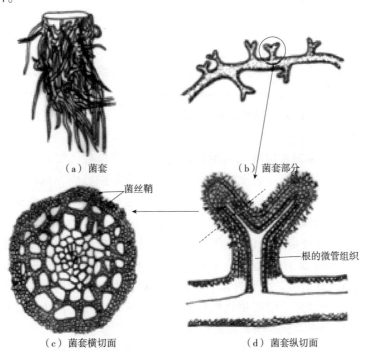

（a）菌套　　　　　　　　　　　　（b）菌套部分

菌丝鞘

根的微管组织

（c）菌套横切面　　　　　　　（d）菌套纵切面

图 7-4　外生菌根菌的主要结构

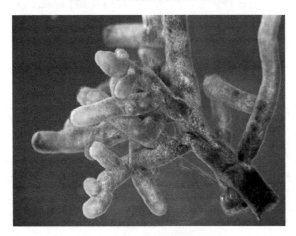

图 7-5　外生菌根形态及特征

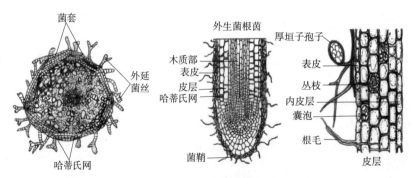

图 7-6　外生菌根菌横切面示意图

7.3.1.2　内生菌根

在内生菌根中，菌根菌的菌丝深入到植物皮层下的细胞之中，并长成许多分支状的菌丝结构，又分为丛枝菌根（*Arbuscular mycorrhizas*，AM）、杜鹃类菌根（*Ericoid mycorrhizae*，EM）和兰科菌根（*Orchid mycorrhizae*，OM）。

（1）丛枝菌根

植物根系被丛枝菌根真菌侵入、生长、扩展形成菌根后，根系的外部形态很少或几乎没有发生变化，用肉眼一般很难区别出有无丛枝菌根形成。丛枝菌根真菌主要在根系表面、根皮层细胞内及细胞间隙分布，其菌丝通常无横隔，发育良好的丛枝菌根从其表面可以观察到侵入点（entry points）、根上菌丝（hyphae on roots）、根外菌丝（external hyphae）和根外孢子（spores）等结构；丛枝菌根真菌的进入植物根系皮层细胞后，在适当条件下可发育成泡囊（vesicles）、丛枝（arbuscule）、根内菌丝（internal hyphae）或根内孢子等结构。孢子的大小、形态、颜色及孢壁结构等是分类鉴定的重要依据；所有的丛枝菌根真菌侵染植物根系都能形成丛枝，因此，丛枝结构的存在是确定丛枝菌根真菌浸染根系形成菌根的必要条件。

一般来说，大多数草本和木本植物都能形成丛枝菌根，调查发现，在栽培植物如花卉（百合、玫瑰等）、蔬菜（辣椒、韭菜等）、大田作物（棉花、玉米、大豆等）、果树（柑橘、猕猴桃、苹果等）及野生植物都能形成丛枝菌根。丛植菌根真菌在盐碱土壤中的分布情况并不相同，尤以球囊霉属真菌居多，分布概率为 94.0%，其次为无柄囊霉属，分布概率为 84.8%（表 7-6）。

表 7-6　丛植菌根真菌 4 个属在盐碱土壤中的分布

属　　名	出现样品数（个）	分布概率（%）
无柄囊霉属 *Acaulospora*	313	84.8
巨孢囊霉属 *Gigaspora*	21	5.7
球囊霉属 *Glomus*	347	94.0
盾巨孢囊霉属 *Scutellospora*	69	18.7

（引自刘润进等，1999）

该菌主要分布在 0～30cm 的土壤表层。土壤中该菌在植物根围内分布最多，在根系分布范围之外的下层没有或极少。

(2) 杜鹃类菌根

杜鹃花科和饭树科几个属的植物可形成典型的杜鹃类菌根。该类型菌根表现为在根的周围和表面可以看到疏松的菌丝网，外生菌丝粗大，有分隔；没有或很少有胞间菌丝；胞内菌丝呈圈状。

这种类型菌根主要发生在生长在酸性草炭土壤上的小乔木或灌木的营养根上，如杜鹃属、欧石楠属、乌饭树属、马醉木属和山月桂属等。

杜鹃类菌根真菌在促进植物生长、提高养分吸收率、生态系统养分循环及保护植物抵御不良环境胁迫中起着关键作用。

(3) 兰科菌根

在自然界几乎所有的兰科植物都有菌根，与菌根的共生，关系伴随着兰科植物从种子萌发到开花结果的整个生活史。兰科菌根与其他菌根有明显的区别，菌根形成在兰科植物的营养根上，而在储藏根上没有菌根，气生根上也很少形成菌根。兰科菌根真菌菌丝有分隔，有些可形成子实体，可以分离并实现纯培养，在根皮层细胞内形成结状或螺旋状的菌丝圈。植物营养根表面有松散的根外菌丝同土壤中的其他植物根系或死的有机物相连。

7.3.2 菌根真菌资源

菌根菌的分类鉴定向来是菌根研究的基础性工作，也是一项较繁琐而又十分重要的工作。在外生菌根的分类研究方面，人们主要根据菌根菌子实体及孢子的形态结构特征来确定菌种。和外生菌根一样，人们对丛枝菌根的鉴定仍然是以菌根真菌的孢子形态、大小、颜色、孢子壁层次结构、纹饰、内含物以及着生排列性状、连孢菌丝特性、泡囊形态等特性指标为主要依据。这种传统的鉴定方法有许多弊端，如有一些外生菌根不产生子实体，而且多数菌根的外部形态、颜色等特征受到各种条件制约而变化较大，有时很难同时既找到菌根又找到菌根菌的孢子，这就给菌根分类带来困难。

在传统分类学的基础上，结合现代生理生化研究方法、分子生物学技术和计算机技术所建立了比较快速、准确的分类手段，菌根分类已从传统的方法走向现代分子生物学技术的辅助分类，菌根真菌的分类方法和概念都有了新的发展。

7.3.2.1 外生菌根真菌资源

根据外生菌根真菌资源统计数据，形成外生菌根的真菌大多属于担子菌门层菌纲，如牛肝菌属 *Boletus*、绒盖牛肝菌属 *Xerocomus*、乳牛肝菌属 *Suillus*、珊瑚菌属 *Clavaria*、革菌属 *Thelephora*、鹅膏菌属 *Amanita*、乳菇属 *Lactarius*、拟口蘑属 *Tricholomocpsis*、口蘑属 *Tricholoma*、杯伞属 *Clitocybe*、红锈伞属 *Dermocybe*、红菇属 *Russula*、桩菇属 *Paxillus* 和黏滑菇属 *Hebeloma* 等，这些真菌通常能在地面上形成子实体，即蘑菇。除此之外，还有担子菌门腹菌纲中须腹菌属 *Rhizopogon*、硬皮马勃属 *Scleroderma*、豆马勃属 *Pisolithus*；子囊菌门的大团囊属 *Elaphomyces*、空团囊菌属 *Cenococcum*、埋盘属 *Sepultaria*、块菌属 *Tuber*；接合菌门的内囊霉属 *Endogone*。

7.3.2.2　丛枝菌根真菌资源

形成丛根菌根的真菌资源丰富，包括球囊菌门球囊菌纲的球囊霉属 *Glomus*、实果内囊霉属 *Sclerocystis*、巨孢囊霉属 *Gigaspora*、盾巨孢囊霉 *Scutellospora*、无柄囊霉属 *Acaulospora*、内养囊霉属 *Entrophospora*、多孢囊霉属 *Diversispora*、类球囊霉属 *Paraglomus*、原囊霉属 *Archaeospora* 等 16 属。

7.3.3　菌根对植物的有益作用

(1) 增加宿主植物对矿质营养的吸收

菌根真菌的主要功能之一就是改善植物的矿质营养，业已证实，菌根真菌能溶解、活化土壤中的磷、锌等矿质养分，显著促进植物对土壤中磷、锌的吸收。实验表明，菌根对氮、钾、镁、硫、锰等矿质元素的吸收也有一定的作用，并促进了植物的生长。用菌肥接种赤松幼苗后，不仅极显著促进苗木菌根化，而且使赤松幼苗的氮、钾含量分别提高 33.88% 和 17.98%。在一些地区，微量元素或痕量元素正成为作物生长或动物营养的限制因素，甚至造成动物和人患严重的地方病。例如，在英格兰的东北地区，土壤中的铜和钴浓度很低，致使当地的羊群不能健康成长，但在牧场土壤中接种菌根真菌后可以显著增加牧草中铜、钴的含量，从而避免家畜患元素缺乏症。

(2) 提高宿主植物抗旱性

菌根真菌能促进根系对水分的吸收利用，改善植物的水分状况，提高植物的耐、抗旱能力。菌丝在根际土壤中蔓延，不仅有效地扩大了植物根系的吸水范围，还能促进植物对其他营养元素的吸收，从而提高植物的保水力和水分有效利用率。大量报道指出，无论正常供水条件下还是干旱条件下，接种 AM 真菌都提高了洋葱、柑橘、樱桃、苹果、玉米、玫瑰等水分的传导力和蒸腾速率。

(3) 提高宿主植物抗病性

外生菌根在植物根部形成菌套和哈蒂氏网，能有效阻止病原生物对根的侵入，起到屏障的作用。大量菌根菌与某些土壤微生物产生拮抗作用，能减少和抑制由土壤中的植物病原菌所造成的危害。部分菌根菌还能释放抗生素，抑制其他微生物的生长。

丛枝菌根与宿主植物病害之间的关系比外生菌根复杂，大量的报道证实 AM 真菌对植物病害具有防治作用，但也有报道指出丛枝菌根对植物病害无影响甚至加重植物病害。

(4) 提高植物抗逆性

相关研究报道指出，菌根真菌能提高植物抗/盐性。如 AM 真菌能使洋葱和辣椒在盐碱地保持较好生长并能避免叶片黄化失绿现象。在土壤含盐量高达 4g/kg 的条件下，接种摩西球囊霉的植株仍能生长，生物量比对照高 22.2%，含磷量增加 37.1%。在红橘实生苗上的研究指出，接种丛枝菌根真菌能显著提高植株抗盐胁迫能力。

彩色豆马勃具有较强的耐酸性，可在土壤 pH 值为 2.5~3.0 的酸性土壤中存活，并增强植物的耐酸性。施用林木菌肥后，赤松幼苗叶绿素含量、叶绿素 a 及叶绿素 b 和类胡萝卜素含量均明显高于不施菌肥的对照，有利于增强植物对逆境的抗性。

(5)促进植物生长，提高产量

植物接种菌根真菌后可提高苗木移栽成活率，促进生长发育，增加产量。三叶草、洋葱、苜蓿、柑橘、葡萄、月季、芦笋等植物对菌根真菌的依赖性最大；玉米、桃、棉花、苹果、矮牵牛等的依赖性居中；烟草、番茄等的依赖性最小。前人把AMYKOR®生产的VA菌根菌肥接种到草莓移栽苗试验表明，在土壤基础养分较低、速效磷不高的常规栽培，使用后能促进草莓营养生长，增加生物量。许多菌根菌在生长发育过程中可产生一些生长刺激因子如吲哚乙酸、赤霉素、维生素等，这些因子可通过促使植物增加侧根数和根毛长度促进根系生长，具有刺激植物生长的作用。

7.3.4 菌根菌肥的利用

菌肥又称微生物肥料、接种剂等，是指应用于农业生产的含有特定微生物活体的制品。菌根菌肥是利用菌根真菌的繁殖体，如孢子、菌丝或子实体，经过人工繁殖，加工配制，形成具有一定特性的商品化产品。具有协助植物吸收营养、增进土壤肥力、增强植物抗病和抗干旱能力、降低和减轻植物病虫害、产生多种生理活性物质刺激和调控植物生长、改善农产品品质及农业生态环境的功效。

7.3.4.1 菌肥类型及生产

大多数外生菌根真菌可以进行纯培养，因此该类真菌通过工业发酵生产菌肥已获得成功，取得实效。其类型有液体、粉剂、丸剂、片剂或颗粒剂等，目前多使用含有一定水分及养分的固体菌剂、丸剂等形式。我国在20世纪80年代开始开发菌根生物菌肥，90年代发展迅速，并已取得了显著的经济、社会和生态效益。如利用Pt菌剂来进行松树育苗，可提高合格苗产量7.0%以上，造林成活率可高达169%。

美国佛罗里达大学已推出6个商业生产的AM真菌菌剂，并进行试验。国外有8个国家近20家公司生产商品化AM真菌菌剂，例如，加拿大、法国、美国、哥伦比亚、日本、新西兰、英国和澳大利亚均已开展AM真菌菌剂的生产、销售和推广应用工作。我国内地还没有这种菌剂产品面市，但AM真菌的菌种已被国家微生物肥料质量检验中心认定为安全菌种(即：在申报菌剂质量检测时可以免做毒理学试验)，为它的大规模生产和应用提供了有利条件。

7.3.4.2 菌根技术的应用

菌根对植物的多种效益已引起人们的高度重视，近年来，菌根技术不断地应用在农林业生产和环境保护中。菌根技术是以活性生物菌制剂为对象的生物新技术，也是联合国环境署在世界范围内大力提倡并推广应用的一项生物新技术。美国规定在湿地草原育苗造林必须对苗木进行接种。为此，美国还成立了"菌根技术公司"，专门为林木菌根化提供菌根生物制剂。苏联规定在森林和草原地带建立苗圃要采取接种菌根的措施。

外生菌根真菌已在中国、法国、美国等得到了普遍的推广和应用。在引种、育苗、逆境造林、果树栽培、植物病害的防治以及菌根食用菌生产等方面都已成功应用。引种新植物时，应同时引进相适应的菌根菌种，尤其是那些对菌根真菌依赖性较大的树种。例如，波多黎各从 1928 年开始，先后从国外引种多种松树，但连续 27 年均告失败。直到 1955 年，从美国北卡罗来纳的火炬松和短叶松树林内取回菌土，并接种到这些松树的 1 年生幼苗的根部形成菌根，引种才获得成功。我国浙江长兴县林业科学研究所采用菌根土接种湿地松，同样取得较好的效果。湿地松造林成活率达 98%，对照区仅 41.6%。4 年后生长结果表明，接种树平均高 4m，对照仅 2.4m，其树高及地径分别比对照提高 66.6%~104%。

1995 年，弓明钦等用 TM1 型孢子悬液对巨尾桉幼苗进行接种，从接种到苗木出圃仅 75d，比相同条件未接种的苗木提早 7~10d 出圃；菌根浸染率达 53%~68%，出圃苗高比对照增加 60.76%~79.37%；1 年生，树高平均比对照增加 66.7%~79.08%，胸径比对照增加 96.17%~122.1%。接种苗木不仅成活率高，而且表现出一定的抗寒能力。

7.4 除草资源真菌及利用

杂草生物防治就是利用不利于杂草生长的生物天敌如节肢动物(昆虫和螨类)、植物病原菌(真菌、细菌、病毒、线虫)、鱼类、鸟类和其他动植物来控制杂草的发生，使其种群数量和分布控制在经济阈值允许或人类的生产、经营活动不受其太大影响的水平之下。

7.4.1 除草资源真菌种类

目前，生物除草剂多是利用真菌，故将利用真菌研制的生物除草剂称之为真菌除草剂。真菌除草剂是杂草管理中有效的新策略。它是一类施用技术和方法类似化学除草剂并用以防治特定杂草的活真菌产品。它可以像化学除草剂一样，在有必要和条件适宜时在田间大剂量施用，人为地制造目标杂草的病害大流行，从而迅速有效地控制草害。真菌除草剂的上述特点赋予了其诸多优点，但同时也有伴随而来的一些缺点。

前人已经利用诸多真菌资源对于农田中一些重要的杂草进行了研究和产品开发(表 7-7)。

表 7-7 真菌中已开发和正在开发的用于防治除草的药剂

真菌名称	学 名	商品名	靶标杂草	注册国家或供应商、开发商
链格孢属	*Alternaria cassiae*	Casst	大豆和花生田中的决明、喉白草	美国
罗得曼尼尾孢属	*Cercospora rodmanii*	ABG5003	水葫芦	Abbott Labs(美国)
刺盘孢属	*Colletotrichum coccodes*	Velgo	玉米和大豆田中的苘麻	加拿大、美国

（续）

真菌名称	学　名	商品名	靶标杂草	注册国家或供应商、开发商
盘长孢状刺盘孢	*C. gloeosporioides*	Luboal	大豆田中的中国菟丝子、澳洲菟丝子	中国
盘长孢状刺盘孢	*C. gloeosporioides*	Biomal	小麦和扁豆田中的锦葵	加拿大
盘长孢状刺盘孢	*C. gloeosporioides*	Collego	水稻田中的田皂角	Encore Technologies（美国）
银叶病病菌	*Stereun purpureum*	BioChon	荷兰林地中的野黑樱	Koppert（荷兰）
棕榈疫霉	*Phytophthora palmivora*	Devine	佛罗里达州柑橘园中的 *Morrenia odorata*	住友（日本）、Vaient（美国）

7.4.2　除草资源真菌作用方式

杂草生物防治可分为以下4种类型：

①经典式生物防治　多指直接从国外杂草原产地引进具有寄主专一性的天敌对付外来杂草。

②广谱式生物防治　是指人为地控制杂草天敌的数量，从而在维持生态平衡的状态下控制住杂草，使其危害处于经济阈值之下。

③保守式生物防治　是指减少自然植食性昆虫的天敌（包括其寄生物、猎食者和病害），这些昆虫往往取食本地植株。

④淹没式生物防治　也称生物除草剂策略，是指在人为的控制条件之下，选用能杀灭杂草的天敌后，进行人工培养获得大剂量生物制剂，从而用以防治目标杂草。

生物除草剂具有两个显著特点：经过人工大批量生产而获得大量接种体；淹没式使用，以达到迅速侵染，在较短时间内杀灭杂草的目的。

就用于杂草防治真菌的作用模式而言，目前，国内外学者研究表明，只有少数几个具有除草活性的杂草病原真菌植物毒素的作用模式得到鉴定，涉及互隔交链孢菌 Alternaria alternata、壳二孢菌 Ascochyta caulina 等。具有杂草潜在防治的真菌种类主要有刺盘孢菌属 Colleototrichum、镰刀菌属 Fusarium、交链孢霉属 Alternaria、柄锈菌属 Puccinia、尾孢霉属 Cercospora、叶黑粉菌属 Entyloma、壳单孢菌属 Ascochyta、核盘菌属 Sclerotinia 等。近些年来，新获得的绝大多数具有除草活性的杂草真菌的作用模式尚未明确。在作用模式已经明确的具有除草活性的真菌中，除了少数与有些化学合成除草剂具有较为相同的作用模式外，绝大多数真菌的作用模式与现有化学合成除草剂完全不同，成为未来开发新型除草剂的重要资源。目前，已经明确的真菌除草的作用模式有：抑制杂草的光系统Ⅱ（PSⅡ）、抑制杂草的氨基酸代谢、抑制杂草的脂类代谢、抑制杂草的糖代谢、抑制杂草合成萜类化合物、阻碍能量传递、破坏杂草的细胞膜功能、干扰杂草的有丝分裂等。

7.4.3　开发真菌除草剂的步骤

真菌除草剂大多数是选择侵染茎叶的植物病原菌，并且已经存在于目标杂草入侵的地域。大批量的接种体淹没式地应用于环境则需要它们具有寄生专一性，且必须具备强致病力以起到防除效果。

一种真菌开发成为除草剂所需经过的步骤有：

①广泛地调查某一靶标杂草自然群落的致病菌。

②研究筛选致病菌的生物学特性，该致病菌须具备强致病力，在杂草中严重发生或能够侵染靶标杂草，并在自然种群中传播，从而达到有效防除靶标杂草的目的。

③鉴定该致病菌的分类学地位，确定其安全性，进行寄生范围的测定。在测定一种候选生防剂的寄生范围时，往往先选择一些可能会被该生物体浸染的植物种进行，这包括与目标杂草同属及同科的其他属的代表种、近缘科的代表种、主要经济作物及观赏植物、与目标杂草在物候上尤其是形态上很相似的植物和在当地具有生态意义的植物种类。

真菌除草剂的有效成分是活的浸染接种体。目前已经商品化或正在生产上使用的真菌除草剂，大多是经发酵技术生产的。从经济和实践的角度，候选真菌除草剂的侵染接种体的生产必须能快速、高效、价廉。除为数不多的例子外，真菌的孢子是目前认为最适宜作为生物除草剂的部分。而在几种孢子当中，无性繁殖的孢子或分生孢子在实验条件下最容易生产，并且是在自然条件下传播病害的最普遍方式。因此，孢子是作为真菌除草剂侵染接种体的最佳候选。传统的观念也认为孢子在稳定性、寿命、活性和侵染能力方面比真菌其他部位更为优越。

7.4.4　优点与缺点

随着具有除草活性的真菌种类不断发现，特别是上述真菌所作用杂草的靶标分子与目前已有的化学除草剂作用位点有着明显的特异性，为今后开发以真菌为主要微生物的除草剂具有巨大的研究意义和应用前景。同时，也应看到，真菌作为一种微生物，其自身生长速度与其生活环境、植物类型以及气候等因子具有密切关系，另外其在危害植物方面具有一定不确定性等生态负效应，倘若生产上使用相关菌剂，则应在使用前评估该菌剂的应用范围和生态效应，使其作用的植物仅限于目标杂草和一些近缘种植物，而不会危害到其他农林植物。此外，真菌的繁殖方式主要依赖其菌丝体以及孢子进行，然而，其菌丝体片段较孢子难于计数，且不易于从人工培养基中分离出来，以及在侵染力、稳定性、寿命、活性方面菌丝体一般均低于孢子；而对于孢子的分离、培养等技术有待进一步提升，因此，在使用真菌菌丝体和孢子为主要开发源方面有待进一步破解上述难题。

7.5 农药降解资源真菌及利用

有机农药的广泛使用有效促进了世界农业生产，在很长一段时间内仍是不可替代的，但大量生产和不合理使用有机农药所造成的种种环境污染问题，已经危及到人类的健康和社会发展。前人研究表明，微生物在环境残留农药的降解中发挥着重要作用，微生物降解是目前治理残留农药污染的有效手段之一，利用微生物及其降解酶对环境中残留的有机农药进行净化处理已显示出良好的应用前景。目前已经从土壤或活性污泥中分离到多种可降解农药的微生物，包括细菌、真菌、放线菌等。由于细菌适应能力强、易诱发突变且分布广泛，所以比较容易筛选，而真菌也因其卓越的农药降解能力正逐渐被重视，但不如对细菌的研究普遍。

7.5.1 降解有机氯农药的资源真菌

有机氯农药普遍毒性高、残留量大且不易分解，自20世纪70年代以来已在全球范围内陆续被禁用，但由于其使用历史长、用量大，导致其在环境中残留量很高，对生态系统和人类健康造成了严重威胁。通过选择压力可以从土壤中分离到各种可降解有机氯农药的微生物，如分离出的节杆菌 Arthrobacter sp.、栖土曲霉 Aspergillus terricola、土曲霉 Aspergillus terreus 均可以降解硫丹（Endosulfan），毛韧革菌 Stereum hirsutum 可以降解甲氧滴滴涕（Methoxychlor），根瘤菌 Rhizobium sp. 4-CP-20 和热带假丝酵母 Candida tropicalis 能降解四氯苯酚（2,4,5,6-Tetrachlorophenol）。真菌虽然没有细菌的变异能力强，但真菌生活史比较复杂，因此可以通过准性生殖形成具有高降解力的异核体菌株，以适应逆境。将从含滴滴涕（DDT）的降解产物滴滴滴（DDD）或滴滴伊（DDE）的土壤中分离出的腐皮镰刀菌 Fusarium solani 培养在同时含有 DDD 和三氯杀螨醇（Dicofol）的培养基上，发现某些菌株表现出协同增效作用，亲本菌株互补亲和，菌丝融合后诱发生成异核体，表现出优良的降解活性。

7.5.2 降解有机磷农药的微生物

有机磷农药都含有 PO 或 PS 基团，该基团被水解后形成低毒或无毒产物。但有机磷农药在环境中较稳定，部分属剧毒、高残留类化合物，易被植物富集，从而对人体产生毒害作用。土壤微生物可通过酶促反应降低残留有机磷农药的毒性。更多的降解菌株是经富集驯化而来，在长期的选择压力下，某些菌株发生变异，具备了降解某种有机磷农药的能力。沙雷铁氏菌 Serratia sp.、采绒革盖菌 Coriolus versicolor 和簇生黄韧伞 Hypholoma fasciculare 可降解毒死蜱（Chlorpyrifos）；酿酒酵母 Saccharomyces cerevisiae 可降解草甘膦（Glyphosate）。酿酒酵母因具备降解有机磷的能力，且对食品生产和葡萄酒酿造具有重要价值，因此，该菌有着广阔的应用前景。

7.5.3 降解拟除虫菊酯类农药的微生物

拟除虫菊酯类农药因其高效、低毒而在农业上得以广泛应用。但近年来有研究证明，拟除虫菊酯类药剂能刺激乳腺癌细胞增殖和 P52 基因的表达，具有拟雌激素活性，因此，有效降解环境中残留的拟除虫菊酯类农药也具有很重要的意义。已分离出的拟除虫菊酯类降解菌主要是细菌。如 Grant 等（2003）从土壤中分离出的荧光假单胞菌 *Pseudomonas fluorescens* 和普城沙雷菌 *Serratia plymuthica*；洪源范等（2006）分离出了可降解甲氰菊酯（Fenpropathrin）的鞘氨醇单胞菌 *Sphingomona* ssp.‘JQIA-5’，并证明其降解酶为胞内酶；许育新等（2005）分离得到的红球菌（*Rhodococcus* sp. CDT3）和辛伟等（2006）分离到的蜡状芽孢杆菌 *Bacillus cereus*‘TR2’均可以降解氯氰菊酯（Cypermethrin）；Nirmali 等（2005）分离得到能降解氯氟氰菊酯（Cyhalothrin）的施氏假单胞菌 *Pseudomonas stutzeri*‘S1’；Paingankar 等（2005）分离出的酸单胞菌 *Acidomonas* sp. 可降解丙烯菊酯（Allethrin）；丁海涛等（2003）分离出了可降解氯氰菊酯、氰戊菊酯（Fenvalerate）、溴氰菊酯（Deltamethrin）的地衣芽孢杆菌 *Bacillius licheniformis* qw5；王兆守等（2003；2005）分离到的假单胞菌 clf6 及其紫外诱变菌株 UW19 能同时降解联苯菊酯（Bifenthrin）、甲氰菊酯和氯氰菊酯 3 种农药。但目前要对这些菌株进行开发利用尚需更深入、全面的研究。

7.5.4　降解有机氮农药的微生物

有机氮农药包括氨基甲酸酯类、脒类、硫脲类、取代脲类和酰胺类等含氮有机化合物，多为除草剂，使用量大且易被植物富集。微生物在有机氮农药残留降解中也具有重要作用：Zhu 等（2013）证明土壤微生物的存在能降解乙草胺（Acetochlor）；沈东升等（2002）把优选青霉 *Penicillium* sp. 引入土壤，发现其有利于松结态甲磺隆（Metsulfuron-methyl）的降解。已分离到的有机氮农药降解细菌较多。如鞘氨醇单胞菌‘CDS-1 菌株’、新鞘氨醇杆菌 *Novosphingobium* sp. FND-3. 假单胞菌‘AEBL3’菌株可降解克百威（Carbofuran），假单胞菌‘AEBL3 菌株’还可降解涕灭威（Aldicarb）和灭多威（Methomyl）；睾酮丛毛单胞菌 *Comamonas testosteroni* I2gfp 可降解 3-氯苯胺；多食鞘氨醇杆菌 *Sphingobacterium multivolume* Y1 可降解苯噻草胺（Mefenacet）；根瘤菌 *Rhizobium* sp.‘AC100’可以把甲萘威（Carbaryl）水解成萘酚和甲胺；此外真菌在有机氮农药的降解中也发挥了很大作用。黄曲霉 *Aspergillus flavus* 和栖土曲霉能有效地降解异丙甲草胺；采绒革盖菌和黄金菇 *Hypholoma fasciculare* 可降解敌草隆（Diuron）和甲霜灵（Metalaxyl）；鲁氏接合酵母 *Zygosaccharomyces rouxii* DBVPG6399 可以降解杀真菌剂异菌脲（Iprodione），而且该菌可以生长在高渗透溶液中，这对于环境的生物修复和食品工业均非常重要；林爱军等（2003）分离到 16 株二甲戊灵（Pendimethalin）的降解真菌，其中 3 株分别属于土生曲霉 *Aspergillus terreus*、长梗串孢霉 *Monilochaete* ssp. 和烟色曲霉 *Aspergillus furnigatus*；此外，芽孢杆菌 *Bacillus* sp. HB-7 也可以降解二甲戊灵。可见选育微生物用于修复土壤中残留的有机氮农药污染是有效的。

7.5.5　降解其他有机农药的微生物

三嗪类农药莠去津（Atrazine）的降解菌有节杆菌‘HB-5 菌株’、节杆菌‘AG 菌株’、微小杆菌 *Exiguobacterium* sp.‘BTAH1’、藤黄微球菌 *Micrococcms luteus*‘AD3’、假单胞

菌 *Pseudomona* ssp.'AD1'以及白菖蒲 *Acorus calamus* 根围的嗜麦寡养食单胞菌 *Stenotrophomonas maltophilia* 和葡萄孢属 *Botryti* ssp. 真菌。此外，所分离到的降解微生物还有可降解环嗪酮(Hexazinone)的假单胞菌'WFX-1菌株'和阴沟肠杆菌 *Enterobacter cloacap*'WFX-2'菌株；降解膦化麦黄桐(L-Phosphio-thricin，PPT)的肠杆菌 *Enterobacter* sp.；降解咪唑烟酸(Imazapyr)的荧光假单胞菌Ⅱ型 *Pseudomonas fluorescenes* biotype Ⅱ 'zjx-5'和蜡状芽孢杆菌 *Bacillus cereus*'ZJX-9'；降解对硝基酚(p-Nitropheno，PNP)的原生节杆菌 *Arthrobacter protophormiae*'RKJ100'等。很多微生物具有广谱的降解能力，目前，已筛选到可降解各种有机农药的微生物至少包括25个以上细菌属和20多个真菌属。由于多数降解菌株分离自长期接触农药的土壤及活性污泥等特殊生态环境，并可筛选出降解同一农药的不同菌属和降解不同农药的同种菌株，说明微生物在环境中具有广泛的适应性和较快的进化速度，这为环境修复提供了大量的菌种资源、基因资源和相关活性组分。如何全面搜集整理菌种资源，充分利用其基因资源和活性组分，更好地解决环境中残留物污染的修复问题，形成新的产业，还需大量深入的研究和实践验证。

降解农药的天然菌株的降解酶往往是胞内酶，应用菌剂时，菌体在生长繁殖过程中缓慢分解农药而获得营养源。由于菌株对正常生长条件要求严格，利用固定化酶制剂代替菌剂具有广阔的应用前景，因此开发农药降解菌的酶资源，并利用其相关基因进行工程菌改造非常重要。

此外，木质素过氧化物酶、锰过氧化物酶和漆酶在农药降解中有着重要作用。从污染严重的土壤中分离出的葡萄穗霉 *Stachybotry* ssp.'DABAC3'和侧孢菌 *Phlebia* sp. 'DABAC9'能生产漆酶、锰过氧化物酶和木质素过氧化物酶，可降解萘、二氯苯胺异构体、O-羟基联苯和1,1-联二萘；来自白腐真菌的锰过氧化物酶、漆酶和木质素过氧化物酶可以降解甲氧滴滴涕及其中间酶解产物；毛革盖菌 *Coriolus hirsutus*、革孔菌 *Coriolopsis fulvocinerea*、齿毛菌 *Cerrenamaxima* 产生的漆酶在莠去津(Atrazine)降解中可能起着重要作用；黄孢原毛平革菌 *Phanerochaete chrysosporium* 产生的漆酶可以降解狄氏剂(Dieldrin)、西玛津(Simazine)和氟乐灵(Trifluralin)的混合物，变色栓菌 *T. versicolor* 也可以产生类似的酶。除木质素过氧化物酶、锰过氧化物酶和漆酶以外，前人还从黑曲霉 *Aspergillus niger* 中分离出了新颖的乐果降解酶。尽管真菌是微生物中的一大类群，并已分离出很多可降解农药的菌株，但目前对其降解酶和降解基因的研究还不够广泛和深入。

思 考 题

1. 简述虫生真菌的主要来源。
2. 简述菌根对植物的有益作用主要体现在那些方面。
3. 简述除草资源真菌的种类。
4. 简述除草资源真菌的优点与缺点有哪些。
5. 简述农药降解资源真菌类型有哪些。
6. 简述资源真菌在农林业生产方面具有什么重要的作用。

第8章
工业资源真菌

工业资源真菌(industrial fungi)是指那些与工业发酵和引起工业产品霉变有关的各种真菌，主要包括酵母菌和霉菌。一般而言，酵母菌主要用于酿酒、发面、发酵生产甘油、石油脱蜡以及生产药用、食用和饲料单细胞蛋白。此外，酵母菌还可以用于提取核酸、辅酶和ATP等生化药物以及作为遗传工程中的重要受体菌等。霉菌则主要用于生产柠檬酸、葡糖酸、甲叉丁二酸等有机酸，淀粉酶、蛋白酶、果胶酶、纤维素酶等酶制剂，青霉素、头孢霉素、制霉菌素等抗生素，以及麦角碱、维生素等药物，以及赤霉素、真菌多糖等产品。此外，利用某些霉菌还可用于甾族化合物的生物转化以生产甾体激素类药物体激素类药物(表8-1)。另外，值得关注的是，在传统食品的酿造、生物防治、污水处理等生产生活方面，遗传工程基础理论研究方面以及生物测定等方面均有重要的应用。许多工业资源真菌种类可引起纺织、油漆、皮革、胶片、电讯和光学器材等众多工业产品的霉变，一些担子菌则可造成木材及其制品的霉烂。本章主要介绍有关酵母菌的开发与利用、重要的酵母种类以及酵母在食品工业、医疗保健工业、生物工程等方面的应用情况，同时，也对霉菌的开发与利用，重要的霉菌种类及其在相关工业方面的应用情况作了介绍。

表 8-1　食品加工中常用的真菌酶制剂

类　别	酶名称	来　源	用　途
糖酶	α-淀粉酶	米曲霉 黑曲霉	制造糊精、饴糖、高麦芽糖、葡萄糖、果葡糖浆、酒精、果汁加工中分解果汁中的淀粉，改善面包质地
分解者	异淀粉酶	霉菌	同β-淀粉酶合用制造麦芽糖、糯米纸
	糖化酶	黑曲霉 根霉 红曲霉	制造葡萄糖，用作酿酒和酒精工业的糖化剂，生产为发酵工业用的可发酵性糖
	乳糖酶	乳糖酵母 黑曲霉	生产低乳糖牛奶、防止冰激凌乳糖结晶
	蜜二糖酶	紫红被孢霉	分解糖蜜中的棉子糖，提高甜菜糖得率
	果胶酶	黑曲霉 木质壳霉 米曲霉	果汁澄清、果实榨汁、葡萄酒澄清、脱囊衣
	转化酶	啤酒酵母 假丝酵母	从蔗糖生产转化糖、防止糖果发砂、制糖果、蜜饯

（续）

类　别	酶名称	来　源	用　途
分解者	菊粉酶	曲霉	水解菊粉制造果糖
	柚柑酶	黑曲霉	除去橘汁苦味、除去柚苷
	橙皮苷酶	黑曲霉	防止柑橘罐头汤汁产生白色浑浊
	花青素酶	黑曲霉	桃、葡萄脱色
纤维素酶	纤维素酶 半纤维素酶	绿色木霉 黑曲霉 担子菌	谷类、蔬菜、果实、豆类加工，提高原料利用率，速食食品生产，提高出酒率，与果胶酶合用来澄清果汁，助消化
蛋白分解酶	酸性蛋白酶	黑曲霉 酵母	啤酒澄清，面包和糕点的质量改进
	霉菌蛋白酶	米曲霉 栖土曲霉 酱油曲霉	水解蛋白，调味品制造，防止酒类浑浊
脂肪酶	胰脏脂肪酶	毛霉 酵母	干酪和油脂生香，制造冰淇淋、巧克力
	霉菌脂肪酶	黑曲霉	干酪和油脂生香，制造冰淇淋、巧克力
氧化还原酶	葡萄糖氧化酶	青霉 黑曲霉	食品加工（除去氧和葡萄糖以改进品质或防腐）
	过氧化氢酶	曲霉 青霉	食品加工中分解 H_2O_2，测定食品鲜度
其他酶类	氨基酸酰化酶	霉菌	DL-氨基酸拆分

8.1 酵母菌的开发与利用

酵母菌（yeast）为单细胞真菌，有真核细胞的基本结构和功能。目前已发现的酵母菌已超过 500 种，分属 41 属。酵母菌可进行无性繁殖和有性繁殖，以无性繁殖为主。大多数酵母菌具有发酵糖类产生酒精和二氧化碳的能力，可用于酿酒、发面，生产蛋白质、有机酸、酶、核苷酸、辅酶、细胞色素 C、维生素，石油发酵、脱蜡等各个方面；但也有少数菌是有害的，一些发酵工业的污染菌可消耗酒精和产生不良气味，一些耐高渗酵母可使果酱、蜂蜜及蜜饯变质，少数寄生性酵母菌具有致病作用。

8.1.1 酵母菌的生物学特性

(1)酵母菌的形态学特征

酵母菌的形态因种而异，通常为圆形、卵圆形或椭圆形，也有特殊形态，如柠檬形、三角形、藕节状、腊肠形，假菌丝等。酵母菌菌体比细菌粗约 10 倍，细胞宽约 1~5μm，长约 5~30μm；其菌落形态类似细菌，大多数酵母菌的菌落比细菌菌落大，为 3~5mm，也有些酵母菌的菌落其直径只有 1mm 左右或更小。酵母菌的固体培养菌落大而厚，大多数表面光滑湿润、黏稠、易挑取，颜色单调，常见白色、土黄色和红色，若培养时间太长，其表面可产生皱褶；也可液体培养，其菌落形态随酵母菌种类的不同而各异。

（2）酵母菌的繁殖方式

酵母菌有多种繁殖方式，有人把只进行无性繁殖的酵母菌称作"假酵母"，而把具有有性繁殖的酵母菌称作"真酵母"。酵母菌最常见的无性繁殖方式是芽殖。芽殖发生在细胞壁的预定点上，此点被称为芽痕，每个酵母细胞有一至多个芽痕。成熟的酵母细胞长出芽体，母细胞的细胞核分裂成两个子核，一个随母细胞的细胞质进入芽体内，当芽体接近母细胞大小时，自母细胞脱落成为新个体，如此继续出芽。如果酵母菌生长旺盛，在芽体尚未自母细胞脱落前，即可在芽体上又长出新的芽体，最后形成假菌丝状(图 8-1、图 8-2)。

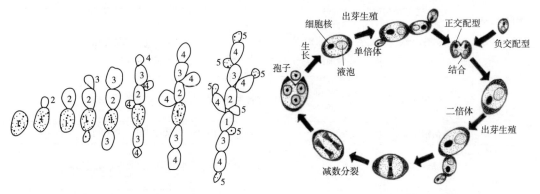

图 8-1 酵母菌假菌丝的形成
图中数字是出芽的顺序

图 8-2 酵母菌的生活史

裂殖是少数酵母菌进行的无性繁殖方式，类似于细菌的裂殖。其过程是细胞延长，核分裂为二，细胞中央出现隔膜，将细胞横分为两个具有单核的子细胞。酵母菌是以形成子囊和子囊孢子的方式进行有性繁殖的。两个临近的酵母细胞各自伸出一根管状的原生质突起，随即相互接触、融合，并形成一个通道，两个细胞核在此通道内结合，形成双倍体细胞核，然后进行减数分裂，形成 4 个或 8 个细胞核。每一子核与其周围的原生质形成孢子，即为子囊孢子，形成子囊孢子的细胞称为子囊(图 8-3)。

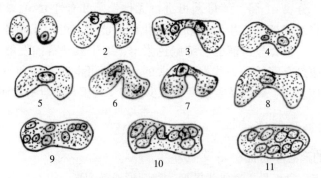

图 8-3 酵母菌子囊孢子的形成过程图
1~4. 两个细胞结合 5. 接合子 6~9. 核分裂 10~11. 核形成子囊孢子

(3) 酵母菌的细胞结构

酵母菌的结构与其他生物细胞相似，也是包括细胞壁、细胞膜、细胞质、细胞核及内含物等，具有完整的细胞核和细胞器等。酵母菌的细胞壁厚、坚硬，呈无定型结构，含有葡聚糖、蛋白质、类脂和多糖等化学成分。酵母菌的细胞膜以磷脂双分子层为基本结构，含有蛋白质、类脂、糖类等化学成分。酵母菌的细胞质是一种黏稠的胶体，细胞质内有由生物膜分化出来的独立的细胞器，如核糖体、线粒体、内质网和高尔基体等。酵母菌的细胞核由多孔核膜包裹，核膜是一种双层单位膜，上面有大量的核孔，细胞核包括核膜、核质和核仁。

8.1.2　酵母菌的基本功能

(1) 发酵功能

发酵是酵母菌最主要的功用。人类很早就开始将酵母菌应用于食品生产中，例如酒精饮料、酱油、食醋、馒头和面包的发酵等。在面包和馒头的生产中，酵母发酵产生大量二氧化碳，使面团膨胀，形成松软的组织。

在食品工业上常见的酵母菌有啤酒酵母，用于生产啤酒、白酒和酒精，以及制作面包；葡萄汁酵母，用于酿造葡萄酒和果酒，也用于啤酒和白酒的酿造。

(2) 营养强化功能

研究发现，酵母菌本身也具有很高的营养价值。其菌体含水量约为75%～85%，干物质含量是15%～25%。酵母菌含有丰富的蛋白质，占干重的45%～60%，其中含有人体必需的氨基酸，特别是谷物蛋白中含量较少的赖氨酸。不仅如此，其氨基酸的含量比例接近联合国粮食及农业组织(FAO)推荐的较理想的氨基酸组成。

从酵母菌中提取的蛋白质色泽乳白，无异味，纯度高。目前酵母菌提取蛋白主要添加到面包、饼干中作为营养强化剂，也可添加到香肠、火腿等食品中用于增强产品的口味。除此之外，酵母菌中水溶性维生素和麦角甾醇(维生素D的前体)含量非常丰富。值得一提的是，酵母菌很容易富集硒元素，所以经过特殊工艺添加到食品之后可以补充人体的硒元素。

(3) 调味功能

酵母菌还能够被用来生产调味料。酵母精就是其中一种。酵母精也叫酵母味素，是以酵母为原料，经过使用酵母自身酶系或添加酶制剂进行分解消化，再经过滤、浓缩等精制工序制成的天然调味料。酵母精具有强烈的呈味性能，富含10多种氨基酸、肽、呈味核苷酸、维生素及微量元素等，营养丰富，滋味鲜美、肉香味浓郁、后味悠长，集调味与营养两大功能于一体，可与动物肉类提取物相媲美，是味精、植物水解蛋白等调味料所无法比拟的，可以广泛地应用于食品加工中，起到改善产品风味、提高产品品质及营养价值的功能。

8.1.3　常见的食药用酵母

酵母菌与人体的关系极为密切，多数对人类有益，下面主要介绍几种生产中常见的食药用酵母菌。

（1）啤酒酵母

啤酒酵母 *Saccharomyces cerevisiae*，又称酿酒酵母，属于子囊菌纲、内孢霉目、酵母科、酵母属。啤酒酵母细胞呈圆形、卵形或椭圆形。在麦芽汁琼脂上菌落呈乳白色，有光泽、平坦或微凸起，边缘整齐。在加盖玻片的玉米粉琼脂培养基上，不生假菌丝或形成不典型的假菌丝。啤酒酵母能发酵葡萄糖、麦芽糖、半乳糖及蔗糖等。啤酒酵母适于酿造饮料酒、啤酒、葡萄酒、果酒、白酒，也可用于制作面包和生产酒精等。菌体中蛋白质含量高，可作食用、药用和饲料酵母，也可提取细胞色素 C、核酸、辅酶A、三磷酸腺苷等。

啤酒酵母是发酵中最常用的生物种类，其在有氧和无氧环境下都能生存，属于兼性厌氧菌。酵母在缺乏氧气时，发酵型的酵母通过将糖转化成二氧化碳和乙醇来获取能量，$C_6H_{12}O_6 \rightarrow 2C_2H_5OH + 2CO_2 + 2ATP$；在有氧气的环境中，酵母将糖转化为二氧化碳和水，$C_6H_{12}O_6 + 6O_2 \rightarrow 6H_2O + 6CO_2 + 30(32)ATP$。

啤酒酵母传统上用于制作面包和馒头等食品及被广泛应用于酿酒（如啤酒、葡萄酒、蒸馏酒、酒精）生产中。常用的啤酒酵母品种有：

①啤酒酵母　属于典型的上面酵母，又称爱丁堡酵母，广泛应用于啤酒、白酒酿造和面包制作；

②卡尔酵母 *Saccharomgces carlsbergensis*　属于典型的下面酵母，又称卡尔斯伯酵母或嘉士伯酵母，常用于啤酒酿造；

③葡萄酒酵母 *Saccharomyces ellipsoideus*　属于啤酒酵母的椭圆变种，常用于葡萄酒和果酒的酿造。

上代个体经一系列生长、发育阶段而产生下一代个体的全部过程，称为该生物的生活史或生命周期。各种酵母的生活史可分为三种类型：单倍体型、双倍体型、单双倍体型。啤酒酵母的生活史属于单倍体型，是以单倍体营养细胞和双倍体营养细胞均可进行芽殖。营养体既可以单倍体形式存在也可以双倍体形式存在；在特定条件下进行有性生殖。单倍体和双倍体两个阶段同等重要，形成世代交替（图 8-4）。

（2）葡萄酒酵母

Lodder 于 1970 年将卡尔斯伯酵母、娄哥酵母 *Saccharomyces logos* 和葡萄汁酵母 *Saccharomyces uvarum* 合并成一种，称之为葡萄酒酵母。它与啤酒酵母的主要区别是它能够全发酵棉子糖，而啤酒酵母只能发酵棉子糖 1/3。在麦芽汁中，在 25℃ 下培养 3d，细胞圆形、卵形、椭圆或长形。供啤酒酿造底层发酵，或作饲料和药用。此外，是维生素的测定菌，可测定泛酸、硫铵素、吡哆醇、

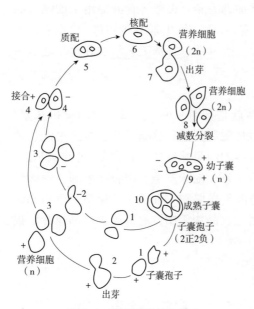

图8-4　啤酒酵母的生活史

肌醇等。

葡萄汁酵母属于酵母科、酵母菌属。它与啤酒酵母的主要区别是全发酵棉籽糖。葡萄汁酵母细胞呈圆形、卵形、椭圆形或长细胞形。在麦芽汁琼脂培养基上生长的菌落呈乳白色、平滑、有光泽、边缘整齐。在加盖玻片的玉米粉琼脂培养基上培养，不形成假菌丝或有不发达的假菌丝。葡萄汁酵母可由果酒厂和啤酒厂分离出来，常存于葡萄汁、果汁、果园土壤等处，可做食用、药用和饲料酵母。

(3)产朊假丝酵母

产朊假丝酵母 *Candida utilis*，细胞呈圆形、椭圆形、圆柱形或腊肠形。培养在麦芽汁琼脂斜面上的菌落乳白色、平滑、有光泽或无光泽、边缘整齐或呈菌丝状。在加盖玻片的玉米粉琼脂面上，仅能生成原始假菌丝、不发达假菌丝或无假菌丝。产朊假丝酵母常用于微生物蛋白的研究，能利用糖蜜、土豆淀粉废料和木材水解液等生产人、畜可食的蛋白质。

(4)乳酒假丝酵母

乳酒假丝酵母 *Candida kefir*，细胞呈短卵形到长卵形。在麦芽汁琼脂斜面培养基上培养的菌落呈奶油色到淡黄色，质软。在加盖玻片的玉米粉琼脂培养基上培养，形成多分枝的假菌丝，芽生孢子较少。未脱脂的牛奶和乳酒是适于乳酒假丝酵母繁殖的场所。乳酒假丝酵母可用于奶酪和乳酒的酿造。

(5)异常汉逊酵母

异常汉逊酵母 *Hansenula anomala*，细胞呈圆形、椭圆形或腊肠形，繁殖方式为多边芽殖。在麦芽汁琼脂斜面上培养的菌落平坦，呈乳白色，无光泽，边缘呈丝状。在加盖玻片的马铃薯葡萄糖琼脂培养基上培养，能生成发达的树状分枝的假菌丝，菌丝顶端的细胞很长。从土壤、树枝、树木中流出的汁液、储存的谷物、青储饲料、湖水或溪水、污水和蛀木虫的粪便中，都曾分离到异常汉逊酵母。由于异常汉逊酵母能产生乙酸乙酯，故它常在调节食品风味中起到一定作用(如将其用于无盐发酵酱油可增加香味；参与以薯干为原料的白酒的酿造)。

8.1.4 酵母在食品工业中的开发与利用

8.1.4.1 面包生产

面包是一种营养丰富、结构蓬松、易于消化的方便食品。在面包生产中，将活化的酵母掺入面粉，酵母在酶的作用下将碳水化合物转变为二氧化碳及酒精。即酵母细胞本身产生生理代谢作用，把糖(能被酵母利用的单糖有葡萄糖、果糖、甘露糖)消耗掉以后，放出二氧化碳、酒精、热量及少量的有机酸。其中的二氧化碳气体能使面团膨大、疏松。同时还有挥发性和不挥发性风味物质的生成，经过烘烤的加热作用，经过一个复杂的生物化学变化过程(如美拉德反应等)，形成面包所特有的烘烤香味。

酵母在面包生产过程中的作用主要体现在以下两个方面：

(1)改善面包的风味

发酵后的面包与其他各类主食品相比，其风味有独特之处。产品散发有发酵制品的香味，这种香气的成分构成极其复杂。

（2）增加面包的营养价值

在面团制作过程中，酵母中的各种酶促使面团中的各种有机物发生生化反应，将结构复杂的高分子物质变成结构简单的、相对分子质量较低、能为人体直接吸收的中间产物和单分子有机物，如淀粉经发酵后一部分变成麦芽糖和葡萄糖，而蛋白质则水解成胨、肽和氨基酸等物质。这对人体消化吸收非常有利，提高了谷物的利用价值。酵母本身蛋白质含量很高，且含有多种维生素，它们的存在增加了面包的营养价值。

现在的面包生产多采用纯种发酵剂生产，面包发酵剂是啤酒酵母，应选择发酵力强、风味良好、耐热、耐酒精的酵母菌株。面包发酵剂类型有压榨酵母（compressed yeast）和活性干酵母（active dry yeast）两种，活性干酵母是压榨酵母经低温干燥、喷雾干燥或真空干燥制成，便于储藏和运输，但活性有所减弱，需经活化后使用，国内以前大多使用压榨酵母，现在活性干酵母的应用越来越多。

8.1.4.2　酒类酿造

酿酒酵母菌为异养型微生物，以糖类物质（主要成分为葡萄糖）为能源和碳源供生命活动所需。酵母菌在无氧条件下进行糖类代谢产生酒精和二氧化碳。酵母菌在酿造各种酒类过程中都发挥着重要的作用。几千年前人们已在不自觉的情况下利用酵母菌生产各种饮料酒。我国酿酒的历史悠久，工艺独特，品种繁多。近年来，在传统酿造技术的基础上，引入现代生物技术，缩短了生产周期，节约了劳动力。无论是白酒还是啤酒，都有很快的发展，产量和质量都有很大的提高。生香酵母（产脂酵母或产膜酵母）在酿制白酒工艺上的应用，使白酒的优质酒率大大提高。由于生香酵母具有好气性，能生成大量的酯类物质，而酒精产量较少，是我国酿制白酒产生香味成分的主要菌种。在啤酒的生产中，酵母除了生成酒精、二氧化碳外，还代谢生成一些副产物，如高级醇、有机酸、联二酮、醛类等物质。这些副产物与酒精、二氧化碳共同组成啤酒的酒体，形成了啤酒特有的风味。所以说，酵母发酵副产物与酒类质量，特别是与风味质量密切相关。

（1）啤酒酿造

啤酒酿造是以大麦、水为主要原料，以大米或其他未发芽的谷物、酒花为辅助原料。大麦经过发芽产生多种水解酶类制成麦芽；借助麦芽本身多种水解酶类将淀粉和蛋白质等大分子物质分解为可溶性糖类、糊精以及氨基酸、肽、胨等低分子物质制成麦芽汁；麦芽汁通过酵母菌的发酵作用生成酒精和二氧化碳以及多种营养和风味物质；最后经过过滤、包装、杀菌等工艺制成二氧化碳含量丰富、酒精含量仅 3%~6%、富含多种营养成分、酒花芳香、苦味爽口的饮料酒即成品啤酒。

（2）果酒酿造

果酒酿造是以多种水果如葡萄、苹果、梨、橘子、山楂、杨梅、猕猴桃等为原料，经过破碎、压榨，制取果汁；果汁通过酵母菌的发酵作用形成原酒；原酒再经陈酿、过滤、调配、包装等工艺制成酒精含量 8.5% 以上、含多种营养成分的饮料酒

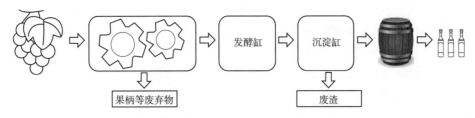

图8-5 葡萄酒发酵生产主要过程

称为果酒。在各种果酒中葡萄酒是主要品种，是产量居世界第二位的饮料酒种（图8-5）。

(3) 白酒酿造

一般把以固态酒醅发酵和固态蒸馏发酵所得之酒称之为白酒。因生产用曲种类不同，可将白酒分为大曲酒、小曲酒和麸曲酒三类。大曲酒是指以大曲为糖化剂酿制的酒，大曲多为小麦或大麦与豌豆为原料制成大块曲（2～3kg），大曲中微生物种类繁多，变动性大，酵母菌为发酵产酒精菌种。小曲酒是以小曲为糖化发酵剂，采用半固态发酵法酿制的蒸馏酒，小曲酒酿制已采用扩大培养的纯种根霉和酵母菌以提高糖化发酵能力，提高产品的产量和质量。麸曲酒是以培养的纯麸曲和酒母为糖化及发酵剂酿制的蒸馏酒，纯麸曲是以麦麸为原料培养黑曲霉或米曲霉而制成，以液体深层发酵法培养酵母菌。

(4) 黄酒酿造

黄酒是以谷物为原料，以培养的自然微生物区系为糖化发酵剂而酿制成的酒精饮料，因其色黄而命名。黄酒酿制采用的传统糖化发酵剂为麦曲（草包曲、挂曲、快曲）和药曲，麦曲以碎的小麦为原料（或加入少量优质陈曲），加水搅拌，踏成块状，或包裹、堆放、挂起，保温养曲长菌，然后干燥而成；药曲（或酒药）是用米粉和辣蓼草等中草药为原料制作的。据分析，曲中有占优势的各种根霉和其他霉菌、相当数量的酿酒酵母和其他酵母，还有多种细菌。如今，制曲中已逐渐采用人工培养的根霉与酵母的优良菌种。

8.1.4.3 酵母精提取

酵母精是天然调味料的一大品系，属于分解型天然调味品，在食品工业中，可以广泛地应用于肉类、水产品、快餐、膨化等食品的加工，具有营养、调味和保健三大功能。与谷氨酸和食盐混合使用，则几乎接近肉汤的天然味感。此外，酵母精还具有缓和酸味、除去苦味、屏蔽咸味及其他异味效果。

酵母精的提取，所用原料主要为啤酒酵母、面包酵母等，通常经自身酶系自溶或添加细胞壁溶解酶等工艺，将酵母细胞内的蛋白质、核酸等大分子物质降解为人体可以直接吸收利用的可溶性营养及风味物质，再经分离、去渣、脱臭、生物调香、浓缩、干燥等工艺制成粉状、膏状或酱状制品。根据降解方法不同，可以分为自溶法、加酶法和酸水解混合法等。一般而言，以自溶和酸水解混合法为主，即酵母在50℃左右下自溶48～72h，再加盐酸分离液经脱色、脱臭精制后浓缩成糊状，或进一步作热风干燥或喷雾干燥而成。

在制药方面，早在几百年前我国就用酵母来治疗人类的相关疾病。将面粉、麸皮加药物经过酵母菌混合酵制而成，中医药名称之为"神曲"。现代医学研究，明确"神曲"中主要化学成分为酵母菌、淀粉酶、维生素 B 复合体、麦角甾醇、蛋白质及脂肪、挥发油等。作为一种酶类消化药，主治消食、化积、健脾、行气、上泻、解表等。同时，酵母还可用于提取凝血质、麦甾醇和卵磷脂等物质以及制取核酸、核苷酸、核苷类等药物；此外，还可以用于制取药物果糖二磷酸钠以及制取谷胱甘肽等。

8.1.5　酵母在医疗保健业中的开发与利用

酵母是一种很好的保健品，可用于治疗消化不良和 B 族维生素缺乏症。在人体衰弱时，酵母对提高肌肉紧张力及调整被破坏的新陈代谢方面都有特殊的效果。在保健功能方面，酵母有健脑、健胃、美容、解酒、预防肝坏疽，改善肝胀和延缓衰老等功能。酵母菌可以形成 SOD，干酵母在医药上又称"食母生片"，是主要的健胃及助消药物。酵母片能促进食物在胃肠道的消化和吸收，临床上多用于肝脏疾病。此外常用于胃炎、消化不良及各种胃肠功能不好的患者。酵母菌也广泛用于营养品。酵母菌中含有丰富的蛋白质、矿物质、B 族维生素和少量甘油三酯等。酵母还是一些人体必需的营养元素的载体，如硒、铬、铁和锌。

在制药方面，我国早在几百年前就用酵母来治疗疾病，中医药名为神曲，它是面粉、麸皮加药物经过酵母菌混合酵制而成。它是一种酶类消化药，主治消食、化积、健脾、行气、上泻、解表等。酵母还可用于提取凝血质、麦甾醇和卵磷脂；制取核酸、核苷酸、核苷类药物；制取药物果糖二磷酸钠（FDP）；制取谷胱甘肽等。

8.1.6　酵母在生物工程上的开发与利用

目前，随着科学技术的发展，特别是重组 DNA 技术的发展，生物工程使得包括医学、农学以及生物学、工业等诸多领域产生了许多研究成果，分子生物学工作者已将很多种其他生物的基因导入酵母，并在酵母基因调控系统的控制下，合成和分泌异源基因的产物。其中，有些可以应用于食品工业中。例如，可代替犊胃凝乳酶制造奶酪的凝乳酶。在面包酵母的遗传育种中使用原生质体融合方法的报道很多，Spencer 等（1990）将糖化酵母和鲁氏酵母原生质体融合，得到了一个稳定的融合株，该菌株用于甜面团发酵效果良好。20 世纪 70 年代以后，人们开始利用基因工程技术来生产疫苗。我国生产的基因工程乙肝疫苗主要采用酵母表达系统产生疫苗。

8.2　霉菌的开发与利用

8.2.1　霉菌的概述

霉菌是丝状真菌的俗名，即发霉的真菌，通常是指菌丝体比较发达而又不产生大型子实体的真菌，是在营养基质上能形成绒毛状、网状或絮状菌丝体的真菌（除少数外）。霉菌喜好潮湿的气候，大量生长时形成肉眼可见的菌丝体，有较强的陆生性，在自然条件下常引起食物、工农业产品的霉变和植物的真菌病害。

就霉菌的分布而言，基本上可以说霉菌在地球上无所不在，其种类和数量惊人。霉菌大量存在于土壤、空气、水和生物体内外等处。霉菌喜偏酸性环境，大多数为好氧性微生物，多腐生，少数寄生。复杂有机物的分解作用由真菌承担，特别是纤维素、半纤维素和木质素的分解。在自然界中，霉菌是各种复杂有机物，尤其是数量最大的纤维素、半纤维素和木质素的主要分解菌。一般情况下，霉菌在潮湿的环境下易于生长，特别是偏酸性的基质当中。按 Smith 分类系统，霉菌分属于真菌界的藻状菌纲、子囊菌纲和半知菌类。

8.2.2　工业上重要的霉菌

工业上常用的霉菌有藻状菌纲的根霉、毛霉、犁头霉；子囊菌纲的红曲霉；半知菌类的曲霉、青霉等。

8.2.2.1　根霉

根霉 *Rhizopus* 在自然界分布很广，是一种常见的霉菌。它对环境的适应性很强，生长极迅速。幼龄菌落为白色，棉絮状；中期为灰黑色；老熟后菌丝丛中密布黑色小点，即孢子囊。菌丝无横隔，为单细胞真菌。在培养基上生长时，由营养菌丝体产生弧形生长的匍匐菌丝，向四周蔓延。匍匐菌丝接触培养基处，分化成一丛假根。从假根着生处向上生出直立的孢子囊柄，其顶端膨大形成圆形的囊，称为孢子囊。囊内生有许多孢子。成熟后的孢子囊壁破裂，释放出孢子。

根霉在生命活动中分泌的淀粉酶，能将淀粉转化为糖。因此，根霉可作为常用的糖化菌种。我国民间酿制甜酒用的小曲主要含有根霉。由于根霉能分泌丰富的淀粉酶，而且又含有酒化酶，所以在生产中可边糖化边发酵。又因为根霉生长要求的温度较高，因而适于在高温季节使用。

根霉的应用十分广泛。目前常用的菌种有米根霉、华根霉、河内根霉和甘薯根霉。

(1) 米根霉

米根霉 *Rhizopus oryzae* 生长的最适温度为37℃，41℃时还能生长。米根霉的淀粉酶活力极强，多作糖化菌使用，也具有酒精发酵能力及蛋白质分解能力，大量存在于酒药与酒曲中。此菌由于耐高温，特别为在夏季生产豆腐乳提供了方便条件，解决了豆腐乳旧法生产只能在冬季进行的难题(图8-6)。

(2) 华根霉

华根霉 *Rhizopus chinentis* 生长的最适温度为30℃。当发酵温度达45℃时，一般还能生长。此种菌淀粉液化力强，有溶胶性，能产生酒精、芳香脂类等物质。该菌在酒药与酒曲中大量存

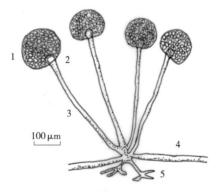

图8-6　米根霉

(仿绘自《中国经济真菌》，卯晓岚，1998)

1. 孢子囊与孢子　2. 囊轴　3. 孢子囊柄

4. 匍匐菌丝　5. 假根

在。它是酿酒所必需的主要霉菌，也是酸性蛋白酶和豆腐乳生产所需的主要菌种。

8.2.2.2　毛霉

毛霉 *Mucor* 在基质表面生成灰色、白色或黄褐色的棉絮状菌落。菌丝不分枝，不具横隔膜，为多核单细胞真菌。菌丝发育成熟时，顶端产生圆形、柱形或犁头形囊轴，围绕囊轴形成圆形孢子囊(图 8-7)。孢子囊梗有不分枝、总状分枝和假轴状分枝 3 种类型。

毛霉分布亦较广，多见于阴湿低温处，是制曲时常见的杂菌和可利用的菌。常见的毛霉有：

①鲁氏毛霉 *Mucor rouxianus*　它最初是在我国小曲中分离出来的。此菌能产生蛋白酶和淀粉酶，有分解大豆蛋白的能力，可用来制作豆腐乳，也用于酒精的生产；

②总状毛霉 *Mucor racemosus*　我国著名的四川豆豉即用此菌制成；

③高大毛霉 *Mucor mucedo*　此菌分布较广，在牲畜粪便上或白酒厂阴湿的堆积发酵物上常可见到。它能产生脂肪酸、琥珀酸，对甾族化合物也有转化作用。

8.2.2.3　犁头霉

犁头霉 *Absidia* 的菌丝和根霉很相似，但犁头霉产生弓形的匍匐菌丝，并在弓形的匍匐菌丝上长出孢子梗，不与假根对生。孢子梗往往 2~5 支，成簇，很少单生，而且常呈轮状或不规则的分枝。孢子囊顶生，多呈梨形。囊轴呈锥形、近球形等。孢子小、呈单孢。大多无色，无线状条纹。接合孢子生于匍匐菌丝上(图 8-8)。

犁头霉分布在土壤、粪便和酒曲中，空气中也有它们的存在。该菌常为生产的污染菌，其中有些是人畜的病原菌。犁头霉对甾族化合物有较强的转化能力，如蓝色犁头霉 *Absidia coerulea* 能转化多种甾体。

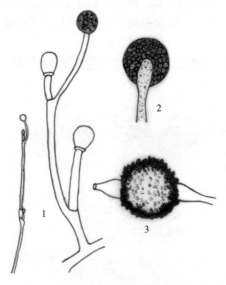

图 8-7　毛霉形态特征

(仿绘自《中国经济真菌》，卯晓岚，1998)

1. 孢囊梗　2. 孢子囊　3. 接合孢子

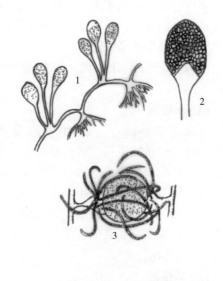

图 8-8　犁头霉形态特征

(仿绘自《中国经济真菌》，卯晓岚，1998)

1. 孢子囊、孢囊梗、假根和匍匐丝
2. 孢子囊与囊轴　3. 接合孢子

8.2.2.4 曲霉

曲霉 *Aspergillus* 菌丝有横隔，菌丝体由多细胞菌丝组成。营养菌丝匍匐生长于培养基表层。匍匐菌丝可以分化出厚壁的足细胞。在足细胞上生出直立的分生孢子梗，顶端膨大成顶囊，顶囊一般呈梯形、椭圆形、半球形或球形。在顶囊表面，以辐射状生出一层或两层小梗，称为初生小梗和次生小梗。在小梗上着生有一串串分生孢子。分生孢子具有各种形状、颜色和纹饰(图8-9)。

图8-9 曲霉一般特征(仿绘自《中国经济真菌》，卯晓岚，1998)

曲霉属真菌在发酵工业、医药工业、食品工业和粮食储存等方面发挥着极重要的作用。几千年来我国民间就用曲霉酿酒、制酱、制醋等，应用十分广泛。

(1)米曲霉

米曲霉 *Aspergillus oryzae* 有较强的蛋白质分解能力；同时又具有糖化能力，所以米曲霉很早就被用来生产酱油和酱类。米曲霉在酿酒生产中被作为糖化菌。此外，它还是重要的蛋白酶和淀粉酶的生产菌(图8-10)。黄曲霉菌丛一般为黄绿色，后变为黄褐色，分生孢子头放射形，顶囊球形或瓶形，小梗一般为单层，分生孢子球形，平滑，少数有刺，分生孢子梗长达2mm，粗糙。培养适温37℃。含有多种酶类，糖化型淀粉酶(淀粉1,4葡萄糖苷酶)和蛋白质分解酶都较强。主要用作酿酒的糖化曲和酱油生产用的酱油曲。

(2)黄曲霉

黄曲霉 *Aspergillus flavus* 培养温度37℃。黄曲霉产生液化型淀粉酶，并较黑曲霉强。蛋白质分解能力次于米曲霉。黄曲霉能分解DNA，产生5'-脱氧胞苷酸、5'-脱氧腺苷酸、5'-脱氧鸟苷酸和5'-脱氧胸腺嘧啶核苷酸。

黄曲霉中有些菌能产生黄曲霉毒素，黄曲霉毒素是致癌物质，引起家畜家禽中毒，甚至死亡。我国有关部门对使用过的黄曲霉进行过产毒试验。为了防止污染食品，保障人民身体健康，现已停止使用会产生黄曲霉毒素的菌种，改用不产毒素的菌种。

黄曲霉与米曲霉极为相似，容易混淆。因而除了观察菌落个体特征外，还要结合生理特性加以区别(图8-11)。米曲霉在含0.05%茴香醛的察氏培养基上，分生孢子呈现红色，而黄曲霉则无此反应。

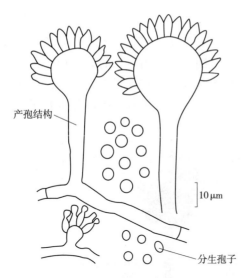

图 8-10　米曲霉疏展变种产孢
结构和分生孢子

（仿绘自《中国经济真菌》，卯晓岚，1998）

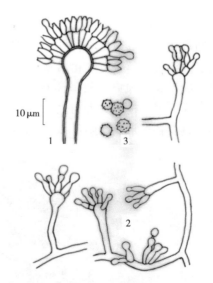

图 8-11　黄曲霉产孢结构和分生孢子

（仿绘自《中国经济真菌》，卯晓岚，1998）

1. 产孢结构　2. 不完整的产孢结构

3. 分生孢子

（3）黑曲霉

黑曲霉 *Aspergillus niger* 具有多种活性强大的酶系（如淀粉酶、蛋白酶、果胶酶、纤维素酶和葡萄糖氧化酶等），还能产生多种有机酸（如抗坏血酸、柠檬酸、葡萄糖酸和没食子酸等），所以在工业上被广泛应用，是生产柠檬酸和葡萄糖酸的重要菌种。黑曲霉群中还包括有乌沙米曲霉（又名宇佐美曲霉）、邬氏曲霉、适于甘薯原料的甘薯曲霉、以及由乌沙米曲霉变异而来的白曲霉。白曲霉中一些较优良的菌种不仅能分泌较丰富的淀粉酶、果胶酶和纤维素酶，而且酶系较纯，酶活力较强，同时又较耐粗放培养，因此，为我国北方的酒精厂及白酒厂所广泛采用。

黑曲霉在自然界中各种基质上普遍存在。菌丛黑褐色，顶囊大球形，小梗双层，自顶囊全面着生，分生孢子球形，平滑或粗糙，有的菌系形成菌核。黑曲霉具有多种活性强大的酶系，如淀粉酶、果胶酶、柚苷酶、葡萄糖氧化酶等。黑曲霉还能产生多种有机酸如抗坏血酸、柠檬酸、葡萄糖酸和没食子酸等。

（4）栖土曲霉

栖土曲霉 *Aspergillus terricola* 培养温度为 32~34℃，含有较丰富的蛋白酶，为蛋白酶生产菌种。AS 3.942 为中性蛋白酶生产菌。属于土曲霉群。菌丛棕褐色或棕色。分生孢子头柱形，顶囊半球形，小梗单层或双层，分生孢子球形或近球形，光滑或粗糙，分生孢子梗短，光滑。

栖土曲霉在查氏琼脂上 25℃ 条件下培养 7d 后菌落直径为 36~37mm，12~14d 后菌落直径为 45mm；质地丝绒状至絮状，中央分呈厚絮状，具不明显的辐射状沟纹；分生孢子结构呈棕褐色，近于茶褐橄榄色（Tawny Olive, R. XIXX）至肉桂褐色（Cinnamon Brown, R. XV），老后近于暖淡墨色（Warm Sepia, R. XXIX）；无渗出液；菌落反面淡黄色，中央部分带紫褐色。分生孢子头球形至辐射形（200～300）μm×（500～600）μm；分生孢子梗大多生自基质，孢梗茎（500～1000）μm×（10～15）μm，壁光滑；顶囊为球形或近球形32～62μm，全部表面可育，产孢结构双层：梗基（7.5～12）μm×（3～4）μm，瓶梗（6～10）μm×（2.5～3）μm；分生孢子大多为球形：5.5～7.5μm，少数梨形或椭圆形，（7.5～9）μm×（5.5～7.5）μm，壁粗糙，具粗疏小刺；在斜面培养物中偶见菌核，球形，300～700μm，黑色。

栖土曲霉在查氏酵母琼脂上25℃条件下培养7d后菌落直径为50～55mm；质地疏松厚絮状，具较多的辐射状沟纹；分生孢子结构中量或较少，近于茶褐橄榄色至土褐色（Tawny Olive-Verone Brown，R. XXIX）；老后偶见黑色菌核；菌落反面无色，老后现淡褐色。

栖土曲霉在麦芽汁琼脂上25℃条件下培养7d后，菌落直径为55～60mm，12d后菌落长满全皿；质地疏松厚絮状，分生孢子结构稀少，分布不均，大多在菌落边缘或中心部分，棕褐色，与查氏酵母育琼脂上者相同；菌落反面无色。

8.2.2.5 青霉

青霉 *Penicillium* 的菌丝与曲霉相似，有分隔，但无足细胞。其分生孢子梗的顶端不膨大，无顶囊。分生孢子梗经过多次分枝，产生几轮对称或不对称的小梗，形如扫帚（图8-12）。小梗顶端产生成串的分生孢子。分生孢子一般为蓝绿色或灰绿色。

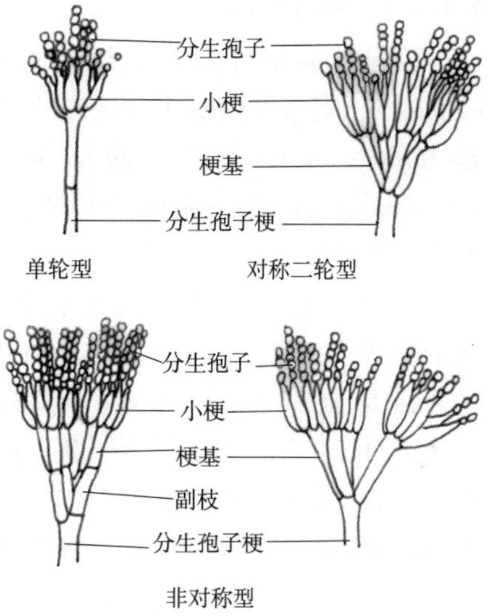

青霉的孢子耐热性较强，菌体繁殖温度较低，是制曲时常见的杂菌，对制曲危害较大。它使酒味发苦，同时对曲房等建筑物也有腐蚀作用，是酿酒过程中的有害菌。但有些青霉菌，不仅是生产青霉素的重要菌种，还被用来生产有机酸、维生素和酶制剂等。

图8-12 青霉结构类型

（1）产黄青霉

产黄青霉 *Penicillium chrysogenum* 能产生多种酶类及有机酸。在工业生产上主要用其变种来生产青霉素，也能用来生产葡萄糖氧化酶、葡萄糖酸、柠檬酸和抗坏血酸等。

（2）桔青霉

桔青霉 *Penicillium citrinum* 可产脂肪酶、葡萄糖氧化酶和凝乳酶，有的菌系能产生5'-磷酸二酯酶，可用来分解核酸，生产5'-核苷酸。此菌分布广泛，在霉腐材料和储存粮食上常发现生长。由桔青霉引起大米、小麦、玉米等变黄，可表现为急性中毒与慢性中毒两种症状。急性中毒表现为神经麻痹、呼吸障碍、惊厥等症状，可因呼吸麻痹死亡；而慢性中毒则会发生溶血性贫血，并可致癌等。

此外，娄地青霉具有分解油脂和蛋白质的能力，可用于制造干酪，其菌丝含有多种氨基酸，其孢子能将甘油三酸氧化为甲基酮；展开青霉主要用于生产灰黄霉素。

8.2.2.6　木霉

木霉 Trichoderma 的菌丝在生长初期为白色。菌丝在培养基上生长成平坦菌落。菌落生长迅速，棉絮状或致密层束状，表面呈现不同程度的绿色。菌丝透明，有隔，分枝繁杂。分生孢子梗为菌丝的短侧枝，上有对生或互生分枝，在分枝上又可连续分技，分枝末端为小梗，小梗上可生出瓶状、束状、对生、互生或单生等不同的分生孢子。依靠黏液，分生孢子在小梗上聚成球形或近球形的孢子头。分生孢子有球形、椭圆形、倒卵形等。壁光滑或粗糙，透明或亮绿色。

木霉属真菌在土壤中分布很广，在木材及其他物品上也常能找到。有些菌株能分解纤维素和木质素等复杂的有机物，若能利用这一特性，以纤维素来代替淀粉原料进行发酵生产，这对国民经济将有十分重要的意义。但木霉也常造成蔬菜、谷物和大型真菌等的霉变，使木材、皮革及其他纤维性材料霉烂，给生产和生活造成一定危害。

8.2.2.7　紫红曲霉

我国收集编目的重要红曲霉有 8 种 48 个菌株。这 8 种为紫红曲霉 Monascus purpureus、安卡红曲霉 M. anka、红色红曲霉 M. ruber、巴克红曲霉 M. bakeri、烟色红曲霉 M. fuligmosus、发白红曲霉 M. albidus、锈色红曲霉 M. rubiginosus、变红红曲霉 M. serorubescens。红曲霉能产生淀粉酶、麦芽糖酶及蛋白酶，合成柠檬酸、琥珀酸、乙醇及麦角甾醇等。有些种能产生鲜艳的红曲霉红素和红曲霉黄素。我国早在明朝就利用红曲霉制红曲。红曲霉与大米发酵后制成的红曲呈棕红色或紫红色，气味微酸，可用于酿酒、制醋、作为豆腐乳的着色剂和调味剂。红曲含有丰富的活性酶和多种生理活性物质(如 Monacolin-K 等)，具有降胆固醇、降血压的功能。

红曲霉在分类学上属于子囊菌门、不整囊菌纲、散囊菌目、红曲科、红曲霉属。存在于树木、土壤和堆积物等。红曲霉菌落初期白色，老熟后变为淡粉色、紫红色或灰黑色等，通常都能形成红色素。菌丝具横隔，多核，分枝繁多，分生孢子着生在菌丝及其分枝的顶端，单生或成链。闭囊壳球形，有柄，内散生十多个子囊，子囊球形，含 8 个子囊孢子，成熟后子囊壁解体，孢子则留在薄壁的闭囊壳内。红曲霉生长温度范围为 26～42℃，最适温度为 32～35℃，最适 pH 值为 3.5～5.0，能耐 pH 值为 2.5 及 10% 的乙醇，能利用多种糖类和酸类为碳源，同化硝酸钠、硝酸铵、硫酸铵，而以有机氮为最好的氮源。

紫红曲霉是红曲霉属的一种。个体形态为菌丝具有不规则的分枝。细胞内多核，含有橙红色的颗粒。直径 3～7μm。菌丝和分枝顶端产生分生孢子，单生或成短链。分生孢子呈球形或犁形。有性生殖时，在长短不一的梗上产生单一的原闭囊壳(子囊果)。渐渐成熟后，成为橙红色的闭囊壳，直径约为 25～75μm，闭囊壳内含有十多个球形子囊(图 8-13)。每个子囊内又有 8 个光滑的卵圆形、无色或淡红色的子囊孢子，大小一般是(5～6.5)μm×(3.5～5)μm。紫红曲霉在麦芽汁琼脂培养基上生长良好，菌丝体最初为白色，逐渐蔓延成膜状，老熟后菌落表面有皱褶和气生菌丝，呈紫红色，菌落背面也有同样的颜色。

紫红曲霉喜酸性环境，生长最适 pH 值为 3.5～5.0，但即使在 pH 值为 2.5 时也

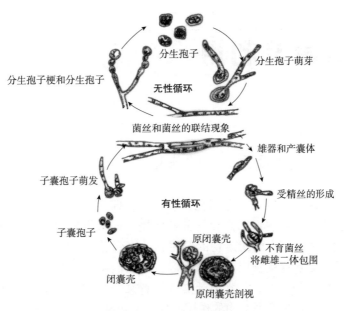

图8-13 红曲霉的生活史

能生存；生长最适温度为 32～35℃，有时达 40℃ 也能生长；对于酒精有极强的抵抗力。

紫红曲霉在我国民间早有利用，主要用作食品及饮料的着色剂，用红曲配制红酒、玫瑰醋、红腐乳，以及其他食品。此外用它制成的红曲又可以作中药，有消食活血、健脾胃的功能。近年来，紫红曲霉还被用来生产糖化酶等酶制剂。

8.2.2.8 产黄头孢霉

产黄头孢霉 *Cephalosporium chrysogen* 菌丝分枝，有隔，纤细，宽 1～1.2μm，浅黄色；分生孢子梗短，不分枝，无隔，微黄色；很少产生孢子。在籼米饭培养基上培养15d，可产生大量的不正常的孢子，形态多样，单细胞或有一隔，直或弯曲，(5～12) μm×(2～4.2)μm。孢子梗常丛集成类菌核状成类分生孢梗座结构。这种孢子壁较厚，可达0.5μm，可像分生孢子一样萌发繁殖。本种产头孢菌素 N 及头孢菌素 C，与青霉素一样同属 β-内酰胺抗生素，毒性极低，其衍生物称为先锋霉素。

思 考 题

1. 简述酵母菌的细胞结构。
2. 简述酵母菌的生理功能。
3. 简述食药用酵母的代表酵母种类。
4. 简述酵母在食品工业上的开发与利用情况。
5. 简述霉菌在工业生产上的利用情况。

第9章
环境资源真菌及利用

9.1 真菌在环境物质循环中的作用

物质循环包括两个方面：一是同化合成作用，即无机物的有机化过程，主要通过绿色植物的光合作用来实现；二是异化分解作用，即有机物的无机化过程，真菌起了非常重要的作用。在土壤表面凋落物的纤维素、半纤维素、木质素及淀粉、几丁质等不同基质上生活着分解这些物质的各种真菌，是它们将这些有机物降解成为植物根系可吸收利用的无机成分。因此，真菌既是分解者又是植物营养的储存库和提供者。它们与绿色植物一样，在生态系统中的作用同样是不可缺少的。

一棵普通的树木在10年时间内形成的树叶总重量可达2t，在一个大森林里1年内1亩的土地约落下1~2t的树叶与枯枝，在热带雨林里此数据将上升到$90kg/(m^2 \cdot a)$。在田间，农民每年只收割庄稼的有用部分而留下大量的秸秆在田里腐烂。人类每年丢弃大量的废纸和生活垃圾，如果这些有机物残体和垃圾不能被分解，那么整个地球将被动植物遗体和垃圾掩埋。

植物光合作用所需的二氧化碳主要来源于大气，大气中二氧化碳的主要来源是微生物吸收产生的二氧化碳，它供给陆地植物所需二氧化碳总量的80%左右。生命所需要的其他物质(如氮、硫、钾、钙、铁等)，也都存在着从有机物经腐生真菌降解转化为无机物的循环。

9.1.1 真菌的生物分解作用

真菌是陆地生态系统中的重要组成部分，在陆地生态系统的物质循环和能量流动中，真菌主要处于分解者的地位，参与生态系统中废物(生态系统中植物所产生的凋落物，自然界的生物遗体、残骸和排泄物等)的分解过程。

分解是指把生物体结合的化学物质重新释放到大自然中。能被生命有机体利用的化学物质是有限的，假若这些化学物质总是无限期的束缚于死亡的有机体中，不能被活的有机体所利用，则生物体的生命最终会终止。

成熟木材的40%~60%为纤维素，通过真菌和其他菌物的分解作用每年将约850×10^8t的碳源以二氧化碳的方式归还到大气中，因此有人预测如果包括真菌等菌物在内的这一分解活动停止，则地球上所有的生命可能会在20年内因缺乏二氧化碳而消失。

9.1.2 参与环境物质循环的真菌种类

生态系统是一个开放的系统，无论是物质还是能量，都在同外界进行着不断的循

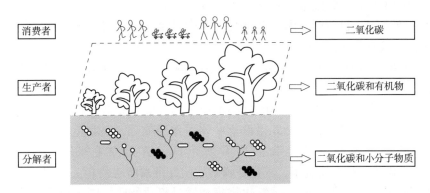

图 9-1　生态系统中生产者、消费者以及分解者参与的物质循环图

环和交换，而物质和能量的循环就需要生产者和分解者共同努力才能完成。生产者将物质和能量聚集在系统中，而分解者将物质和能量释放出来，这对整个生态系统维持平衡和发展至关重要（图 9-1）。

生物遗体的分解是森林生态系统生物地球化学循环最重要的过程之一。腐生真菌属于生态系统中的分解者。同其他腐生微生物一样，腐生真菌通过对生长基质的分解，使生态系统中固定在生物遗体中的物质和能量释放出来，对整个生态系统的发展起到了促进的作用。腐生真菌包括落叶分解菌、木生菌和粪生菌。

9.1.2.1　落叶分解真菌

落叶分解真菌的成员除了大型真菌外还有黏菌和霉菌等，易生长在枯枝、落叶及落果上。森林地面累积物中落叶要占半数，所以落叶的分解是十分重要的。落叶分解过程中真菌的种群消长规律如下：

①最初叶面栖息的真菌是弱寄生菌，如灰葡萄孢、多主枝孢 *Cladosporium herbarum* 等，它们寄生于叶片的活组织中，当叶片组织逐渐老化，这类真菌即停止生长。这类弱寄生菌仅能利用糖和淀粉，它们可能是栖息叶面最早的真菌群。

②叶片落地后，初生腐生真菌即替代弱寄生菌。它们大多是接合菌，如毛霉、犁头霉和根霉等，有时也有乳突腐霉 *Pythium mamillatum*（卵菌）存在。这些真菌生长快，仅能吸收剩余的简单营养物，分解多聚体的能力较差。

③次生腐生真菌是纤维素分解菌，它们能利用纤维素或半纤维素。这一类真菌的种类由于环境条件不同而有所差别，例如毛壳菌、镰刀菌、木霉等是土壤中常见的纤维素分解菌，而在海洋或港口的相同基物上，则有另一些真菌，如路霉属 *Lulworthia* 和花冠菌属 *Corollospora* 等真菌存在。又如将纤维素薄膜（玻璃纸）埋在土壤中，壶菌纲的红根囊壶菌在玻璃纸内生根，另外立枯丝核菌可生长在玻璃纸表面。

④木质素分解真菌是一类生长缓慢的担子菌，如变色多孔菌 *Polyporus versicolor* 和小菇属 *Mycena*。但在水生环境，子囊菌和半知菌结合，可降解木质素。

9.1.2.2　木材分解真菌

木材中有 40%～60% 的纤维素，其他全部为木质素。木腐真菌，即木材腐朽真菌，能将木材中的木质素、纤维素和半纤维素等大分子降解为小分子，从而完成系统中的物质循环。在我国，目前已分离鉴定到 1200 余种木腐真菌。按分类学地位，木腐真菌主要属于担子菌亚门 Basidiomycotina 非褶菌目 Polypomles 子囊菌门 Ascomycota 盘菌纲 Discomycetes 和半知菌类的部分真菌。这类真菌具有担子果或子囊果，属于大型真菌的一个类群。

木腐真菌对木材的腐朽在于其能分泌木质素酶和纤维素酶，将木材细胞壁中的木质纤维素降解成低分子的物质，并摄取这些物质作为养分，供其生长和繁殖。不同种类的木腐真菌分泌酶的种类和活性有所不同。黄孢原毛平革菌 *Phanerochaete chrysosporium* 作为一种白腐真菌，其具备降解木质纤维素所有的相关基因，但最被人们熟知的是其体内高活性的木质素过氧化物酶和锰过氧化物酶。同样作为木质纤维素降解体系中研究较多的云芝栓孔菌 *Trametes versicolor*，其分泌的木质纤维素酶主要是漆酶和锰过氧化物酶。正因为不同木腐真菌具有不同的酶系及活力，使得它们对木材的侵染和分解能力各不相同。

从木材腐朽类型来看，木腐真菌可分为白腐真菌、褐腐真菌和软腐真菌，其中，白腐真菌为最主要的木材腐朽菌，约占已知种类的 90%。

(1) 白腐真菌

白腐真菌是木材腐朽真菌中最大的一部分类群，它可以直接侵入木材质的细胞腔内，释放降解木质素和其他木质组分(纤维素、半纤维素、果胶等)的相关胞外酶，导致木材腐烂成白色海绵状团块。绝大部分木生担子菌生于树干或木材上，但所分解的部位(心材或边材)和树种也因菌物种类而异。担子菌中多孔菌的大多数种类均是白腐真菌，主要的属包括栓菌属 *Trametes*、革盖菌属 *Coriolus*、多年卧孔菌属 *Perennipiria*、木层孔菌属 *Phellinus*、多孔菌属 *Polyporus*、硬孔菌属 *Rigidoporus* 等。研究较多的种类包括：彩绒革盖菌 *Coriolus versicolor*、拟革盖菌 *Corilopsis gallica*、黄孢原毛平革菌 *Phanerochaete chrysosporium*、豹斑革耳菌 *Panus tigrinus*、异担子菌 *Heterobasidiom annosum*、多孔菌 *Polyporus pinsitus*、黄迷孔菌 *Daedalea flavida*、浓烟管菌 *Bjerkandera adusta*、血红显毛菌 *Phanerochaete sanguinea*、绒毛革盖菌 *Coriolus villosus*、变色栓菌 *Trametes versicolor*、贝壳状革耳菌 *Panus conchatus*、射脉菌 *Phlebia radiata*、凤尾菇 *Pleurotus pulmonanus*、朱红密孔菌 *Pycnoporus cinnaarinus*、糙皮侧耳 *Pleurotus ostreatus*、木层孔菌 *Phellinus pini*、木蹄层孔菌 *Fomes fomentarius*、蜜环菌 *Armillaria mellea* 等，以及子囊菌中的轮层碳壳属 *Daldinia*、炭团菌属 *Hypoxylon* 和炭角菌属 *Xylaria* 均引起白色腐朽。

毛栓孔菌 *Trametes hirsuta* 是最常见的一种木材腐朽菌，能腐生在阔叶树和针叶树原木上，造成木材白色腐朽。裂褶菌 *Schizophyllum commune* 是分布较广的一种木材腐朽菌，能腐生在阔叶树储木上，造成木材白色腐朽。血红密孔菌 *Pycnoporus sanguineus* 能腐生在多种阔叶树储木上，造成木材白色腐朽。北温带常见的北方多孔菌 *Polyporus borealis* 是针叶林材的白腐真菌，具有较强分解纤维素和木质素的能力。贝壳状革耳菌

Panus conchatus 和凤尾菇 *Pleurotus sajorcaju* 在造纸业中可利用该类菌种的木质素降解酶提出木质素，优化造纸的原料。革菌类近来也受到广泛关注，在木质素分解研究中，显刺革菌属 *Phanerochaete* 已被认为是一类降解木质素的优良菌种源。我国西南和台湾地区以及印度分布的喜峰显刺革菌 *Phanerochaete himalayensis* 属较丰富的资源之一。

（2）褐腐真菌

褐腐真菌大约只占木腐真菌的 15%，但褐腐真菌在针叶林生态系统中具有关键作用，其褐腐残留物相当稳定，可以在森林土壤表层中存留 500 年以上。大量的褐腐残留物对针叶树和其他植物的更新具有很好的促进作用，而缓慢的降解过程对森林生态系统营养物质的循环和保持起到了关键作用。具有高含量褐腐残留物的土壤能够增加土壤的通风持水能力和阳离子交换能力，而在生长季节的干枯期阶段，针叶林土壤中的褐腐残留物也是菌根菌的主要繁殖场所。另外，褐腐残留物还是土壤内或表面的固氮场所，有改善土壤温度，降低土壤 pH 值的作用，对提高森林土壤的肥力具有非常重要的作用。

褐腐真菌只能降解纤维素和半纤维素，而不能降解木质素。在褐腐真菌强大的纤维素分解能力作用下，被分解后的木材很快失去韧性，最终呈破裂和颗粒状。褐色腐朽主要发生在针叶树上。

木材腐朽菌中绝大多数为多孔菌，包括薄孔菌属 *Antodia*、泊氏孔菌属 *Postia*、拟迷孔菌属 *Daedalea*、牛排菌属 *Fistulina*、拟曾孔菌属 *Fomitopsis*、灼孔菌属 *Laetiporus*、褐色腐朽干酪属 *Oligoporus*、帕氏孔菌属 *Parmastomyces*、干腐菌属 *Serpula*、滴孔菌属 *Piptopolus*、拟管革裥菌 *Lenzites trbea* 和卧孔菌 *Poria moticola* 等。松柏类中与松属相处的淡红拟白蘑 *Tricholomopsis rutilans* 和以松属为主的黑毛桩菇 *Paxillus atrotomentosus*；生于桦木干上的桦滴孔菌 *Piptoporus betulinus*；在子囊菌中，如炭角菌属 *Xylaria*、炭团菌属 *Hypoxylon*、层炭壳属 *Daldinia*、焦菌 *Kretzschmaria deusta* 均能使多种木材褐腐。泊氏孔菌属 *Postia* 的真菌可引起木材的褐色腐朽，是我国各地区分布较为广泛的木生担子菌。

（3）软腐真菌

软腐真菌主要包括子囊菌和半知菌中的一部分类群（如毛壳菌属 *Cbaetomium*、镰刀菌属 *Fusarium* 和拟青霉属 *Paecilomyces* 的种类），都是常见的土壤腐生菌，而不是专一的木质素分解菌。任何与土壤相连的木材（如栅栏、电线杆），都会受到这种真菌的侵染，潮湿的木材更容易受到侵染。软腐真菌只有在那些不适合白腐真菌和褐腐菌生长的条件下才能占据主导地位，如极端干旱和潮湿的环境，而且软腐真菌与白腐真菌和褐腐真菌相比，能忍受更加广泛的生长温度、湿度和氧气条件。最重要的软腐真菌是炭角菌科的枯焦菌 *Ustulina deusta*。

有关木材降解真菌的演替研究，国外已有较多报道。研究结果显示，一棵倒木的分解过程是一个复杂的生物过程。该过程通常开始于活立木内部，新鲜完整木材的最早入侵者是细菌和子囊菌 *Ascomycetes*，同时它们还要遭受多孔菌更具危害性的侵害。这些真菌是活立木的病原菌，能够损害具有经济价值立木的质量和数量，造成林业上的重大损失。一旦树木死亡倒下后，大量的腐生真菌很快侵入，主要是担子菌 *Basidiomycetes*。担子菌侵占了整个倒木，是木材降解的最主要参入者。Renvall 等人研究发现，在欧洲云杉 *Picea abies* 和欧洲赤松 *Pinus sylvestris* 上共有 166 种木生担子菌，其中欧洲云杉上有 120 种，造成褐色腐朽的为 16 种；欧洲赤松上有 104 种，造成褐色腐朽的为 22 种。杨树等阔叶树上木材微生物的演替顺序为：细菌先侵入死枝，4 年后树干上可出现半知菌（如壳囊孢菌 *Cytospora* sp. 等），8～9 年后出现伏革菌 *Corticium* sp. 、烟管菌 *Bjerkandera adusta* 等，9～10 年后出现的是火木层孔菌 *Phellinus igniarius*、木蹄层孔菌 *Fomes fomentarius*、单色云芝 *Coriolus unicolor* 等类群，这些最后出现的类群可以将木材彻底分解。

9.1.2.3 粪生真菌

各种动物的粪便中都有各种不同的真菌生长，一般食草性动物的粪便中真菌最易生长。粪生真菌包括接合菌（如水玉霉、毛霉、倚囊霉 *Pilaria* 等），子囊菌（如粪壳菌 *Sordaria* 等）以及担子菌（如鬼伞 *Coprinus* 和弹球菌 *Sphaerobolus* 等）的多种真菌。由于许多粪生真菌具有直接弹射孢子的能力，常把孢子从粪便弹射到草地上，被草食动物摄食后，在消化道中由于温度和 pH 值的变化促使孢子萌发，再随粪便排泄出来，开始在粪便上进行营养生长。

粪生真菌分解动物的粪便同分解落叶和木材相似。例如，鬼伞属 *Coprinus* 分解草食性动物粪便中未被消化的植物残渣，属于白色腐朽；蘑菇属 *Agaricus*、裸盖菇属 *Psilocybe*、斑褶菌属 *Panaeolus* 等均属于此类。另外，还有一些菌类喜欢生长在动物的尸体、骨骼、洞穴及排泄物等富含氨素的环境中，称为氨生菌（Ammonia fungi），如黏滑菇属 *Hebeloma*、丽杯菌属 *Calocybe*、褐盘菌属 *Peziza*、蜡蘑属 *Laccaria* 等。各种真菌在粪便中的出现有一定规律性，它们出现的顺序依次是接合菌（如水玉霉）、子囊菌（如粪壳菌）、担子菌（伞菌等）。

9.2 真菌与生物能源

生物能源是指利用生物可再生原料及太阳能生产的能源，包括生物质能及利用生物质生产的能源如燃料乙醇、生物柴油、生物质气化及液化燃料、生物制氢等。能源微生物是指以甲烷产生菌、乙醇产生菌和氢气产生菌为代表的能源性微生物。

在微生物作用下，将糖类、谷物淀粉和纤维素等物质通过"乙醇发酵"生产出燃料级乙醇，从而替代石油，这是微生物在能源领域的一大应用。由于乙醇具有燃烧完全、无污染、成本低等优点，很多国家都开发了这一工艺。巴西以甘蔗作发酵原料生产的燃料乙醇直接用作汽车燃料，目前已形成产能达 $1000 \times 10^4 t$，替代了 1/3 的车用燃料。美国计划在 2006—2012 年间，将燃料乙醇年用量从 $1200 \times 10^4 t$ 增加到 $2300 \times 10^4 t$。英国、德国、荷兰等农业资源丰富的国家，也在进行燃料乙醇的生产。我国是继巴西、美国之后全球第三大燃料乙醇生产和消费国，我国主要以粮食作物中的玉米为原料进行生产。随着燃料乙醇工业的快速发展，原料问题和国家粮食安全问题日益突出，因此，"十一五"期间我国政府提出"生物乙醇要走非粮路线，即不与人争粮，不与粮争地。作为非粮资源中的纤维素、半纤维素是地球上储量最丰富的有机物，美国、日本、加拿大、瑞典等国在新能源的研发中都对其给予了足够的重视。我国纤维素资源充足，

年产植物秸秆约6×10⁹t，如果其中的10%经微生物发酵转化，就可生产出乙醇燃料近
8×10⁶t，其残渣还可用作饲料和肥料，因此，发展纤维素乙醇前景广阔。目前山东大
学、河北农业大学、江南大学等正在开展相关的研究工作。从1980年Wang等首次提
出木糖可以被一些微生物发酵生成酒精至今，科学家们已发现100多种微生物可以代
谢木糖生产乙醇，包括细菌、丝状真菌和酵母，如曲霉 *Aspergillus*、酵母菌
Saccharomyces、裂殖酵母菌 *Schizosaccharomyces*、假丝酵母 *Candida*、球拟酵母
Torulopsis、酒香酵母 *Brettanomyces*、汉逊氏酵母 *Hansenula*、克鲁弗氏酵母
Kluyveromyces、毕赤氏酵母 *Pichia*、隐球酵母 *Cryptococcus*、德巴利氏酵母 *Debaryomyces*
和卵孢酵母 *Oosporidium* 等。

实际应用中也暴露了一些问题，有些菌种对乙醇耐受力低、有些菌种则需要在有
氧条件下发酵，还有些菌种需将木糖先转化为其他可利用的物质后才能进行乙醇发酵，
因此生产率普遍较低。随着生物技术的发展，出现了大量可高效转化的基因工程菌。
1993年，Ho等将木糖还原酶，木糖醇脱氢酶和木酮糖激酶的基因转入酿酒酵母，首次
成功构建出利用葡萄糖和木糖生产乙醇的工程酵母。Sonderegger等将多个异源基因引
入代谢木糖的酵母工程菌，重组酵母不仅降低了副产物木糖醇的量，乙醇产量也比亲
株提高25%。

除纤维素外，微生物还可分解有机垃圾获得燃料乙醇，不仅能为工农业生产提供
能源，而且比焚烧、填埋更有利于环境卫生和城市生态的改善。因此，利用微生物的
作用将地球上储量巨大的生物资源转化为燃料乙醇前景广阔，但水解酶成本过高是限
制其产量提高的一个重要因素。此外，现有菌种大多乙醇耐受力差，副产物多，对发
酵条件要求苛刻，今后研究应致力于继续筛选优良性状的菌株或利用基因工程手段选
育高产纤维素酶、木质素酶菌种，以及能克服上述问题的菌种，还应对其酶学特性、
功能基因进行研究，优化发酵条件，辅以工艺措施的改进，提高燃料乙醇生产效率并
降低成本。

从现今的研究现状来看，根据安斯沃思（Ainsworth）的分类系统，伯杰（Bergey's，
1923—1957）细菌鉴定法和洛德（Lodder，1970）的酵母菌等鉴定法为主要分类依据，分
类鉴定表明能源性微生物的主要种类是：

（1）甲烷产生菌

甲烷产生菌的主要种类有甲烷杆菌属 *Methanobacterium*、甲烷八叠菌属 *Methanosarcina*、
甲烷球菌属 *Methanoccus* 等。

（2）乙醇产生菌

乙醇产生菌的主要种类有酵母菌属 *Saccharomyces*、裂殖酵母菌属 *Schizosaccharomyces*、
假丝酵母属 *Candida*、球拟酵母属 *Torulopsis*、酒香酵母属 *Brettanomyces*、汉逊氏酵母属
Hansenula、克鲁弗氏酵母属 *Kluveromyces*、毕赤氏酵母属 *Pichia*、隐球酵母属 *Cryptococcus*、
德巴利氏酵母属 *Debaryomyces*、卵孢酵母属 *Oosporium*、曲霉属 *Aspengillus* 等。

（3）氢气产生菌

氢气产生菌的主要种类有红螺菌属 *Rhodospirillum*、红假单胞菌属 *Rhodopseudomonas*、
红微菌属 *Rhodomicrobium*、荚硫菌属 *Thiocapsa*、硫螺菌属 *Thiospirillum*、闪囊菌属

Lamprocystis、网硫菌属 *Thiodictyon*、板硫菌属 *Thiopedia*、外硫红螺菌属 *Ectothiorhodospira*、梭杆菌属 *Fusobacterium*、埃希氏菌属 *Escherichia*、蓝细菌类等。

9.2.1 乙醇产生菌

能源与环境问题制约着人类文明的发展。近几年来，可持续再生生物能源的研究与应用取得了巨大的进展，其中生物乙醇成为一种可替代石油、廉价环保的能源。利用生物质可再生资源转化生产燃料乙醇已经成为研究的热点。巴西以甘蔗作为原料，每年生产 $125×10^8$L 燃料乙醇；美国从 1978 年至今，已通过 10 多项法案，从能源、交通、税收、环保等政策方面对汽车使用燃料乙醇给予支持，每年生产超过 $50×10^8$L 的燃料乙醇。目前我国乙醇年产量列世界第三位，其中发酵法生产乙醇占绝对优势，80%左右的乙醇用淀粉质原料，10%的乙醇用废蜜糖生产，以纤维素原料生产的乙醇约占 2%。

目前燃料乙醇的生产原料分为糖类、谷物淀粉类和纤维素类。用糖类生产乙醇是工艺最简单、成本最低廉的方法，目前在南美洲巴西、阿根廷等国被广泛采用。糖类原料主要是甘蔗、甜菜和糖蜜。糖蜜是制糖工业的副产品；甘蔗、甜菜和甜高粱等所含的糖分主要是蔗糖。酵母菌可水解蔗糖为葡萄糖和果糖，并在无氧条件下发酵葡萄糖和果糖生产乙醇。以谷物淀粉作为原料生产乙醇是目前北美洲和欧洲等国广泛采用的方法，淀粉质原料也是我国乙醇生产的最主要原料，淀粉质原料主要有甘薯(又名地瓜、红薯、山芋)、木薯、玉米、马铃薯(土豆)、大麦、大米、高粱等。以谷物淀粉为原料生产乙醇的成本是汽油的两倍，从长远看还可能引发一个国家的粮食危机。为此，以廉价的农作物秸秆等富含纤维素的生物废料为原料的纤维素生物乙醇生产技术已经成为研究的热点。全世界已有几十套中试生产线或试生产线。纤维素类生物质原料可来自软、硬木，杂草、农业生产废弃物、旧报纸和城市固体废物等。

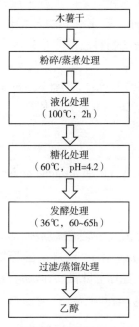

图 9-2　木薯干生产乙醇传统工艺流程

木薯干
↓
粉碎/蒸煮处理
↓
液化处理
(100℃，2h)
↓
糖化处理
(60℃，pH=4.2)
↓
发酵处理
(36℃，60~65h)
↓
过滤/蒸馏处理
↓
乙醇

9.2.1.1 乙醇发酵过程

利用淀粉质原料生产乙醇的基本环节有原料粉碎、蒸煮糊化、糖化、乙醇发酵、乙醇蒸馏等。同时还有为糖化工艺作准备的培养糖化剂(曲)和为发酵工艺作准备的培养酵母等环节(图 9-2)。

用糖类生产乙醇工艺最简单，不需要淀粉质原料生产乙醇必需的粉碎、拌浆、蒸煮、糖化等前期处理工序。如糖蜜在发酵前只需经过加水稀释、加酸酸化、灭菌等处理，稀释至酵母能利用的糖度，再进入发酵罐中进行发酵。利用纤维素类生物质生产乙醇的工艺过程包括预处理、水解和发酵：

①预处理纤维素和半纤维素，去除阻碍糖化和发酵的物质，使其更容易被降解和发酵；

②用酸或酶水解聚合物成单糖；

③用乙醇发酵菌发酵六碳糖和五碳糖成为乙醇，分离和

浓缩发酵产物。

利用生物质生产酒精的整个生产过程可二步发酵进行(二步发酵法),也可一步发酵进行(一步发酵法)。二步发酵法的生产过程为:

第1步,经纤维素酶或半纤维素酶水解,在较低温度下,主要得到半纤维素的水解产物戊糖;在较高温度下,得到纤维素的水解产物葡萄糖;将两种糖液混合,用生石灰中和多余的酸后用于发酵乙醇。

第2步,用另一类微生物(如酵母菌)发酵生产乙醇等物质。

二步发酵法先由微生物(多数为丝状真菌、嗜热厌氧细菌)在纤维性材料上产生纤维素酶和半纤维素酶,然后进行酶解纤维素、半纤维素产生糖,再由酵母菌发酵产生乙醇。以上步骤所需要的条件各不相同,整个过程经历的时间较长,还需要两种微生物的作用,因此,在工艺上较为复杂。

一步发酵法经过一步即可将纤维性物质转化为乙醇(图9-3)。一步发酵法又分为有两种微生物参与的同时糖化发酵法和仅用一个菌株的直接发酵法。同时糖化发酵法和二步法都需两种微生物的分别作用,但同时糖化发酵法可消除酶解产物对酶解作用的抑制,缩短了发酵时间。直接发酵法是指纤维素酶和半纤维素酶的产生及其酶解产生的糖都由同一株菌来完成发酵。此方法工艺简单,历时短,有利于对纤维性材料的生物法全利用。

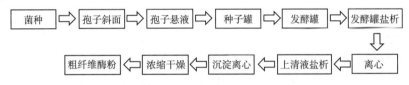

图9-3 典型液体深层发酵纤维素酶生产工艺流程图

利用生物质转化生产乙醇的关键问题包括将纤维素、半纤维素与结构复杂的木质素分离;将碳水化合物的聚合体(纤维素和半纤维素)分解成可发酵糖;将混合的戊糖和己糖转化生成乙醇。

9.2.1.2 乙醇发酵生产真菌

植物纤维是由纤维素、半纤维素和木质素组成的,其中纤维素占30%~50%,半纤维素占20%~35%。纤维素大分子的物理结构是由结晶区与非结晶区组成。非结晶纤维素容易被纤维素酶水解,完全降解成葡萄糖,成为发酵乙醇的原料。但是,结晶的纤维素由于分子排列紧密,且又被难以降解的木质素包裹,所以不容易分解。由于纤维素的组成和结构非常复杂,使得纤维素的生物降解和纤维素水解产物的生物转化都还存在着一些问题。纤维素和半纤维素必须经过水解分别形成己糖和戊糖后才能被微生物利用,发酵生产乙醇。而传统用于乙醇发酵生产的微生物只能利用己糖,均不能代谢戊糖,这就意味着半纤维素不能被有效利用。大量的研究表明,对半纤维素的有效利用能够降低乙醇生产成本的25%,这就需要微生物必须同时具备发酵己糖和戊糖的能力。

目前,纤维素乙醇产业化仍存在三大技术瓶颈:

①秸秆等木质纤维素类原料降解产生的木糖难以发酵生成乙醇;

②纤维素酶活力低、生产成本仍然偏高；

③原料要进行复杂的预处理，微生物对纤维素水解底物利用率低等。

以纤维素物料生产乙醇的关键是把纤维素水解为葡萄糖，即完成纤维素物料的糖化过程。纤维素一旦水解为单糖，那它发酵生产乙醇的过程则与淀粉发酵完全相同。燃料乙醇工业常用的真菌主要有两种：一种是生产水解酶（漆酶、淀粉酶或纤维素酶）的真菌，一般是霉菌；另一种是乙醇发酵菌，一般是酵母。

9.2.1.3　水解酶生产真菌

一般来说，乙醇发酵工业上使用的酵母都不能直接利用淀粉或纤维素生产乙醇，需要水解为单糖或二糖。而燃料乙醇的重要研究方向为：重点开发秸秆或木质纤维类生物质代替粮食资源生产燃料乙醇的工艺。在生物质燃料乙醇的生产过程中重点利用的水解酶和酶生产真菌包括：

（1）木质素降解酶系生产真菌

木质素是植物产生的一类高分子化合物的统称，主要由苯丙烷单元通过醚键和碳键等多种共价键链接而成，其生物降解主要通过木质素过氧化物酶（Lignin peroxidase）、锰过氧化物酶（Manganese peroxidase）和漆酶（Laccase）来完成。漆酶能将木质素降解为二氧化碳和水，且反应过程不需要过氧化氢的参与，在木质素降解的过程中起主要作用。漆酶是一种含铜的多酚氧化酶，属于蓝色多铜氧化酶家族，广泛分布于昆虫、植物、真菌、细菌和古生菌中。漆酶最早发现于植物中，但到目前为止真菌漆酶是当前人们研究的热点。

大部分能够引起木本或草本植物腐化的真菌均能产生漆酶。其中，白腐真菌是一类能够引起木质白色腐烂的丝状真菌的统称，主要为担子菌，少部分为子囊菌，包括革盖菌属 *Coriolus*、卧孔菌属 *Poria*、多孔菌属 *Polyporus*、原毛平革菌属 *Phanerochaete*、侧耳属 *Pleurotus*、烟管菌属 *Bjerkandera* 和栓菌属 *Trametes* 等。白腐真菌具有突出的木质素降解能力，因而成为漆酶研究的热点领域。目前，被报道较多的高产漆酶白腐真菌主要集中在栓菌属、革盖菌属、侧耳属等。

浙江大学生命科学学院的科研人员对云芝栓孔菌 *T. versicolor* 生产漆酶的发酵条件进行了研究，确定了该菌株的最佳培养基的组成成分和发酵培养条件。漏斗多孔菌 *Polyporus arcularius* 'A80 菌株'是从 68 种野生木腐菌株中分离筛选到的一株适合液态发酵产漆酶的野生菌株，发酵产酶周期短，抗杂菌能力强。粗毛栓菌 *Trametes gallica* 诱变菌株 'SAH-12' 是通过紫外诱变选育所得的漆酶高产菌株。此外，朱红密孔菌 *Pycnoporus cinnabarinus*、黑管孔菌 *Bjerkandera adusta* 也是漆酶产生菌。研究发现漆酶还可以有效减少生产乙醇时酚类物质含量。

（2）淀粉酶

以淀粉类生物质原料生产燃料乙醇采用的糖化剂主要是淀粉酶，主要由真菌发酵生产。包括 α-淀粉酶、β-淀粉酶、糖化酶和异淀粉酶。

α-淀粉酶又称淀粉 1,4-糊精酶。能够切开淀粉链内部的 α-1,4-葡萄糖苷键，将淀粉水解为麦芽糖，含 6 个葡萄糖单位的寡糖和带支链的寡糖。生产此酶的真菌主要有黑曲霉 *A. niger*、米曲霉 *A. oryzae* 和根霉 *Rhizopus*。

β-淀粉酶又称淀粉 1,4-麦芽糖苷酶。能从淀粉分子非还原性末端切开 1,4-糖苷键，生成麦芽糖。主要由曲霉、根霉和拟内孢霉 *Endomycopsis* sp. 产生。

糖化酶又称为淀粉 *α*-1,4-葡萄糖苷酶，作用于淀粉分子的非还原性末端，以葡萄糖为单位，依次作用于淀粉分子中的 *α*-1,4-葡萄糖苷键，生成葡萄糖。生成葡萄糖的产量很高。生产菌种我国主要以黑曲霉 *A. niger* 为主。美国主要采用臭曲霉 *Aspergillus fortidus*，丹麦也主要采用黑曲霉。常用的淀粉酶生产菌种有少根根霉 *Rhizopus arrhizus*、爪哇根霉 *R. javanicus*、台湾根霉 *R. arrhizus* var. *arrhizus*、德氏根霉 *R. arrhizus* var. *delemar*、泡盛曲霉 *A. awamori*、日本根霉 *R. arrhizus* var. *arrhizus*、黑曲霉、米曲霉 *A. oryzae*、宇佐美曲霉 *A. usamii*、雪白根霉 *R. niveus*、肋状构拟内孢霉和紫红曲霉 *M. purpureus* 等。

异淀粉酶又称 *α*-1,6-葡萄糖苷酶。作用于支链淀粉分子分支点处的 *α*-1,6-葡萄糖苷键将支链淀粉的整个侧链切下变成直链淀粉。生产菌主要是酵母菌。

（3）纤维素酶

纤维素酶可以分解纤维素，是降解纤维素生成葡萄糖的一组酶的总称。纤维素酶不是单成分酶，而是由多个起协同作用的酶所组成的多酶体系，一般认为该体系。主要包括三类酶组分：内切型葡聚糖酶（EG）、外切型葡聚糖酶（CBH）、*β*-葡萄糖苷酶（CB）。酶解纤维素时，对无定形区仅 EG 即可使之水解，对于结晶区需要有 EG 和 CBH 的协同作用。纤维素酶广泛存在于自然界中，来源非常广泛，昆虫、微生物、细菌、放线菌、真菌、动物体内等都能产生纤维素酶。

目前应用于纤维素酶生产的真菌主要是木霉属 *Trichoderma*、曲霉属 *Aspergillus*、青霉属 *Penicillium*、根霉属 *Rhizopus*、镰孢菌属 *Fusarium* 等菌种。木霉如长枝木霉 *T. longibrachiatum*、康宁木霉 *T. koningii*、里氏木霉 *T. reesei*，这些菌株通过基因突变能产生高水平的纤维素酶。国内外学者对产纤维素酶的真菌，主要是木霉和曲霉研究得很多，它们所产生的粗酶可用于降解农作物的纤维素。

美国能源再生实验室 Aden 等（2002）认为，工业化生产纤维素酶最好的菌株是木霉属中的里氏木霉。里氏木霉分泌胞外纤维素酶的能力最强，由该菌产生的纤维素酶复合体系具有分解天然纤维素所需要的三种组分，能共同水解纤维素底物，能有效地将纤维素转化为葡萄糖。在 20 世纪 60 年代末，由里氏木霉野生型菌株 *T. reesei* QM6a 开始，进行了一系列诱变育种工作，获得了不少优良的突变株。现已有将克隆到的纤维二糖酶基因进一步转化到里氏木霉细胞的报道。其中对突变菌 *T. reesei* RUT−C30 研究很多，Domingues（2001）研究发现该菌株所产生酶分解纤维素的能力比野生型的更强，并且纤维素酶的表达不受产物葡萄糖的抑制，因此，进行纤维素酶生产时有许多公司采用这个菌株。该菌株的培养条件，培养基组成及培养基的流动学等方面的相关研究表明，该菌株具有潜在的工业化制酶的价值。

近几年来，采用原生质体融合技术来改良纤维素酶生产菌株的研究日益增多。美国 Cetus 公司用基因工程技术构建产纤维素酶的"工程酵母菌"获得了成功，该公司将里氏木霉的产酶基因移入酿酒酵母细胞中。研究还表明，在纤维素水解过程中，EG 与 CBH 类纤维素酶组合体降解纤维素酶比它们单独作用时有效。里氏木霉产生的 CBH1

是最活跃的纤维素酶，而曲霉属菌种如黑曲霉 *A. niger* 能产生高活力的 β-葡萄糖苷酶，可将两种菌株产生的酶制剂按一定比例配合使用，能起到更好的效果。美国国家可再生能源实验室（NREL）的科研人员将来自 *T. reesei* 中的外切葡聚糖 CBH 1 与来自 *A. cellulolyticus* 中耐高温的内切葡聚糖酶和 β-葡萄糖苷酶混合起来，比例为 90：9：1，可起到很好的纤维素降解效果，该研究在纤维素酶的研究中具有突破性的意义。这一研究成果表明，利用混合酶水解纤维素原料将是近年来的研究热点。混合酶系是充分利用自然界多种微生物的协同关系人工筛选构建能够产生多种纤维素酶的高效稳定复合菌系，并取得了很好的研究成果。纤维质原料生产生物乙醇的过程不仅需要高效率的水解酶，而且还需要能够转化复杂的混合糖为乙醇的微生物。

（4）乙醇发酵菌

到目前为止已确认的能产生乙醇的真菌主要有酵母菌属 *Saccharomyces*、裂殖酵母菌属 *Schizosaccharomyces*、假丝酵母属 *Candida*、球拟酵母属 *Torulopsis*、酒香酵母属 *Brettanomyces*、汉逊氏酵母属 *Hansenula*、克鲁弗氏酵母属 *Kluveromyces*、毕赤氏酵母属 *Pichia*、隐球酵母属 *Cryptococcus*、得巴利氏酵母属 *Debaryomyces*、卵孢酵母属 *Oosporium*、曲霉属 *Aspengillus* 等。

普通的酿酒酵母只能利用葡萄糖转化为乙醇，却不能利用纤维质原料中半纤维素水解出的戊糖——木糖、阿拉伯糖，势必造成原料不能充分利用。因此，20 世纪 80 年代以来，国际上掀起了戊糖发酵以及戊糖和己糖同步发酵的研究，并取得了很大进展。研究发现一种毛霉 *Mucor indicus* 具有较强的代谢五碳糖和六碳糖产生乙醇的能力。前人通过对 *Mucor indicus* 的基本性能的实验探索研究，可以确认 *Mucor indicus* 菌株不但可以同时利用并代谢己糖和戊糖产生乙醇，而且还可以直接利用复杂的碳源（如淀粉）生产酒精。

研究发现粗糙脉孢菌 *Neurospora crassa* 和尖镰孢菌 *Fusarium oxysporum* 能直接利用纤维素和半纤维素生产乙醇，生产工艺简单，从而引起人们的浓厚兴趣。国外报导利用 *N. crassa* 转化纤维素产乙醇的比较好的结果是：纤维素浓度分别为 20g/L 和 50g/L，产生乙醇的浓度都为 9.9g/L，转化率分别为 91% 和 36%。*F. oxysporum* 的较好结果是：纤维素浓度分别为 20g/L 和 50g/L，产生乙醇的浓度分别为 9.6g/L 和 14.5g/L，转化率分别为 89.2% 和 53.9%。

前人研究发现一株能在厌氧条件下利用木糖生长的霉菌 *Pestalotiopsis* sp. XE-1，该菌能够发酵木糖、阿拉伯糖、葡萄糖、果糖、甘露糖、半乳糖、纤维二糖、麦芽糖、蔗糖和淀粉生成乙醇。热带假丝酵母菌 *Candida tropical* Xy-19 和 *Kluyveromyces marxianu* GX-15 具良好的发酵木糖生产乙醇的能力。木质纤维素类农业废弃物生产乙醇技术已基本成熟，但实现大规模工业化生产仍需要解决高产纤维素酶和木质素酶菌种的选育问题，还应解决高效己糖和戊糖基因工程菌的构建及廉价有效的预处理工艺开发问题。

9.2.2 参与生物质燃气发酵生产早期处理阶段的真菌

生物质燃气指由生物质转化的能燃烧的气体，包括甲烷、氢气等。近年生产生物质燃气的原料因使用富含淀粉、糖类的农作物可能引发潜在的粮食危机而转向使用富含木质纤维素的农业废弃物，如农作物秸秆等。

与乙醇发酵类似，由于木质纤维素的致密结构，微生物产甲烷和氢气的过程也需对原材料进行适当的预处理以利于提高产气率。生物处理法利用微生物除去木质素以解除其对纤维素的包围，这种方法能耗低、无污染、条件温和，对提高秸秆资源的生物转化率有十分重要的意义。

自然界用于生物处理的微生物主要有真菌、放线菌和细菌，而真菌是最重要的一类。预处理过程主要是利用白腐真菌、褐腐菌、软腐菌等可破坏木质纤维素结构的真菌的生物分解作用，其中，褐腐菌可破坏纤维素，白腐真菌和软腐菌可同时分解纤维素和木质素。生物预处理的特点是对设备要求低、条件温和及节能。研究表明，白腐真菌是降解木质素类芳香化合物能力最强的微生物。白腐真菌可降解木质素，促进后续的酶水解反应，特别是黄孢原毛平革菌和拟康氏木霉等转化秸秆的效率较高。用白腐真菌预处理玉米秸秆发现，木质纤维素的降解率提高到 55%~65%。利用从柑橘果园的堆积土中筛选出的一株丝状白腐真菌对柑橘皮渣进行分解，并对分解后的柑橘皮渣进行厌氧发酵产甲烷试验，发现处理后的柑橘皮渣产沼气总产量较不处理前提高 20%，甲烷含量提高 26%。采用白腐真菌典型菌种——黄孢原毛平革菌 *Phanerochaete chrysosporium*，CGMCC 5.0776 固态发酵对玉米秸秆进行预处理，后续厌氧发酵实验结果表明预处理青储玉米秸秆发酵 21d 的 VS 产甲烷量为 215.5mL/g，相对于未处理青储玉米秸秆提高 29.2%，且占 60d 总产甲烷量的 73.1%。采用秸秆生物预处理强化产甲烷试验装置进行了白腐真菌对秸秆生物预处理后发酵产甲烷试验。经白腐真菌预处理后，秸秆的结构受到破坏，木质素含量降低，从而大大缩短了厌氧发酵周期，提高了甲烷转化效率。以拟康氏木霉 3.3002*Trichoderma pseudokoningii* 和白腐真菌 5.776*Phanerochaete chrysosporium* 的混合菌发酵处理稻草秸秆，发现混合菌发酵秸秆纤维素的降解率比单独使用拟康氏木霉处理提高 15.76%，混合菌发酵秸秆木质素的降解率比单独使用白腐真菌处理提高 11.46%。但真菌等微生物分解木质纤维素耗时较长，效率较低，限制了该方法的应用。

9.3　水环境真菌及污水控制

微生物广泛存在于自然界中，但由于微生物个体过于微小，不像一般动物和植物那样易让人们感知它们的存在和功能，因而影响了人们对微生物的正确认识，也阻碍了对微生物技术开发的支持和投入。但是随着科学的进步，对微生物的研究越来越深入，使微生物更加能为人类所用。当今社会中微生物在工业、农业、医药、食品、能源等领域中所发挥的作用愈来愈受到重视，尤其是循环经济的建设离不开微生物的参与及其应用技术的发展和创新。微生物在循环经济发展中，还扮演着另一种十分重要的角色——污水和垃圾的处理者。几乎所有的污水处理都是靠微生物作用完成的。污水和污物处理中既需要微生物分解和除掉各种有害物质，还要利用微生物进行除臭。污水与污物的处理速度、效果取决于微生物的种类和功能。因化肥、农药的过量使用导致的农田土壤污染已成为生态环境的重疴沉疾，而土壤污染导致的水果、蔬菜、粮食污染对人类造成的危害更不可低估。净化土壤，也要靠微生物发挥作用。用微生物生产抗菌素、有机酸、氨基酸、多元醇、黄朊胺、多肽、酒类、酱油、醋的历史十分悠久，作为一个生物界别，它的开发前景是不可限量的。

9.3.1　污水处理概况

随着我国经济的高速增长，工业化和城市化进程的加快，对水资源的需求日益增加，进而产生了大量污水。特别是石油、化工、塑料及纤维等工业的发展，造成的水污染相当严重，污水成分已愈来愈复杂，大量结构复杂、难降解的有机物和有毒物质进入工业废水和城市污水中，加剧了对环境的污染。因此，不断地寻求效率高、投资少、运行费用低、治理效果好的污水处理技术是该项研究工作的主要任务。

目前废水处理的思路主要从两方面考虑，一是将水中污染物分离；二是将污染物部分或全部矿化。分离的方法主要利用流体力学原理（如沉淀、离心、过滤等）或者利用膜分离技术（包括微滤、超滤、纳滤和反渗透），还可以利用一些物理化学过程（如吸附和絮凝等）分离水中的溶解性物质或乳状物。矿化的方法是指水中的污染物可以通过生物和化学过程（各种高级氧化技术）被矿化。

处理污水的方法有物理法、化学法和生物法。

9.3.1.1　物理处理法

物理处理法是指利用物理作用处理、分离或回收废水中的污染物。该类方法包括截留、沉降、隔油、筛分、过滤、蒸发和离心分离等方法。例如过滤法可除去水中的悬浮物质。

9.3.1.2　化学处理法

化学处理法是指利用化学试剂或通过其他化学反应手段，处理回收可溶性废物或胶粒物质。该类方法包括混凝、中和、氧化还原、电解和离子交换等方法。例如氧化还原可用于去除废水中还原性或氧化性污染物等。

9.3.1.3　生物法

生物法是指利用微生物的生化作用处理废水中的胶体和有机污染物，达到净化水质的目的。该类方法主要用以处理水中的有机物。各种方法都有其特点，可以相互配合、相互补充。与化学法和物理法相比，生物处理法具有消耗少、运转费用低、工艺简单、操作管理方便和无二次污染等显著优点，因而越来越受到人们的重视。

目前应用最广的污水处理方法是生物学方法，其具有以下特点：

(1)具有很强的吸附力、良好的沉降性，处理效果好

研究表明，利用活性污泥处理生活污水，$10 \sim 30min$ 即可吸附除去 $85\% \sim 90\%$ 的BOD；活性污泥能吸附工业废水中 $30\% \sim 90\%$ 的铁、铜、铅、镍、钾等金属离子。

(2)具有很强的分解、氧化有机物的能力，处理效率高

一个普通的活性污泥污水曝气池的干有机物转换率为 $1 \sim 2kg/(d \cdot m^3)$，它比一片高产的森林中所发生的矿化作用效率要高几百倍。工业含酚废水用萃取法使酚降到

100mg/kg 后已很难再降低，而继续用生物处理，酚可进一步降到 1mg/kg。

（3）适用范围广

微生物具有代谢类型多样、生长繁殖快、易变异，可适用于多种废水的处理。

（4）处理水量大、方法较成熟

目前，国内外百万吨以上的废水处理几乎都是采用生物法。

（5）成本低、无二次污染

生物法处理污水是利用自然水体自净规律，再人为加强各环节的作用，进而加快净化的过程。所以投入的人力、物力比其他方法要少得多，而且处理彻底，无二次污染。

今后污水生物处理技术的研究重点包括：

①活性污泥系统中丝状菌生长及污泥膨胀与控制技术；

②新型活性污泥与生物膜工艺的研究；

③复合固定/悬浮生长过程和移动床生物反应器及其应用；

④膜分离生物反应器处理技术；

⑤生物脱氮除磷技术；

⑥湿气候条件下的污水处理问题；

⑦初沉池和二沉池的优化；

⑧过程的模拟和优化等。

9.3.2　污水生物处理的基本类型

依污水生物处理过程中氧的状况，生物处理可分为好氧处理系统与厌氧处理系统。

9.3.2.1　好氧生物处理

好氧生物处理是指微生物在有氧条件下吸附环境中的有机物，并将有机物氧化分解成无机物，使污水得到净化，同时合成细胞物质的过程。微生物的好氧污水净化方法主要包括活性污泥法、氧化塘法和生物膜法等。本节主要介绍应用最广泛的活性污泥法和生物膜法。

污水的生物处理法按照污水处理反应器中微生物的生长状态，可分为悬浮生长工艺和附着生长工艺。前者以活性污泥法为代表，包括氧化沟、SBR 等变形工艺，微生物在曝气池内以呈悬浮态的活性污泥形式存在；后者以生物膜法为代表，包括生物滤池、生物转盘、生物接触氧化池、曝气生物滤池及生物流化床等工艺形式，微生物附着生长在滤池或填料表面上形成生物膜。

（1）活性污泥法

该方法主要利用含有好氧微生物的活性污泥在通气条件下使有机物分解，使污水得到净化，是目前处理有机废水最主要的方法。此方法最早于 1941 年由英国人 Arderm 和 Lockett 创建，经过各种改进和修正，在废水处理中取得了巨大的成功。

活性污泥是指由菌胶团形成菌、原生动物、有机和无机胶体及悬浮物组成的絮状体。活性污泥在污水处理过程中具有很强的吸附、氧化和分解有机物的能力，在静止状态时具有良好的沉降性能。活性污泥是一种特殊的、复杂的生态系统，在多种酶的作用下进行着复杂的生化反应。

①活性污泥微生物组成　由细菌类、真菌类、原生动物和后生动物等异种群体所组成的混合物培养体。活性污泥的主体是细菌，大多来源于土壤、水和空气，多为革兰氏阴性菌，少部分为革兰氏阳性菌。活性污泥微生物中的细菌以异养型的好氧原核细菌为主。真菌的细胞构造比较复杂，且种类繁多，与活性污泥处理法有关的真菌是微小的腐生或寄生性丝状菌，俗称霉菌。丝状菌的异常繁殖是活性污泥膨胀的主要原因之一。活性污泥中的原生动物有肉足虫、鞭毛虫和纤毛虫3类。原生动物的摄食对象是细菌。构成活性污泥的其他微生物还有病毒、立克次氏体、支原体、衣原体等病原微生物，因此，处理水要经消毒后才能排放。

②活性污泥处理污水的作用原理　活性污泥絮状体中各种微生物之间存在食物链的关系，其吸附和生物降解有机物的过程大致分3步(图9-4)：

第1步，在有氧条件下，活性污泥中絮凝性微生物吸附污水中的有机物。

第2步，活性污泥中的水解性细菌水解大分子有机物为小分子有机物。同时，微生物合成自身细胞。污水中的溶解性有机物直接被细菌吸收，在细菌体内氧化分解，其中间代谢产物被另一类细菌吸收，进而无机化。

第3步，原生动物及微型后生动物吸收和吞食未分解的有机物及游离的细菌。

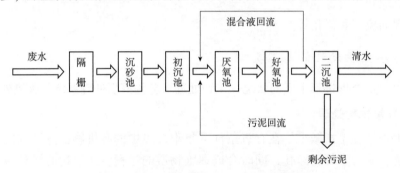

图9-4　活性污泥处理污水的工艺示意图

当前广泛采用的活性污泥法处理工艺有：AB法、SBR法、氧化沟法、普通曝气法、A^2/O法、A/O法等。但在多年的运用与改进过程中发现，活性污泥法存在基建费和运行费高，设备能耗大、管理复杂、易出现污泥膨胀现象、脱氮除磷效果不理想等问题，这些问题对活性污泥污水处理工艺的进一步改进提出了更高的要求。

(2)生物膜法

生物膜法处理污水的比活性污泥法早约20年，由于该法早期使用的是生物滤池，因此也称之为生物滤池法。1893年，英国将污水喷洒在粗滤料上进行净化实验取得良好效果，生物滤池法从此被开发出来，并开始应用于污水处理。在它的基础上，衍生出了高负荷生物滤池、塔式生物滤池、生物转盘和生物接触氧化池等工艺。近年来，又出现了一些新型的生物膜法处理技术，如生物流化床、空气流床、纯氧流动床、三相流化床、厌氧兼型流化床和活性生物滤池等工艺，还有空气驱动的生物转盘、生物转盘和曝气池相结合、藻类转盘等。在生物膜法中，微生物附着生长在滤料或填料表面上形成生物膜。污水与生物膜接触后，污染物被微生物吸附转化，污水得到净化。

生物膜法主要去除废水中溶解性的和胶状体有机污染物。

①生物膜上的生物相 生物膜的生物相所包含种类很多，有细菌、真菌、藻类、原生动物和后生动物等肉眼可见的微型动物。细菌主要对有机物起氧化分解的作用，是生物膜的主要微生物，常见的有假单胞菌属、芽孢杆菌属、产碱杆菌属、动胶杆菌属和球衣菌属等。生物滤池的各层生物膜中，细菌的种类和数量均有差异。真菌也普遍存在于生物膜中，主要有镰刀霉属、地霉属和浆霉属等。真菌可利用的有机物范围很广，对某些人工合成的有机物也有一定的降解能力。原生动物和后生动物属微型动物，栖息于生物膜的好氧表层，微型动物的出现表明生物膜已培育成熟。滤池蝇是一种体型较一般家蝇小的苍蝇，它们飞散在滤池周围以微生物及生物膜中的有机物为食，能抑制生物膜的过速增长，并使生物膜保持好氧状态。

②生物膜法净化过程 生物膜法是利用微生物群体吸附在固体填料表面从而形成生物膜来处理废水的一种方法。生物膜一般呈蓬松的絮状结构，微孔较多，表面积很大，因此具有很强的吸附作用，有利于微生物进一步对吸附的有机物进行降解。由于膜中的微生物不断生长繁殖致使膜逐渐加厚，当生物膜增加到一定厚度时，受到水力的冲刷而发生剥落，剥落可使生物膜得到更新。

生物膜的表面总是吸附着一层薄薄的污水，称为附着水层或结合水层，其外是能自由流动的污水，称为运动水层。当附着水层中的有机物被生物膜中的微生物吸附、吸收、氧化分解时，附着水层中有机物质浓度随之降低，由于运动水层中有机物浓度高，便迅速地向附着水层转移，并不断地进入生物膜被微生物分解。微生物所需要的氧通过空气—运动水层—附着水层而进入生物膜，微生物分解有机物产生的代谢产物及最终生成的无机物和二氧化碳等则沿着相反方向移动。根据介质与水接触的不同方式，生物膜法分为生物转盘、塔式生物滤池、生物滤池、生物接触氧化池和好氧生物流化床等(图 9-5)。

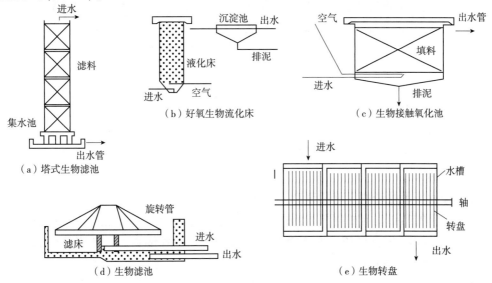

图 9-5 生物膜法的类型

9.3.2.2　厌氧生物处理

活性污泥法处理废水会产生一个重要问题，就是剩余污泥的问题。剩余污泥有时高达百万吨，若不妥善处理，就会再次造成污染。废水厌氧生物处理是一种把废水处理和能源回收利用相结合的技术，其以能耗低、负荷少、产泥少、耐冲击负荷且可回收利用沼气能源等优点而被广泛应用。特别是在能源日益短缺的今天，废水污染负荷日益加大，使废水厌氧生物处理技术的优点日渐凸显。但废水的厌氧生物处理在工艺上具有处理效率低、速度慢、消化池的容积大、基本建设费用高、甲烷菌对环境要求严格且不易控制等缺点，厌氧生物处理法又重新一直仅用于污泥处理。近年来，随着能源危机及环境污染的加重，厌氧生物处理这种既节能又产能的特点，起到了缓和污水处理厂"建得起，养不起"的矛盾。因此，厌氧生物处理法又重新引起了人们的重视，其理论研究和实际应用都取得了很大的进展，诞生了一大批新的厌氧生物处理技术，如厌氧生物滤池（AF）、厌氧转盘、厌氧膨胀床、厌氧接触氧化、厌氧挡板反应器、厌氧流化床（AFB）法以及上流式厌氧污泥床反应器（UASB）。这些膜反应器特别在脱氨、除磷方面有很大的改进，提高了厌氧生物法的应用价值。目前，研究表明，各工艺对污水的处理效果不尽相同（表9-1）。

表 9-1　厌氧生物处理法各工艺对污水的处理效果

%

工艺名称	COD	TP	TN	NH$_4$-N
UASB	60~90	10~40	<40	<30
厌氧生物滤池	60~95	60~70	70~80	>80
厌氧流化床	70~95	—	—	—

目前，厌氧生物处理法的发展趋势是与其他生物处理方法联用，如厌氧—好氧复合工艺等。它们具有投资少、节省能源、污泥产量少、出水水质好等一系列优点。目前厌氧生物处理法正朝着能处理低浓度有机污水，不仅能脱磷脱氮，而且运行维护方便、经济等方面发展。厌氧生物处理是指在厌氧条件下，利用厌氧性微生物（包括兼性厌氧微生物）分解污水中有机污染物并产生甲烷和二氧化碳的过程。由于发酵产物为甲烷，又称为甲烷发酵。好氧条件下，氧是生物氧化过程中的最终电子受体，对物质氧化彻底，产能高。厌氧条件下，厌氧菌和兼性厌氧菌所进行的是无氧呼吸或发酵，呼吸链末端的电子受体是无机物或有机物，产能低，有机物分解不彻底，中间产物有能量储存，如甲烷。

（1）废水厌氧处理的3阶段理论

Bryant（1979）针对有机物厌氧消化产甲烷的过程提出了3阶段理论。该理论认为产甲烷菌只能利用乙酸和甲醇，而不能利用其他的有机酸和醇类。长链脂肪酸和醇类必须经过产氢产乙酸菌转化为乙酸、氢气和二氧化碳等后，才能被产甲烷菌利用。

3阶段学说认为，厌氧发酵过程依次分为液化、产酸、产甲烷3个阶段，每一个阶段各有其独特的微生物类群起作用：

①液化阶段——水解发酵阶段 由水解和发酵性细菌群将附着的复杂有机物分解为脂肪酸、醇类、二氧化碳、氨和氢等简单有机物和无机物。主要是由厌氧有机物分解菌分泌的胞外酶发挥作用。在它们的作用下，多糖被水解成单糖，蛋白质被分解成多肽和氨基酸，脂肪被分解成甘油和脂肪酸。

②产氢产乙酸阶段 这一阶段主要利用乙酸细菌和某些芽孢杆菌等产酸类细菌，把除乙酸、甲酸、甲醇以外的第1阶段产生的中间产物(如丙酸、丁酸等脂肪酸和醇类)转化生成乙酸和氢，同时产生二氧化碳。该类细菌还可降解芳香族酸(如苯基乙酸和吲哚乙酸)，产生乙酸和氢。

③产甲烷阶段 由产甲烷菌利用第1阶段和第2阶段产生的乙酸、氧气和二氧化碳转化为甲烷。厌氧处理法虽然分为3个阶段，但是在厌氧反应器中各个阶段是同时进行的，并保持某种动态平衡，这种动态平衡受环境的pH值、温度、有机负荷等因素所制约。

(2) 参加厌氧消化的微生物类群

在厌氧消化过程中，参与的微生物种类比较复杂，且相继发生一系列不同的生化反应。厌氧消化过程的各个阶段分别由相应的细菌类群完成，根据降解阶段的划分，参与厌氧消化过程的细菌主要有水解发酵菌、产氢产乙酸菌群、同型产乙酸菌群和产甲烷菌群。

①水解发酵菌群 发酵细菌菌群是一个十分复杂的混合细菌群，该类细菌首先将各类复杂有机物质在发酵分离前进行水解，因此该类细菌也称为水解菌。在厌氧消化系统中，水解发酵细菌的功能体现在两个方面：一是将大分子不溶性有机物在水解酶的催化作用下水解成小分子的水溶性有机物；二是将水解产物吸收进细胞内，经过胞内复杂的酶系统催化转化，将一部分作为能源使用的有机物转化为代谢产物(如醇类等)排入细胞外的水溶液中，使其成为参与下一阶段生化反应的细菌菌群可利用的物质。

水解发酵细菌主要包括专性厌氧菌和兼性厌氧菌，它们都属于异养菌，其优势种属随环境条件和基质的不同而有所差异。如在中温条件下，水解发酵细菌属于专性厌氧菌，包括梭菌属、拟杆菌属、丁酸弧菌属、双歧杆菌属等；而在高温条件下有梭菌属和无芽孢的革兰氏阴性菌。

难溶有机物质被水解细菌产生的胞外酶或细菌溶解后所释放的胞内酶所降解，主要产生单糖、低聚糖、氨基酸、低聚酯及长链脂肪酸。

②产氢产乙酸菌群 能将前面阶段降解有机物产生的丙酸、丁酸、戊酸、己酸和乙醇、乳酸转化生成甲酸和乙酸。将可溶性有机物质转化为低分子物质。

③同型产乙酸菌群 厌氧条件下能产生乙酸的细菌是异养型厌氧细菌和混合营养型厌氧细菌。前者能利用有机基质产生乙酸；后者既能利用有机基质产生乙酸，也能利用氢气和二氧化碳产生乙酸。前者是酸化细菌，后者是同型产乙酸细菌。同型产乙酸菌能利用氢气从而降低氢分压，对产氢的酸化细菌有利，同时对利用乙酸的产甲烷菌也有利。

④产甲烷菌 产甲烷菌是一群生理上高度专化的原始细菌，已分离得到数十种。

在没有外源受体氢的情况下，产甲烷菌能在厌氧条件下将前面阶段代谢的终产物(乙酸和氢气/二氧化碳)转化为气体产物(甲烷/二氧化碳)。

9.3.3　参与污水处理的真菌

许多工业污水中的有机污染物以多种混合的方式存在，是一般生物难降解的。例如，造纸工业的氯化芳族化合物，纺织印染业的染料等。在众多的污水处理方法当中，生物处理法因具能耗少、运转费用低、工艺简单、操作管理方便和无二次污染等优点而被广泛采用。近年来，真菌处理水体污染物，也以其高效、安全、廉价的优点而逐渐引起人们的重视。

9.3.3.1　白腐真菌

白腐真菌因其能够降解卤素、有机氯农药、多环芳烃、偶氮染料、多氯联苯、DDT、炸药等多种对环境有害的物质，对于重金属离子、合成染料具有显著的生物吸附能力。白腐真菌所特有的广谱降解酚类化合物的能力和抗生物毒性的能力，使之在有毒、难降解工业废水处理中具有广泛的应用前景，因而成为国内外研究的热点。

(1) 降解机理

白腐真菌对污染物的降解机理非常复杂，是生物学机制和一般化学过程的有机结合，分为细胞内和细胞外两个过程。细胞外主要是氧化过程；在细胞内主要合成白腐真菌降解有机污染物需要的一系列酶。首先是细胞内的葡萄糖酶和细胞外的乙二醛氧化酶，它们在分子氧(外界曝气供给)参与下氧化污染物并形成 H_2O_2，激活过氧化物酶而启动酶的催化循环。与此同时，合成重要的木质素过氧化酶(LiP)和锰过氧化氢酶(MnP)等。在白腐真菌降解的细胞外过程中，木质素过氧化氢酶作为一种高效催化剂参与反应，有的酶可直接氧化有机物质，有的则要形成中间体酶后才能发挥氧化作用(如木质素形成高活性的酶中间体才能将物质氧化)。其中非酚类芳香族化合物依赖木质素过氧化酶，而酚类、胺类及染料等依赖锰过氧化氢酶。整个链反应过程以自由基为基础，这种自由基反应高度非特异性和无立体选择性，使白腐真菌与降解对象之间不同于酶与底物那样一一对应，故对污染物的降解呈现广谱特征。另外，还有漆酶、还原酶、甲基化酶、蛋白酶参与反应，这些酶共同构成了降解体系的主体。

白腐真菌漆酶因其底物的广泛性、底物在自然界中的难降解性与毒性以及漆酶反应的环境友好性使得漆酶有着极大的应用前景。目前所有的漆酶应用原理都是利用漆酶的氧化还原特性氧化有毒的芳香族化合物。漆酶不仅能降解酚型和非酚型的污染物，还可以降解芳香烃类化合物、含氯酚型物质、杀虫剂、除草剂、激素类物质、土壤污染物等。漆酶可以有效降解造纸、纺织、酿造等行业的工业废水，这些行业废水一般含有难降解的化合物。通过对漆酶进行固定化可以有效提高酶的稳定性而且可以重复使用，从而相对降低成本。而天然介体的发现又可以解决人工介体所产生的二次污染等问题，为漆酶的实际应用提供了广阔前景。

白腐真菌降解污染物具有以下特点：

①白腐真菌降解酶的诱导与降解底物的有无、多少无关，所以不需要经过特定污染物的预条件化。

②白腐真菌是通过自由基过程实现化学转化的，化学物降解遵循的一般是一级动力学。

③能抑制其他微生物的生长，保持竞争优势。

④白腐真菌降解酶系统存在于细胞外，有毒污染物不必先进入细胞再代谢，从而避免对细胞的毒害。

⑤白腐真菌不仅能降解各种结构不同的化学物，甚至连杂酚油、氯代芳烃化合物这样的混合污染物也能完全矿化。

⑥适应固、液两种体系。

⑦对营养物的要求不高。白腐真菌集多种优势于一身，其降解功能表现出高效、低耗、广谱、适用性强等特点，这是其他生物系统特别是细菌系统所不具有的。因此在环境治理方面有极大应用潜力，备受关注。

（2）参与污水处理的白腐真菌种类及作用对象

早在20世纪80年代，研究者即发现一些白腐真菌可以降解多种芳香族类化合物和有机磷类毒剂。白腐真菌处理造纸、染料、农药、TNT等生产废水的工艺先后研究成功。近年来，白腐真菌处理染料废水的研究成果尤其引人注目。

染料生产废水具有"三高一低"（COD高、色度高、盐度高和BOD/COD比值低）的特点，属于难以生化降解的有机工业废水。降解过程中往往生成有毒性的中间产物（如苯胺），影响染料的后续生化降解。由于染料生产废水的BOD/COD比值低，可生化性差，导致常见的生物法不能够获得满意的处理效果。因此，需要探索有效处理染料生产废水的方法，特别是生物处理中高效菌种的开发利用。

真菌对染料的处理机制有两种：一是单纯的吸附；二是不仅吸附染料，而且可以对染料进行彻底的脱色降解。大多数白腐真菌都可以进行先吸附再降解。

20世纪80年代末至90年代初，最早用于染料脱色降解研究的白腐真菌是黄孢原毛平革菌。Glenn和Gold（1983）通过试验首次证明了黄孢原毛平革菌对于聚合染料PolyY-606、PolyR-481和PolyB-411三种染料具有脱色作用，证明这些聚合染料被白腐真菌分泌的木质素过氧化物酶不同程度的催化降解。Bumpus和Brock（1988）研究发现，碱性紫5BN此种三苯甲烷染料能被黄孢原毛平革菌脱色降解，其降解过程存在去甲基化作用。Cripps等（1990）发现黄孢原毛平革菌能降解偶氮染料和杂环染料。不同白腐真菌对5种常见染料废水的降解特性不尽相同（表9-2）。

表 9-2 白腐真菌对不同染料废水的脱色

菌 株	染料废水	骨 架	脱色率（%）
Canoderma sp. En3	活性橙16	靛蓝	96.6
Phellinus gilvus	CI还原蓝1	靛蓝	100
Pleurotus sajorcaju	CI还原蓝1	靛蓝	94
Pycnoporus sanguineus	CI还原蓝1	靛蓝	90~91
Phanerochacte chrysosporium	CI还原蓝1	靛蓝	70~75

（续）

菌　株	染料废水	骨　架	脱色率(%)
Pl. ostreatus	耐晒翠蓝	酞菁	99.6
Pleurotus ostreatus	耐性大红	偶氮	90
Pl. ostreatus	活性艳蓝	蒽醌	77
Phanerochaete chrysosporium	结晶紫	三苯甲烷	100
Ph. chrysosporium	亮绿	三苯甲烷	89.7
White rot fungi	刚果红	偶氮	98
White rot fungi	深黄 GRL	偶氮	95
Trametes versicolor	酸性染料	—	75~95
Coriolus versicolor	PV12	蒽醌	100
Bjerkandera adusta	OrangeG	偶氮	90
P. chrysosporium	PolyR-478	多环芳烃染料	90

　　研究发现有脱色作用的白腐真菌还有污原毛平革菌 *Phanerochaete sordida* 、黑管孔菌、云芝、紫芝、韩芝、酱油曲霉和米曲霉等。白腐真菌 *Cerena unicolor* CB1 可有效降解活性红和活性黑染料。云芝属和革耳属白腐真菌能降解金属络合染料。灵芝 *Ganoderma lucidum* 漆酶粗酶液对活性艳蓝 X-BR 具有一定的脱色效果。血红迷孔菌 *Py. sanguineus* 对蒽醌类染料、三苯甲烷类染料亚胺醌类染料具有较强的脱色作用。绒毛栓孔菌 *Trametes pubescens* 菌丝体对偶氮染料刚果红有明显的脱毒作用。新型白腐真菌——粗毛栓菌 *Trametes gallica* 在非灭菌条件下对直接染料、中性染料、三苯甲烷类染料以及蒽醌类染料共 12 种染料的脱色能力良好。

　　但应用白腐真菌处理染料废水，在我们国家开展的时间较短，仍然有很多理论研究和实际应用的问题急需解决：

　　①在降解过程中白腐真菌产生的参与降解的胞外酶在实际废水处理的应用过程中容易流失，因而白腐真菌对染料废水降解性能下降。

　　②白腐真菌生长周期长，需要 5~6d 才能产生酶活。在反应体系中白腐真菌能否保持优势菌种地位，仍需进一步考察研究。

　　③现有的研究处理对象大多为单一染料，缺乏以成分复杂的复合染料和实际工业染料废水作为处理对象的研究；市场上染料品种在不断增多，且抗光解、抗氧化能力增强，有机成分更加复杂。

　　白腐真菌在造纸废水处理、重金属废水处理和焦化废水处理方面也被广泛的加以研究和应用。研究发现黄孢原毛平革菌、侧耳菌对草浆造纸黑液废水有较好处理效果。多孔菌属、栓菌属、香菇属、平菇属和云芝属白腐真菌都能净化造纸废水。白腐真菌对重金属离子有较强的吸附能力，尤其是对 Pb^{2+} 的去除率很高。黄孢原毛平革菌对含 Cu^{2+}、Pb^{2+}、Zn^{2+}、Cd^{2+} 和 Zn^{2+} 废水及含铬废水都有吸附净化作用(表 9-3)。侧耳属白腐真菌 BP 对焦化废水中的喹啉、吲哚有较高降解去除作用。

表 9-3 用于处理重金属污染的真菌种类及其作用

真菌名称	拉丁名	作用对象
构巢曲霉	*Aspergillus nidulans*	镉、金
黑曲霉	*A. niger*	汞、铅、钴
出芽短梗霉	*A. pullulans*	铜
灰葡萄孢	*Botrytis cinerea*	汞
产蛋白假丝酵母	*Candida utilis*	汞
烟草头孢霉	*Monographella cucumerina*	汞、铜、锌
赤霉	*Gibberella* sp.	铜
产黄青霉	*Penicillium chrysogenum*	铅
灰绿青霉	*P. glaucum*	铜、镉
点青霉	*P. notatum*	汞、铜
娄地青霉	*P. roqueforti*	汞
小刺青霉	*P. spinulosum*	铅、金
黄孢原毛平革菌	*Phanerachaete chrysosporium*	铅、锌、铜、镍、镉
少根根霉	*Rhizopus arrhizus*	铀、钍
酿酒酵母	*S. cerevisiae*	铜、镉、锌
果生核盘菌	*Monilinia frucicola*	铜、汞

9.3.3.2 其他具污水处理能力的真菌

目前为止，已发现的脱色真菌多达几十种，除白腐真菌外还涉及黑曲霉 *Aspergillus niger*、少根根霉 *Rhizopus arrhizus*、米根霉 *Rhizopus oryzae*、支顶孢菌 *Acremonium* sp.、烟曲霉 *Aspergillus foetidus*、腐霉属 *Pythium*、灰葡萄孢菌 *Botrytis cinerea*、红酵母属 *Rhodotorula harrison* sp. 和隐球酵母 *Cryptococcus heveanensis* 等。Sumathi 等（2000）通过研究臭曲霉 *Aspergillus foetidus*，发现 *A. foetidus* 对染料色度不仅具有很高的去除率，而且具有极强的脱色能力，脱色方式为非专一性生物吸附脱色。

由于酵母菌具良好的耐酸、耐渗透压等特点，因而被广泛地应用于高浓度有机废水的处理，包括有毒、含难降解污染物废水，如重金属废水、高浓度味精废水、含油废水等。酵母在处理高浓度有机废水过程的同时还可生产细胞蛋白；可实现污水从消极处理到积极回收。酵母菌污水处理技术是一种可持续发展技术。

近几年来，食用菌漆酶在工业染料的降解和脱色领域的研究也逐渐增多。从毛木耳 *Auricularia polytricha* AP4 的粗酶液中分离纯化得到 Lac A、Lac B 和 Lac C 3 种漆酶，其中 Lac B 对 RB 亮蓝的脱色率最高可达到 77.4%。从绿菇 *Russula virescens* 分离、纯化并鉴定了一种新型漆酶，对常见实验室染料(溴百里酚蓝、铬黑 T、孔雀石绿)和纺织染料(RB 亮蓝、活性蓝 R)具有良好的脱色效果，尤其对溴百里酚蓝的作用效果较稳定。Hashmi 和 Saleem(2013)研究表明平菇漆酶对纺织厂废水中的偶氮类染料脱色效果较好。有人曾报道利用凤尾菇的发酵液能有效降解纸浆工业废水中的总多酚。侧耳属真菌可以在含有纤维素的污水中生长，从而达到对这类污水的脱色，其脱色效果可达到47.8%。另有研究表明糙皮侧耳能完全清除纺织厂染料废液中的雷马素马斯亮蓝，同时对于汽巴马斯亮蓝和汽巴龙红也有很好的脱色能力，在固体和液体的培养基质中均能将汽巴马斯亮蓝 H-GR 和汽巴龙红 FN-2BL 在 1h 内降解近 60%。同时，糙皮侧耳有很好的吸附亚甲基蓝的能力，通过吸附色素条件的优化，可有效地对含染料的污水进行脱色。并且对偶氮染料和 Synazol 红的降解效果也非常好，其中 Synazol 红在 24h 内可降解96%。除了降解偶氮染料，糙皮侧耳还可作为一种纳米粒子来吸附水溶液中的Mn^{2+}，在合适的理化条件下 30min 内达到良好的吸附效果。Ravikumar 等（2013）发现印度南部地区的榆干侧耳 *Hypsizygus ulmarius* 漆酶在无氧化还原试剂的作用下，对 RB 亮蓝、甲基橙、茜红试剂、甲基紫和刚果红有很好的脱色效果。桃红侧耳和肺形侧耳都能显著降低废水中酚的含量并使之脱色。城市污水和工业废水中的双酚A（Bisphenol A，BPA）和 4-n-壬基酚（4-n-Nonylphenol，NP）是两种内分泌干扰素，对动物、特别是水生动物和人类有害。研究表明，糙皮侧耳可以降解淡水中的 BPA 和 NP。

9.4　有机固体废物真菌及利用

固体废弃物按其性状可分为有机废物和无机废物；按其来源可分为矿业废物、工业废物、城市垃圾、污水处理厂污泥、农业废弃物和放射性废物等。本节简述城市垃圾、污水处理厂污泥和农业废弃物的微生物处理问题。

近年来，城市垃圾数量猛增，但几乎 95% 的垃圾未得到处理，一般堆积于城郊或倒入江河。到 1988 年为止，我国垃圾堆放量已达 $66×10^8 t$ 之多，占地面积 $536km^2$。

我国城市污水处理厂每年产生的干污泥约 $20×10^4 t$，以湿污泥计约为 $380×10^4 \sim 500×10^4 t$，并以每年 20% 的速度递增，污泥中含有丰富的氮、磷、钾等营养物质。农业废弃物主要包括作物秸秆、树木茎叶、人畜粪便等含有纤维素、半纤维素的废弃物。以上三大类农业废弃物都含有大量的有机物，通过微生物的活动，可以使之稳定化、无害化、减量化和资源化，其主要的处理方法有卫生填埋、堆肥、沼气发酵和纤维素废物的糖化、蛋白质化、产乙醇等。

堆肥化就是依靠自然界广泛分布的细菌、放线菌、真菌等微生物，有控制地促进可被生物降解的有机物向稳定的腐殖质转化的生物化学过程。堆肥化的产物称为堆肥。根据处理过程中起作用的微生物对氧气要求的不同，堆肥可分为好氧堆肥法（高温堆肥）和厌氧堆肥法两种。

9.4.1　好氧堆肥法

好氧堆肥法是在有氧的条件下，通过好氧微生物的作用使有机废弃物稳定化，并转变为有利于作物吸收生长的有机物的方法。堆肥的微生物学过程如下：

（1）发热阶段

堆肥堆制初期，主要由中温好氧的细菌和真菌，利用堆肥中容易分解的有机物（如淀粉、糖类等）迅速增殖，释放出热量，使堆肥温度不断升高。

（2）高温阶段

堆肥温度上升到 50℃ 后进入了高温阶段。由于温度的上升和易分解的物质的减少，好热性的纤维素分解菌逐渐代替了中温微生物，这时堆肥中除残留的或新形成的可溶性有机物继续被分解转化外，还有一些复杂的（有机物如纤维素、半纤维素等）也开始迅速分解。

由于各种好热性微生物的最适温度互不相同，因此随着堆温的变化，好热性微生物的种类、数量也逐渐发生着变化。在 50℃ 左右，主要是嗜热性真菌和放线菌，如嗜热真菌属 *Thermomyces*、嗜热褐色放线菌 *Actinomyces thermofuscus*、普通小单胞菌 *Micromonospora vulgaris* 等发挥分解作用；温度升至 60℃ 时，真菌几乎完全停止活动，仅有嗜热性放线菌与细菌继续分解有机物；温度升至 70℃ 时，大多数嗜热性微生物已不适应，相继大量死亡或进入休眠状态。

高温对于堆肥的快速腐熟起到重要作用。在此阶段中堆肥内开始了腐殖质的形成过程，并开始出现能溶解于弱碱的黑色物质。同时，高温对于杀死病原性生物也是极其重要的，一般认为，堆温在 50~60℃，持续 6~7d，可达到较好的杀死虫卵和病原菌的效果。

（3）降温和腐熟保肥阶段

高温持续一段时间以后，易于分解或较易分解的有机物（包括纤维素等）已大部分分解，剩下的是木质素等较难分解的有机物以及新形成的腐殖质。这时，好热性微生物活动减弱，产热量减少，温度逐渐下降，中温性微生物又渐渐成为优势菌群，残余物质进一步分解，腐殖质继续不断地积累，堆肥进入了腐熟阶段。为了保存腐殖质和氮素等植物养料，可采取压实肥堆的措施，造成其缺氧状态，使有机质矿化作用减弱，以免损失肥效。

堆肥中微生物的种类和数量往往因堆肥的原料来源不同而有很大不同。对于农业废弃物，以一年生植物残体为主要原料的堆肥中，常见到的微生物相变化特征为：细菌、真菌→纤维分解菌→放线菌→能分解木质素的菌类。

EM 菌技术是一种有效微生物技术，是日本学者比嘉照夫教授研制的一种新型复合微生物菌剂，其中含有多种多样的微生物群落，形成一种有效的微生物人工生态系统。在这个系统中，各种微生物在其生长过程中形成共生增殖关系，相互作用，相互促进，起到协同增长的作用，它们的代谢产物能促进动、植物和其他生物的生长，抑制有害微生物的生长繁殖和病害的发生。该技术是一项在种植业、养殖业和环境保护等方面有广泛应用价值的有效微生物技术，已经在日本、泰国、马来西亚、巴西、美国等 20 多个国家和地区推广应用，并取得良好的社会、经济和环境效益。

人类在生产生活过程中，大量的生物原料被制成食品、饲料、纸张、家具和建筑材料等。经过使用之后，所有这些可再生的生物原料都变成了有机废物。随着有机固体废物的累积其污染问题日趋严重，它们的处理处置已经成为目前人类所面临的最重要的问题和最严峻的挑战之一。

有机固体废物是指有机质含量很高而含水量低的固态废物，一般具可降解性。有机固体废物包括农业固体废物、工业废物以及城市生活垃圾中的有机成分。其中，农业固体废物是有机固体废物流中最庞大的一支，绝大部分为农作物秸秆。全世界每年农作物秸秆产量超过 $20×10^8t$，我国的年产生量约为 $5×10^8t$。另外，有机生活垃圾也在有机固体废物中占了相当大的比例。据原建设部统计资料表明，我国 2000 年城市生活垃圾的产生量为 $1.18×10^8t$，总积存量达 $60×10^8t$。大部分有机固体废物污染不断威胁人类的同时，还含有大量可利用的植物性营养和生物能源。通过生物转化的方法，这些可再生的物质可以被有效地转化为可利用的营养物质和能源，对解决环境压力有着非常重大的意义。目前，国内外有机固体废物处理方式主要有 3 种：填埋、焚烧和生物处理。利用生物技术处理有机废物具有保护环境、节约原材料和能源、投资少、运行费用低、经济回报高等优点。利用自然界广泛存在的微生物，有控制地促进固体废弃物中可降解的有机物氧化、分解、转化为稳定的腐殖质的生物化学过程（即堆肥），达到无害化和资源化，这是有机固体废弃物处理利用的一条重要途径。

9.4.2　有机固体废物真菌的种类

9.4.2.1　参与有机固体废物好氧堆肥过程的真菌

好氧堆肥是将要堆肥的有机物与填充料按一定的比例混合，在合适的水分和通气条件下使微生物繁殖并降解有机质，从而产生高温，杀死其中的病原菌和杂草种子，使有机物达到稳定化。对于固体废弃物的处理，堆肥化生一种新兴的、安全高效而又经济的方法。

在好氧堆肥过程中，微生物将有机物转化成为二氧化碳生物量、热量和腐殖质。微生物通过新陈代谢活动分解有机底物来维持自身的生命活动，同时达到分解复杂的有机化合物为可被生物利用的小分子物质的目的。微生物吸收利用有机物的能力取决于它们产生的可以分解底物的酶的活性，堆肥底物越复杂，所需要的酶系统就越多而且越综合。不同的微生物分泌的酶种类不同，一般地，好氧堆肥中，有机底物的降解是细菌、放线菌和真菌等多种微生物共同作用的结果。

真菌，尤其是白腐真菌可以利用堆肥底物中所有的木质纤维素，因此，真菌的存在对于堆肥物的腐熟和稳定具有重要的意义。白腐真菌能分泌出非专一性的木质素降解酶系，是迄今为止对木质素纤维素降解、转化最有效的真菌。包括黄孢原毛平革菌、平菇、云芝栓孔菌、黄白卧孔菌 *Perenniporia subacida*、灵芝 *G. lucidum*、侧耳属白腐真菌等。嗜温性真菌地霉菌 *Geotrichum* sp. 和嗜热性真菌烟曲霉 *Aspergillus fumigatus* 是堆肥生料中的优势种群，其他一些真菌，如担子菌、子囊菌、橙色嗜热子囊菌 *Thermoascus aurantiacus*、漆斑菌 *Myrothecium* sp.、毛壳菌 *Chaetomium* sp.、脉孢菌 *Neurospora* sp.、曲霉 *Aspergillus* sp. 也具有较强的分解木质纤维素的能力。还有一些软腐真菌，如属于子囊菌纲的霉菌可以降解软木中，包括木质素在内的主要成分。包括光黑壳属 *Preussia* sp.、纸葡萄穗属 *Stachybotrys chartarum*、球囊毛壳 *Chaetomium piluliferum*、血赤壳 *Haematonectria haematococca* 等。木霉属 *Trichoderma*、曲霉属 *Aspergillus*、青霉 *Penicillium*、分枝孢霉属 *Sporotrichum*、轮枝孢属 *Verticillium*、镰刀菌属 *Fusarium*、根霉 *Rhizopus* 等能分解纤维素和半纤维素，并在有氧中温下作用最强。降解木质素的还有洋蘑 *Psalliota*、鬼伞属 *Coprinus*、茯苓 *Poris*、伞菌属 *Agaricus*、韧皮菌属

Sthreum。许多研究结果表明各种堆肥中对纤维素、木质素有降解能力的微生物主要是嗜热放线菌和嗜热霉菌。参与堆肥过程中分解有机物的嗜热真菌有白地霉 *Geotrichum candidum*、烟曲霉 *Monascus fulginosus*、微小毛壳菌 *Chaetomium microsporum*、橙色热子囊菌 *Thermoascus aurantiacus* 和嗜热色串孢 *S. thermophilum* 等，这些真菌在高温下能分解纤维素、半纤维素、果胶、木质素、淀粉、脂肪、蛋白质，有些甚至可以分解塑料，从而使固体废弃物得到净化。从城市生活垃圾中分离出大量参与高温好氧堆肥的微生物，经鉴定参与的真菌有曲霉属 *Aspergillus*、毛霉属 *Mucor*、红曲霉属 *Monascus*、青霉属 *Penicillium*、地霉属 *Geotrichum*、木霉属 *Trichoderma*、脉孢菌属 *Neurospora*、头孢霉属 *Cephalosporium*。

9.4.2.2　食用菌对有机固体废物的利用

农业、林业、轻工业等生产产生的废料，如作物秸秆和皮壳，畜禽的排泄物，新能源沼气渣，林业间伐树木、枝杈、木屑，酿造业的酒糟、醋糟，中药提取废渣等都富含木质纤维素。食用菌生长过程中可降解这些富含木质纤维素的废弃物并转化为营养美味健康食品。

侧耳属真菌是食用菌家族中利用基质最为广泛的真菌，可利用多种农业、林业、轻工业等废弃物。可利用的农业废弃物主要包括各类作物秸秆和皮壳，如稻草、麦草、玉米秆、玉米芯、棉籽壳、棉秆、亚麻秆、大豆秸、桑枝、麻骨、花生壳等都可以栽培侧耳属真菌，将人类不可直接食用的木质纤维素转化为美味营养健康的食物，并获得可观的经济效益。木材加工业的木屑和木块也是很好的资源，采用杨木屑和杨木块作为部分代料栽培白黄侧耳，以 23%~58% 的杨木屑代替棉籽壳，产量较完全使用棉籽壳提高了 2.7%~9.7%；以 23%~39% 的杨木块代替棉籽壳，产量提高了 8.7%~8.9%。目前，我国已成功应用黄芪、绞股蓝、葛根等多种废渣栽培侧耳属真菌。如用虎杖药渣栽培刺芹侧耳。此外，海鲜食品加工产生的废弃物营养丰富。选用棕榈、木屑和甘蔗渣 3 种工业废弃物与熟鱼废料混合栽培扇形侧耳，都获得了较好的产量（邹亚杰等，2015）。

研究发现平菇、黑木耳、金针菇等食用真菌都含有漆酶，可以将植物细胞壁中的木质纤维素分解为小分子的营养物质，来满足自身生长、发育和繁殖的需要。大多数的农作物秸秆都可以被利用为食用菌的生产原料，目前研究最多的是在双孢蘑菇 *Agaricus bisporus*、平菇 *Pleurotus ostreatus*、香菇 *Lentinus edodes* 和杏鲍菇 *Pleurotus eryngii* 等生产上的应用。

我国现人工驯化栽培成功的食用真菌已达 60 多种，其中大规模栽培的有蘑菇、香菇、糙皮侧耳、草菇、木耳、银耳、猴头菌等 20 多种。

9.4.3　有机固体废物真菌利用实例

(1) 木耳

生产上栽培毛木耳的主要大宗原料为棉籽壳、阔叶树木屑和玉米芯。但栽培毛木耳的原材料不断涨价，导致栽培成本不断增加及经济效益不断下滑。毛木耳属于腐生菌，可以通过其他农林副产物替代现有栽培主料，从而降低栽培成本。据报道，以胡豆壳为主料栽培毛木耳，干耳转化率达 14.1%。以茶屑代替木屑栽培毛木耳，较对照大幅增产。此外，用甘蔗渣栽培毛木耳，每百公斤干料产干耳最高达 30kg。以梨枝屑分别替代杂木屑栽培毛木耳，毛木耳的生物学效率大幅增加，并认为利用梨枝条栽培毛木耳可以完全取代杂木屑。以 30% 草粉+30% 沼渣替代木屑栽培毛木耳得到产量和营养物质双增加的良好效果。以 38% 香根草、10% 象草和 30% 芒其栽培毛木耳，生物学效率达到 127.5%。用白灵菇废料栽培毛木耳，可节约棉壳 50%。

（2）香菇

属于木腐型食用菌，代料栽培香菇需要消耗大量的阔叶林木屑。随着国家生态林保护工程的实施和造纸、食品、密度板等工业的发展，香菇产区木屑供需矛盾日益突出。为充分利用丰富的果树枝条等资源，李志勇等利用苹果枝条进行春季代料香菇栽培试验，取得了成功，筛选出最适配方为苹果枝条木屑 84%、麸皮 14.7%、石膏 1%、营养素 0.3%；也可采用苹果枝条木屑 84%、麸皮 14%、石膏 1%、白糖 1%。赵超等以玉米芯、玉米秸秆及稻草为主料，设置不同培养料配方进行香菇栽培，对各培养料的碳氮营养及不同培养料对香菇菌丝生长和子实体形态、产量、营养成分的影响进行了研究。结果表明，以 88% 玉米芯为主料，添加 10% 麦麸、2% 石膏处理的碳氮比最高，香菇菌丝生长正常，子实体个体较大，营养含量丰富，生物学效率较高。以玉米秸秆或稻草为主料的培养料配方，培养料密度小、质地疏松、碳氮比较低，香菇菌丝转色较差、产量低。目前在木屑代料生产的香菇配方中，常加入 20% 的麦麸，以补充培养基中的氮素营养。在以玉米芯为主料的配方试验中，配方的麦麸用量占 10%，与目前生产上普遍应用的木屑代料相比，不但达到高产的目的，而且降低生产成本，提高了经济效益。

（3）金针菇

目前金针菇人工栽培多采用瓶栽、袋栽、床栽三种方式进行。凡是富含纤维素和木质素的农副产品下脚料都可以用来栽培金针菇。如棉籽壳、废棉团、甘蔗渣、木屑、稻草、油茶果壳、细米糠、麸皮等，除木屑外，均要求新鲜无霉变的。阔叶树和针叶树的木屑都可以利用，但以含树脂和单宁少的木屑为好。使用前必须把木屑堆在室外，其目的是让木屑中的树脂、挥发油及水溶性有害物质完全消失。堆积时间因木屑的种类而异。

瓶栽培养料配方：

①棉籽壳 78%、细米糠 20%、糖 1%、碳酸钙 1%。

②废棉团 78%、麸皮 20%、糖 1%、碳酸钙 1%。

③木屑 73%、米糠 25%、糖 1%、碳酸钙 1%。

④甘蔗渣 73%、米糠 25%、糖 1%、碳酸钙 1%。

⑤稻草粉 73%、糖 1%、麸皮 25%、碳酸钙 1%。

⑥甜菜废丝 78%、糠 20%、过磷酸钙 1%、碳酸钙 1%。

⑦麦秸 73%、麸皮 25%、糖 1%、石膏 1%。

⑧谷壳 30%、木屑 43%、糖 1%、米糠 25%、碳酸钙 1%。

在自然界的物质循环中，细菌和真菌把动植物遗体分解成二氧化碳、水和无机盐，这些物质又能被植物吸收和利用，进而制造有机物。可见，细菌和真菌对于自然界中二氧化碳等物质的循环起着重要的作用。

自然界的物质循环主要包括两个方面：一是无机物的有机质化，即生物合成作用；另一个是有机物的无机质化，即矿化作用或分解作用。这两个过程相辅相成，构成了自然界的物质循环。微生物是生物圈的三大成员之一，它们种类繁多，代谢途径多样，酶活性高，繁殖迅速，适应环境能力强，广泛分布于自然界中，无论是陆地、水域、空气、动植物以及人体的外表和内部的某些器官，甚至在一些极端环境中都有微生物存在。总而言之，微生物是生物圈的重要成员，在自然界的物质循环过程中具有重要的作用。概括起来有以下两方面的作用：

第一，微生物是生物食物链中的生产者之一；

第二，微生物是有机物质的主要分解者。

以光能自养的藻类、蓝细菌和光合细菌为代表的微生物可以直接利用空气中的二氧化碳通过光合作用合成有机物，在无机物的有机质化过程中起着重要的作用；以异养型微生物为主的分解者，在有机质的矿化过程中起着主要作用。具体而言微生物在自然界物质循环中的作用体现在以下四个方面。

9.4.3.1 微生物在碳素循环中的作用

碳是构成各种生物体最基本的元素，是有机物和生物细胞的结构骨架，没有碳就没有生命。碳素循环包括二氧化碳的固定和二氧化碳的再生。

(1)微生物在二氧化碳的固定中的作用

一些光能自养微生物，如藻类、光合细菌和蓝细菌等可通过光合作用直接利用自然界中的二氧化碳合成有机碳化物，进而转化为各种有机物；化能自养菌能利用化学能同化 CO_2。微生物合成的有机物在数量和规模虽远不及绿色植物，但在一些特殊环境(如植物难以生存的水域)中具有相当重要的作用。

(2)微生物在二氧化碳的再生中的作用

异养微生物可以利用动植物和微生物尸体中的有机物，微生物可分泌活性很高的酶分解其他生物难分解的木质纤维素和甲壳素，细菌可将颗粒态的有机物(POM)分解成可被生物利用的可溶性有机物(DOM)。细菌是 DOM 最主要的利用者，它们在利用这些有机物的同时，不断地将其分解以获取生长所需的能量，同时产生大量二氧化碳。自然界中的有机物的分解则以微生物为主，水生细菌利用 DOM 进行的次级生产可消耗初级生产量的 30%~60%。

9.4.3.2 微生物在氮素循环中的作用

氮是核酸和蛋白质的主要成分，是构成生物体的必需元素。虽然占大气体积78%的气体是氮气，但所有动植物和大多数微生物都不能直接利用氮气。作为自然界最重要的初级生产者的植物所需要的氮-铵盐、硝酸盐等无机氮化物，在自然界为数不多，只有将大气中的氮气进行转化和循环，才能满足植物体对氮素的需要。氮素循环包括微生物的固氮作用、氨化作用、硝化作用、反硝化作用以及同化作用，这其中的每一种作用都离不开微生物的参与。

（1）固氮作用

分子态氮被还原成氨或其他氮化物的过程称为固氮作用。自然界氮的固定有两种方式，一是非生物固氮，即通过雷电、火山爆发和电离辐射等固氮以及人工合成氨，非生物固氮形成的氮化物在数量上远不能满足自然界生物生长的需要；二是生物固氮，即通过微生物的作用固氮，自然界生物生长所需要的氮大部分通过这种作用提供。生物固氮不仅经济，而且不破坏环境，在氮气的转化中占有重要地位。湖水沉积物中含有大量的固氮菌，能够固氮的微生物均为原核生物，主要有细菌、放线菌和蓝细菌。

（2）氨化作用

微生物分解含氮有机物产生氨的过程称为氨化作用。氨化作用在农业生产中十分重要，施入土壤中的各种动植物残体和有机肥，包括绿肥、堆肥和厩肥都含有丰富的含氮有机物。这些有机物需通过各类微生物的作用，将其氨化后才能被植物吸收和利用。水中的氨化细菌有助于水体中氮的循环和水的清洁，湖的底泥中氨化细菌相当活跃。

（3）硝化作用

微生物将氨氧化成硝酸盐的过程称为硝化作用。硝化作用是自然界氮素循环中不可缺少的一环。硝化作用分两个阶段进行，每个阶段都离不开微生物的作用。第一阶段是氨在亚硝化细菌的作用下被氧化为亚硝酸盐。第二阶段是亚硝酸盐在硝化细菌的作用下被氧化为硝酸盐。土壤中固氮细菌的数量多于硝化细菌。

（4）同化作用

铵盐和硝酸盐是植物和微生物良好的无机氮类营养物质，它们可被植物和微生物吸收利用，合成氨基酸、蛋白质、核酸和其他含氮有机物。湖泊中具有同化作用的细菌有助于淡水鱼对蛋白质的利用。

（5）反硝化作用

微生物还原硝酸盐，释放出分子态氮和/或一氧化氮的过程称为反硝化作用或脱氮作用。反硝化作用是造成土壤氮素损失的重要原因之一。反硝化作用一般只在厌氧条件下进行，在农业生产上常采用中耕松土的办法抑制反硝化作用。从整个氮素循环来说，反硝化作用是有利的。水体中的反硝化细菌有助于碳的循环。湖水沉积物中含有大量的反硝化细菌，如果没有反硝化作用，自然界的氮素循环就会被中断，硝酸盐将会在水体中大量蓄积，对人类的健康和水生生物的生存就会造成极大的威胁。

9.4.3.3　微生物在硫素循环中的作用

硫是生命物质所必需的元素之一，是一些必需氨基酸和某些维生素、辅酶等的成分。自然界中的硫和硫化氢经微生物氧化生成硫酸根离子，再经植物和微生物同化还原成细胞成分之一的有机硫化物。生命体死亡后，尸体中的有机硫化物，通过微生物的分解，以硫化氢和硫的形式返回自然界。另外硫酸根离子在缺氧环境中可被微生物还原成硫化氢。总之，自然界中硫素循环的形式主要有脱硫作用、同化作用、硫化作用和反硫化作用。

（1）脱硫作用

动植物和微生物尸体中的含硫有机物被降解成硫化氢的过程称为脱硫作用。含硫有机物大多含有氮素，在微生物分解中，既产生硫化氢，也产生氨气，因此生成硫化氢的脱硫基过程和生成氨气的脱氨基过程常同时进行。一般的氨化微生物都有此作用。

(2)硫化作用

即硫化氢、硫或硫化铁等在微生物的作用下被氧化生成硫酸的过程。在农业生产上，微生物硫化作用形成的硫酸，不仅可作为植物的硫素营养源，而且有助于土壤中矿质元素的溶解，对农业生产有促进作用。自然界能氧化无机硫化物的微生物主要有硫黄细菌和硫化细菌。

①硫黄细菌　能将硫化氢氧化为硫，贮积在细菌体内，当环境中缺少硫化氢时，细胞内贮积的硫粒能继续被氧化生成硫酸，其种类主要有：无色硫黄细菌，不含光合色素；光能自养硫黄细菌，含有菌绿素和其他类胡萝卜素，在厌氧条件下进行光合作用。

②硫化细菌　能将硫或还原性硫化物氧化为硫酸的细菌，细胞内无硫粒，专性或兼性化能自养型细菌，主要是硫杆菌属 *Thiobacillus* 的一些种。

(3)同化作用

植物和微生物可将硫酸盐转变成还原态的硫化物，然后再以疏基等形式固定到蛋白质等成分中。

(4)反硫化作用

硫酸盐在厌氧条件下被微生物还原成硫化氢的过程称为反硫化作用。在通气不良的土壤中所进行的反硫化作用，会使土壤中的硫化氢含量升高，对植物的根部产生毒害。海底沉积物中生长着大量的反硫化细菌。参与此过程的微生物是硫酸盐还原菌。

9.4.3.4　微生物在磷素循环中的作用

磷也是生物体的重要组成元素之一，自然界中存在许多难溶性无机磷化物，它们一般不能被植物所利用。微生物的活动能促进磷在生物圈中的有效利用。磷素循环主要表现为磷酸根的有效化和无效化过程的转变。岩石和土壤中含有的难溶性磷酸盐矿物能在许多微生物产生的有机酸和无机酸作用下转变为可溶性的磷酸盐。

微生物在降解有机物的过程中同时也降解了其中所含的有机磷化物，许多微生物具有很强的分解核酸、卵磷脂和植酸等有机磷化物的能力，它们转化、释放的磷酸可供其它生物吸收利用。

思　考　题

1. 简述真菌在环境物质循环过程中的作用。
2. 简述污水生物处理的几种类型。
3. 用于有机固体废物处理的真菌有哪些？

第10章
极端环境资源真菌及利用

目前，学术界关于极端环境尚缺乏较为统一的认知，一般而言，极端环境是指以人类生产、生活为中心，凡是偏离哺乳动物生存的物理化学参数所组成的环境条件。但是这个定义对于微生物来说，并不适合。最新的研究表明一些真核生物的确在不同胁迫因子下，生长得很好，但是，长期以来，对于极端环境生命的研究几乎集中在原核生物。研究表明真菌有良好的生态适应性，表现在真菌能够在一个新环境定殖，利用新的资源，建立适宜新的关系。

研究表明，真菌可以生长在几乎所有的环境中。从极干和极寒的南极荒漠，到海拔极高的永冻层；从火山极端高温的潮湿土壤，到极端酸性的采矿排泄场；从极端碱性的区域，到高盐胁迫环境。一类在南极生长极端嗜冷的黑色真菌(black fungi)在90℃环境中暴露1h并不受影响，并且在致死计量紫外线照射下幸存。除自然环境外，人为破坏造成的重金属污染、异生物质的有毒化学物质污染和高辐射区域，真菌也能很快适应并定殖。在高辐射污染的切尔诺贝利分离到真菌，并且在高辐射下培养。出芽短梗霉菌 *Aureobasidium pullulans* 是一种耐渗透压的黑酵母。在很多极端环境(如高盐、高浓度营养、低温和酸性)都能分离到。研究表明，这种黑酵母通过快速从无色细胞转变为厚壁黑化分生孢子，而减轻环境的胁迫。因此，真菌不是简单的对极端环境的适应，而是通过不同的机制，在极端环境下繁殖。

真菌在自然极端环境或人为污染环境中的进化，为真菌资源开发利用提供了新的思路，具有重要的潜在价值。如极端酶的研发、特殊代谢产物利用和环境的生物修复等。

10.1 冰川资源真菌

10.1.1 冰川与冰川的形成

(1) 冰川的概念

地球是一个寒冷的星球，85%的生物圈常年温度低于5℃。从南极到北极，从高山到深海，地球上的低温环境分布极其广泛，冰川和永冻土面积分别占据了陆地面积的10%和24%。低温生境拥有丰富的微生物多样性，并进化出适应低温环境多种冷适应机制。极地或高山地区地表上多年存在并具有沿地面运动状态的天然冰体。冰川多年积雪，经过压实、重新结晶、再冻结等成冰作用而形成的。它具有一定的形态和层次，并有可塑性，在重力和压力下，产生塑性流动和块状滑动，是地表重要的淡水资源。国际冰川编目规定：凡是面积超过 0.1km² 的多年性雪堆和冰体都应编入冰川目录。

冰川是水的一种存在形式，是雪经过一系列变化转变而来的。要形成冰川首先要有一定数量的固态降水，其中包括雪、雾、雹等。没有足够的固态降水作"原料"，就等于"无米之炊"，根本形不成冰川。在高山上，冰川能够发育，除了要求有一定的海拔外，还要求高山不要过于陡峭。如果山峰过于陡峭，降落的雪就会顺坡而下，形不成积雪，也就谈不上形成冰川。雪花一落到地上就会发生变化，随着外界条件和时间的变化，雪花会变成完全丧失晶体特征的圆球状雪，称之为粒雪，这种雪就是冰川的"原料"。

(2)冰川的形成

积雪变成粒雪后，随着时间的推移，粒雪的硬度和它们之间的紧密度不断增加，大大小小的粒雪相互挤压，紧密地镶嵌在一起，其间的孔隙不断缩小，以致消失，雪层的亮度和透明度逐渐减弱，一些空气也被封闭在里面，这样就形成了冰川冰。粒雪化和密实化过程在接近熔点温度时，进行很快；在负低温下，进行缓慢。冰川冰最初形成时是乳白色的，经过漫长的岁月，冰川冰变得更加致密坚硬，里面的气泡也逐渐减少，慢慢地变成晶莹透彻，带有蓝色的水晶一样的老冰川冰。

10.1.2　冰川的分布与分类

10.1.2.1　世界冰川分布

冰川主要分布在地球的两极和中、低纬度的高山区，全球冰川面积 1600×10⁴km²，约占地球陆地总面积的 11%。两极地区冰川几乎覆盖整个极地，称大陆冰川，又称冰盖冰川。中、低纬度高山区冰川称山岳冰川，又称高山冰川。地球上冰川面积 97%，冰量的 99% 分布在南极冰盖和格陵兰冰盖。山岳冰川以亚洲中部山地最发达，喀喇昆仑山系有 37% 的面积为冰川所覆盖，在克什米尔一带有 6 条大冰川，每条长度均超过 50km。

10.1.2.2　我国冰川分布

我国的冰川都属于山岳冰川。就是在第四纪冰川最盛的冰河时代，冰川规模大大扩大，也没有发育为大陆冰盖。以前有很多专家认为，青藏高原在第四纪的时候曾经被一个大的冰盖所覆盖，即使国外有些专家仍持这种观点。但是经过考察和论证，我国的冰川学者基本上否定了这种观点。

中低纬度带上的冰川第一大国：我国冰川覆盖了地球陆地面积的 11%，极不均衡地分布在世界各大洲中。其中，96.6% 的冰川是大陆冰川，位于南极洲和格陵兰。而其他地区冰川只能发育在高山上，所以称为山岳冰川。山岳冰川面积居世界前三位的国家依次是加拿大、美国和中国。而在中低纬度带(包括赤道带、热带和温带，大体位于北纬 60° 至南纬 60°)，66% 的冰川分布在亚洲，我国独占 30%，是世界上中低纬度带冰川数量最多、规模最大的国家。根据《中国冰川目录》最终统计，我国共发育有冰川46377 条，面积 59425km²，冰储量 5590km³。

(1)我国冰川最多的山系——天山山脉

按山系划分，我国冰川主要分布于 9 个山系：即天山 9035 条，9225km²；昆仑山7697条，12267km²；念青唐古拉山7080条，10700km²；喜马拉雅山6472条，8418km²；喀喇昆仑山3563条，6262km²；冈底斯山3554条，1760km²；祁连山2815条，1931km²；横断山1725条，1579km²；唐古拉山1530条，2213km²；此外羌塘高原958条，1802km²；帕米尔山地、阿尔泰山、准噶尔西部山地等也有少量分布。

（2）我国冰川面积最大的省区——西藏自治区

我国冰川主要分布在西部的6个省区：西藏自治区是我国冰川面积最大的省区，冰川面积达28664km²，占全国冰川总面积的48%；新疆维吾尔自治区冰川面积25342km²，占全国的43%；青海省冰川面积为3675km²，占全国的6%；甘肃、云南和四川也有少量的冰川分布，三省共有冰川仅占全国的3%。

（3）我国最东部的冰川——雪宝顶冰川

我国现代冰川作用最东部的山峰——四川岷山雪宝顶，海拔5588m，分布着8条冰川，冰川总面积为2.64km²，冰川规模比较小，大都是悬冰川，中值高度为4800～5220m。其中最大的雪宝顶冰川面积为1.20km²。

（4）我国最南部（纬度最低）的冰川——玉龙雪山冰川

云南玉龙雪山主峰扇子陡海拔5596m，是我国现代冰川最南的分布区。山脊两侧分布着19条冰川，总面积11.61km²，冰川平均面积0.61km²。白水河1号冰川是玉龙雪山最大冰川之一，长2.7km，面积1.52km²。

10.1.2.3　我国的冰川类型及规模

（1）我国面积最大、长度最长、冰储量最大的山谷冰川——音苏盖提冰川

我国冰川按形态和规模分为：悬冰川、冰斗冰川、山谷冰川、平顶冰川、冰帽和冰原。山谷冰川是山岳冰川成熟的标志，规模较大，长达几千米至几十千米，厚度可达几百米，具有明显的粒雪盆和冰舌两部分。音苏盖提冰川位于新疆喀喇昆仑山脉乔戈里峰北坡，冰川总长约42km，冰舌长约4200m，冰川覆盖面积达380km²，冰储量116km³，名列中国境内已知山谷冰川的首位。

（2）我国最大的冰原——普若岗日冰原

覆盖着南北极地区的成百万、上千万平方公里的冰川一般被称作冰盖，规模次于冰盖、成百上千平方公里大小的冰川可称作冰原。1999年，中美科学家在西藏中部的那曲地区发现了普若岗日冰原，它位于东经89°59′～89°20′，北纬33°44′～33°04′，冰川覆盖面积422.85km²，被确认为迄今为止世界上除两极地区以外最大的冰川，也是世界上最大的中低纬度冰川。

（3）我国最大的冰帽——崇测冰帽

冰帽是一种规模比冰原小，外形与其相似，而穹形更为突出的覆盖型冰川。崇测冰帽位于藏西北高原昆仑山脉，北纬35°14′，东经81°07′，顶部海拔6580m。冰川面积163.06km²，冰储量38.16km³，是我国最大的冰帽。

（4）我国已测得山谷冰川最大冰厚——贡嘎山的大贡巴冰川

目前我国测得山谷冰川的最大冰厚，是四川贡嘎山的大贡巴冰川，海拔4380m，厚度为 263m，距冰舌末端 4.47km。

（5）我国落差最大的冰瀑布——海螺沟冰川冰瀑布

冰川流动在陡坡段，冰体呈坠落或滑落状态，形如瀑布，称为冰瀑布。四川贡嘎山海螺沟冰川冰瀑布是我国已知最大的冰瀑布，高 1080m，宽 500~1100m。

（6）我国末端海拔最低的冰川——喀纳斯冰川

喀纳斯冰川位于新疆阿尔泰山友谊峰，是由两支冰流组成的复式山谷冰川，长 10.8km，面积 30.13km^2，冰储量 3.93km^3，冰川末端海拔 2416m，是我国末端下伸海拔最低的冰川。

而在近几年来，有许多冰川都打出了"海拔最低冰川"的称号，其中较知名的几个冰川在冰川目录中查得其末端高度，结果如下：阿扎冰川，末端海拔 2450m；卡钦冰川，末端海拔 2530m；明永冰川，末端海拔 2700m；海螺沟冰川，末端海拔 2980m。这样看来，喀纳斯冰川似乎是当之无愧的末端海拔最低冰川，但是由于气候变化的影响，许多冰川退缩非常严重，冰川末端海拔高度并不稳定，和冰川目录上记录的数据比也可能发生一定的偏差，所以严格意义上的末端海拔最低冰川并不能轻易判定。

据路透社报道，美国宇航局火星勘测轨道飞行器（MRO）上的雷达已探测到火星岩石堆下有巨大的古老冰川，这可能是先前冰河时代覆盖火星的大冰原的残存冰。

行星地质学家约翰·霍尔特说，这些冰川是我们已知的火星北极之外的最大冰川。这些冰川将在未来载人探测火星任务中可用作饮用水和火箭燃料。"如果我们真的去火星并在火星上建立人类基地，你得停靠在一个人水源边上才好，因为你随时都能用得到水。"

美国布朗大学的地质学家詹姆士·赫德说，此冰川可能有 2 亿年历史，可能埋藏有火星古老生物的基因片段。冰川中的空气泡泡还能揭示火星远古大气的组成。火星勘测轨道飞行器上的雷达收集到的数据证实此掩埋的冰川确实存在，从山崖或山脚处一直绵延数十公里。这些冰川酷似地球南极上的冰川，都被岩石堆覆盖着。

10.1.3　冰川资源真菌

真菌是活性天然产物的重要来源之一。人类已先后从真菌中发现了多个治疗重大疾病的药物，如抗细菌的青霉素、降低胆固醇的洛伐他汀、免疫抑制剂环孢霉素以及抗真菌感染的棘白霉素类等，充分说明真菌次生代谢产物在药物研究与开发中占据重要的地位。但是，常规的活性物质研究是以普通真菌为对象的盲筛，经过多年的大规模筛选，已经难于从普通真菌资源中发现更具研究与开发潜力的新结构类型化合物，而那些来源于特殊生存环境（特境，如低温等）的真菌极可能产生结构类型新颖多样、生物活性广泛的次生代谢产物，是发现药物先导化合物的理想来源之一。

前人选取来源于三种典型低温环境（深海、南极和青藏高原）的真菌为研究材料，采用不同的固体培养条件进行小规模发酵并制各代谢产物的粗提物，依据初步的活性与化学指纹分析结果，从来源于三种低温生境的真菌中分别选择目标菌株各一株进行放大发酵，制备提取物，并利用硅胶柱层析、凝胶柱层析（Sephadex LH-20）和反相高效液相色谱（RP HPLC）等技术对粗提物进行分离纯化。从三株真菌的放大发酵产物中共分离得到 54 个化合物，其中 28 个为新结构，并应用各种现代波谱技术（如质谱、核磁共振与 X-ray 单晶衍射等），结合化学衍生化的方法（如 Mosher 反应）解析了新化合物的平面结构，确定了部分化合物的立体构型，并根据结构特征推测了部分重要活性化合物的可能生物合成途径与相互转化关系。对新结构的次生代谢产物针对不同的病原细菌、真菌以及植物病原真菌进行了抗菌综合活性评价，针对不同的肿瘤细胞株进行了肿瘤细胞毒活性评价，并在细胞水平（C8166）评价了它们对 HIV-1 病毒复制的抑制活性。活性评价结果表明部分新颖结构的次生代谢产物对上述测试靶标具有显著的活性，值得进行深入的研究。本工作通过对三株低温环境来源真菌的初步化学研究，发现了大量结构新颖、活性广泛的次生代谢产物，预示着低温环境真菌是有待于深入挖掘的重要的活性天然产物的来源。

真菌次级代谢产物在药物研究开发中占据重要的地位，已从真菌次级代谢产物中开发了针对不同疾病的重要药物如青霉素、洛伐他汀、环孢霉素，以及芬戈莫德等。低温真菌由于长期受低温环境因子的胁迫，形成了独特的代谢与防御系统，是特殊生境真菌资源的重要类型之一，在生物活性物质的开发方面有巨大的潜力可以挖掘。基于本课题组对低温真菌次级代谢产物的研究积累，本研究以菌株发酵产物的活性和化学指纹为指导，选取了一株西藏高原土壤来源的低温真菌 *Phoma* sp.（XZ068）进行放大发酵及粗提物的制备。采用多种柱层析以及反相高效液相色谱等技术对上述提取物进行分离纯化，共获得 12 个化合物，其中 10 个为新结构（包括 6 个新骨架化合物）。通过质谱、红外光谱、圆二色谱、核磁共振及 X-ray 单晶衍射等方法确定了化合物的平面结构及立体构型。根据结构和生源关系，推测了新骨架化合物可能的生物合成途径。活性评价结果表明部分化合物具有显著的细胞毒活性；初步作用机制研究表明与化合物促进细胞内谷胱甘肽耗竭作用密切相关。

青藏高原作为地球第三极，分布着大量的冰川和多年冻土，随着全球气候变化，对低温环境微生物尤其是真菌多样性认识和资源挖掘具有重要的意义和紧迫性。本研究利用培养和非培养的方法分别对来自西藏、青海、甘肃、云南、四川等地的冰川以及南极洲长城站附近的冰样和土壤样品进行了系统研究。通过培养方法共得到 1428 株低温真菌，对产孢和不产孢菌株分别通过形态特征和分子生物学方法对其进行鉴定，共鉴定出 80 个属 150 个物种。同时对分离到的所有低温菌株进行温度筛选实验，明确了 *Psychrophila tibetena* 等 126 株严格嗜冷真菌，隶属于 21 属。其中发现了一个嗜冷真菌新属 *Psychrophila* 和 8 个新种 *Psychrophila tibetanica*，*P. antarctica*，*P. lutea*，*P. olivasea*，*Tetracladium globosum*，*T. ellipsoideum*，*T. roseum* 和 *T. psychrophilum*，并对其进行描述和讨论。对南极和青藏高原不同地区冰川样品中低温真菌组成和多样性进行了统计分析，结果显示：低温真菌具有较为丰富的多样性，地理位置和气候条件对低温真菌的丰富度和多样性都具有较大影响，冰样中低温真菌的数量远小于土样。通过非培养方法对两个样点的土壤样品中微生物多样性进行分析，共得到 52 个 OTUs。另外，本文还对低温真菌的耐冷机制进行了初步探讨，筛选出 4 株低温真菌用于基因组测序。

Sonjak（2010）在挪威 Spitsbergen 岛冰川中分离到 2 个青霉属的真菌类群，发现其中一个类群以肌氨酸（creatine）为唯一碳源，产生一种新的次生代谢物 Aandrastin A。另一个类群产生其他青霉真菌不产的外切菊粉酶(exoinulinase)。从北极冰川分类到的一种出芽短梗霉菌 *Aureobasidium pullulans* 由于在高渗发酵条件下产生直链淀粉被用于工业化生产。

中国海洋大学 2013 年从南极半岛地区的 10 个样品中分离得到真菌 136 株，经过微生物菌落形态、显微形态观察、代谢产物薄层色谱(TLC)化学排重以及 BOX-PCR 指纹图谱分析，确定对其中 65 株南极真菌进行物种多样性考察。对 65 株真菌采用 ITS 序列进行分子鉴定，确定所鉴定真菌分属子囊菌类和接合菌类两大真菌类群，包括子囊菌类的 *Antarctomyces*、*Aspergillus*、*Cladosporium*、*Geomyces*、*Oidiodendron*、*Penicillium*、*Thelebolus* 等 11 个属及接合菌类的 *Mortierella* 属。所鉴定的 65 株真菌株经培养得到发酵产物，并采用 P388 细胞 SRB 法筛选菌株发酵产物的抗肿瘤活性。筛选结果得到活性菌株 12 株，该研究为寻找抗癌活性先导化合物提供了资源。

全球范围看来冰川属于淡水生态系统中一个重要的组成部分。在冰川系统中生存着大量的原核和真核微生物。通过阅读相关文献发现之前对冰川生物系统的研究主要集中在对细菌相关理论方面的研究，但是对冰川中真菌的研究还相对较少。前人主要以冰川底部沉积层为样品，结合冰川表面粉尘样品中的真菌多样性和群落结构进行比对研究。通过不同的信息流程处理结果系统分析"天山一号"冰川表面冰尘及底部沉积层中真菌多样性、群落结构和系统发育，揭示冰川底部沉积层中真菌群落间的系统发育关系，为今后对"天山一号"冰川底部沉积层中真菌的多样性研究和群落结构研究提供了参考和依据。

采用真菌 ITS 区域特异性引物扩增并构建克隆文库，根据序列相似性归类 OTU 并统计多样性，选取代表 OTU 序列与 NCBI、RDP 数据库比对后构建系统发育树对其群落结构进行分析统计。采用真菌 ITS 区域的特异性引物进行 PCR 扩增，使用引物对 ITS 进行扩增处理后得到的样品送至上海美吉生物科技有限公司使用 Illmina Miseq 测序平台进行高通量测序，对处理后的数据进行分析后，得出一套最佳的处理冰川真菌样品的流程。

"天山一号"冰川沉积层和表面粉尘样品中真菌类群主要分属于 3 个主要的门，分别是担子菌门 Basidiomycota、子囊菌门 Ascomycota 和壶菌门 Chytridiomycota。其中 Basidiomycota 门和 Ascomycota 门的真菌明显为"天山一号"冰川表面冰尘及沉积层的优势菌，但在属水平上两个环境样品的优势菌截然不同。冰川表面粉尘样品中 *Leucosporidium* 属、*Tetracladium* 属、*Aspergillus* 属、*Rhizophydium* 属以及 *Rhodotorula* 属的丰度都比较高；而冰川底部沉积层样品中则 *Simplicillium* 属、*Aspergillus* 属、*Phoma* 属和 *Cladosporium* 属相对丰度较高。明确"天山一号"冰川表面冰尘中真菌类群多样性高于底部沉积层，在门水平上，两个环境中的真菌类群比较相似，但在属水平上，二者中的真菌类群及系统发育分析相差较大。

10.2 低水活度真菌

10.2.1 水活度的概念及意义

(1)水活度的概念

水活度定义为物质中水分含量的活性部分或者说自由水。它影响物质物理、机械、化学、微生物特性，这些包括流淌性、凝聚、内聚力和静态现象。明确这些水是否都能被微生物所利用，对食品的生产和保藏均缺乏科学的指导作用，因此，为了表示食品中所含的水分作为生物化学反应和微生物生长的可用价值。

食品中的水可分为结合水和自由水两类，自由水能被微生物所利用，结合水则不能。食品中水分含量，不能说提出了水分活性（亦称水分活度，water activity）的概念。水活度是吸湿物质在很小的密闭容器内与周围空间达到平衡时的相对湿度，用 $0 \sim 1.0Aw$ 表示。水活性测量主要用在食品行业，常用来检测产品的保质期和质量。

Lewis 从平衡热力学定律严密地推导出物质活度的概念，而 Scott 首先将它应用于食品。水分活度的严格定义是：

$$Aw = f/f_0$$

式中　f——溶剂的逸度（逸度是溶剂从溶液逃脱的趋势）；

　　　f_0——纯溶剂的逸度。

研究发现，在低压（例如室温）下，

$$Aw = P/P_0$$

此等式只有在溶液是理想溶液和存在热力学平衡的前提下才能成立。然而，在食品体系一般不符合上述两个条件，故在食品中用一个近似式表示。

即

$$Aw \approx P/P_0$$

另外，还有 $Aw = ERH/100$ 的表示法。

式中　Aw——水分活度；

　　　P——食品中的水蒸气分压力；

　　　P_0——在相同情况下的纯水的蒸汽压；

　　　ERH——平衡相对湿度（equilibrium relative humidity），即食品既不散湿也不吸湿时的大气相对湿度。

Aw 与 ERH 并不是一回事，水分活性是样品固有的一种特性，而平衡相对湿度是空气与样品中的水蒸气达到平衡时大气所具有的一种特性。

（2）水活度的意义

Aw 值对食品的营养、色泽、风味、质构以及食品的保藏性都有重要的影响。一般来说，食品的水分活性越低，其保藏期就越长，但也有例外，例如，如果脂肪中的水活性过低，则会加快脂肪的酸败。因此，食品中水分活性的测定具有重大意义。

水活性是药品和食品行业重要的参数。它指产品中自由水的量，是酶和微生物生长的基础数据。水在产品中，比如食物，被限制在不同的成分中，如蛋白质、盐、糖。这些化学绑定的水是不影响微生物的。绑定的水分越多，能够蒸发的水汽就越少，所以产品里含水量多，并不等于它表面的水汽分压就一定高，平衡相对湿度就一定大，微生物就一定更活跃。水活性对产品稳定性影响很大（抵抗微生物，香味保持），对粉末结块、化学品稳定，物理特性如纸张尺寸等都有重要影响。

从水分活性定义很容易看出，在预测食品的安全性和预测有关微生物生长、生化反应率及物理性质稳定性两方面，水分活性是极其重要的。通过测定和控制食品的水分活性，可以做到以下几点：

①预测哪种微生物是潜在的腐败和污染源；

②确保食品的化学稳定性；

③使非酶氧化反应和脂肪非酶氧化降到最小；

④延长酶的活性和食品中维生素；

⑤优化食品的物理性质，如质构和货架期。

10.2.2 低水活度真菌

Khine 等（2005）以及 Tamburini 等（2000）研究表明，环境能够激活真菌的一些沉默基因，诱导出独特的生物代谢途径，产生低盐环境所不产生的代谢产物。通过对云南三个盐矿盐卤沉淀池耐盐真菌的活性进行了研究，采用滤纸片法和胞外酶定性筛选培养基对云南三个盐矿（乔后盐矿、一平浪盐矿和昆明盐矿）盐卤沉淀池耐盐真菌进行抗菌活性和产胞外酶筛选。结果从 107 株耐盐真菌中筛选到有抗菌活性的菌株 14 株，主要表现在对白假丝酵母 *Candida albicans*、枯草芽孢杆菌 *Bacillus subtilis* 和木霉 *Trichoderma* 的抗菌活性。产胞外酶活性菌株有 15 株，产纤维素酶、淀粉酶和蛋白酶的菌株各有 13 株、6 株和 4 株。活性菌株主要分布在乔后盐矿盐卤沉淀池耐盐主要真菌类群是青霉属 *Penicillium* 和曲霉属 *Aspergillus*。从一株耐盐的链格孢 *Alternaria* sp. 分离到一种新的萘醌类化合物，显示有强烈的抗肿瘤细胞的活性。2000 年，报道了从太阳能盐晒场分离到高度嗜盐的一类黑色酵母（*Hortaea werneckii*、*Phaeotheca triangularis*、*Trimmatostroma salinum*、*Aureobasidium pullulans*、*Cladosporium* spp.），从那时起，全球很多嗜盐的真菌新种和新类群被报道，这些真菌能够生长在高盐或糖的食物上。令人吃惊的是，这些类群真菌在此后又在北极冰川带分离到。看起来这是风马牛不相及的环境，但是这些环境有一个共同的特征就是低水活度（α_w）。近年来，各国学者对这类低 α_w 生长的真菌类群在系统发育上、基因组、代谢途径等方面做了大量的基础研究。在应用上，对这类真菌溶血毒性、抗菌特性、乙酰胆碱酯酶抑制活性的代谢机理上做了大量的研究。一种酚类全新结构的化合物 hortein 从高盐生长的 *Hortaea werneckii* 中分离到，一种有抑菌作用二倍半萜（sesterterpene）、neomagnicol 和一种环 4 肽也从这类真菌分离到，并获得专利授权，这些新资源极具开发前景。

10.3 高温真菌

10.3.1 高温的概念及主要类型

10.3.1.1 高温的概念

高温，词义为较高的温度。在不同的情况下所指的具体数值不同，例如在某些技术上指几千摄氏度以上；日最高气温达到 35℃ 以上，就是高温天气。高温天气会给人体健康、交通、用水、用电等方面带来严重影响。

10.3.1.2　高温的主要类型

(1)干热型

气温极高、太阳辐射强而且空气湿度小的高温天气被称为干热型高温。在夏季，我国北方地区如新疆、甘肃、宁夏、内蒙古、北京、天津、石家庄等地经常出现。

(2)闷热型

由于夏季水气丰富，空气湿度大，在气温并不太高(相对而言)时，人们的感觉是闷热，就像在蒸笼中，此类天气被称之为闷热型高温。由于出现这种天气时人感觉像在桑拿浴室里蒸桑拿一样，所以又称"桑拿天"。在我国沿海及长江中下游，以及华南等地经常出现。

10.3.2　高温真菌

Maheshwari 定义高温真菌(Thermophilic fungi)为最适生长温度在 40～50℃ 的真菌类群。微生物工业上通常通过提高反应温度，来提高产率和生物转化、减低有害微生物污染，工业发酵迫切需要找到高温真菌资源。研究表明，大约 30 种丝状真菌是高温真菌。这些者均分离自土壤、堆肥和朽木。它们属于盘菌亚门 Eurotiomycetes、粪壳菌亚门 Sordariomycetes 和毛霉亚门 Mucoromycotina。其中嗜热毁丝霉 *Myceliophthora thermophila* 和 *Thielavia terrestris* 已经进行了基因组和转录组测序。这两种真菌都产生纤维素和木聚糖酶，但是它们却产生不同功能的果胶酶，这为造纸制浆、复合木板加工等提供潜在的资源。

虽然发现一些酵母能在 50℃ 生长，但是其最适温度仍然是 30～35℃。这显然不符合高温真菌的定义，但在某种程度上说明，酵母可能存在耐高温的亚类群。对高温酵母的研究还需要时日。

此外，高温担子菌和干旱半干旱地区的高温真菌的研究并不多。Straatsma(1994)从堆肥中分离到的 2 株担子菌，但是并未鉴定。

10.4　耐辐射真菌

10.4.1　辐射的概念及主要类型

(1)辐射的概念

辐射指的是由场源出的电磁能量中一部分脱离场源向远处传播，而后再返回场源的现象，能量以电磁波或粒子(如阿尔法粒子、贝塔粒子等)的形式向外扩散。自然界中的一切物体，只要温度在绝对温度零度以上，都以电磁波和粒子的形式时刻不停地向外传送热量，这种传送能量的方式被称为辐射。辐射之能量从辐射源向外所有方向直线放射。物体通过辐射所放出的能量，称为辐射能。辐射按伦琴/小时(R)计算。辐射有一个重要特点，就是它是"对等的"。不论物体(气体)温度高低都向外辐射，甲物体可以向乙物体辐射，同时乙也可向甲辐射。一般普遍将这个名词用在电离辐射。辐射本身是中性词，但某些物质的辐射可能会带来危害。

根据与场源的关系，电磁波可以分为束缚电磁波与自由电磁波两种。束缚电磁波主要集中在场源附近，以感应场的形式存在。它的能量不仅在电能与磁能两种形式之间转换，也在场源和周围空间之间转换，但没有功率向远处传播。自由电磁波的能量能够脱离场源，以电磁波的形式向远处传播，其电磁场称为辐射场。在场源附近，束缚电磁波的能量远大于自由电磁波的能量，而在远离场源的地方，后者的能量远大于前者。

电磁辐射与被源的频率有关，当产生电磁波的振荡源的频率提高到使其波长可与天线（辐射器）的尺寸相比拟时，辐射能量就显著增长。辐射的强弱还与波源的形状及分布有关。感应场的范围与波长有关。呈辐射源的距离小于 $\lambda/2\pi$ 的区域内，基本上以感应场为主，因此又称为近区。而辐射场便相应的称为远区。

（2）辐射的种类

一般可依其能量的高低及电离物质的能力分类为电离辐射或非电离辐射。一般普遍将这个名词用在电离辐射。电离辐射具有足够的能量可以将原子或分子电离化，非电离辐射则否。辐射活性物质是指可放射出电离辐射之物质。电离辐射主要有 3 种：α、β 及 γ 辐射（或称射线）。

①电离辐射　拥有足够高能量的辐射，可以把原子电离。一般而言，电离是指电子被电离辐射从电子壳层中击出，使原子带正电。由于细胞由原子组成，电离作用可以引致癌症。一个细胞大约由数万亿个原子组成。电离辐射引致癌症的概率取决于辐射剂量率及接受辐射生物之感应性。α、β、γ 辐射及中子辐射均可以加速至足够高能量电离原子。

②非电离辐射　非电离辐射之能量较电离辐射弱。非电离辐射不会电离物质，而会改变分子或原子之旋转，振动或价层电子轨态。非电离辐射对生物活组织的影响被研究的时间并不长。不同的非电离辐射可产生不同之生物学作用。

10.4.2 耐辐射真菌

2009 年，新疆农业科学院微生物所，获得了耐 10~30kGy 辐射的各类细菌、放线菌、真菌（含酵母菌），并初步确定耐辐射微生物新科 1 个，新属 10 个，新种 20 多个。其中 16 株产黑色素酵母状真菌，通过形态和分子生物学鉴定确定其为 *Aureobasidum* 属真菌，具有在 20kGy 辐射剂量下存活的能力，同时还具有极强的耐 UV 辐射和耐多种重金属的能力，这在国内外耐辐射真菌研究中极为少见。为此，微生物学通报与 2012 年专门发表了主编评论。

研究证实真菌产生的黑色素对真菌的耐辐射作用至关重要，令其具有较高耐 γ-射线辐照的能力，部分真菌黑色素甚至可以俘获离子辐射能量作为能源，真菌 DNA 的修复更多是涉及 DNA 修复蛋白质的作用。*Aureobasidum* 属作为真菌中的重要成员广泛存在于自然界中，早期研究将该种分为 4 个亚种，并证明其均具有耐高渗和高盐的特性，但对其耐辐射特性尚未进行研究。石玉瑚研究员的发现实现了耐辐射微生物从原核向真核的跨越。"这为探索耐辐射微生物的生命起源与进化提供科学依据，也为世界气候变化对生物影响提供新的解释"。此外，这些微生物作为生态系统的积极参与者，对于环境修复和维持生态系统平衡起着不可替代的重要作用。由于耐辐射真菌具有超强辐射抗性，将为污染环境修复治理、核电站与核废料的安全处置、航天航空应用、农业及医疗新产品研发等提供可行途径。

10.5　石生真菌

10.5.1　石生真菌的概念及研究历史

(1) 石生真菌的概念

石生真菌(rock-inhabiting fungi，RIF)是指生活在岩石表面或伸入岩石内部的一类暗色真菌，其主要能够不与其他生物共生而独自生存在岩石表面或内部的一类真菌，主要分布在高温、高辐射、高盐、缺乏营养和水分的岩石中。一般而言，石生真菌细胞一般可以呈多向分裂生长，以分生组织状或微型菌落形式存在。石生真菌的形态多以黑色、酵母状或暗色丝状为主，按形态特征可划分为黑酵母、黑色分生真菌和微型菌落真菌 3 种类型，主要隶属于子囊菌的 Chaetothyriales、Dothideales、Capnodiales 和 Pleosporales 4 个目中，以 Chaetothyriales 中最多。石生真菌分布十分广泛，具有非常丰富的遗传多样性，但是由于其生长极其缓慢，至今没有很好地被认识。

通常人们认为裸露的岩石表面是地衣、苔藓以及藻类的寄居场所，然而石生真菌也是一类以石质材料为基质的特殊环境微生物。人们最早在沙漠中发现了石生真菌，它们以微菌落的形式生长在岩石上。由于它们生长缓慢、部分菌丝与酵母相似，以前也被称为微菌落真菌(microcolonial fungi)或黑色酵母菌(black yeast)。石生真菌的表面常覆盖着微小致密的坚硬外壳，单菌落直径一般不超过 1mm，在自然界形成一个新菌落一般需要几个月的时间。石生真菌的生长方式大多为等径的分生生长，产生黑色素化的厚壁细胞，菌落呈黑色菜花状，菌丝多呈念珠状，并产生芽殖型分生孢子(图 10-1)。菌落周围常产生胞外聚合物，这些物质不仅保护真菌细胞，并且具有疏松岩石表面的作用，使细胞更容易吸收环境中的营养。不同物种的石生真菌形态特点非常相似，仅从外观上难以判断微菌落属于什么物种。

形态学结合分子生物学证据表明，大多数石生真菌属于子囊菌门的座囊菌纲和散囊菌纲。利用宽松时钟模式和化石二级校准的方法对石生真菌的起源进行的研究指出，座囊菌纲和散囊菌纲的起源存在差异：其中，座囊菌纲的石生真菌起源于泥盆纪后期，远早于起源于中三叠纪后期的散囊菌纲。石生真菌具有很强的抗逆能力，它们在恶劣的环境中长期进化，形成了一系列对极端环境的适应性特征。石生真菌以无性形态生长在岩石表面，目前尚未发现产孢或有性繁殖，这可能是恶劣的环境迫使它们放弃了有性形态，无性繁殖方式使其更快地完成生命周期，这样能减少它们生命活动所需的能量，以适应贫瘠的营养环境。

(2) 石生真菌的研究历史

早在一个世纪以前，Muntz 早在 1980 年就提出岩石的腐蚀过程有微生物的参与，

图 10-1 一株散囊菌纲石生真菌纯培养图

(a)MEA 培养基上培养 6 周的菌落结构　(b)链状,念珠状菌丝

(c)(d)(e)不同菌丝上的分生孢子　(f)(g)单独的芽殖型孢子　标尺=10μm

并指出这种降解作用不仅发生在岩石表面而且还深入到岩石内部。Gromov(1957)发现俄罗斯北部的原始岩石上有藻类、细菌和真菌的存在；Staley 等(1982)首次对石生真菌的菌落大小和生长环境进行了描述；后来，Friedmann 和 Weed(1987)首次明确在南极沙漠岩石内部发现了微生物化石的存在。由于石生真菌种水平上的形态特征差异不明显，所以相当一段时期内对石生真菌的研究较少。近年来，分子生物学技术的发展极大地推动了石生真菌多样性的研究。De Hoog 和 Gueho(1984)利用脱氧核糖核酸碱基成分对 *Moniliella*、*Trichosporonoides* 和 *Hyalodendron* 属真菌进行了分类研究。前人从德国砂岩纪念碑表面分离鉴定出 70 多株石生真菌，以及利用 18S rDNA 和 ITS1 对奥地利维也纳城市建筑物和文物上的石生真菌进行了研究，发现优势菌群主要为 *Coniothyrium*、*Epicoccum* 和 *Phoma* 属；Ruibal 从南极岩石样品中分离出 26 株耐冷石生真菌，并利用 2 个基因(ITS 和 SSU)鉴定了 1 个新属、3 个新种，从西班牙马略卡岛两个不同地点采集岩石样品，分离出 170 株石生真菌，其中只有 3 个菌株具有特定形态特征。其又从西班牙中部山区分离石生真菌 266 株，采用微卫星引物 PCR 扩增，鉴定出 163 个基因型。同时，分别用 3 个基因(*nucLSU*、*nucSSU*、*mtSSU*)和 5 个基因(*nucLSU*、*nucSSU*、*mtSSU*、*RPB*1. *RPB*2)对座囊菌纲的石生真菌进行了系统研究，发现座囊菌纲的石生真菌主要分布在煤炱目、座囊菌目和多腔菌目。此外，前人研究发现石生真菌在座囊菌亚纲具有更高的多样性，并建立了煤炱目的 31 个新种和 13 个新属，以及利用 4 个基因(*nuc*18*S*、*nuc*28*S*、*ITS* 和 *β*-tubulin)描述了刺盾炱目 Trichomeriaceae 科的 1 个新属(*Bradymyces*)和 2 个新种。我国学者从西藏、江西、云南等地采集样品，分离出石生真菌上千株，对其中的 60 多株进行研究，描述了座囊菌纲的 2 个新属(*Rupestriomyces* 和 *Spissiomyces*)和 5 个新种。最近，Isola 等(2016)从意大利的石质文物上发现了座囊菌纲的 2 个新属(*Saxophila* 和 *Lithophila*)和 9 个新种。研究结果表明，石生真菌是子囊菌中一个典型的生态类群而非一个系统学类群。并且这一类群中存在着大量未发现和未明

确分类地位的单元。这些石生真菌新属和新种的发现，极大地丰富了石生真菌的多样性，为更好地研究石生真菌的群落组成及适应性进化奠定了基础。

为了深入了解我国石生真菌资源、多样性及其对极端环境的适应机制，从我国 9 个省份 38 个采样点采集 232 份样品，分离获得了 303 株石生真菌，通过形态学观察和 ITS 序列分析，初步鉴定出 50 种左右，其中有相当一部分是新种；目前已描述新种 1 个。除此之外，前人研究还发现不同气候环境和营养条件下的石生真菌在岩石上的形态结构存在一定的差异，如在甘肃戈壁沙漠地带的石样上，由于营养贫乏，环境恶劣，石生真菌细胞呈球状或椭球状；北京的岩石样品，可能由于气候温和以及有机污染比较严重，岩石上的石生真菌在生长阶段主要呈桑葚型菌落，通常从菌落内部长出一支粗壮的匍匐状菌丝向外延伸，当遇到适宜生长点后，菌丝顶端膨大，嵌入岩石中，重新形成桑葚型菌落或以分生孢子形式直接萌发；而来自云南热带雨林石样中的石生真菌，由于当地气候湿润，营养丰富，石生真菌主要以圆柱形细胞形成的菌丝形式存在。石生真菌作为一种生长在极端环境中的特殊生命形式，对其生存机制和定殖策略的研究不仅有助于我们更好地了解生命的本质和探索生命的起源，也将为石质建筑和文物的保护提供理论依据。石生真菌具有抗辐射性、耐盐性、耐高温等特点，对其抗性特点的研究不仅可以作为选择抗逆基因，研究抗逆机制和发育调控的模式生物，还可作为开发生物工程酶类、药物等重要化合物的原材料。

（3）石生真菌的研究方法

培养性状是目前石生真菌多样性研究的基础。由于石生真菌处于特殊的生境，需要采取特殊的分离方法。Warscheid（1990）采取破碎岩石的方法分离石生真菌，Gorbushina 等（1993）利用牙签或大头针对历史文物上的石生真菌进行分离；后来，为了满足大规模的调查研究，Ruibal 等（2005）采用稀释平板法对石生真菌进行分离。石生真菌具有普通真菌的共性，能用 PDA、MEA 等培养基进行纯培养，最适生长温度为 15~25℃。

Staley 等（1982）首次从中国、澳大利亚等地采集岩石样品，通过电子显微镜观察，初步描述了石生真菌在岩石表面生长的菌落结构，并采用细胞亚显微结构观察发现石生真菌具有线粒体、细胞核膜等结构。研究人员还通过设计实验发现它们具有呼吸作用但不能进行光合作用，明确了石生真菌为异养真核生物。由于形态学观察难以鉴别，使石生真菌多样性研究进展非常缓慢。随着分子生物学的发展，单基因分析如 18S rDNA、5.8S rDNA 与 ITS2 和核酸限制性片段长度多态性技术（DNA RFLP）得以高效应用于石生真菌多样性的研究，如 mtDNA RFLP、rDNA RFLP。近年来，多基因（ITS、LSU、nucSSU、mtSSU、RPB1. TUB 等）序列分析方法对石生真菌进行多样性研究更是得到业界的认可。

10.5.2　石生真菌的应用

（1）石生真菌对石质文物的影响

石质文物主要包括石雕、石窟、壁画等。石生真菌定殖在石质文物表面，对古建筑物和历史遗迹甚至宝石具有显著的破坏作用。黑色的石生真菌菌落定殖在岩石上，使岩石表面的颜色发生变化，这一特点较早地引起了文物工作者的重视。Diakumaku 等（1995）发现大理石和石灰岩材质纪念碑的黑化现象是由于真菌引起的，并且是通过物理过程而不是化学作用（如产酸）来腐蚀的，否定了人们长期认为石质文物的黑化是空气污染导致的说法。近年来，古建筑上的石生真菌研究得到越来越多的关注，同时，前人的研究表明真菌对建筑材料有破坏作用；Dornieden 等（1997）指出石生真菌造成岩石表面选择性吸收太阳的辐射，导致岩石晶体局部的延伸，进而破坏建筑物的完整结构；Daghino 等（2009）发现石生真菌 *Verticillium leptobactrum* 可以风化纤维蛇纹石并可用于石棉的生物降解。Gadd（2007）报道石生真菌通过生物力学和生物化学风化岩石，认为石生真菌和蓝细菌、地衣在全球生物地球化学循环中起着重要的作用。由于国外石质文物较为丰富，主要包括意大利、希腊、乌克兰、土耳其等地的历史文物上的石生真菌得到了越来越多的研究。石生真菌定殖在历史文物表面不仅对文物的美观具有影响，而且腐蚀文物。因此，研究石生真菌对石质文物的保护具有重要的理论及实践意义。

（2）石生真菌与天体生物学

地球上的极端环境包括高温、低温、寡营养、极高/极低 pH 值、高盐、高辐射等，在这些环境中都能发现微生物，这给研究外太空是否存在生命提供了新线索。微生物学家希望通过分子生物学和生理学方面的研究了解生命生存和适应环境的策略。科学家早期在沙漠环境的岩石内部发现了大量微生物化石，提出如果生命起源于火星，则类似的微生物化石同样可能在火星上找到。石生真菌是地球上耐胁迫能力最强的生物之一，这激发了人们对真菌生存极限以及太空生物学的研究兴趣。欧洲航天局和意大利航天中心合作，首次对石生真菌进行外太空实验，研究人员于 2008 年 2 月 7 日通过宇宙飞船把采自南极的两株石生真菌 *Cryomyces antarcticus* 和 *C. minteri* 送入国际空间站，并使其暴露在太空条件下，经过 565d 的外太空处理，存活率为 12.5%。因此，石生真菌能在模拟太空和火星的条件下生存，可以耐受 90℃ 的高温。为了更进一步研究石生真菌耐受太空的能力，菌株 *C. antarcticus* 再次被欧洲航天局选作研究天体生物学的材料，于 2014 年 7 月被送入国际空间站进行了为期两年的实验。石生真菌作为一种能够适应寡营养和恶劣自然环境条件的特殊生命类群，有望作为研究天体生物学的模式材料，这对于我们更好地理解生命本质和探索生命极限有非常重要的意义。

10.5.3 展望

据估计，全世界的真菌种类约为 150 万种，但至今正式描述的物种只有 7%，绝大多数真菌是未知的。其原因一方面在于没有合适的分离培养方法，缺少对许多真菌类群适应的培养条件和培养基；另一方面在于对真菌生活环境特别是对极端环境缺乏了解，不能准确地评价不同地域中真菌群落的结构组成。最近几年，意大利特殊环境保藏中心的生物学家开展了对南极真菌的系统调查，他们发现南极荒漠蕴含着大量的石生真菌，未来对特殊环境中石生真菌的调查是丰富其生物多样性的有效途径。

近年来，随着测序技术的发展，宏基因组测序克服了传统纯培养微生物技术的不足，为人们调查微生物的群落组成和多样性以及开发利用未培养微生物资源、发现新的基因提供了便利，也给研究特殊环境中石生真菌的多样性、群落组成和功能提供了新方法。在过去的几年中，研究人员希望通过蛋白质组和基因组测序的方法找到石生真菌的抗逆机制，遗憾的是，目前结果并不清晰。随着测序成本的降低，对石生真菌进行全基因组测序以及不同胁迫条件下的转录组研究对于揭示石生真菌的抗逆性机制具有重要意义。

尽管有学者从我国戈壁环境采集石头样品对石生真菌进行了调查，但一直以来，我国对于石生真菌的研究极为缺乏。作者所在的实验室过去几年对国内的石生真菌资源进行了初步调查，发现我国的石生真菌分布十分广泛。我国不仅拥有丰富的地理生态类型（如新疆的戈壁、西南地区的喀斯特地貌以及有着"地球第三极"之称的青藏高原荒漠地区），而且有着不可计量的石质文物（如重庆的大足石刻千手观音、山西的云冈石窟以及不同地区的纪念碑和宝石），这些特殊的生境蕴藏着大量未被调查的石生真菌资源。开展系统的石生真菌研究不仅能极大地丰富物种多样性，而且对于阐明真菌的生存极限、起源、进化以及对逆境的适应性机制具有重要的意义。

思 考 题

1. 简述极端环境资源真菌的概念。
2. 简述极端环境资源真菌的种类。
3. 简述虫生真菌的概念。
4. 简述虫生真菌的研究方法。
5. 简述虫生真菌的应用。

参考文献

阿喀莫.2002.微生物学[M].北京：科学出版社.

白先放，李柱，刘海东，等.2011.亚硝酸诱变选育黄原胶高产菌株初探[J].企业科技
　　与发展(1)：32-34.

陈伯清，屈海泳，刘连妹.2008.木霉菌在园艺植物上的应用研究进展[J].安徽农业科
　　学(12)：4960-4963.

陈春英，黄雪华，周井炎，等.1998.硫酸酯化箬叶多糖的结构修饰及其抗艾滋病病毒
　　活性[J].药学学报，33(4)：25-29.

陈庆河，翁启勇，王源超，等.2004.福建省大豆疫病病原鉴定及其核糖体 DNA-ITS 序
　　列分析[J].植物病理学报，34(2)：112-116.

陈荣.2014.菌肥对赤松苗木生长的影响研究[J].现代农业科技(11)：164，166.

陈小娥，夏文水，余晓斌.2004.微生物壳聚糖酶研究进展[J].海洋科学，28(3)：
　　72-76.

陈永青，姜子德，戚佩坤.2002.RAPD 分析与 ITS 序列分析在拟茎点霉分类鉴定上的应
　　用[J].菌物系统，21(1)：39-46.

陈玉惠，杨艳红，李永和，等.2006.3 株木霉(*Trichoderma* spp.)对华山松疱锈病菌锈
　　孢子的破坏作用[J].植物保护，32(6)：62-65.

陈玉惠，周利，李永和，等.2007.茶藨生柱锈重寄生木霉分生孢子萌发的生物学特性
　　[J].南京林业大学学报(自然科学版)，31(5)：53-56.

陈云芳，高渊.2008.木霉菌在植物病害生物防治中的应用[J].江苏农业科学(5)：
　　123-125.

程世清.2000.产色素菌 T_ (17-2-39)的诱变育种试验[J].江苏食品与发酵(2)：9-12.

崔德杰，王维华，袁玉清，等.1998.AM 菌提高植物抗旱性机制的初步研究[J].莱阳
　　农学院学报，15(3)：11-15.

戴芳澜.1979.中国真菌总汇[M].北京：科学出版社.

戴玉成，庄剑云.2010 中国菌物已知种数[J].菌物学报，29(5)：625-628.

邓叔群.1963.中国的真菌[M].北京：科学出版社.

丁海涛，李顺鹏，沈标，等.2003.拟除虫菊酯类农药残留降解菌的筛选及其生理特性
　　研究[J].土壤学报，40(1)：123-129.

丁琳.2006.复合诱变选育林肯霉素高产菌株[J].氨基酸和生物资源，28(4)：68-70.

董锦艳，申开泽，孙蓉.2011.淡水真菌活性代谢产物的研究进展[J].菌物学报，30
　　(2)：206-217.

杜双奎，李志西，毋锐琴，等 . 2011. 细菌纤维素菌株超高压诱变选育及其发酵培养基的优化[J]. 高压物理学报，25(1)：79-88.

方白玉，林辉 . 2005. 香根草栽培毛木耳的研究[J]. 韶关学院学报(自然科学版)，26(6)：83-85.

方卫国 . 2003. 昆虫病原真菌降解寄主体壁酶基因的克隆及球孢白僵菌高毒力重组菌株的获得[D]. 昆明：西南农业大学博士学位论文 .

冯明谦，汪立飞，刘德明 . 2000. 高温好氧垃圾堆肥中人工接种初步研究[J]. 四川环境，19(3)：27-30.

冯玉元 . 2004. 白僵菌微生物杀虫剂基本特性及应用研究[J]. 玉溪师范学院学报，20(3)：27-29.

高兴喜，姚强，杨润亚，等 . 2009. 野生灵芝的分子鉴定及富硒特性研究[J]. 中国酿造，28(3)：47-49.

葛骏 . 2008. 三种虫生真菌比较生态学研究[D]. 合肥：安徽农业大学硕士学位论文 .

弓明钦，陈羽 . 1996. 尾叶桉菌根化苗木造林试验[J]. 林业与环境科学(1)：25-27.

弓明钦，王凤珍，陈羽 . 1995. 西澳粘滑菇在尾叶桉上的菌根合成[J]. 林业科学研究，8(1)：11-13.

顾洪涛，贾伟 . 2007. 白灵菇废料栽培毛木耳技术[J]. 现代农业科技(2)：34，36.

顾真荣，陈伟，程洪斌，等 . 2008. 吖啶橙诱变提高枯草芽孢杆菌 G3 抗真菌活性[J]. 植物病理学报，38(2)：185-191.

郭斌，吴晓磊，钱易 . 2006. 提高微生物可培养性的方法和措施[J]. 微生物学报，46(3)：508-511.

郭成亮 . 1995. 腥黑粉菌属(*Tilletia*)部分种 ITSrDNA 限制性片段长度多态性(RFLPs)的研究[D]. 哈尔滨：东北林业大学博士学位论文 .

郭良栋 . 2001. 内生真菌研究进展[J]. 菌物系统，20(1)：148-152.

韩长志，许僡 . 植物病原丝状真菌分泌蛋白及 CAImes 的研究进展[J]. 南京林业大学学报(自然科学版)，2017，41(5)：152-160.

何恒果，李正跃，陈斌，等 . 2004. 虫生真菌对害虫防治的研究与应用[J]. 云南农业大学学报，19(2)：167-173.

贺建超，石国昌 . 1992. 侧耳属原生质体诱变的研究[J]. 食用菌，14(2)：7.

洪源范，洪青，沈雨佳，等 . 2007. 甲氰菊酯降解菌 *Sphingomonas* sp. JQL4-5 对污染土壤的生物修复[J]. 环境科学，28(5)：1121-1125.

胡春容，李君 . 2005. 拟除虫菊酯农药的毒性研究进展[J]. 毒理学杂志(3)：239-241.

胡殿明，蔡磊 . 2012. 中国水生真菌多样性[C]. 北京：2012 年中国菌物学会学术年会 .

胡江，代先祝，李顺鹏 . 2005. 两株降解菌对阿特拉津污染土壤的修复效果研究[J]. 土壤学报，42(2)：323-327.

胡顺珍，贾乐 . 2007. 食药用真菌多糖构效关系研究进展[J]. 生物技术通报，14(4)：42-44，50.

黄福贞 . 1996. 分解者在生态系统物质循环中的作用[J]. 生物学通报，31(12)：15-16.

黄年来 . 1997. 中国食用菌百科[M]. 北京：中国农业出版社 .

黄年来 . 2005. 中国最有开发前景的主要药用真菌[J]. 食用菌，27(1)：3-4.

黄秀梨 . 1998. 微生物学[M]. 北京：高等教育出版社 .

黄有凯 . 2003. 哈茨木霉促进植物生长的相关研究[D]. 合肥：安徽农业大学硕士学位论文 .

纪大干，顾真荣 . 1988. 外生菌根菌的培养研究[J]. 食用菌，10(2)：5-6.

贾渝 . 2013. 中国生物物种名录[M]. 北京：科学出版社 .

蒋家淡，林延生，詹正宜，等 . 2001. 菌根生物技术应用现状与研究进展[J]. 甘肃农大学报，36(2)：216-219.

蒋建东，顾立锋，孙纪全，等 . 2005. 同源重组法构建多功能农药降解基因工程菌研究[J]. 生物工程学报，21(6)：32-39.

金花，陆军，李涛，等 . 2007. 麦秆水解液发酵生产燃料乙醇的研究[J]. 酿酒科技(12)：25-27.

金钧然，黄一平，齐跃强，等 . 1991. 不同林分下的土壤细菌区系[J]. 北京林业大学学报，11(2)：31-36.

金玉青，顾介明，饶燕铭，等 . 2008. 德国 VA 菌根肥料在草莓和西甜瓜上的肥效试验简报[J]. 上海农业科技(5)：66-67.

匡小婴，饶志明，沈微，等 . 2005. 一株降解除草剂膦化麦黄桐(PPT)菌的筛选与鉴定[J]. 应用与环境生物学报，11(2)：215-217.

李春丽，金国英，李桃生 . 2002. 原生质体融合和秋水仙素染色体加倍构建强发酵淀粉的糖化酵母研究[J]. 河南农业大学学报，36(1)：1-6.

李凤林，张丽丽，庄威 . 2005. 金针菇保健酸奶的研制[J]. 冷饮与速冻食品工业，11(3)：16-18，21.

李河，郝艳，宋光桃，等 . 2009. 油茶白朽病菌 ITS 基因的克隆及序列分析[J]. 西南林学院学报，29(2)：40-43.

李慧珍 . 1992. 甘蔗渣袋栽毛木耳技术[J]. 食用菌，14(1)：25.

李靖，殷福姣，马长乐，等 . 2009. 华山松疱锈病的重寄生真菌(深绿木霉)中几丁质酶基因 cDNA 片段的克隆[J]. 安徽农业科学，37(1)：57-59.

李森 . 2007. 哈茨木霉 SOD 基因的克隆及功能研究[D]. 哈尔滨：哈尔滨工业大学硕士学位论文 .

李淑彬，杨劲松，钟英长，等 . 2001. 抗真菌抗生素 179M 产生菌的分离鉴定和生理特性研究[J]. 菌物学报，20(3)：362-367.

李彦 . 2011. 三株典型低温环境真菌的化学研究[D]. 北京：中国科学院研究生院博士学位论文 .

李秧针，邱树毅，保玉心，等 . 2008. 单宁酶发酵生产的研究进展[J]. 中国酿造，27(6)：1-6.

李玉 . 2013. 菌物资源学[M]. 北京：中国农业出版社 .

李治滢，李绍兰，杨丽源，等 . 2013. 云南三个盐矿盐卤沉淀池耐盐真菌的活性研究

［J］. 天然产物研究与开发，25（11）：1485-1488.

梁小兵，万国江，黄荣贵 . 2001. PCR-RFLP 技术在环境地球化学研究中的应用及展望［J］. 地质地球化学，29（1）：94-98.

梁宗琦 . 1999. 真菌次生代谢产物多样性及其潜在应用价值［J］. 生物多样性，7（2）：65-70.

林爱军，朱鲁生，王军，等 . 2003. 除草剂二甲戊灵的真菌降解及其特性研究［J］. 应用生态学报（11）：1929-1933.

林华峰 . 1998. 虫生真菌研究进展（综述）［J］. 安徽农业大学学报，25（3）：43-46.

林心炯，刘建新，张文锦 . 1993. 茶生物资源循环利用初报——茶废弃物栽培毛木耳、黑木耳、香菇试验［J］. 福建茶叶（3）：29-32.

刘成运，张新生，徐维明 . 1983. 天麻消化蜜环菌过程中超微结构的变化及酸性磷酸酶细胞化学定位［J］. 植物学报（英文版），25（4）：301-306，401-403.

刘成运 . 1982. 天麻食菌过程中蜜环菌活力的变化及几种酶的组织化学定位［J］. 植物学报（英文版），24（4）：307-311，397-398.

刘成运 . 1981. 天麻食菌过程中细胞结构形态变化的研究［J］. 植物学报（英文版），23（2）：92-96，174-175.

刘佳佳，刘钢 . 2016. 头孢菌素 C 生物合成调控研究进展［J］. 微生物学报，56（3）：461-470.

刘润进，李敏，王发园 . 2001. 大棚蔬菜根围 AM 真菌多样性研究初报［J］. 青岛农业大学学报（自然科学版），18（4）：280-283.

刘淑艳，李广，李玉 . 2014. 菌物基因组测定研究进展［J］. 吉林农业大学学报，36（1）：1-9，16.

刘宪华，宋文华，戴树桂 . 2003. 呋喃丹降解菌 AEBL3 的筛选及特性研究［J］. 上海环境科学（11）：743-745，844.

柳珊，吴树彪，张万钦，等 . 2013. 白腐真菌预处理对玉米秸秆厌氧发酵产甲烷影响实验［J］. 农业机械学报，44（S2）：124-129，142.

芦笛 . 2010.《菌谱》的研究［J］. 食药用菌，18（4）：50-52.

栾庆书 . 1992. 几种外生菌根菌对土传病原菌的拮抗作用［J］. 辽宁林业科技（6）：45-49，48.

罗少洪，杨红 . 2000. 灵芝多糖调节血糖作用的实验研究［J］. 广东药学院学报，56（2）：119-120.

吕全，雷增普 . 2000. 外生菌根提高板栗苗木抗旱性能及其机理的研究［J］. 林业科学研究，13（3）：249-256.

马少丽，刘欣 . 2014. 常用诱变育种技术在我国真菌育种上的应用［J］. 青海畜牧兽医杂志，44（1）：42-44.

马小军，汪小全，孙三省，等 . 1999. 野生人参 RAPD 指纹的研究［J］. 药学学报，34（4）：73-77.

马小军，汪小全，邹喻苹，等 . 1998. 人参 RAPD 指纹鉴定的毛细管 PCR 方法［J］. 中草药，29（3）：191-194.

马玉忠．2009．外来物种入侵中国每年损失 2000 亿[J]．中国经济周刊（21）：43-45.

卯晓岚．1998．中国经济真菌[M]．北京：科学出版社．

卯晓岚．2000．中国大型真菌[M]．郑州：河南科学技术出版社．

聂尧，付敏杰，徐岩．2013．不同微生物来源的加氧酶及其催化反应特征的研究进展[J]．生物加工过程，11（1）：87-93.

潘亚杰，张雷，郭军，等．2005．农作物秸秆生物法降解的研究[J]．可再生能源，23（3）：33-35.

庞宗文．2010．发酵木糖产乙醇真菌的分离鉴定及产乙醇代谢特性的研究[D]．南宁：广西大学博士学位论文．

彭仁旺，黄秀梨．1995．球孢白僵菌胞内几丁质酶的分离纯化及性质[J]．微生物学报，35（6）：427-432.

申文波，朱庆计，吴树田，等．低产双乙酰酵母菌株的选育及大生产应用的初步研究[J]．啤酒科技（2）：24-26.

沈德中．2003．环境和资源微生物学[M]．北京：中国环境科学出版社．

沈东升，方程冉，周旭辉．2002．土壤中结合残留态甲磺隆的微生物降解研究[J]．土壤学报，39（5）：714-719.

史志诚．2001．动物毒物学[M]．北京：中国农业出版社．

宋金明．2000．海洋沉积物中的生物种群在生源物质循环中的功能[J]．海洋科学，24（4）：22-26.

苏海锋，张磊，曹元良，等．2009．利用白腐真菌对柑橘皮渣进行预处理及厌氧发酵产甲烷研究[J]．西南大学学报（自然科学版），31（12）：71-76.

苏磊．2015．中国石生真菌的分类学与生态学研究[D]．北京：中国农业大学博士学位论文．

苏艳纯．1994．18s rDNA 和 ITS rDNA 的 RFLP 在疫霉菌分子系统学研究中的应用[D]．北京：北京农业大学博士学位论文．

孙建波，王宇光，李伟，等．2010．产几丁质酶香蕉枯萎病拮抗菌的筛选、鉴定及抑菌作用[J]．果树学报，27（3）：427-430.

孙玉雯，崔承彬．2008．抗生素抗性筛选在微生物菌株选育中的作用[J]．国际药学研究杂志，35（3）：213-217.

谭伟，郭勇，周洁，等．2011．毛木耳栽培基质替代原料初步筛选研究[J]．西南农业学报，24（3）：1043-1049.

汤玖安．1985．蚕豆壳栽培毛木耳[J]．食用菌，7（3）：39.

唐家斌，马炳田，王玲霞，等．2002．用木霉、类木霉对水稻纹枯病进行生物防治的研究[J]．中国水稻科学，16（1）：64-67.

唐振尧，何首林．1990．VA 菌根对柑桔吸收铁素效应研究初报[J]．园艺学报，17（4）：257-262.

佟明，黄敏仁．1997．AFLP 分子标记及其在植物育种上的应用[J]．中国生物工程杂志，

17（1）：6-12.

万方浩．2009.中国生物入侵研究［M］.北京：科学出版社．

王德培，徐同宝，房健慧，等．2010.黑曲霉 mAn-1 产木聚糖酶液体发酵工艺的研究［J］.中国酿造，29（6）：106-110.

王利军，谭万忠，罗华东，等．2010.虫生真菌及其在害虫生物控制中的应用现状与展望［J］.河南农业科学，39（4）：119-125.

王曼曼．2013.低温环境真菌多样性及其适应机制［D］.北京：中国科学院大学博士学位论文．

王世梅，黄为一，崔凤元．2001.阿扎霉素 B 产生菌吸水链霉菌 NND—52 的诱变筛选［J］.微生物学通报，28（1）：64-67.

王淑清，李玉，倪永春，等．1995.外生菌根菌在油松直播造林中应用技术的研究［J］.辽宁林业科技（6）：36-38.

王松文，吕宪禹，江磊，等．2001.假单胞菌 AD1 菌株对阿特拉津污染土壤的生物修复［J］.南开大学学报（自然科学版），34（3）：121-122.

王岁楼，陈德经，邓百万．2007.红酵母超高压诱变及其 β-胡萝卜素发酵条件的初步研究［J］.食品科学，28（9）：409-414.

王秀国，朱鲁生，王军，等．2006.细菌 HB-5 对除草剂莠去津的酶促降解研究［J］.环境科学学报，26（4）：579-583.

王秀明．2015.虫生真菌几丁质酶基因的克隆、原核共表达及生物活性研究［D］.长春：吉林大学硕士学位论文．

王叙贤．2016.基于不同生物信息流程对天山一号冰川真菌多样性的比较研究［D］.石河子：石河子大学硕士学位论文．

王学东，欧晓明，王慧利，等．2004.除草剂咪唑烟酸在土壤中的微生物降解研究［J］.土壤学报，41（1）：156-159.

王月秋，张昕，魏民，等．2009.几种真菌多糖硫酸酯化修饰前后理化性质的比较研究［J］.分子科学学报，25（1）：55-59.

王璋，王灼维．2003.微生物谷氨酰胺转胺酶高产菌株的诱变选育［J］.食品科学，24（5）：62-67.

王兆梅，李琳，郭祀远，等．2002.多糖结构修饰研究进展［J］.中国医药工业杂志，33（12）：46-50.

王兆守，梁小虾，林淦，等．2003.拟除虫菊酯类农药降解菌的紫外线诱变［J］.华东昆虫学报，12（2）：82-86.

王兆守，林淦，尤民生，等．2005.茶叶上拟除虫菊酯类农药降解菌的分离及其特性［J］.生态学报，25（7）：1824-1827.

王志，陈雄，王实玉，等．拟康氏木霉和白腐菌混菌发酵处理稻草秸秆的研究［J］.可再生能源，29（2）：36-39.

王中康，殷幼平，彭国雄，等．2003.中国虫生真菌研究与应用（第五卷）［M］.北京：中国农业科学技术出版社．

魏江春 . 1991. 中国地衣综览[M]. 北京：万国学术出版社 .

魏江春 . 1998. 地衣、真菌和菌物的研究进展[J]. 生物学通报，33(12)：4-7.

温雪松，李颖，李婧，等 . 2005. 降解除草剂阿特拉津的藤黄微球菌 AD3 菌株的分离、鉴定和降解特性研究[J]. 环境科学学报，25(8)：1066-1070.

翁伯奇，应朝阳，江枝和，等 . 1999. 利用牧草与沼渣栽培毛木耳及其残渣改良土壤效果[J]. 生态农业研究，7(3)：41-44.

吴炳云 . 1991. 菌根与水分胁迫[J]. 北京林业大学学报，11(4)：95-104.

吴铁航，郝文英，林先贵，等 . 1995. 红壤中 VA 菌根真菌(球囊霉目)的种类和生态分布[J]. 真菌学报，14(2)：81-85.

吴泽宏，马民，陈建良 . 2017. 海洋真菌活性次级代谢产物研究进展[J]. 广东药科大学学报，33(5)：687-699.

吴振忠，宋文华，王建宝 . 1998. 梨枝屑栽毛木耳技术研究初报[J]. 食用菌，20(4)：20.

武建勇，薛达元，周可新 . 2011. 中国植物遗传资源引进、引出或流失历史与现状[J]. 中央民族大学学报(自然科学版)，20(2)：49-53.

夏长虹 . 2009. 云南省部分地区木霉属真菌多样性及 ITS 序列分析[D]. 昆明：西南林业大学硕士学位论文 .

谢晶 . 2000. 黑曲霉 N25 植酸酶酶促反应条件及 Western 印迹的研究[D]. 成都：四川农业大学硕士学位论文 .

辛伟，洪永聪，胡美玲，等 . 2006. 氯氰菊酯降解菌的筛选及其特性研究[J]. 青岛农业大学学报(自然科学版)，23(2)：88-92.

徐丽华 . 2010. 微生物资源学[M]. 北京：科学出版社 .

徐同，钟静萍，孟征 . 1991. 木霉在植病生防中的地位[A]. 第三届全国真菌地衣学术讨论会学术报告及论文摘要汇编 [C]. 北京：中国真菌学会，57-60.

徐同宝，王德培，李宁，等 . 2009. 诱变选育木聚糖酶高产菌株及其发酵条件的研究[J]. 饲料工业，30(12)：40-43.

徐伟，范志诚，刘艳华 . 2010. 微波辐照诱变选育高产橙色素红曲霉菌[J]. 食品科学，31(23)：224-227.

徐孝华 . 1992. 普通微生物学[M]. 北京：中国农业大学出版社 .

许育新，李晓慧，张明星，等 . 2005. 红球菌 CDT3 降解氯氰菊酯的特性及途径[J]. 中国环境科学，25(4)：399-402.

许志刚 . 2009. 普通植物病理学[M]. 4 版 . 北京：高等教育出版社 .

闫培生，罗信昌，周启 . 1999. 丝状真菌基因工程研究进展[J]. 中国生物工程杂志，19(1)：36-41.

杨合同，黄玉杰，郭勇，等 . 2003. 木霉菌的几丁质酶与植病生防[J]. 山东科学，16(01)：1-8.

杨合同，唐文华，M. Ryder. 1999. 木霉菌与植物病害的生物防治[J]. 山东科学，12(4)：7-15，20.

杨建明，张小敏，邢增涛，等．2005. 毛木耳漆酶纯化及其部分漆酶特性的研究[J]. 菌物学报，24(1)：61-70.

杨顺，孙微，刘杏忠，等．2016. 石生真菌研究现状与展望[J]. 生物多样性，24(9)：1068-1076.

杨艳红．2004. 华山松疱锈病原菌重寄生菌的筛选及其作用机理初步研究[D]. 昆明：西南林业大学硕士学位论文.

杨勇．2005. 绿色木霉对丝核菌的生防机制及木霉生防制剂研究[D]. 泰安：山东农业大学硕士学位论文.

杨玉楠，陈亚松，杨敏．2007. 利用白腐菌生物预处理强化秸秆发酵产甲烷研究[J]. 农业环境科学学报，26(5)：1968-1972.

杨运华，杜开书，石明旺．2011. 虫生真菌的生物防治研究进展[J]. 河南科技学院学报（自然科学版），39(1)：34-37.

叶央芳，闵航，杜宇峰，等．2004. 一株苯噻草胺降解菌的系统发育分类及其降解特性研究[J]. 环境科学学报，24(6)：1110-1115.

尹华，卢显妍，彭辉，等．2005. 复合诱变原生质体选育重金属去除菌[J]. 环境科学，26(4)：147-151.

应建浙，卯晓岚，马启明，等．1987. 中国药用真菌图鉴[M]. 北京：科学出版社.

尤美莲，张树庭，杨国良．1992. 佛罗里达平菇的无孢突变种[J]. 食用菌，12(2)：6-7.

于鹏．2006. 高产丁二酮乳酸乳球菌的选育及发酵条件优化[D]. 哈尔滨：东北农业大学硕士学位论文.

于晓丹，李刚，张彩霞，等．2004. 木霉生防机制的研究进展[J]. 杂粮作物，24(6)：359-360.

余霞．2009. 真菌的分类现状及鉴定方法[A]. 中国植物病理学会2008年学术年会论文集[M]. 北京：中国农业科学技术出版社.

臧晋，黄开勋．2004. 液体深层培养中灵芝多糖的提取和纯化[J]. 食品与发酵工业，30(4)：135-137.

张建云，谷立坤，陈红歌．2010. 基于易错PCR技术的α-淀粉酶基因的定向进化研究[J]. 中国酿造，29(2)：94-97.

张晋瑜，刘玲，王勃，等．2015. 一株低温环境真菌的活性次级代谢产物研究[C]. 中国菌物学会2015年学术年会论文摘要集[M]. 北京：中国农业科学技术出版社.

张丽萍，张翼伸．1994. 金顶侧耳多糖及其化学修饰产物水溶液构象的圆二色谱测定[J]. 生物化学杂志，10(5)：633-635.

张美庆，王幼珊．2004. 新型生物肥料、生物调节剂和生物防治剂——丛枝菌根真菌[J]. 中国科技成果，30(7)：12+19.

张宁，虞龙．2008. 低能离子注入β-胡萝卜素生产菌株的选育与发酵条件初步优化[J]. 食品科技，33(3)：7-11.

张三燕．2014. 真菌单宁酶的基因克隆、异源表达及其性质研究[D]. 南昌：江西农业大学硕士学位论文.

张硕成.1991.木霉菌生态学及其在生防中的应用[J].应用生态学报,2(1):85-88.

张嵩亚,李占林,白皎,等.2012.产自耐盐真菌 *Alternaria* sp. M6 的一个新萘醌类化合物(英文)[J].中国天然药物(英文版),10(1):68-71.

张婷,徐珞珊,王峥涛,等.2005.药用植物束花石斛、流苏石斛及其形态相似种的 PCR-RFLP 鉴别研究[J].药学学报,40(8):728-733.

张薇,李鱼,黄国和.2007.微生物与能源的可持续开发[J].实用肿瘤杂志,35(3):1472-1478.

张旭东,刘云龙,张中义.2001.木霉生防菌对植物生长的影响[J].云南农业大学学报,16(4):299-303,312.

张颖慧.2008.农杆菌介导的深黄伞形霉遗传转化体系的构建[D].天津:南开大学硕士学位论文.

赵杰宏,赵德刚.2008.降解残留有机农药的微生物资源研究进展[J].农药学学报,10(3):260-267.

赵蕾,张华英.1998.木霉菌与种子生物处理[J].微生物学杂志,18(3):50-52,55-57.

赵蕾.1999.木霉菌的生物防治作用及其应用[J].生态农业研究,7(1):68-70.

郑服丛,ElaineWard.1998.利用 RAPD 对中国热带地区疫霉菌分类的初步研究[J].热带作物学报,19(2):1-6.

郑光耀,付立忠,程俊文,等.2013.杨树皮栽培刺芹侧耳试验[J].江苏农业科学,41(1):236-237.

郑林用,贾定洪,罗霞,等.2007.药用灵芝遗传多样性的 AFLP 分析[J].中国中药杂志,32(17):1733-1736.

郑维发.2011.真菌代谢产物的药物发现——资源、问题和策略[J].菌物学报,30(2):151-157.

郑文明,刘峰,康振生,等.2000.中国小麦条锈菌主要流行菌系的 AFLP 指纹分析[J].自然科学进展,10(6):54-59.

周德庆.2002.微生物学教程[M].2 版.北京:高等教育出版社.

周伏忠,贾身茂,贾景元.1992.佛罗里达侧耳担孢子的化学诱变[J].食用菌,12(6):6-7.

周利,黄丽丹,徐斌,等.2008.2 株重寄生菌对华山松疱锈病的野外防治试验[J].中国森林病虫,27(4):26-28.

周利,李靖,陈玉惠,等.2008.3 株茶藨生柱锈重寄生木霉菌的形态鉴定及 ITS 序列分析[J].安徽农业科学,35(15):6211-6213.

周利,肖斌,陈玉惠,等.2008.2 株重寄生木霉菌丝生长的生物学特性[J].南京林业大学学报(自然科学版),32(1):95-98.

周利.2007.三株木霉的鉴定和生物学特性及对华山松疱锈的防治研究[D].昆明:西南林业大学硕士学位论文.

周庆新.2007. 丝状真菌遗传转化系统的建立[D]. 泰安：山东农业大学硕士学位论文.

周汝德.2002. 微生物杀虫剂的杀虫原理及其应用[J]. 云南农业科技(5)：41-43.

朱建华，杨晓泉.2005. 真菌多糖研究进展——结构、特性及制备方法[J]. 中国食品添加剂(6)：75-80.

朱九生，乔雄梧，王静，等.2006. 土壤中乙草胺的微生物降解及其对防除稗草持效性的影响[J]. 应用生态学报，17(3)：3489-3492.

朱鲁生，林爱军，王军，等.2004. 二甲戊乐灵降解细菌 HB-7 的分离及降解特性研究[J]. 环境科学学报，24(2)：360-365.

朱天辉，邱德勋.1994. *Ttrichoderma harzianum* 对 *Rhizoctonia solani* 的抗生现象[J]. 四川农业大学学报，12(1)：11-15.

邹亚杰，张美敬，仇志恒，等.2015. 侧耳属真菌经济利用的研究进展[J]. 菌物学报(4)：541-552.

祖彩霞.2011. 里氏木霉 *Trichoderma reesei* 生产纤维素酶的研究[D]. 上海：华东理工大学硕士学位论文.

Adams PB. 1990. The potential of mycoparasites for biological control of plant diseases [J]. Annual Review of Phytopathology, 28(1)：59-72.

Ahmad JS, Baker R. 1987. Competitive saprophytic ability and cellulolytic activity of rhizosphere-competent mutants of *Trichoderma harzianum*[J]. Phytopathology, 77(2)：358-362.

Ahmad JS, Baker R. 1988. Rhizosphere competence of benomyl-tolerant mutants of *Trichoderma* spp[J]. Canadian Journal of Microbiology, 34(5)：694-696.

Ahmad JS, Baker R. 1987. Rhizosphere competence of *Trichoderma harzianum* [J]. Phytopathology, 77(2)：182-189.

Akdogan HA, Canpolat M. 2014. Comparison of remazol brillant blue removal from wastewater by two different organisms and analysis of metabolites by GC/MS[J]. Journal of Aoac International, 97(5)：1416-1420.

Ashby AM, Johnstone K. 1993. Expression of the E. coli β-glucuronidase gene in the light leaf spot pathogen *Pyrenopeziza brassicae* and its use as a reporter gene to study developmental interactions in fungi[J]. Mycological Research, 97(5)：575-581.

Augustin C, Ulrich K, Ward E, *et al* 1999. RAPD-based inter- and intravarietal classification of fungi of the *Gaeumannomyces-Phialophora* complex [J]. Journal of Phytopathology, 147(2)：109-117.

Azumi M, Goto-Yamamoto N. 2001. AFLP analysis of type strains and laboratory and industrial strains of *Saccharomyces sensu* stricto and its application to phenetic clustering[J]. Yeast, 18(12)：1145-1154.

Baker R. 1989. Improved *Trichoderma* spp. for promoting crop productivity [J]. Trends in Biotechnology, 7(2)：34-38.

Banks GR. 1983. Transformation of *Ustilago maydis* by a plasmid containing yeast 2-micron

DNA[J]. Current Genetics, 7(1): 73-77.

Béjà O, Aravind L, Koonin EV, et al. 2000. Bacterial rhodopsin: evidence for a new type of phototrophy in the sea[J]. Science, 289(5486): 1902-1906.

Bending GD, Friloux M, Walker A. 2002. Degradation of contrasting pesticides by white rot fungi and its relationship with ligninolytic potential[J]. FEMS Microbiology Letters, 212 (1): 59-63.

Berbee ML, Taylor JW. 1991. Detecting morphological convergence in true fungi, using 18S rRNA gene sequence data[J]. Biosystems, 28(1-3): 117-125.

Bertagnolli B, Daly S, Sinclair J. 1998. Antimycotic compounds from the plant pathogen *Rhizoctonia solani* and its antagonist *Trichoderma harzianum*[J]. Journal of Phytopathology, 146(2-3): 131-135.

Björkman T, Blanchard LM, Harman GE. 1998. Growth enhancement of shrunken-2 (sh2) sweet corn by *Trichoderma harzianum* 1295-22: effect of environmental stress[J]. Journal of the American Society for Horticultural Science, 123(1): 35-40.

Bogomolova EV, Minter DW. 2003. A new microcolonial rock-inhabiting fungus from marble in Chersonesos(Crimea, Ukraine)[J]. Mycotaxon, 86(2): 195-204.

Boon N, Goris J, De Vos P, et al. 2000. Bioaugmentation of activated sludge by an indigenous 3-chloroaniline-degrading *Comamonas testosteroni* strain, I2gfp[J]. Applied and Environmental Microbiology, 66(7): 2906-2913.

Boraston AB, Bolam DN, Gilbert HJ, et al. 2004. Carbohydrate-binding modules: fine-tuning polysaccharide recognition[J]. Biochemical Journal, 382(3): 769-781.

Bourne Y, Henrissat B. 2001. Glycoside hydrolases and glycosyltransferases: families and functional modules[J]. Current Opinion in Structural Biology, 11(5): 593-600.

Breznak JA. 2002. A need to retrieve the not-yet-cultured majority [J]. Environmental Microbiology, 4(1): 4-5.

Calmels T, Parriche M, Durand H, et al. 1991. High efficiency transformation of Tolypocladium geodes conidiospores to phleomycin resistance [J]. Current Genetics, 20 (4): 309-314.

Calvet C, Pera J, Barea J. 1993. Growth response of marigold (*Tagetes erecta* L.) to inoculation with *Glomus mosseae*, *Trichoderma aureoviride* and *Pythium ultimum* in a peat-perlite mixture[J]. Plant and Soil, 148(1): 1-6.

Cámara B, Ríos ADL, Urizal M, et al. 2011. Characterizing the microbial colonization of a dolostone quarry: implications for stone biodeterioration and response to biocide treatments [J]. Microbial Ecology, 62(2): 299-313.

Campbell JA, Davies GJ, et al. 1997. A classification of nucleotide-diphospho-sugar glycosyltransferases based on amino acid sequence similarities[J]. Biochemical Journal, 326(3): 929-939.

Cantarel BL, Coutinho PM, Rancurel C, et al. 2009. The Carbohydrate-Active Enzymes database(CAZy): an expert resource for Glycogenomics[J]. Nucleic Acids Research, 37 (database issue): 233-238.

Carola S, Enrique D, Brigitte K, et al. 2007. Fungal biodiversity in aquatic habitats [J]. Biodiversity and Conservation, 16(1): 49-67.

Case ME, Schweizer M, Kushner SR, et al. 1979. Efficient transformation of *Neurospora crassa* by utilizing hybrid plasmid DNA[J]. Proceedings of the National Academy of Sciences of the United States of America, 76(10): 5259-5263.

Chang Y-C, CHANG Y-C, Baker R, et al. 1986. Increased growth of plants in the presence of the biological control agent *Trichoderma harzianum*[J]. Plant Disease, 70(2): 145-148.

Chen J, Guo SX, Liu PG. 2011. Species recognition and cryptic species in the Tuber indicum complex[J]. Plos One, 6(1): e14625.

Chen J, Liu PG, Wang Y. 2005. *Tuber umbilicatum*, a new species from China, with a key to the spinose-reticulate spored Tuber species[J]. Mycotaxon, 94(3): 1-6.

Chen J, Liu PG. 2007. *Tuber latisporum* sp. nov. and related taxa, based on morphology and DNA sequence data[J]. Mycologia, 99(3): 475-481.

Chen Y, Peng Y, Dai CC, et al. 2011. Biodegradation of 4-hydroxybenzoic acid by *Phomopsis liquidambari*[J]. Applied Soil Ecology, 51(Supplement C): 102-110.

Chen, Wang. 2008. Two new records of *Tuber* (*Pezizomycetes*, *pezizales*) from China [J]. Mycotaxon, 104(2): 65-71.

Chet I. 1987. Innovative approaches to plant disease control[M]. New York: John Wiley& Sons, Inc.

Chocklett SW, Sobrado P. 2010. *Aspergillus fumigatus* SidA is a highly specific ornithine hydroxylase with bound flavin cofactor[J]. Biochemistry, 49(31): 6777-6783.

Cock A. 1994. Population biology of *Hortaea werneckii* based on restriction patterns of mitochondrial DNA[J]. Antonie Van Leeuwenhoek, 65(1): 21-28.

Cole J, Findlay S, Pace M. 1988. Bacterial production in fresh and saltwater ecosystems: a cross-system overview[J]. Marine Ecology Progress, 43(1-2): 1-10.

Cruz-Hernandez M, Augur C, Rodriguez R, et al. 2006. Evaluation of culture conditions for tannase production by *Aspergillus niger* GH1[J]. Food Technology & Biotechnology, 44 (4): 541-544.

Cutler HG, Cox RH, Crumley FG, et al. 1986. 6-Pentyl-α-pyrone from *Trichoderma harzianum*: its plant growth inhibitory and antimicrobial properties[J]. Agricultural and Biological Chemistry, 50(11): 2943-2945.

Cutler HG, Jacyno JM. 1991. Biological activity of (-)-Harziano-pyridone isolated from *Trichoderma harzianum*[J]. Agricultural and biological chemistry, 55(10): 2629-2631.

Dadachova E, Casadevall A. 2008. Ionizing radiation: how fungi cope, adapt, and exploit with the help of melanin[J]. Current Opinion in Microbiology, 11(6): 525-531.

Daghino S, Turci F, Tomatis M, et al. 2009. Weathering of chrysotile asbestos by the serpentine rock-inhabiting fungus *Verticillium leptobactrum*[J]. Fems Microbiology Ecology, 69(1): 132-141.

D'Annibale A, Rosetto F, Leonardi V, *et al.* 2006. Role of autochthonous filamentous fungi in bioremediation of a soil historically contaminated with aromatic hydrocarbons[J]. Applied and Environmental Microbiology, 72(1): 28-36.

De BLM, Rainieri S, Henschke PA, *et al.* 1999. AFLP fingerprinting for analysis of yeast genetic variation[J]. International Journal of Systematic Bacteriology, 49(2): 915-924.

Deng XJ, Chen J, Yu FQ, *et al.* 2009. Notes on *Tuber huidongense* (*Tuberaceae*, *Ascomycota*), an endemic species from China[J]. Mycotaxon, 109(1): 189-199.

Denning DW, Shankland GS, Stevens DA. 1991. DNA fingerprinting of *Aspergillus fumigatus* isolates from patients with aspergilloma[J]. Journal of Medical and Veterinary Mycology, 29 (5): 339-342.

Dennis C, Webster J. 1971. Antagonistic properties of species-groups of *Trichoderma*: II. Production of volatile antibiotics[J]. Transactions of the British Mycological Society, 57 (1): 41-44.

Diakumaku E, Gorbushina AA, Krumbein WE, *et al.* 1995. Black fungi in marble and limestones—an aesthetical, chemical and physical problem for the conservation of monuments[J]. Science of the Total Environment, 167(1): 295-304.

Dornieden T, Gorbushina AA, Krumbein WE. 1997. Änderungen der physikalischen Eigenschaften von Marmor durch Pilzbewuchs/Changes of the physical properties of marble as a result of fungal growth[J]. Restoration of Buildings and Monuments, 3(5): 441-456.

Ebg J, Pang KL. 2012. Tropical aquatic fungi[J]. Biodiversity and Conservation, 21(9): 2403-2423.

Egidi E, Hoog GSD, Isola D, *et al.* 2014. Phylogeny and taxonomy of meristematic rock-inhabiting black fungi in the Dothideomycetes based on multi-locus phylogenies[J]. Fungal Diversity, 65(1): 127-165.

F P. 2004. Biological activities of fungal metabolites [M]. In: An Z (ed) Handbook of industrial mycology, Florida: CRC Press.

Faull J, Graeme-Cook K, Pilkington B. 1994. Production of an isonitrile antibiotic by an UV-induced mutant of *Trichoderma harzianum*[J]. Phytochemistry, 36(5): 1273-1276.

Figueras MJ, Hoog GSD, Takeo K, *et al.* 1996. Stationary phase development of *Trimmatostroma abietis*[J]. Antonie Van Leeuwenhoek, 69(3): 217-222.

Fleming A. 2001. On the antibacterial action of cultures of a penicillium, with special reference to their use in the isolation of *B. influenzae*. 1929[J]. Bulletin of the World Health Organization, 79(8): 780-790.

Fragoeiro S, Magan N. 2005. Enzymatic activity, osmotic stress and degradation of pesticide mixtures in soil extract liquid broth inoculated with *Phanerochaete chrysosporium* and *Trametes versicolor*[J]. Environmental Microbiology, 7(3): 348-355.

Frazier CE, Wendler SL, Glasser W. 1996. Long chain branched celluloses by mild trans-glycosidation [J]. Carbohydrate Polymers, 31(1): 11-18.

Friedmann EI, Weed R. 1987. Microbial trace-fossil formation, biogenous, and abiotic weathering in the Antarctic cold desert[J]. Science, 236(4802): 703-705.

Friedmann EI. 1982. Endolithic microorganisms in the Antarctic cold desert[J]. Science, 215 (4536): 1045-1053.

Gadd GM. 2007. Geomycology: biogeochemical transformations of rocks, minerals, metals and radionuclides by fungi, bioweathering and bioremediation[J]. Mycological Research, 111(1): 3-49.

Gandeboeuf D, Dupré C, Chevalier G, et al. 1997. Grouping and identification of Tuber species using RAPD markers[J]. Revue Canadienne De Botanique, 75(1): 36-45.

Gems D, Johnstone IL, Clutterbuck AJ. 1991. An autonomously replicating plasmid transforms Aspergillus nidulans at high frequency[J]. Gene, 98(1): 61-67.

Geng LY, Wang XH, Yu FQ, et al. 2009. Mycorrhizal synthesis of Tuber indicum with two indigenous hosts, Castanea mollissima and Pinus armandii [J]. Mycorrhiza, 19 (7): 461-467.

Georgios K, I ZG. 2014. Comparative examination of the olive mill wastewater biodegradation process by various wood-rot macrofungi[J]. Biomed Research International, 482937. doi: 10. 1155/ 2014 /482937.

Ghisalberti E, Sivasithamparam K. 1991. Antifungal antibiotics produced by Trichoderma spp. [J]. Soil Biology and Biochemistry, 23(11): 1011-1020.

Ghisalberti EL, Rowland CY. 1993. Antifungal metabolites from Trichoderma harzianum [J]. Journal of Natural Products, 56(10): 1799-1804.

Gorbatova O, Koroleva O, Landesman E, et al. 2006. Increase of the detoxification potential of basidiomycetes by induction of laccase biosynthesis [J]. Applied Biochemistry and Microbiology, 42(4): 414-419.

Gorbushina A. 2003. Microcolonial fungi: survival potential of terrestrial vegetative structures [J]. Astrobiology, 3(3): 543-554.

Gorbushina AA, Krumbein WE, Hamman CH, et al. 1993. Role of black fungi in color change and biodeterioration of antique marbles[J]. Geomicrobiology Journal, 11 (3-4): 205-221.

Gorbushina AA. 2010. Life on the rocks[J]. Environmental Microbiology, 9(7): 1613-1631.

Grant R, Betts W. 2003. Biodegradation of the synthetic pyrethroid cypermethrin in used sheep dip[J]. Letters in Applied Microbiology, 36(3): 173-176.

Gromov BV. 1957. Microflora of rocky and primitive soils in certain northern regions of USSR [J]. Mikrobiologiia, 26(1): 52-59.

Gueidan C, Ruibal C, de Hoog GS, et al. 2011. Rock-inhabiting fungi originated during periods of dry climate in the late Devonian and middle Triassic[J]. Fungal Biology, 115

（10）：987-996.

Gueidan C, Villaseñor CR, de Hoog GS, *et al.* 2008. A rock-inhabiting ancestor for mutualistic and pathogen-rich fungal lineages[J]. Studies in Mycology(61)：111-119.

Hashimoto M, Fukui M, Hayano K, *et al.* 2002. Nucleotide sequence and genetic structure of a novel carbaryl hydrolase gene(cehA) from *Rhizobium* sp. strain AC100[J]. Applied and Environmental Microbiology, 68(3)：1220-1227.

Hashmi S, Saleem Q. 2013. Potential role of *Pleurotus ostreatus* in the decolorization and detoxification of the dye Synozol red[J]. International Journal of Current Microbiology and Applied Sciences, 2(6)：106-112.

Hawksworth DL, Rossman AY. 1997. Where are all the undescribed fungi? [J]. Phytopathology, 87(9)：888-891.

Hawksworth DL. 1991. Presidential address 1990：The fungal dimension of biodiversity：magnitude, significance, and conservation[J]. Mycological Research, 95(6)：641-655.

Hawksworth DL. 2004. Fungal diversity and its implications for genetic resource collections [J]. Studies in Mycology, 50(1)：9-17.

Hietala AM, Sen R, Lilja A. 1994. Anamorphic and teleomorphic characteristics of a uninucleate *Rhizoctonia* sp. isolated from the roots of nursery grown conifer seedlings [J]. Mycological Research, 98(9)：1044-1050.

Hinnen A, Hicks JB, Fink GR. 1978. Transformation of Yeast [J]. Proceedings of the National Academy of Sciences of the United States of America, 75(4)：1929-1933.

Hirai H, Nakanishi S, Nishida T. 2004. Oxidative dechlorination of methoxychlor by ligninolytic enzymes from white-rot fungi[J]. Chemosphere, 55(4)：641-645.

Ho NW, Chen Z, Brainard AP, *et al.* 1999. Successful design and development of genetically engineered Saccharomyces yeasts for effective cofermentation of glucose and xylose from cellulosic biomass to fuel ethanol[J]. Advances in Biochemical Engineering/Biotechnology, 65：163-192.

Hohmann S. 2007. Microcolonial fungi from antique marbles in Perge/Side/Termessos (Antalya/Turkey) [J]. Antonie Van Leeuwenhoek, 91(3)：217-227.

Hoog GSD, Guého E. 1984. Deoxyribonucleic acid base composition and taxonomy of *Moniliella* and allied genera[J]. Antonie Van Leeuwenhoek, 50(2)：135-141.

Hoog GSD, Mcginnis MR. 1987. Ascomycetous black yeasts [J]. Studies in Mycology, 30：187-199.

Hoog GSD, Zalar P, Urzì C, *et al.* 1999. Relationships of dothideaceous black yeasts and meristematic fungi based on 5.8S and ITS2 rDNA sequence comparison [J]. Studies in Mycology, 43：31-37.

Hoog GSD. 1993. Evolution of black yeasts：possible adaptation to the human host[J]. Antonie Van Leeuwenhoek, 63(2)：105-109.

Hubka V, Réblová M, Rehulka J, *et al.* 2014. *Bradymyces* gen. nov. (Chaetothyriales.

Trichomeriaceae), a new ascomycete genus accommodating poorly differentiated melanized fungi[J]. Antonie Van Leeuwenhoek, 106(5): 979-992.

Hussain S, Arshad M, Saleem M, *et al.* 2007. Screening of soil fungi for in vitro degradation of endosulfan[J]. World Journal of Microbiology and Biotechnology, 23(7): 939-945.

Ilyas S, Sulman S, Rehman A. 2012. Decolourization and degradation of azo Dye, Synozol Red HF6BN, by *Pleurotus ostreatus* [J]. African Journal of Biotechnology, 11 (88): 15422-15429.

Inbar J, Chet I. 1994. A newly isolated lectin from the Plant pathogenic fungus *Sclerotium roltsii*: purification, characterization and role in mycoparasitism[J]. Microbiology, 140 (3): 651-657.

Irie T, Honda Y, Watanabe T, *et al.* 2001. Efficient transformation of filamentous fungus Pleurotus ostreatus using single-strand carrier DNA [J]. Applied Microbiology and Biotechnology, 55(5): 563-565.

Isola D, Zucconi L, Onofri S, *et al.* 2016. Extremotolerant rock inhabiting black fungi from Italian monumental sites[J]. Fungal Diversity, 76(1): 75-96.

Ito H, Shimura K, Itoh H, *et al.* 1997. Antitumor effects of a new polysaccharide-protein complex(ATOM) prepared from *Agaricus blazei* (Iwade strain 101) "Himematsutake" and its mechanisms in tumor-bearing mice[J]. Anticancer Research, 17(1A): 277-284.

Janssen PH, Yates PS, Grinton BE, *et al.* 2002. Improved culturability of soil bacteria and isolation in pure culture of novel members of the divisions *Acidobacteria*, *Actinobacteria*, *Proteobacteria*, and *Verrucomicrobia*[J]. Applied and Environmental Microbiology, 68(5): 2369-2391.

Jeffries TW, Kurtzman CP. 1994. Strain selection, taxonomy, and genetics of xylose-fermenting yeasts[J]. Enzyme and Microbial Technology, 16(11): 922-932.

Jiang Y, Wen J, Lan L, *et al.* 2007. Biodegradation of phenol and 4-chlorophenol by the yeast *Candida tropicalis*[J]. Biodegradation, 18(6): 719-729.

Jones MDM, Forn I, Gadelha C, *et al.* 2011. Discovery of novel intermediate forms redefines the fungal tree of life[J]. Nature, 474(7350): 200-203.

Jones RW, Lanini WT, Hancock JG. 1988. Plant growth response to the phytotoxin viridiol produced by the fungus *Gliocladium virens*[J]. Weed Science, 36(5): 683-687.

Juhász A, Engi H, Pfeiffer I, *et al.* 2007. Interpretation of mtDNA RFLP variability among *Aspergillus tubingensis* isolates[J]. Antonie Van Leeuwenhoek, 91(3): 209-216.

Kaeberlein T, Lewis K, Epstein SS. 2002. Isolating "Uncultivable" microorganisms in pure culture in a simulated natural environment[J]. Science, 296(5570): 1127-1129.

Kamasuka T, Momoki Y, Sakai S. 1968. Antitumor activity of polysaccharide fractions prepared from some strains of Basidiomycetes[J]. Gan, 59(5): 443-445.

Kim S, Song J, Choi HT. 2004. Genetic transformation and mutant isolation in Ganoderma lucidum by restriction enzyme-mediated integration [J]. Fems Microbiology Letters, 233

（2）: 201-204.

Kleifeld O, Chet I. 1992. *Trichoderma harzianum*—interaction with plants and effect on growth response[J]. Plant and Soil, 144(2): 267-272.

Koh JH, Kim KM, Kim JM, et al. 2003. Antifatigue and antistress effect of the hot-water fraction from mycelia of *Cordyceps sinensis*[J]. Biological and Pharmaceutical Bulletin, 26 (5): 691-694.

Kohn LM, Petsche DM, Bailey SR, *et al.* 1988. Restriction fragment length polymorphisms in nuclear and mitochondrial DNA of *Sclerotinia* species [J]. Phytopathology, 78 (8): 1047-1051.

Kozłowski M, Stepień PP. 1982. Restriction enzyme analysis of mitochondrial DNA of members of the genus *Aspergillus* as an aid in taxonomy[J]. Journal of General Microbiology, 128 (3): 471-476.

Krumbein WE, Jens K. 1981. Biogenic rock varnishes of the negev desert (Israel) an ecological study of iron and manganese transformation by cyanobacteria and fungi [J]. Oecologia, 50(1): 25-38.

Labana S, Singh O, Basu A, *et al.* 2005. A microcosm study on bioremediation of pnitrophenol-contaminated soil using *Arthrobacter protophormiae* RKJ100 [J]. Applied Microbiology and Biotechnology, 68(3): 417-424.

Lakshmi SS, Sornaraj R. 2014. Utilization of seafood processing wastes for cultivation of the edible mushroom *Pleurotus flabellatus* [J]. African Journal of Biotechnology, 13 (17): 1779-1785.

Selbmann L, Egidi E, Isola D, *et al.* 2013. Biodiversity, evolution and adaptation of fungi in extreme environments[J]. Giornale Botanico Italiano, 147(1): 237-246.

Lee SM, Lee JW, Park KR, *et al.* 2006. Biodegradation of methoxychlor and its metabolites by the white rot fungus *Stereum hirsutum* related to the inactivation of estrogenic activity [J]. Journal of Environmental Science and Health, 41(4): 385-397.

Leger RJS, Shimizu S, Joshi L, *et al.* 1995. Co-transformation of *Metarhizium anisopliae* by electroporation or using the gene gun to produce stable GUS transformants [J]. Fems Microbiology Letters, 131(3): 289-294.

Levasseur A, Drula E, Lombard V, *et al.* 2013. Expansion of the enzymatic repertoire of the CAZy database to integrate auxiliary redox enzymes[J]. Biotechnol Biofuels, 6(1): 41-55.

Liu YH, Chung YC, Xiong Y. 2001. Purification and characterization of a dimethoate-degrading enzyme of *Aspergillus niger* ZHY256, isolated from sewage [J]. Applied and Environmental Microbiology, 67(8): 3746-3749.

Lo C-T, Nelson E, Harman G. 1996. Biological control of turfgrass diseases with a rhizosphere competent strain of *Trichoderma harzianum*[J]. Plant Disease, 80(7): 736-741.

Loffredo E, Castellana G, Traversa A, *et al.* 2013. Comparative assessment of three ligninolytic fungi for removal of phenolic endocrine disruptors from freshwaters and sediments

［J］. Environmental Technology, 34(12): 1601-1608.

Lombard V, Bernard T, Rancurel C, et al. 2010. A hierarchical classification of polysaccharide lyases for glycogenomics［J］. Biochem J, 432(3): 437-444.

Longato S, Bonfante P. 1997. Molecular identification of mycorrhizal fungi by direct amplification of microsatellite regions［J］. Mycological Research, 101(4): 425-432.

Lorito M, Harman G, Hayes C, et al. 1993. Chitinolytic enzymes produced by Trichoderma harzianum: antifungal activity of purified endochitinase and chitobiosidase ［J］. Phytopathology, 83(3): 302-307.

Loudon KW, Coke AP, Burnie JP. 1995. "Pseudoclusters" and typing by random amplification of polymorphic DNA of Aspergillus fumigatus［J］. Journal of Clinical Pathology, 48(2): 183-184.

Low F, Shaw I, Gerrard J. 2005. The effect of Saccharomyces cerevisiae on the stability of the herbicide glyphosate during bread leavening［J］. Letters in Applied Microbiology, 40(2): 133-137.

Lu B. 2000. Checklist of Hong Kong fungi［M］. Hong Kong: Fungal Diversity Press.

M B. 2011. The fungi: 1, 2, 3 ... 5.1 million species? ［J］. American Journal of Botany, 98(3): 426-438.

Ma Y, Zhang W, Xue Y, et al. 2004. Bacterial diversity of the Inner Mongolian Baer Soda Lake as revealed by 16S rRNA gene sequence analyses［J］. Extremophiles Life Under Extreme Conditions, 8(1): 45-51.

Marecik R, Króliczak P, Czaczyk K, et al. 2008. Atrazine degradation by aerobic microorganisms isolated from the rhizosphere of sweet flag (Acorus calamus L.) ［J］. Biodegradation, 19(2): 293-301.

Mariga AM, Yang WJ, Mugambi DK, et al. 2014. Antiproliferative and immunostimulatory activity of a protein from Pleurotus eryngii ［J］. Journal of the Science of Food and Agriculture, 94(15): 3152-3162.

Marvasi M, Donnarumma F, Frandi A, et al. 2012. Black microcolonial fungi as deteriogens of two famous marble statues in Florence, Italy ［J］. International Biodeterioration & Biodegradation, 68(2): 36-44.

Metcalf D, Wilson C. 2001. The process of antagonism of Sclerotium cepivorum in white rot affected onion roots by Trichoderma koningii［J］. Plant Pathology, 50(2): 249-257.

Michelini S, Nemec S, Chinnery LE. 1993. Relationships between environmental factors and levels of mycorrhizal infection of citrus on four islands in the eastern Caribbean［J］. Tropical Agriculture, 70(2): 135-140.

Mishra NC, Tatum EL. 1973. Non-Mendelian inheritance of DNA-induced inositol independence in Neurospora［J］. Proceedings of the National Academy of Sciences of the United States of America, 70(12): 3875-3879.

Mitra J, Mukherjee P, Kale S, et al. 2001. Bioremediation of DDT in soil by genetically improved strains of soil fungus *Fusarium solani*[J]. Biodegradation, 12(4): 235-245.

Mizuno M, Minato K, Ito H, *et al*. 1999. Anti-tumor polysaccharide from the mycelium of liquid-cultured *Agaricus blazei* Mill[J]. Iubmb Life, 47(4): 707-714.

Moreiraneto SL, Mussatto SI, Machado KM, *et al*. 2013. Decolorization of salt-alkaline effluent with industrial reactive dyes by laccase-producing basidiomycetes strains[J]. Letters in Applied Microbiology, 56(4): 283-290.

Moss MO. 1987. Fungal biotechnology roundup[J]. Mycologist, 1(2): 55-58.

Mukamolova GV, Kaprelyants AS, Young DI, *et al*. 1998. A bacterial cytokine [J]. Proceedings of the National Academy of Sciences of the United States of America, 95(15): 8916-8921.

Ngan F, Shaw P, But P, *et al*. 1999. Molecular authentication of *Panax* species [J]. Phytochemistry, 50(5): 787-791.

Nilsson RH, Kristiansson E, Ryberg M, *et al*. 2005. Approaching the taxonomic affiliation of unidentified sequences in public databases – an example from the mycorrhizal fungi [J]. BMC Bioinformatics, 6(1): 178-185.

Ojima K, Gamborg OL. 1968. The Metabolism of 2, 4-dichlorophenoxyacetic acid in suspension cultures of soybean root [J]. Japanese Journal of Soil Science and Plant Nutrition, 21(4): 637-640.

Olivieri G, Russo ME, Giardina P, *et al*. 2012. Strategies for dephenolization of raw olive mill wastewater by means of Pleurotus ostreatus [J]. Journal of Industrial Microbiology & Biotechnology, 39(5): 719-729.

Onofri S, Barreca D, Selbmann L, *et al*. 2008. Resistance of antarctic black fungi and cryptoendolithic communities to simulated space and Martian conditions [J]. Studies in Mycology, 61(10): 99-109.

Onofri S, De lTR, de Vera JP, *et al*. 2012. Survival of rock-colonizing organisms after 1. 5 years in outer space[J]. Astrobiology, 12(5): 508.

Onofri S, Selbmann L, Barreca D, *et al*. 2009. Do fungi survive under actual space conditions? Searching for evidence in favour of lithopanspermia [J]. Giornale Botanico Italiano, 143(supl): 85-87.

Onofri S, Zucconi L, Isola D, *et al*. 2014. Rock-inhabiting fungi and their role in deterioration of stone monuments in the Mediterranean area[J]. Giornale Botanico Italiano, 148(2): 384-391.

Paingankar M, Jain M, Deobagkar D. 2005. Biodegradation of allethrin, a pyrethroid insecticide, by an *Acidomonas* sp[J]. Biotechnology Letters, 27(23-24): 1909-1913.

Palmer FE, Staley JT, Ryan B. 2010. Ecophysiology of microcolonial fungi and lichens on rocks in northeastern Oregon[J]. New Phytologist, 116(4): 613-620.

Petrini O. 1991. Fungal endophytes of tree leaves[M]. New York: Springer.

Pinkas Y, Maimon M, Shabi E, *et al*. 2000. Inoculation, isolation and identification of tuber melanosporum from old and new oak hosts in Israel[J]. Mycological Research, 104(4): 472-477.

Quesada-Moraga E, Vey A. 2003. Intra-specific variation in virulence and in vitro production of macromolecular toxins active against locust among *Beauveria bassiana* strains and effects of in vivo and in vitro passage on these factors[J]. Biocontrol Science & Technology, 13(3): 323-340.

Rappé MS, Giovannoni SJ. 2003. The uncultured microbial majority[J]. Annual Review of Microbiology, 57(1): 369-394.

Reeb V, Lutzoni F, Roux C. 2004. Contribution of RPB 2 to multilocus phylogenetic studies of the euascomycetes(Pezizomycotina, Fungi) with special emphasis on the lichen-forming Acarosporaceae and evolution of polyspory [J]. Molecular Phylogenetics & Evolution, 32 (3): 1036-1060.

Renovato J, Gutiérrez-Sánchez G, Rodríguez-Durán LV, *et al.* 2011. Differential Properties of Aspergillus niger Tannase Produced Under Solid-State and Submerged Fermentations [J]. Applied Biochemistry and Biotechnology, 165(1): 382-395.

Reyna S, Rodriguez Barreal JA, Folch L, *et al.* 2002. Techniques for inoculating mature trees with *Tuber melanosporum* Vitt [C]. International Conference on Edible Mycorrhizal Mushrooms, 3-6.

Rosendahl S, Taylor JW, Rosendahl S, et al. 1997. Development of multiple genetic markers for studies of genetic variation in arbuscular mycorrhizal fungi using AFLP[J]. Molecular Ecology, 6(9): 821-829.

Ruibal C, Gueidan C, Selbmann L, *et al.* 2009. Phylogeny of rock-inhabiting fungi related toDothideomycetes[J]. Studies in Mycology, 64(6): 123-133.

Ruibal C, Platas G, Bills GF. 2005. Isolation and characterization of melanized fungi from limestone formations in Mallorca[J]. Mycol Progress, 4(1): 23-38.

Ruibal C, Platas G, Bills GF. 2008. High diversity and morphological convergence among melanised fungi from rock formations in the Central Mountain System of Spain[J]. Persoonia Molecular Phylogeny & Evolution of Fungi, 21(6): 93-110.

S A, A H, M N. 2014. Screening of white rot fungi for decolorization of pulp and paper industrial wastewater[J]. International Journal of Biology and Biotechnology, 11 (2/3): 445-448.

Saikia N, Das SK, Patel BK, *et al.* 2005. Biodegradation of beta-cyfluthrin by *Pseudomonas stutzeri* strain S1[J]. Biodegradation, 16(6): 581-589.

Samšiňáková A, Kálalová S. 1983. The influence of a single-spore isolate and repeated subculturing on the pathogenicity of conidia of the entomophagous fungus Beauveria bassiana [J]. Journal of Invertebrate Pathology, 42(2): 156-161.

Sanyal D, Kulshrestha G. 2002. Metabolism of metolachlor by fungal cultures[J]. Journal of Agricultural and food chemistry, 50(3): 499-505.

Schloss PD, Handelsman J. 2005. Metagenomics for studying unculturable microorganisms: cutting the Gordian knot[J]. Genome Biology, 6(8): 1-4.

Selbmann L, Hoog GSD, Mazzaglia A, et al. 2005. Fungi at the edge of life: cryptoendolithic black fungi from Antarctic desert [J]. Studies in Mycology, 51 (51): 1-32.

Selbmann L, Hoog GSD, Zucconi L, et al. 2008. Drought meets acid: three new genera in a dothidealean clade of extremotolerant fungi[J]. Studies in Mycology, 61(1): 1-20.

Selbmann L, Isola D, Zucconi L, et al. 2011. Resistance to UV-B induced DNA damage in extreme-tolerant cryptoendolithic Antarctic fungi: detection by PCR assays [J]. Fungal Biology, 115(10): 937-944.

Selbmann L, Zucconi L, Isola D, et al. 2015. Rock black fungi: excellence in the extremes, from the Antarctic to space[J]. Current Genetics, 61(3): 335-345.

Selbmann L, Zucconi L, Onofri S, et al. 2014. Taxonomic and phenotypic characterization of yeasts isolated from worldwide cold rock-associated habitats[J]. Fungal Biology, 118(1): 61-71.

Sert H, Sümbül H, Sterflinger K. 2007. A new species of *Capnobotryella* from monument surfaces[J]. Mycological Research, 111(10): 1235-1241.

Sert HB, Sumbul H, Sterflinger K. 2007. Microcolonial fungi from antique marbles in Perge/Side/Termessos(Antalya/Turkey)[J]. Antonie Van Leeuwenhock, 91(3): 217-227.

Sert HB, Sümbül H, Sterflinger K. 2007. Sarcinomyces sideticae , a new black yeast from historical marble monuments in side (Antalya, Turkey) [J]. Botanical Journal of the Linnean Society, 154(3): 373-380.

Shieh TR, Ware JH. 1968. Survey of Microorganisms for the production of extracellular phytase [J]. Applied Microbiology, 16(9): 1348-1351.

Sivan A, Chet I. 1989. The possible role of competition between *Trichoderma harzianum* and *Fusarium oxysporum* on rhizosphere colonization[J]. Phytopathology, 79(2): 198-203.

Sonderegger M, Schümperli M, Sauer U. 2004. Metabolic engineering of a phosphoketolase pathway for pentose catabolism in *Saccharomyces cerevisiae*[J]. Applied and Environmental Microbiology, 70(5): 2892-2897.

Staley JT, Palmer F, Adams JB. 1982. Microcolonial fungi: common inhabitants on desert Rocks? [J]. Science, 215(4536): 1093-1095.

Sterflinger K, Baere RD, Hoog GSD, et al. 1997. Coniosporium perforans and *C. apollinis*, two new rock-inhabiting fungi isolated from marble in the Sanctuary of Delos (Cyclades, Greece)[J]. Antonie Van Leeuwenhoek, 72(4): 349-363.

Sterflinger K, Krumbein WE. 2015. Multiple stress factors affecting growth of rock - inhabiting black fungi[J]. Plant Biology, 108(6): 490-496.

Sterflinger K, Lopandic K, Pandey RV, et al. 2014. Nothing special in the specialist? Draft genome sequence of *Cryomyces antarcticus*, the most extremophilic fungus from Antarctica

[J]. Plos One, 9(10): e109908.

Sterflinger K, Prillinger H. 2001. Molecular taxonomy and biodiversity of rock fungal communities in an urban environment(Vienna, Austria)[J]. Antonie Van Leeuwenhoek, 80(3-4): 275-286.

Sterflinger K. 2006. Black Yeasts and Meristematic Fungi: Ecology, Diversity and Identification[M]. Berlin: Springer.

Stevenson BS, Eichorst SA, Wertz JT, et al. 2004. New strategies for cultivation and detection of previously uncultured microbes[J]. Applied and Environmental Microbiology, 70(8): 4748-4755.

Su L, Guo L, Hao Y, et al. 2015. *Rupestriomyces* and *Spissiomyces*, two new genera of rock-inhabiting fungi from China[J]. Mycologia, 107(4): 831-844.

Taylor-George S, Palmer F, Staley JT, et al. 1983. Fungi and bacteria involved in desert varnish formation[J]. Microbial Ecology, 9(3): 227-245.

Tegli S, Cerboneschi M, Corsi M, et al. 2014. Water recycle as a must: decolorization of textile wastewaters by plant-associated fungi[J]. Journal of Basic Microbiology, 54(2): 120-132.

Tretiach M, Bertuzzi S, Candotto CF. 2012. Heat shock treatments: a new safe approach against lichen growth on outdoor stone surfaces[J]. Environmental Science and Technology, 46(12): 6851-6859.

Tsukuda T, Carleton S, Fotheringham S, et al. 1988. Isolation and characterization of an autonomously replicating sequence from *Ustilago maydis*[J]. Molecular & Cellular Biology, 8(9): 3703-3709.

Uijthof JM, de Hoog GS. 1995. PCR-ribotyping of type isolates of currently accepted Exophiala and Phaeococcomyces species[J]. Antonie Van Leeuwenhoek, 68(1): 35-42.

Van Gorcom RF, Pouwels PH, Goosen T, et al. 1985. Expression of an *Escherichia coli* beta-galactosidase fusion gene in *Aspergillus nidulans*[J]. Gene, 40(1): 99-106.

Wang J, Zhao C, Meng B, et al. 2007. The proteomic alterations of *Thermoanaerobacter tengcongensis* cultured at different temperatures[J]. Proteomics, 2007, 7(9): 1409-1419.

Wang PY, Shopsis C, Schneider H. 1980. Fermentation of a pentose by yeasts [J]. Biochemical and Biophysical Research Communications, 94(1): 248-254.

Wang X, Zhou S, Wang H, et al. 2006. Biodegradation of hexazinone by two isolated bacterial strains(WFX-1 and WFX-2)[J]. Biodegradation, 17(4): 331-339.

Warscheid T, Petersen K, Krumbein WE. 1990. A rapid method to demonstrate and evaluate microbial activity on decaying sandstone[J]. Studies in Conservation, 35(3): 137-147.

Wedén C, Chevalier G, Danell E. 2004. *Tuber aestivum* (syn. *T. uncinatum*) biotopes and their history on Gotland, Sweden[J]. Mycological Research, 108(3): 304-310.

Weir KM, Sutherland TD, Horne I, et al. 2006. A single monooxygenase, ese, is involved in the metabolism of the organochlorides endosulfan and endosulfate in an *Arthrobacter* sp.

[J]. Applied and Environmental Microbiology, 72(5): 3524-3530.

Windham M, Elad Y, Baker R. 1986. A mechanism for increased plant growth induced by *Trichoderma* spp. [J]. Phytopathology, 76(5): 518-521.

Wollenzien U, Hoog GSD, Krumbein W, *et al.* 1997. *Sarcinomyces petricola*, a new microcolonial fungus from marble in the Mediterranean basin [J]. Antonie Van Leeuwenhoek, 71(3): 281-288.

Wollenzien U, Hoog GSD, Krumbein WE, *et al.* 1995. On the isolation of microcolonial fungi occurring on and in marble and other calcareous rocks [J]. Science of the Total Environment, 167(1-3): 287-294.

Wright JM. 1951. Phytotoxic effects of some antibiotics [J]. Annals of Botany, 15(4): 493-499.

Wright JM. 1956. Biological control of a soil-borne *Pythium infection* by seed inoculation [J]. Plant and Soil, 8(2): 132-140.

Wu QS, Zou YN, He XH. 2010. Contributions of arbuscular mycorrhizal fungi to growth, photosynthesis, root morphology and ionic balance of citrus seedlings under salt stress [J]. Acta Physiologiae Plantarum, 32(2): 297-304.

Xu G, Li Y, Zheng W, *et al.* Mineralization of chlorpyrifos by co-culture of *Serratia* and *Trichosporon* spp. [J]. Biotechnology Letters, 29(10): 1469-1473.

Yan QX, Hong Q, Han P, *et al.* 2007. Isolation and characterization of a carbofuran-degrading strain *Novosphingobium* sp. FND-3 [J]. FEMS Microbiology Letters, 271(2): 207-213.

Yang CF, Lee CM. 2008. Enrichment, isolation, and characterization of 4-chlorophenol-degrading bacterium *Rhizobium* sp. 4-CP-20 [J]. Biodegradation, 19(3): 329-336.

Yelton MM, Hamer JE, Timberlake WE. 1984. Transformation of Aspergillus nidulans by using a trpC plasmid [J]. Proceedings of the National Academy of Sciences of the United States of America, 81(5): 1470-1474.

Yoshida S, Takeo K, Hoog GSD, *et al.* 1996. A new type of growth exhibited by *Trimmatostroma abietis* [J]. Antonie Van Leeuwenhoek, 69(3): 211-215.

Yoshioka Y, Sano T, Ikekawa T. 1973. Studies on antitumor polysaccharides of *Flammulina velutipes* (Curt. ex Fr.) Sing. I [J]. Chemical and Pharmaceutical Bulletin, 21(8): 1772-1776.

Yuan GF, Liu CS, Chen CC. 1995. Differentiation of *Aspergillus parasiticus* from *Aspergillus sojae* by random amplification of polymorphic DNA [J]. Applied and Environmental Microbiology, 61(6): 2384-2387.

Zadra C, Cardinali G, Corte L, *et al.* 2006. Biodegradation of the fungicide iprodione by *Zygosaccharomyces rouxii* strain DBVPG 6399 [J]. Journal of Agricultural and Food Chemistry, 54(13): 4734-4739.

Zakharova K, Marzban G, *et al.* 2014. Protein patterns of black fungi under simulated Marslike conditions[J]. Scientific Reports, 4(7502): 5114.

Zakharova K, Tesei D, Marzban G, et al. 2013. Microcolonial fungi on rocks: a life in constant drought? [J]. Mycopathologia, 175(5-6): 537-547.

Zengler K, Toledo G, Rappé M, et al. 2002. Cultivating the uncultured[J]. Proceedings of the National Academy of Sciences of the United States of America, 99(24): 15681-15686.

Zhong S, Steffenson BJ. 2002. Identification and characterization of DNA markers associated with a locus conferring virulence on barley in the plant pathogenic fungus *Cochliobolus sativus*[J]. Theoretical and Applied Genetics, 104(6-7): 1049-1054.

Zhu MJ, Du F, Zhang GQ, et al. 2013. Purification a laccase exhibiting dye decolorizing ability from an edible mushroom *Russula virescens* [J]. International Biodeterioration and Biodegradation, 82(4): 33-39.

Zhuang WY, Guo L, Guo SY, et al. 2001. Higher fungi of tropical China[M]. New York: Mycotaxon Ltd.

Zhuang WY, Guo L, Guo SY, et al. 2005. Fungi of northwestern China[M]. New York: Mycotaxon Ltd.

Zucconi L, Gagliardi M, Isola D, et al. 2010. Biodeterioration agents dwelling in or on the wall paintings of the Holy Saviour's cave (Vallerano, Italy) [J]. International Biodeterioration and Biodegradation, 64(6): 40-46.

常用资源真菌分离培养基配方

（1）马铃薯麦芽汁葡萄糖琼脂培养基

20%马铃薯汁 500mL，麦芽汁（2°Be）500mL，葡萄糖 15～20g，维生素 B_1 0.05g，pH＝6.5。

（2）酸化麦芽汁培养基

麦芽汁（1～1.5°Be）1000mL，柠檬酸 0.15g，琼脂 20g。

（3）松蕈培养基

葡萄糖 20g，干酵母 5g，琼脂 20g，蒸馏水 1000mL，pH＝5.5。

（4）综合马铃薯汁培养基

20%马铃薯汁 1000mL，葡萄糖 20g，$MgSO_4 \cdot 7H_2O$ 1.5g，维生素微量，KH_2PO_4 3g，琼脂 20g，pH＝6.0。

（5）Bain 校订 Mcardle 培养基

麦芽糖 2g，葡萄糖 2g，$MgSO_4 \cdot 7H_2O$ 0.5g，$Ca(NO_3)_2$ 0.5g，可溶性淀粉 2g，KH_2PO_4 0.25g，蒸馏水 1000mL。

（6）MMN 培养基

$CaCl_2 \cdot 2H_2O$ 0.05g，NaCl 0.025g，KH_2PO_4 0.5g，$(NH_4)_2HPO_4$ 0.25g，$MgSO_4 \cdot 7H_2O$ 0.15g，$FeCl_3$（1%溶液）1.2mL，麦芽粉 3g，葡萄糖 10g，牛肉汁+蛋白胨 15g，维生素 B_1 1mg，琼脂 20g，蒸馏水 1000mL，pH＝5.8。

（7）PACH 培养基

KH_2PO_4 1g，$Na_2MO_4 \cdot 2H_2O$ 0.0027g，$MgSO_4 \cdot 7H_2O$ 0.5g，$CaCl_2 \cdot 2H_2O$ 0.05g，H_3BO_3 0.028g，维生素 B_1 0.1mg，$MnCl_2 \cdot 2H_2O$ 0.003g，琼脂 10g，$ZnSO_4 \cdot 7H_2O$ 0.0023g，EDTA 0.02g，$CuCl_2 \cdot 2H_2O$ 0.0063g，葡萄糖 20g，pH＝5.4，蒸馏水 1000mL。

（8）FDA 培养基

NH_4Cl 0.5g，KH_2PO_4 0.5g，$MgSO_4 \cdot 7H_2O$ 0.5g，麦芽粉 5g，葡萄糖 20g，琼脂 10g，蒸馏水 1000mL，pH＝5.0。

（9）Gambor g 培养基

$(NH_2)SO_4$ 1.65mg，KH_2PO_4 163mg，$MgSO_4 \cdot 7H_2O$ 246mg，$CaCl_2 \cdot 2H_2O$ 147mg，$FeSO_4 \cdot 7H_2O$ 28mg，H_3BO_3 3.1mg，$MnSO_4 \cdot H_2O$ 10.1mg，$ZnSO_4 \cdot 7H_2O$ 2mg，$CuSO_4$ 3mg，$Na_2MO_4 \cdot 2H_2O$ 2mg，$CoCl_2 \cdot 2H_2O$ 0.025mg，KI0.75mg，右旋葡萄糖 5g，维生素 10mg，琼脂 8g，蒸馏水 1000mL，pH＝5.5。

（10）Fries 培养基

$C_4H_{12}N_2O_6$ 1.0g，KH_2PO_4 0.2g，$MgSO_4 \cdot 7H_2O$ 0.1g，$CaCl_2 \cdot 2H_2O$ 26mg，NaCl

20mg，$MnSO_4 \cdot H_2O$ 0.81mg，$ZnSO_4 \cdot 7H_2O$ 0.88mg，葡萄糖 4g，麦芽粉 1g，维生素 0.1mg，pH=5.5。

（11）N_2P_2 培养基

NH_4NO_3 40mg，KH_2PO_4 5mg，K_2HPO_4 7mg，KCl 19mg，$MgSO_4 \cdot 7H_2O$ 123mg，$CaCl_2 \cdot 2H_2O$ 37mg，EDTA 8.7mg，H_3BO_3 7mg，$ZnCl_2 \cdot 2H_2O$ 0.03mg，$Na_2MO_4 \cdot 2H_2O$ 6.25μg，$CaCl_2 \cdot 2H_2O$ 0.003mg，$MnCl_2 \cdot 2H_2O$ 0.4mg，尿素 30mg，葡萄糖 2.5g，琼脂 10g，蒸馏水 1000mL，pH=5.6。

（12）天冬酰胺培养基（孙红珠译，1979）

$MgSO_4 \cdot 7H_2O$ 0.5g，KH_2PO_4 0.5g，天冬酰胺 1.5g，琼脂 20g，淀粉 20g，蒸馏水 1000mL，pH=5.5。

（13）改良 MMN 培养基

$CaCl_2 \cdot 2H_2O$ 0.05g，NaCl 0.025g，KH_2PO_4 0.5g，$(NH_4)_2PO_4$ 0.25g，$MgSO_4 \cdot 7H_2O$ 0.15g，$FeCl_3$（1%）1.2mL，葡萄糖 10g，琼脂 20g，维生素 0.1g，麦芽汁（12.7°Be）100mL，蒸馏水 1000mL，pH=5.5。

（14）M-76 培养基

KH_2PO_4 1g，酒石酸铵 0.5g，$MgSO_4 \cdot 7H_2O$ 0.5g，$FeCl_3$（1%）0.5mL，维生素 B_1 0.5g，$ZnSO_4$ 0.5g，葡萄糖 20g，琼脂 20g，蒸馏水 1000mL，pH=5.5。

（15）正红菇培养基

NaH_2PO_4 3g，$MgSO_4 \cdot 7H_2O$ 6.5g，HCl 0.4g，肌醇 0.05mg，蔗糖 10g，酵母膏 2.5g，蒸馏水 1000mL，pH=6.0。

（16）浜田培养基

葡萄糖 20g，干酵母 5g，琼脂 20g，HCl 1.6mL，蒸馏水 1000mL，pH=5.2。

（17）颜叔珍培养基

葡萄糖 20g，琼脂 20g，麦麸滤液 400mL，松茸地土壤、松根及松针滤液 200mL，松针滤液 200mL，KH_2PO_4 3g，$MgSO_4 \cdot 7H_2O$ 1.5g，维生素 B_1 10mg。

（18）PDMA 培养基

葡萄糖 20g，维生素 B_1 5mg，干酵母 5g，琼脂 20g，蒸馏水 500mL，HCl 1.6mL，麦芽汁（3°Be）500mL，pH=6.0。

名称简写	名称全称	所属国家/地区
ABB	Asian Bacterial Bank, Samsung Biomedical Research Institute, Seoul, Republic of Korea	韩国
ACAM	Australian Collection of Antarctic Microorganisms, Cooperative Research Center for the Antarctic and Southern Ocean Environment, University of Tasmania, Hobart, Tasmania, Australia	澳大利亚
ACCC	Agricultural Culture Collection of China, Institute of Soil and Fertilization, Chinese Academy of Agricultural Sciences, Beijing, China	中国
ACM/UQM	Australian Collection of Microorganisms, Department of Microbiology and Parasitology, The University of Queensland, Brisbane, Queensland, Australia	澳大利亚
AHN	Anaerobe Reference Laboratory, Helsinki Collection, Helsinki, Finland	芬兰
AHU	Laboratory of Culture Collection of Microorganisms, Faculty of Agriculture, Hokkaido University, Sapporo, Japan	日本
AJ	Central Research Laboratories, Ajinomoto Co Inc, Kawasaki, Japan	日本
AKU	Faculty of Agriculture, Kyoto University, Kyoto, Japan	日本
AMP/SN	Australian Mycological Panel	澳大利亚
ANMR	Asian Network on Microbial Researches	中国
ATCC	American Type Culture Collection, Manassas, VA, USA	美国
ATHUM	Athens Collection of Fungi, University of Athens, Athens, Greece	希腊
ATU/FAT	Department of Biotechnology, Division of Agriculture and Life Sciences, The University of Tokyo, Tokyo, Japan	日本
BCC	BIOTEC Culture Collection, National Center for Genetic Engineering and Biotechnology (BIOTEC), Khlong Luang, Pathumthani, Thailand	泰国
BCRC/CCRC	Bioresources Collection and Research Center, Food Industry Research and Development Institute, Hsinchu, Taiwan	中国台湾
BDUN	Department of Botany, University of Nottingham, Nottingham, UK	英国
BRL	Butterwick Research Laboratories, Welwyn, Hertfordshire, UK	英国
BTCC	Biotechnology Culture Collection, Research and Development Center for Biotechnology, Indonesian Institute of Sciences(LIPI), Cibinong, Indonesia	印度尼西亚
BUCSAV	Biologicky Ustav, Czech Akademie Ved, Prague, Czech Republic	捷克

---

① 该资料来自于 http://jcm. brc. riken. jp/en/abbr_ e.

（续）

名称简写	名称全称	所属国家/地区
CAIM	Collection of Aquacultural Important Microorganisms, CIAD/Mazatlán Unit for Aquaculture and Environmental Management, Mazatlán, Sinaloa, Mexico	墨西哥
CBMAI	Brazilian Collection of Microorganisms from the Environment and Industry, State University of Campinas, Paulinia, SP, Brazil	巴西
CBS	Centraalbureau voor Schimmelcultures, Utrecht, The Netherlands	荷兰
CCBAU	Culture Collection of Beijing Agricultural University, Beijing, China	中国
CCEB	Culture Collection of Entomogenous Bacteria, Institute of Entomology, Prague, Czech Republic	捷克
CCF	Culture Collection of Fungi, Department of Botany, Faculty of Science, Charles University, Prague, Czech Republic	捷克
CCFC	Canadian Collection of Fungal Cultures, Agriculture and Agri~Food Canada, Ottawa, Ontario, Canada	加拿大
CCM	Czech Collection of Microorganisms, Masaryk University, Brno, Czech Republic	捷克
CCMM	Moroccan Coordinated Collections of Micro~organisms, Rabat, Morocco	摩洛哥
CCOS	Culture Collection of Switzerland, Zurich University of Applied Sciences, Wädenswil, Switzerland	瑞士
CCT	Colecao de Culturas Tropical, Fundacao Tropical de Pesquisas e Tecnologia "André Tosello", Campinas-SP, Brazil	巴西
CCTCC	China Center for Type Culture Collection, Wuhan University, Wuhan, China	中国
CCTM	Centre de Collection de Types Microbien, Institut de Microbiologie, Université de Lausanne, Switzerland	瑞士
CCUG	Culture Collection, University of Göteborg, Department of Clinical Bacteriology, Guldhedsg, Göteborg, Sweden	瑞典
CCY	Culture Collection of Yeasts, Institute of Chemistry, Slovak Academy of Sciences, Bratislava, Slovakia	斯洛伐克
CDA	Canadian Department of Agriculture, Ottawa, Canada	加拿大
CDC/NCDC	Centers for Disease Control and Prevention, Atlanta, GA, USA	美国
CEB	Centre d'Etudes du Bouchet, Le Bouchet, France	法国
CECT	Colección Española de Cultivos Tipo, Universidad de València, Edificio de Investigación, Burjassot, Spain	西班牙
CELMS	Collection of Environmental and Laboratory Microbial Strains, University of Tartu, Tartu, Estonia	爱沙尼亚
CFBP	Collection Francaise des Bacteries Phytopathogenes, Institut National de la Recherche Agronomique, Beaucouzé Cedex, France	法国
CGMCC/AS	China General Microbiological Culture Collection Center, Institute of Microbiology, Chinese Academy of Sciences, Beijing, China	中国
CICC	China Center of Industrial Culture Collection, China National Research Institute of Food and Fermentation Industries, Beijing, China	中国

（续）

名称简写	名称全称	所属国家/地区
CIP	Collection of Institut Pasteur, Biological Resource Center of Institut Pasteur（CRBIP）, Paris, France	法国
CN	Wellcome Collection of Bacteria, Burroughs Wellcome Research Laboratories, Beckenham, Kent, UK	英国
CNCM	Collection Nationale de Cultures de Microorganismes, Institut Pasteur, Paris, France	法国
CNCTC	Czech National Collection of Type Cultures, Institute of Hygiene and Epidemiology, Prague, Czech Republic	捷克
CNRZ	Centre National de Recherches Zootechniques, Jouy-en-Josas, France	法国
CPCC	Canadian Phycological Culture Centre, Department of Biology, University of Waterloo, Waterloo, ON, Canada	加拿大
CRBIP	Biological Resource Center of Institut Pasteur, Paris, France	法国
CSIR	Council for Scientific and Industrial Research, Pretoria, South Africa	南非
CSUR	Collection de Souches de l'Unité des Rickettsies, Unités des Rickettsies, Marseille, France	法国
CUETM	Collection Unite Ecotoxicologie Microbienne, INSERM, Villeneuve d'Ascq, Nord, France	法国
DAOM	Plant Research Institute, Department of Agriculture（Mycology）, Ottawa, Canada	加拿大
DAR	Plant Pathology Herbarium, Orange Agricultural Institute, Orange, New South Wales, Australia	澳大利亚
DBVPG	Collection of Yeasts, Dipartimento di Biologia Vegetale, Perugia, Italy	意大利
DMST	Culture Collection for Medical Microorganism, Department of Medical Sciences, National Institute of Health, Nonthaburi, Thailand	泰国
DMUR	Department of Mycology, University of Recife, Brazil	巴西
DSM	DSMZ-Deutsche Sammlung von Mikroorganismen und Zellkulturen GmbH, Braunschweig, Germany	德国
ETH	Kultursammlungen der Eidgenosische Technische Hochschule, Zurich, Switzerland	瑞士
FDA	US Food and Drug Administration, Washington, DC, USA	美国
FDC	Forsyth Dental Center, Boston, MI, USA	美国
FERM	Patent and Bio-Resource Center, National Institute of Advanced Industrial Science and Technology（AIST）, Tsukuba, Ibaraki, Japan	日本
FGSC	Fungal Genetics Stock Center, University of Kansas Medical Center, KS, USA	美国
FIRDI	Food Industry Research and Development Institute, HsinChu, Taiwan	中国台湾
FMJ	Faculty of Medicine, Juntendo University, Tokyo, Japan	日本
FMR	Facultad de Medicina, Reus, Tarragona, Spain	西班牙
FRI	Food Research Institute, Ministry of Agriculture, Forestry and Fisheries, Tsukuba, Ibaraki, Japan	日本

（续）

名称简写	名称全称	所属国家/地区
FRR	Division of Food Research, Food Research Laboratory, CSIRO, North Ryde, NSW, Australia	澳大利亚
FTK	Forintek Culture Collection of Wood~Inhabiting Fungi, Ottawa, Ontario, Canada	加拿大
GBS	Ginseng Genetic Resource Bank, Kyung Hee University, Yongin, Republic of Korea	韩国
GTC/GIFU	Gifu Type Culture Collection, Department of Microbiology, Gifu University School of Medicine, Gifu, Japan	日本
HACC	Research Laboratory, Hindustan Antibiotics Ltd, Pimpri Poona, India	印度
HAMBI	Culture Collection of the Department of Microbiology, Faculty of Agriculture and Forestry, University of Helsinki, Helsinki, Finland	芬兰
HKUCC	University of Hong Kong Culture Collection, Department of Ecology and Biodiversity, Hong Kong, China	中国
HSCC	Culture Collection of the Research and Development Department, Higeta Shoyu Co, Ltd, Choshi, Chiba, Japan	日本
HUT	HUT Culture Collection, Department of Molecular Biotechnology, Graduate School of Advanced Sciences of Matter, Hiroshima University, Higashihiroshima, Hiroshima, Japan	日本
IAM	IAM Culture Collection, Center for Cellular and Molecular Research, Institute ofMolecular and Cellular Biosciences, The University of Tokyo, Tokyo, Japan	日本
IBL	Botanical Institute, Lisbon Faculty of Sciences, Lisbon, Portugal	葡萄牙
IBRC	Iranian Biological Resources Center, Academic Center for Education Culture and Research(ACECR), Tehran, Iran	伊朗
IBT	IBT Culture Collection of Fungi, Mycology Group, BioCentrum ~ DTU, Technical University of Denmark, Lyngby, Denmark	丹麦
ICI	Imperial Chemical Industries Ltd, Welwyn, Hertfordshire, UK	英国
ICMP/PDDCC	International Collection of Microorganisms from Plants, Plant Diseases Division, DSIR, Auckland, New Zealand	新西兰
ICPB	International Collection of Phytopathogenic Bacteria, Davis, CA, USA	美国
IEM	Czech National Collection of Type Cultures, Institute of Hygiene and Epidemiology, Prague, Czech Republic	捷克
IFAM	Institut für Allgemeine Mikrobiologie, Universität Kiel, Kiel, Germany	德国
IFM	Research Center for Pathogenic Fungi and Microbial Toxicoses, Chiba University, Chiba, Japan	日本
IFO	Institute for Fermentation, Osaka, Yodogawa~ku, Osaka, Japan	日本
IGC	Center of Biology, Gulbenkian Institute of Science, Oeiras, Portugal	葡萄牙
IHEM	Instutute of Hygiene and Epidemiology~Mycology Laboratory, Brussels, Belgium	比利时
IID	Laboratory Culture Collection, Institute of Medical Science, University of Tokyo, Tokyo, Japan	日本

（续）

名称简写	名称全称	所属国家/地区
IJFM	Instituto'Jaime Ferrán' de Microbiología Consejo Superior de Investigaciones Científicas, Madrid, Spain	西班牙
IMCC	Inha Microbe Culture Collection, Inha University, Incheon, Republic of Korea	韩国
IMET	National Kurturensammlung für Mikroorganismen, Zentralinstitut für Mikrobiologie und Experimentelle Therapie, Jena, Germany	德国
IMI/CMI	CABI Bioscience, Eggham, UK(*formerly* International Mycological Institute)	英国
IMRU	Waksman Institute of Microbiology, Rutgers, The State University of New Jersey, Piscataway, NJ, USA	美国
IMSNU	Institute of Microbiology, Seoul National University, Seoul, Republic of Korea	韩国
IMUR	Institute of Mycology, University of Recife, Recife, Brazil	巴西
INA	Culture Collection of the Institute of New Antibiotics, Academy of Medical Sciences, Moscow, Russia	俄罗斯
InaCC	Indonesian Culture Collection, Research Center for Biology, Indonesian Institute of Sciences(LIPI), Cibinong, Indonesia	印度尼西亚
INIFAT	INIFAT Fungus Collection, Ministerio de Agricultura, Habana	古巴
INMI	Institute of Microbiology, Russian Academy of Sciences, Moscow, Russia	俄罗斯
IP	Department of Insect Pathology, Institute of Entomology, Č eské Bud ě jovice, Czech Republic	捷克
ITEM	Agri-Food Toxigenic Fungi Culture Collection, Institute of Sciences of Food Production, Bari, Italy	意大利
IZ	Departamento de Tecnologia Rural, Piracicaba, Brazil	巴西
JBRI	Jeju Biodiversity Research Institute, Jeju, Republic of Korea	韩国
JHH	New York State Herbarium, Albany, NY, USA	美国
KACC	Korean Agricultural Culture Collection, National Institute of Agricultural Biotechnology, Rural Development Administration, Suwon, Republic of Korea	韩国
KCCM	Korean Culture Center of Microorganisms, Department of Food Engineering, Yonsei University, Seoul, Republic of Korea	韩国
KCOM	Korean Collection for Oral Microbiology, Department of Oral Biochemistry, School of Dentistry, Chosun University, Guwangju, Republic of Korea	韩国
KCTC	Korean Collection for Type Cultures, Genetic Resources Center, Korea Research Institute of Bioscience and Biotechnology, Taejon, Republic of Korea	韩国
KEMB/KEMC	Korea Environmental Microorganisms Bank, Kyonggi University, Suwon, Republic of Korea	韩国
KMM	Collection of Marine Microorganisms, Pacific Institute of Bioorganic Chemistry, Far-Eastern Branch, Russian Academy of Sciences, Vladivostok, Russia	俄罗斯
KY	Tokyo Research Laboratory, Kyowa Hakko Kogyo, Co, Ltd, Tokyo, Japan	日本

（续）

名称简写	名称全称	所属国家/地区
LBG	Institute for Agricultural Bacteriology and Fermentation Biology, Confederated Technical High School, Zurich, Switzerland	瑞士
LCP	Laboratory of Cryptogamy, National Museum of Natural History, Paris, France	法国
LIA	Cryobank of Microorganisms, Research Institute of Antibiotics and Enzymes, St Petersburg, Russia	俄罗斯
LMD	Laboratorium voor Microbiologie der Landbouwhogeschool, Wageningen, The Netherlands	荷兰
LMG	Laboratorium voor Microbiologie, Universiteit Gent, Gent, Belgium	比利时
LSH/LSHB	London School of Hygiene and Tropical Medicine, London, UK	英国
LY	Laboratoire de Mycologie associé au CNRS, Université Claude Bernard, Lyon I, France	法国
MAFF	Ministry of Agriculture, Forestry and Fisheries, Tsukuba, Ibaraki, Japan	日本
MBIC	Marine Biotechnology Institute Culture Collection, Kamaishi, Iwate, Japan(*defunct*)	日本
MCC	Microbial Culture Collection, National Centre for Cell Science, Maharashtra, India	印度
MCC-UPLB	Microbial Culture Collection, Museum of Natural History, University of the Philippines at Los Baños, Laguna, The Philippines	菲利宾
MCCC	Marine Culture Collection of China, The Third Institute of State Oceanic Administration (SOA), Xiamen, Fujian, China	中国
MCCM	Medical Culture Collection Marburg, Institute of Medical Microbiology and Hospital Hygiene, Philipps University, Marburg, Germany	德国
MDH	Michigan Department of Health, USA	美国
MFC	Matsushima Fungus Collection, Kobe, Japan	日本
MIT	Massachusetts Institute of Technology, Cambridge, Mass, USA	美国
MRC	National Research Institute for Nutritional Diseases, Tygerberg, South Africa	南非
MTCC	Microbial Type Culture Collection and Gene Bank, Institute of Microbial Technology, Chandigarh, India	印度
MU	Willard Sherman Turrell Herbarium, Department of Botany, Miami University, Ohio, USA	美国
MUCL	Mycothèque de l'Université Catholique de Louvain, Louvain-la-Neuve, Belgium	比利时
NBIMCC	National Bank for Industrial Microorganisms and Cell Cultures, Sofia, Bulgaria	比利时
NBRC	NITE Biological Resource Center, Department of Biotechnology, National Institute of Technology and Evaluation, Kisarazu, Chiba, Japan	日本
NCAIM	National Collection of Agricultural and Industrial Microorganisms, Department of Microbiology and Biotechnology, University of Horticulture and Food Industry, Budapest, Hungary	匈牙利
NCB	National Culture Bank, University of Udine, Udine, Italy	意大利
NCCB	The Netherlands Culture Collection of Bacteria, Utrecht, The Netherlands	荷兰
NCCP	National Culture Collection of Pakistan, Islamabad, Pakistan	巴基斯坦
NCFB/NCDO	National Collection of Food Bacteria, Reading, UK(*incorporated with* NCIMB)	英国

（续）

名称简写	名称全称	所属国家/地区
NCIB	National Collection of Industrial Bacteria, Torry Research Station, Aberdeen, Scotland, UK(*incorporated with* NCIMB)	英国
NCIM	National Collection of Industrial Microorganisms, National Chemical Laboratory, Pune, Maharashtra, India	印度
NCIMB	National Collection of Industrial, Food and Marine Bacteria, NCIMB Ltd, Aberdeen, Scotland, UK	英国
NCMB	National Collection of Marine Bacteria, Torry Research Station, Aberdeen, Scotland, UK(*incorporated with* NCIMB)	英国
NCMH	The North Carolina Memorial Hospital, University of North Carolina, Chapel Hill, NC, USA	美国
NCPPB	National Collection of Plant Pathogenic Bacteria, Harpenden, UK	英国
NCTC	National Collection of Type Cultures, Central Public Laboratory Service, London, UK	英国
NCYC	National Collection of Yeast Cultures, Food Research Institute, Norwich, UK	英国
NHL	National Institute of Hygienic Sciences, Tokyo, Japan	日本
NI	Nagao Institute, Tokyo, Japan(*defunct*)	日本
NIAES	National Institute of Agro-Environmental Sciences, Ministry of Agriculture, Forestry and Fisheries, Tsukuba, Ibaraki, Japan	日本
NIAH	National Institute of Animal Health, Ministry of Agriculture, Forestry and Fisheries, Tsukuba, Ibaraki, Japan	日本
NISL	Noda Institute for Scientific Research, Noda, Chiba, Japan	日本
NML	National Microbiology Laboratory Health Canada Culture Collections, National Microbiology Laboratory-Health Canada, Manitoba, Canada	加拿大
NRC/NRCC	Division of Biological Sciences, National Research Council of Canada, Ottawa, Canada	加拿大
NRIC	NODAI Culture Collection, Tokyo University of Agriculture, Tokyo, Japan	日本
NRRL	Agricultural Research Service Culture Collection, National Center for AgriculturalUtilization Research, US Department of Agriculture, Peoria, IL, USA	美国
NZP	New Zealand Department of Scientific and Industrial Research, Applied Biochemistry Division, Palmerston North, New Zealand	新西兰
OAC	Department of Botany and Genetics, University of Guelph, Ont, Canada	加拿大
OCM	Oregon Collection of Methanogens, Beaverton, OR, USA	美国
OUT	Department of Fermentation Technology, Faculty of Engineering, Osaka University, Osaka, Japan	日本
PAMC	Polar and Alpine Microbial Collection, Korea Polar Research Institute, Incheon, Republic of Korea	韩国
PCI	Penicillin Control and Immunology Section, Food and Drug Administration, Washington DC, USA	美国

（续）

名称简写	名称全称	所属国家/地区
PCM	Polish Collection of Microorganisms, Institute of Immunology and Experimental Therapy, Polish Academy of Sciences, Wroclaw, Poland	波兰
PCU	Department of Microbiology, Faculty of Pharmaceutical Sciences, Chulalongkorn University, Bangkok, Thailand	泰国
PRL	Prairie Regional Laboratory, Saskatoon, Canada	加拿大
PTCC	Persian Type Culture Collection, Iranian Research Organization for Science and Technology (IROST), Tehran, Iran	伊朗
PYCC	Portuguese Yeast Culture Collection, C R M, New University of Lisbon, Lisbon, Portugal	葡萄牙
QM	Quartermaster Research and Development Center, US Army, Natick, MA, USA	美国
RBF	Raiffeisen Bioforschung, Tullun, Austria	奥地利
RIA	Research Institute for Antibiotics, Moscow, Russia	俄罗斯
RIB	National Research Institute of Brewing, Tax Administration Agency, Higashihiroshima, Hiroshima, Japan	日本
RIFY/YEI	Research Institute of Fermentation, Yamanashi University, Kofu, Yamanashi, Japan	日本
RIMD	Research Institute for Microbial Diseases, Osaka University, Suita, Osaka, Japan	日本
RMF	Rocky Mountain Herbarium, Fungi, University of Wyoming, Laramie, WY, USA	美国
RV	Collection of Leptospira Strains, Istituto Superiore di Sanita, Roma-Nomentano, Italy	意大利
RTCI	Research Laboratories, Takeda Chemical Industries Ltd, Japan	日本
SRRC	Southern Regional Research Center, Agricultural Research Service, US Department of Agriculture, New Orleans, LA, USA	美国
TAMA	Mycology & Metabolic Diversity Research Center, Tamagawa University Research Institute, Machida, Tokyo, Japan	日本
TBRC	Thailand Bioresource Research Center, National Center for Genetic Engineering and Biotechnology (BIOTEC), Khlong Luang, Pathumthani, Thailand	泰国
TI	Herbarium of the Department of Botany, Faculty of Science, University of Tokyo, Tokyo, Japan	日本
TIMM	Institute of Medical Mycology, Teikyo University, Hachioji, Tokyo	日本
TISTR	Thailand Institute of Scientific and Technological Research, Bangkok, Thailand	泰国
TKBC	Institute of Biological Sciences, University of Tsukuba, Tsukuba, Ibaraki, Japan	日本
TMC	Trudeau Mycobacterial Culture Collection, Trudeau Institute, Denver, CO, USA	美国
TMI	Tottori Mycological Institute, Japan Kinoko Research Center Foundation, Tottori, Japan	日本
TMW	Technische Mikrobiologie Weihenstephan, Technische Universität München, Lehrstuhl für Technische Mikrobiologie, Freising, Germany	德国

（续）

名称简写	名称全称	所属国家/地区
UAMH	University of Alberta Mold Herbarium and Culture Collection, Edmonton, Canada	加拿大
UBC	University of British Columbia, Vancouver, BC, Canada	加拿大
UC	Upjohn Culture Collection, The Upjohn Co Kalamazoo, MI, USA	美国
UCD	Phaff Yeast Culture Collection, Department of Food Science and Technology, University of California, Davis, CA, USA	美国
UCL	Catholic University of Louvain, Brussels, Belgium	比利时
UCM/IMV	Ukrainian Collection of Microorganisms, Zabolotny Institute of Microbiology and Virology, Kiev, Ukraine	乌克兰
UNIQEM	Unique and Extremophilic Microorganisms Collection of Winogradsky Institute of Microbiology RAS, Moscow, Russia	俄罗斯
UNSW	University of New South Wales Culture Collection, The Culture Collection, School of Microbiology and Immunology, University of NSW, NSW, Australia	澳大利亚
UPSC	Fungal Culture Collection at the Botanical Museum, Uppsala University, Uppsala, Sweden	瑞典
USCC	University of Surrey Culture Collection, Department of Microbiology, University of Surrey, Guilford, UK	英国
USDA	United States Department of Agriculture, Beltsville, MD, USA	美国
UWO	University of Western Ontario, Ontario, Canada	加拿大
VIAM	Institute of Applied Microbiology, University of Agricultural Sciences, Vienna, Austria	奥地利
VKM	All-Russian Collection of Microorganisms, Institute of Biochemistry and Physiology of Microorganisms, Russian Academy of Sciences, Pushchino, Moscow Region, Russia	俄罗斯
VPB	Veterinary Pathology and Bacteriology Collection, University of Sydney, New South Wales, Australia	澳大利亚
VPI	Anaerobe Laboratory, Virginia Polytechnic Institute and State University, Blacksburg, VA, USA	美国
VTCC	Vietnam Type Culture Collection, Center of Biotechnology, Vietnam National University, Hanoi, Vietnam	越南
VTT	VTT Culture Collection, VTT Technical Research Center of Finland, Finland	芬兰
VUT	School of Veterinary Medicine, Faculty of Agriculture, University of Tokyo, Tokyo, Japan	日本
WAL	Wadsworth Anaerobe Laboratory, Wadsworth Hospital Center, Veterans Administration, Wilshire and Sawtelle Blvds, Los Angeles, CA, USA	美国
WB	Department of Bacteriology, University of Wisconsin, Madison, WI, USA	美国
WFPL	Western Forest Products Laboratory, Vancouver, British Columbia, Canada	加拿大
WSF	Wisconsin Soil Fungi Collection, Madison, WI, USA	美国
YBLF	Yamanouchi Pharmaceutical Co, Ltd, Tokyo, Japan	日本

（续）

名称简写	名称全称	所属国家/地区
YIM	Yunnan Institute of Microbiology, School of Life Sciences, Yunnan University, Kunming, Yunnan, China	中国
ZIM	Collection of Industrial Microorganisms, Biotechnical Faculty, University of Ljubljana, Ljubljana, Slovenia	斯洛文尼亚

附录3
食用菌等级分类标准

一级种

1. 平菇、姬菇、金针菇、白灵菇、杏鲍菇、鲍鱼菇、阿魏菇

菌丝洁白，爬壁力强，菌丝壮、旺，培养基无干缩、气生菌丝不倒伏，反面观察除接种块点外无任何斑点、条纹或阴影。

2. 鸡腿菇

菌丝灰白，较平菇稀疏，菌丝成熟后略有土黄色，接种块色素较重，其余同平菇。

3. 草菇

菌丝灰蓝，伸长度大，呈半透明状，成熟后大多发生厚垣孢子。

4. 猴头菇

菌丝白色、稍发暗，培养基不丰富时呈节状生长，气生菌丝少，爬壁力弱。

5. 姬松茸、双孢菇

菌丝白色、初期呈绒球状，后期绒毛状生长，气生菌丝数量多，充盈整个试管。

6. 杨树菇、柳松菇、大肥菇、大球

菌丝白色，稍有土黄暗色，营养不良或水分偏大时呈树枝状生长，余同平菇。

二级种

1. 平菇、姬菇、金针菇、白灵菇、杏鲍菇、鲍鱼菇、阿魏菇

菌瓶洁白，上下基本一致，瓶口处气生菌丝旺盛，瓶底部菌丝特浓白，普通旧罐头瓶个重550~600 g，无任何斑点、条纹或异色。

2. 鸡腿菇

菌瓶色泽一致，瓶口处有气生菌丝，较平菇稀疏、纤细。其余同平菇等。

3. 草菇

透过菌瓶明显可见菌丝，一般品种菌丝成熟后即发生厚垣孢子。

4. 猴头菇

菌丝纤细、节短，色泽白，成熟后瓶壁发生白点如同蕾点。

5. 姬松茸、双孢菇

外观洁白、整齐，同平菇类。

6. 杨树菇、柳松菇、大肥菇、大球

瓶壁可见菌丝色泽暗白色，瓶口处气生菌丝数量较少，无任何斑点、条纹或暗点。

三级种

1. 平菇、姬菇、金针菇、白灵菇、杏鲍菇、鲍鱼菇、阿魏菇

菌袋洁白一致，两头接种口处菌丝稍疏，手感硬实，手敲有弹性，一般150×0.05

规格、长 35cm 的料袋，发菌后重约 800~900g。

无任何斑点、条纹或异色。

2. 鸡腿菇

色泽同二级种，其他同平菇等。

3. 草菇

瓶装、袋装表现同二级种，但厚垣孢子发生量少，菌丝成熟后纽结从接种口处伸出，结菇。

4. 猴头菇

同二级种。

5. 姬松茸、双孢菇

同二级种。

6. 杨树菇、柳松菇、大肥菇、大球

同二级种。

主要食用菌的营养成分

占干物质量（%）

| 种类 | 可溶性无氮浸出物 | | | | | | 水分 | 粗蛋白 | 纯蛋白 | 粗脂肪 | 粗纤维 | 灰分 | 水溶性物质 |
	总量	还原糖	戊聚糖	甲基戊聚糖	海藻糖	甘露糖							
双孢蘑菇	31.49	19.96	1.17	0.82	0.75	5.92	90.55	47.42	24.65	3.30	9.38	8.41	57.20
香菇(干)	66.32	54.83	1.51	1.06	4.43	4.90	15.25	18.32	12.57	6.89	7.11	3.36	45.21
草菇	30.51	26.94	1.23	1.91	1.17	0.00	—	33.77	22.35	3.52	18.40	13.30	49.73
平菇	65.61	54.73	1.98	1.16	5.38	4.87	95.30	19.46	11.08	3.84	6.15	4.94	51.39
金针菇	52.07	33.06	2.32	1.37	2.84	6.13	88.45	32.23	13.49	5.78	3.34	7.58	61.16
木耳(干)	73.69	54.30	8.45	1.16	2.62	2.62	9.19	8.67	8.66	1.64	11.50	4.50	41.22
毛木耳(干)	70.90	61.54	4.48	1.41	2.88	6.10	9.80	8.41	6.50	1.39	17.29	2.01	33.68
银耳(干)	63.68	44.29	14.34	1.15	5.50	7.21	11.84	5.62	5.62	4.34	21.20	5.26	79.60
竹荪(干)	62.00	39.73	1.18	0.87	4.54	6.31	10.08	18.49	12.82	2.46	8.84	8.21	52.14
绣球菌	66.68	48.77	1.72	1.48	7.41	12.93	—	15.58	12.36	7.95	5.30	4.49	50.39
葡萄状枝瑚菌	65.25	41.46	1.02	1.71	0.46	2.78	92.41	19.25	15.41	3.29	6.69	5.50	46.10
翘鳞肉齿菌	66.03	41.87	1.73	0.98	2.97	6.75	89.92	20.156	12.38	2.58	4.51	6.72	58.47
灰树花	56.47	47.51	2.66	0.97	5.81	6.77	92.60	21.79	13.30	4.68	9.42	7.64	48.05
乳牛肝菌	64.61	51.66	1.58	1.62	1.70	0.00	92.49	15.91	14.30	10.27	4.89	4.32	37.34
褐环乳牛肝菌	55.80	43.22	1.18	2.03	2.78	0.00	94.00	22.26	9.51	10.46	6.24	5.24	41.40
棒状喇叭菌	50.50	24.90	1.45	0.69	0.67	1.85	79.69	28.41	19.06	5.87	7.81	7.41	64.36
鸡油菌	51.14	31.16	3.60	0.45	3.43	7.02	94.28	19.20	18.19	9.15	9.58	10.93	47.71
晶粒鬼伞	37.49	23.88	1.88	1.05	3.41	1.92	93.57	34.41	17.78	7.04	7.05	14.01	75.58
松乳菇	48.61	37.50	2.20	3.09	0.00	4.14	90.91	27.52	19.78	9.12	8.92	5.83	35.94
红松乳菇	55.83	34.40	1.81	2.50	0.00	3.30	87.29	23.52	14.41	7.28	7.61	5.76	40.90
多汁乳菇	54.50	33.66	1.09	1.53	0.50	6.90	88.62	22.10	18.88	10.53	8.17	4.70	38.62
变绿红菇	39.97	26.25	1.48	1.04	0.00	1.75	—	29.98	23.12	10.07	11.26	8.72	54.33
亚砖红沿丝伞	59.87	39.17	3.13	1.52	2.48	1.46	—	21.82	15.02	3.30	9.52	5.49	43.13
白黄侧耳	50.87	41.38	2.07	0.96	2.43	6.69	—	27.59	12.33	3.40	9.45	8.69	50.89
美味扇菇	59.20	48.98	2.33	6.83	13.35	3.21	68.11	23.23	15.65	3.24	6.28	8.05	46.45

（续）

种类	可溶性无氮浸出物						水分	粗蛋白	纯蛋白	粗脂肪	粗纤维	灰分	水溶性物质
	总量	还原糖	戊聚糖	甲基戊聚糖	海藻糖	甘露糖							
丛生离褶伞	46.06	42.27	1.54	1.59	7.10	3.12	92.34	26.72	10.26	6.95	10.48	9.79	66.44
裸口蘑	35.90	33.75	1.94	1.37	7.74	1.62	93.55	41.94	14.45	3.87	7.92	10.37	78.94
粗状口蘑	56.41	42.00	1.52	2.02	5.96	3.79	89.38	22.59	14.74	5.50	6.61	8.89	53.27
松口蘑（蕾）	59.48	45.80	1.79	1.16	7.50	5.22	89.89	20.07	10.54	5.04	7.41	7.63	55.05
淡红蜡伞	44.79	36.79	2.45	1.65	2.29	1.81	91.37	29.91	24.89	3.44	13.13	8.73	36.16
橙盖鹅膏	34.42	29.88	1.23	0.94	6.36	2.04	93.90	26.32	18.35	18.67	10.96	9.63	40.69
灰鹅膏	23.89	18.20	0.85	0.81	1.09	1.99	90.80	41.97	28.37	13.07	10.13	10.96	41.48
高大环柄菇	34.05	20.50	1.48	0.97	3.46	2.33	—	40.83	22.01	5.83	11.32	9.96	57.92
红跟须腹菌	56.76	40.15	0.96	1.51	7.34	7.04	91.96	23.62	15.74	5.42	6.84	36	48.88
皱马鞍菌	43.92	31.57	6.79	1.23	0.00	1.44	88.69	29.68	8.45	7.99	8.47	4.94	62.84

附录5
食用菌及菌种相关产品和
检测等标准汇总

类 型	编 号	名 称	备 注
术 语	GB/T 12728—2006	《食用菌术语》	
规范规程类	GB/T 29369—2012	《银耳生产技术规范》	
	GB/T 21125—2007	《食用菌品种选育技术规范》	
	GB/Z 26587—2011	《香菇生产技术规范》	
	NY/T 5333—2006	《无公害食品》	2013 年 8 月 1 日起被 NY/T 2375—《2013 食用菌生产技术规范》代替
	NY/T 2064—2011	《秸秆栽培食用菌霉菌污染综合防控技术规范》	
	NY/T 1935—2010	《食用菌栽培基质质量安全要求》	
	NY/T 1098—2006	《食用菌品种描述技术规范》	
	NY 5099—2002	《无公害食品 食用菌栽培基质安全技术要求》	
	NY/T 1204—2006	《食用菌热风脱水加工技术规范》	
	NY 5358—2007	《无公害食品》	食用菌产地环境条件
	NY/T 2117—2012	《双孢蘑菇》	冷藏及冷链运输技术规范
	NY/T 1934—2010	《双孢蘑菇、金针菇贮运技术规范》	
	LY/T 1651—2005	《松口蘑采收及保鲜技术规程》	
产品及卫生标准	LY/T 2132—2013	《猴头菇干制品》	
	LY/T 2133—2013	《榛蘑干制品》	
	GB/T 6192—2008	《黑木耳》	
	GB/T 23188—2008	《松茸》	
	GB/T 23190—2008	《双孢蘑菇》	
	GB/T 23189—2008	《平菇》	
	GB/T 23191—2008	《牛肝菌 美味牛肝菌》	
	GB/T 23775—2009	《压缩食用菌》	
	GB/T 14151—2006	《蘑菇罐头》	
	GB 7096—2003	《食用菌卫生标准》	
	GB 7098—2003	《食用菌罐头卫生标准》	
	GB 11675—2003	《银耳卫生标准》	
	GB/T 23395—2009	《地理标志产品》	卢氏黑木耳
	GB/T 22746—2008	《地理标志产品》	泌阳花菇

（续）

类　型	编　号	名　　称	备　注
产品及卫生标准	GB/T 19087—2008	《地理标志产品》	庆元香菇
	GHT 1013—1998	《香菇》	
	LY/T 1577—2009	《食用菌、山野菜干制品压缩块》	
	LY/T 1207—2007	《黑木耳块》	
	LY/T 1649—2005	《保鲜黑木耳》	
	LY/T 1696—2007	《姬松茸》	
	LY/T 1826—2009	《木灵芝干品质量》	
	LY/T 1919—2010	《元蘑干制品》	
	NY/T 833—2004	《草菇》	
	NY/T 749—2012	《绿色食品》	食用菌
	NY 5095—2006	《无公害食品》	食用菌
	NY 5247—2004	《无公害食品》	茶树菇
	NY 5187—2002	《无公害食品》	罐装金针菇
	NY 5246—2004	《无公害食品》	鸡腿菇
	NY/T 834—2004	《银耳》	
	NY/T 1838—2010	《黑木耳等级规格》	
	NY/T 1790—2009	《双孢蘑菇等级规格》	
	NY/T 1836—2010	《白灵菇等级规格》	
	NY/T 1061—2006	《香菇等级规格》	
	NY/T 695—2003	《毛木耳》	
	NY/T 836—2004	《竹荪》	
	NY/T 445—2001	《口蘑》	
	NY/T 446—2001	《灰树花》	
	QB 1399—1991	《香菇罐头》	
	QB 1398—1991	《金针菇罐头》	
	QB 1357—1991	《香菇猪脚腿罐头》	
	QB 1397—1991	《猴头菇罐头》	
	QBT 3601—1999	《香菇肉酱罐头》	
	QBT 3615—1999	《草菇罐头》	
检测方法	GB/T 12532—2008	《食用菌灰分测定》	
	GB/T 12533—2008	《食用菌杂质测定》	
	GB/T 15672—2009	《食用菌中总糖含量的测定》	
	GB/T 15673—2009	《食用菌中粗蛋白含量的测定》	
	GB/T 15674—2009	《食用菌中粗脂肪含量的测定》	

（续）

类　型	编　号	名　称	备　注
检测方法	GB/T 23202—2008	《食用菌中 440 种农药及相关化学品残留量的测定 液相色谱–串联质谱法》	
	GB/T 23216—2008	《食用菌中 503 种农药及相关化学品残留量的测定 气相色谱–质谱法》	
	GB/T 5009.189—2003	《银耳中米酵菌酸的测定》	
	NY/T 1257—2006	《食用菌中荧光物质的检测》	
	NY/T 1373—2007	《食用菌中亚硫酸盐的测定方法》	冲氮蒸馏/分光光度计法
	NY/T 1676—2008	《食用菌中粗多糖含量的测定》	
	NY/T 1677—2008	《破壁灵芝孢子粉破壁率的测定》	
	NY/T 1283—2007	《香菇中甲醛含量的测定》	
	SN/T 0633—1997	《出口盐渍食用菌检验规程》	
	SN/T 0626.7—1997	《出口速冻蔬菜检验规程》	食用菌
	SN/T 2074—2008	《主要食用菌中转基因成分定性 PCR 检测方法》	
	SN/T 1004—2001	《出口蘑菇罐头中尿素残留量检验方法》	
	SN/T 0631—1997	《出口脱水蘑菇检验规程》	
	SN/T 0632—1997	《出口干香菇检验规程》	
其他相关标准	GB/T 18525.5—2001	《干香菇辐照杀虫防霉工艺》	
	NY/T 1844—2010	《农作物品种审定规范》	食用菌
	NY/T 1464.10—2007	《农药田间药效试验准则	第 10 部分：杀菌剂防治蘑菇湿泡病》
监督抽查规范	CCGF 108.3—2010	《食用菌》	
食用菌菌种相关标准	GB 19169—2003	《黑木耳菌种》	
	GB 19171—2003	《双孢蘑菇菌种》	
	GB 19170—2003	《香菇菌种》	
	GB 19172—2003	《平菇菌种》	
	GB/T 23599—2009	《草菇菌种》	
	NY 862—2004	《杏鲍菇和白灵菇菌种》	
	NY/T 528—2010	《食用菌菌种生产技术规程》	
	NY/T 1097—2006	《食用菌菌种真实性鉴定》	酯酶同工酶电泳法
	NY/T 1284—2007	《食用菌菌种中杂菌及害虫的检验》	
	NY/T 1730—2009	《食用菌菌种真实性鉴定》	ISSR 法
	NY/T 1731—2009	《食用菌菌种良好作业规范》	
	NY/T 1742—2009	《食用菌菌种通用技术要求》	
	NY/T 1743—2009	《食用菌菌种真实性鉴定》	RAPD 法
	NY/T 1845—2010	《食用菌菌种区别性鉴定》	拮抗反应
	NY/T 1846—2010	《食用菌菌种检验规程》	
	GB/T 29368—2012	《银耳菌种生产技术规程》	

附录6
用于专利程序的生物材料保藏办法

（国家知识产权局令 第六十九号）

第一章 总 则

第一条 为了规范用于专利程序的生物材料的保藏和提供样品的程序，根据《中华人民共和国专利法》和《中华人民共和国专利法实施细则》（以下简称专利法实施细则），制定本办法。

第二条 生物材料保藏单位负责保藏用于专利程序的生物材料以及向有权获得样品的单位或者个人提供所保藏的生物材料样品。

第三条 在中国没有经常居所或者营业所的外国人、外国企业或者外国其他组织根据本办法办理相关事务的，应当委托依法设立的专利代理机构办理。

第二章 保藏生物材料

第四条 专利申请人依照专利法实施细则第二十四条提交生物材料保藏时，应当向保藏单位提交该生物材料，并附具保藏请求书写明下列事项：

（一）请求保藏的生物材料是用于专利程序的目的，并保证在本办法第九条规定的保藏期间内不撤回该保藏；

（二）专利申请人的姓名或者名称和地址；

（三）详细叙述该生物材料的培养、保藏和进行存活性检验所需的条件；保藏两种以上生物材料的混合培养物时，应当说明其组分以及至少一种能检查各个组分存在的方法；

（四）专利申请人给予该生物材料的识别符号，以及对该生物材料的分类命名或者科学描述；

（五）写明生物材料具有或者可能具有危及健康或者环境的特性，或者写明专利申请人不知道该生物材料具有此种特性。

第五条 保藏单位对请求保藏的生物材料的生物特性不承担复核的义务。专利申请人要求对该生物材料的生物特性和分类命名进行复核检验的，应当在提交保藏生物材料时与保藏单位另行签订合同。

第六条 保藏单位收到生物材料和保藏请求书后，应当向专利申请人出具经保藏单位盖章和负责人签字的书面保藏证明。保藏证明应当包括下列各项：

（一）保藏单位的名称和地址；

（二）专利申请人的姓名或者名称和地址；

（三）收到生物材料的日期；

（四）专利申请人给予该生物材料的识别符号，以及对该生物材料的分类命名或者科学描述；

（五）保藏单位给予的保藏编号。

第七条　有下列情形之一的，保藏单位对生物材料不予保藏，并应当通知专利申请人：

（一）该生物材料不属于保藏单位接受保藏的生物材料种类；

（二）该生物材料的性质特殊，保藏单位的技术条件无法进行保藏；

（三）保藏单位在收到保藏请求时，有其他理由无法接受该生物材料。

第八条　保藏单位收到生物材料以及保藏请求后应当及时进行存活性检验，并向专利申请人出具经保藏单位盖章和负责人签字的书面存活证明。存活证明应当记载该生物材料是否存活，并应当包括下列各项：

（一）保藏单位的名称和地址；

（二）专利申请人的姓名或者名称和地址；

（三）收到生物材料的日期；

（四）保藏单位给予的保藏编号；

（五）存活性检验的日期。

在保藏期间内，应专利申请人或者专利权人随时提出的请求，保藏单位应当对该生物材料进行存活性检验并向其出具经保藏单位盖章和负责人签字的书面存活证明。

第九条　用于专利程序的生物材料的保藏期限至少30年，自保藏单位收到生物材料之日起计算。保藏单位在保藏期限届满前收到提供生物材料样品请求的，自请求日起至少应当再保藏5年。在保藏期间内，保藏单位应当采取一切必要的措施保持其保藏的生物材料存活和不受污染。

第十条　涉及保藏的生物材料的专利申请公布前，保藏单位对其保藏的生物材料以及相关信息负有保密责任，不得向任何第三方提供该生物材料的样品和信息。

第十一条　生物材料在保藏期间内发生死亡或者污染等情况的，保藏单位应当及时通知专利申请人或者专利权人。专利申请人或者专利权人在收到上述通知之日起4个月内重新提交与原保藏的生物材料相同的生物材料的，保藏单位予以继续保藏。

第三章　提供生物材料样品

第十二条　在保藏期间内，应保藏生物材料的专利申请人或者专利权人或者经其允许的任何单位或者个人的请求，保藏单位应当向其提供该生物材料的样品。

专利申请权或者专利权发生转让的，请求提供生物材料样品的权利以及允许他人获得生物材料样品的权利一并转让。

专利申请权或者专利权发生转让的，受让人应当及时通知保藏单位该专利申请权或者专利权的转让情况。

第十三条　《国际承认用于专利程序的微生物保藏布达佩斯条约》缔约方专利局正在审查的专利申请或者已经授予的专利权涉及保藏单位所保藏的生物材料，该专利局为其专利程序的目的要求保藏单位提供该生物材料样品的，保藏单位应当向其提供。

第十四条　国家知识产权局收到请求人依照专利法实施细则第二十五条提出的请求后，应当核实下列事项：

（一）涉及该保藏生物材料的专利申请已经向国家知识产权局提交，并且该申请的主题包括该生物材料或者其利用；

（二）所述专利申请已经公布或者授权；

（三）请求人已经按照专利法实施细则第二十五条的规定作出保证。

国家知识产权局应当将该请求和有关文件的副本转送专利申请人或者专利权人，要求其在指定期限内就是否同意向请求人提供样品提出意见。专利申请人或者专利权人不同意向请求人提供样品的，应当说明理由并提交必要的证据；逾期不提出意见的，视为同意向请求人提供样品。

国家知识产权局应当综合考虑核实的情况以及专利申请人或者专利权人提出的意见，确定是否向请求人出具其有权获得生物材料样品的证明。

第十五条　除本办法第十二条和第十三条规定的情形外，请求提供生物材料样品的单位或者个人向保藏单位提交提供样品请求书以及国家知识产权局根据本办法第十四条所出具的证明的，保藏单位应当向其提供生物材料样品。

第十六条　保藏单位依照本办法提供生物材料样品，获得生物材料样品的人使用生物材料样品的，还应当遵守国家有关生物安全、出入境管理等法律法规的规定。

第十七条　保藏单位依照本办法向专利申请人或者专利权人之外的其他单位或者个人提供生物材料样品的，应当及时通知专利申请人或者专利权人。

第十八条　自本办法第九条规定的保藏期限届满之日起 1 年内，专利申请人或者专利权人可以取回所保藏的生物材料或者与保藏单位协商处置该生物材料。专利申请人或者专利权人在该期限内不取回也不进行处置的，保藏单位有权处置该生物材料。

第四章　附　则

第十九条　保藏单位确定的接受保藏的生物材料种类以及收费标准应当予以公布，并报国家知识产权局备案。

第二十条　本办法自 2015 年 3 月 1 日起施行。1985 年 3 月 12 日中华人民共和国专利局公告第八号发布的《中国微生物菌种保藏管理委员会普通微生物中心用于专利程序的微生物保藏办法》和《中国典型培养物中心用于专利程序的微生物保藏办法》同时废止。

药　物	主要化学成分	功效与主治
麦角菌	麦角新破、麦角胶、麦角高碱	能使子宫收缩。用于产后止血及加速子宫恢复
冬虫夏草	虫草酸、虫草素、胆甾醇、甘露醇、腺苷、氨基酸等	保肺、益肾、补精髓、止血化痰，为强壮剂、镇静剂。用于治疗老年人衰弱的慢性咳喘、盗汗、贫血、肺结核咳血吐血、神经衰弱等症
黑木耳	黑木耳多糖、多种维生素	补气血、润肺、止血、活血，有滋补强壮、通便之效。用于治疗寒湿性腰腿疼、产后虚弱血脉不通、子宫出血等，对于高血压亦有效
银耳	银耳多糖、己糖醛酸甘露醇糖	补肺益气、滋阴润燥、清热和血。治久咳、喉痒、气管炎、高血压
金耳		化痰、定喘、调气、平肝阳。治老人咳嗽、气管炎、高血压
鸡油菌	人体必须8种氨基酸、维生素A	清目、利肺、益肠道。可预防视力失常、眼炎、夜盲及消化道感染
猴头	猴头多糖	利五脏、助消化、滋补。治消化道不良、神经衰弱、胃溃疡
云芝	云芝多糖、甘露糖、甾类、生物碱	清热解毒、去湿化痰、疗肺。云芝多糖用于治疗肝病及肝、胃、结肠等恶性肿瘤
药用拟层孔菌	松草酸、松辈酸树脂等	降气，平喘、祛风、除湿、消肿、利尿。治疗咳响、气喘、胃痛、肾炎、尿路结石等症
树舌	树舌多糖	有止痛、清热、止血、化痰的功效。治疗肝炎、食道癌
灵芝	灵芝多糖、氨基酸、甾类、三帖类、油脂类，生物碱等	有滋补、健脑、消炎利尿、益胃。治疗神经衰弱、头昏失眠，慢性肝炎、肾盂肾炎、高血压、胃病等
雷丸	雷丸素、雷丸蛋白酵	消积、杀虫、除热。治蛔虫、绦虫、脑囊虫、血吸虫等
猪苓	猪苓多糖、麦角甾醇、生物素	能利小便、渗湿。治急性肾炎、全身浮肿、小便不利。治黄疸病、肝硬化、腹水。临床治肺癌疗效好
茯苓	茯苓聚糖、茯苓多糖、麦角甾醇、脂肪茯苓酸等	有利尿、健脾、安神之功效。治体虚浮肿、孕妇腿肿、水肿、小便不利、脾胃虚弱、食少便溏、心神不安、失眠、急性肝炎与急性肾炎
硫黄菌	齿孔酸	能调节机体增进健康、抵抗疾病。治疗雄性器官衰退以及某些妇科疾病
蜜环菌	蜜环菌甲素、乙素、麦角甾醇	能清目、利肺、益肠道，息风镇痛。治神经性头疼，高血压性头疼，治视力失常、眼炎、夜盲，抗呼吸道、消化道疾病感染

（续）

药　物	主要化学成分	功效与主治
亮菌	假密环菌甲素、乙素、香豆素	治疗慢性肝炎、胆囊炎等
冬菇	冬菇素、氨基酸	利肝脏、益肠胃、抗癌。治疗肝病和胃肠道溃疡
香菇	香菇多糖、核苷酸、香菇素、葡聚糖等	益气、治风破血、化痰理气、助食等。治水肿、胃肠不适的腹痛、头痛、头晕，预防肝硬化及血管硬化，降血压，可以抗癌、防癌
安络小皮伞		具有止痛消炎功效。主治跌打损伤、骨折腰痛、麻风性神经痛，坐骨神经痛、三叉神经痛、偏头痛以及风湿性关节痛
蚁巢伞	蛋白质、多缩戊糖、麦角甾醇	有益胃、清神、治痔的功效。能消化、提神，治心悸、肝炎等
裂褶菌	裂褶菌多糖、粗蛋白等	能滋补、强身，有抗癌功效。治白带
草菇	蛋白质、麦角甾醇	能消是去热，增益健康、抗痛。防治坏血病及淤点性皮疹齿龈肌肉、关节囊等处出血，抗高血压
金顶侧耳		滋补强壮，治虚弱症与痢疾，还可治肺气肿
松口蘑	松口蘑多糖、氨基酸、松茸醇、桂皮酸甲酯等	有益肠胃、止痛、化痰理气效能。能治糖尿病
竹荪	氨基酸、维生素	有止咳、补气、止痛功效。对高血压、高胆固醇及肥胖症疗效较好
马勃	马勃素、麦角甾醇、类脂、尿素等	清肺、散热血、解毒消肿、止血。治慢性扁桃体炎、喉炎、鼻出血、外伤出血及食道、胃出血等
白僵菌	蛋白质、草酸铵等	祛风热、镇惊、化痰。治急慢性惊风、痉挛抽搐、头痛、急性咳嗽、扁桃体炎、失盲等症，对糖尿病、癫痫亦有疗效
蝉花	甘露醇	能解痉，散风热、退翳障、透疹。用于治疗小儿惊风夜啼、咽喉肿痛、痘疹遍身作痒

目(Order)	科(Family)	属(Genus)	种类(Species)	寄主(Host)	分布(Place)
毛霉目 Mucorales	毛霉科 Mucoraceae	拟小孢霉属 *Sporodiniella*	伞拟小孢霉 *S. umbellata*	角蝉的卵、若虫、成虫，鳞翅目幼虫，蝇类、蚁类成虫	厄瓜多尔、印度尼西亚
虫霉目 Entomophthorales	新月霉科 Ancylistaceae	耳霉属 *Conidiobolus*	冠耳霉 *C. coronatus*	多种昆虫，能引起人和马鼻腔瘤	广布
			有味耳霉 *C. osmodes*	蚜虫、象甲、家蝇	
			块状耳霉 *C. thrombiodes*	蚜虫、双翅目、鳞翅目	广布
	虫霉科 Entomophthoraceae	巴科霉属 *Batkoa*	尖突巴科霉 *B. apiculata*	多种昆虫	广布
			大孢巴科霉 *B. major*	多种昆虫	广布
		耳霉属 *Conidiobolus*			
		拟虫疫霉属 *Eryniopsis*	萤拟虫疫霉 *E. lampyridarum*	花萤等	
		虫疫霉属 *Erynia*(54种，全部虫生种)	弯孢虫疫霉 *E. curvispora*	蚊	广布
			锥孢虫疫霉 *E. conica*	双翅目	广布
			卵孢虫疫霉 *E. ovispora*	双翅目	中国北京
			变绿虫瘴霉 *E.(Furia)virescens*	夜蛾幼虫	加拿大、芬兰
			伊萨卡虫瘴霉 *E.(F.)ithacensis*	双翅目	中国福建；美国
			粉蝶虫瘴霉 *E.(F.) pieris*	鳞翅目	中国福建；美国

（续）

目（Order）	科（Family）	属（Genus）	种类（Species）	寄主（Host）	分布（Place）
虫霉目 Entomophthorales	虫霉科 Entomophthoraceae	虫疫霉属 *Erynia*（54 种，全部虫生种）	新蚜虫疠霉 *E.*（*Pandora*）*neoaphidis*	蚜虫	广布
			金龟子虫疠霉 *E.*（*P.*）*brahminae*	金龟子	中国云南；印度
			飞虱虫疠霉 *E.*（*P.*）*delphacis*	稻飞虱	亚洲
			根虫瘟霉 *E.*（*Zoophthora*）*radicans*	同翅目、鳞翅目、双翅目、缨翅目	广布
			蚜虫瘟霉 *E.*（*Z.*）*aphidis*	蚜虫	中国福建、陕西
			安徽虫瘟霉 *E.*（*Z.*）*anhuiensis*	蚜虫	中国
			加拿大虫瘟霉 *E.*（*Z.*）*canadensis*	蚜虫	中国安徽；加拿大
		噬虫霉属 *Entomophaga*（10 种，全部虫生种）	灯蛾噬虫霉 *E. aulicae*	灯蛾、毒蛾、枯叶蛾、夜蛾、卷蛾等	广布
			蝗噬虫霉 *E. grylli*	蝗虫	
			堪萨斯噬虫霉 *E. kansana*	蝇	广布
			舞毒蛾噬虫霉 *E. maimaiga*	毒蛾	亚洲
		虫霉属 *Entomophthora*（11 种，全部虫生种）	蚜霉 *E. aphidis*	蚜虫	
			弗雷生虫霉 *E. fresenii*	蚜虫	
			γ 夜蛾霉 *E. gammae*	γ 金翅夜蛾	
			蝗霉 *E. grylli*	蚱蜢、蝗虫，步甲科，鳞翅目、双翅目、毛翅目	

（续）

目（Order）	科（Family）	属（Genus）	种类（Species）	寄主（Host）	分布（Place）
虫霉目 Entomophthorales	虫霉科 Entomophthoraceae	虫霉属 *Entomophthora*（11 种，全部虫生种）	蝇霉 *E. muscae*	蝇类	
			普朗孔虫霉 *E. planchoniana*	蚜虫	广布
			球形虫霉 *E. sphaerosperma*	范围极广	
		团孢霉属 *Massospora*（11 种，专性寄生蝉类）	蝉团孢霉 *M. cicadina*	十七年蝉雄成虫	美国、古巴、日本
		斯魏氏属 *Strongwellsea*	斯魏稻蝇霉绝育斯魏霉 *S. castans*	稻蝇成虫	陕西；美国、加拿大、德国
			大孢斯魏霉 *S. magna*	蝇类	陕西；美国、加拿大、德国
	顶裂霉科 Meristacraceae	顶裂霉属 *Meristacrum*	星孢顶裂霉 *M. asterosporum*	虻类	俄罗斯、美国
			米氏孢顶裂霉 *M. milkoi*	虻类	俄罗斯、美国
	新接霉科 Neozygitaceae	新接霉属 *Neozygites*（异名：萨克霉属 *Thaxterosporium*）	弗氏新接霉 *N. fresenii*	蚜虫、螨类	中国广布
			佛州新接霉 *N. floridarum*	蚜虫、螨类	中国、美国
钩孢毛菌目 Harpellales	Lageriomycetaceae	斯氏毛菌属 *Smittium*	蚊病斯氏毛菌 *S. morbosum*	蚊类幼虫	
水霉目 Saprolegniales（不明确）	海壶菌科 Haliphthoraceae（不明确）	艾特金霉属 *Atkinsiella*	噬虫艾特金霉 *A. entomophaga*	摇蚊、石蛾卵	欧洲、北美洲
	（不明确）	拟丝囊霉属 *Aphanomycopsis*	性拟丝囊霉 *A. sexualia*	摇蚊卵	欧洲、北美洲
	水霉科 Saprolegniaceae 或 Leptolegniaceae（不明确）	库奇霉属 *Couchia*	环网库奇霉 *C. circumplexa*	摇蚊卵	
		线囊霉属细囊霉属 *Leptolegnia*	查氏线囊霉 *L. chapmanii*	蚊类幼虫	美国

（续）

目（Order）	科（Family）	属（Genus）	种类（Species）	寄主（Host）	分布（Place）
壶菌目 Chytridiales	油壶菌科 Olpidiaceae	蝇壶菌属 *Myiophagus*	乌克兰蝇壶菌 *M. ucrainicus*	多种昆虫	欧洲、北美洲
（不明确）	（不明确）	腔壶菌属 *Coelomycidium*	蚋蚴腔壶菌 *C. simulii*	双翅目昆虫	欧洲、亚洲
链壶菌目 Lagenidiales	Lagenidiaceae	链壶菌属 *Lagenidium*	大链壶菌 *L. giganteum*	库蚊幼虫	广布
芽枝菌目 Blastocladiales	雕蚀菌科 Coelomomycetaceae	雕蚀菌属 *Coelomomyces* （60多个种，均专性寄生水生昆虫）	疟蚊雕蚀菌 *C. anophelesica*	按蚊一龄幼虫	
			扁囊雕蚀菌 *C. lativittatus*	水生昆虫	
			骚蚊雕蚀菌 *C. psorophorae*	水生昆虫	
			内链枝菌 *C. auxiliaris*	小蠹幼虫	
			刺链枝菌 *C. spinosa*	摇蚊卵	
球囊菌目 Ascosphaerales	Ascosphaeraceae	球囊霉属 *Ascosphaera*	蜜蜂球囊霉 *A. apis*	蜜蜂、切叶蜂，导致白垩病	
			黑球囊霉 *A. atra*	蜂类	
			聚生球囊霉 *A. aggregata*	蜂类	
			大孢球囊霉 *A. major*	蜜蜂、切叶蜂，导致白垩病	
			多育球囊霉 *A. proliperda*	切叶蜂导致白垩病	美国、丹麦等
			寄生球囊霉 *A. parasitica*	红切叶蜂 *Osmia cornifrons*	日本
格孢腔菌目 Pleosporales	Tubeufiaceae	柄赤壳属 *Podonectria*	*P. cicadellidicola*	叶蝉若虫	热带地区

（续）

目（Order）	科（Family）	属（Genus）	种类（Species）	寄主（Host）	分布（Place）
肉座菌目 Hypocreales	丛赤壳科 Nectriaceae	亚肉座菌属 Hypocrella（通常归到麦角菌目麦角菌科）	粉虱肉座菌 H. aleyrodis	粉虱	中国台湾；日本；北美；东南亚地区
		丛赤壳 Nectria	蚧生丛赤壳菌 猩红菌 N. flammea	介壳虫	广布
多腔菌目 Myriangiales	多腔菌科 Myriangiaceae	多腔菌属 Myriangium	蚧多腔菌 M. duriaei	介壳虫	南北美洲、欧洲；东南亚地区
			澳洲虫草 C. australis	蚁类	
			亚马逊虫草 C. amazonica	直翅目昆虫	
			金针虫虫草 C. agriota	鞘翅目幼虫	中国贵州；日本
			布氏虫草 C. brongniartii	鳞翅目幼虫	中国云南、陕西、贵州；日本
			双梭孢虫草 C. bifusispora	夜蛾科蛹	中国贵州；瑞典
			步甲虫草 C. carabidiicola		
			C. clavata	鞘翅目幼虫	
			大蝉草 C. cicadae	蝉若虫	
			蝉生虫草蝉花蝉草 C. cicadicola		
			C. cuboidea	鞘翅目幼虫	
			瓜孢虫草 C. cucumispora	蚁类	亚马孙河流域
			刺蛾生虫草 C. cochlidiicola	鳞翅目蛹	
			象甲虫草 C. curculionum	象甲成虫	
			毛虫草发丝虫草 发虫草 C. crinalis	鳞翅目幼虫	中国贵州；日本、美国；非洲各国
			革翅目虫草 C. dermapterigena		

（续）

目（Order）	科（Family）	属（Genus）	种类（Species）	寄主（Host）	分布（Place）
多腔菌目 Myriangiales	多腔菌科 Myriangiaceae	多腔菌属 *Myriangium*	双翅目虫草 *C. dipterigena*	双翅目成虫（如盗虻）	
			叩头虫虫草 *C. elateridicola*		
			C. elongatistromata	膜翅目成虫	
			蚁虫草 *C. formicarum*	蚁类	
			蜣螂虫草 *C. geotrupis*		
			蟋蟀虫草 蟋蟀草 *C. grylli*		
			蝼蛄虫草 *C. gryllotalpae*		
			拟细虫草 拟黑槌锤虫草 *C. gracilioides*	鞘翅目幼虫	
			细虫草黑槌锤虫草阿尔泰虫草 *C. gracilis*	鳞翅目幼虫	中国江苏、新疆等
			古尼虫草 *C. gunnii*	蝙蝠蛾科幼虫	
			亨利虫草 *C. henleyae*	鳞翅目幼虫	中国贵州、广西；澳大利亚
			拟剑叶兰虫草 *C. kniphofioides*	蚁类	亚马孙河流域
			草剃虫草 *C. kusanagiensis*		
			长座虫草 *C. longissima*	蝉若虫	
			幼虫虫草 *C. larvarum*		
			劳埃德虫草 *C. lloydii*	蚁类	
			珊瑚虫草 *C. martialis*	鳞翅目幼虫	

（续）

目（Order）	科（Family）	属（Genus）	种类（Species）	寄主（Host）	分布（Place）
多腔菌目 Myriangiales	多腔菌科 Myriangiaceae	多腔菌属 Myriangium	螳螂虫草 C. mantidaecola		
			鳃金龟虫草 C. melolonthae		
			蚁虫草 C. myrmecophila	蚁类	
			蛹虫草 C. militaris（无性型为：蛹草拟青霉 P. militaris）	鳞翅目的蛹	广布
			下垂虫草 C. nutans（无性型为：下垂层束梗孢 H. nutans）	蝽类昆虫	广布
			C. neovolkiana	寄生金龟子幼虫	
			蜻蜓虫草 C. odonatae		
			尖头虫草 亚黄蜂草 C. oxycephala	膜翅目成虫	
			大团囊草 C. ophioglossoides	药用	
			蛾蛹虫草 C. polyarthra	药用	
			C. paradoxa	蝉若虫	
			C. prolifica	蝉若虫	
			C. pseudomilitaris	鳞翅目幼虫	
			C. purpureostromata	鞘翅目幼虫	
			粉被虫草 茧草 C. pruinosa	鳞翅目的蛹	
			C. ramosopulvinata	蝉若虫	
			金龟子虫草 C. scarabaeicola	金龟子成虫	中国贵州、台湾；日本
			冬虫夏草 C. sinensis（无性型为：中国被毛孢）	药用，蝙蝠蛾科幼虫	中国四川、云南、青海、西藏等

（续）

目（Order）	科（Family）	属（Genus）	种类（Species）	寄主（Host）	分布（Place）
多腔菌目 Myriangiales	多腔菌科 Myriangiaceae	多腔菌属 *Myriangium*	蝉花小蝉草 *C. sobolifera*	药用，蝉若虫	
			蜂头虫草球头虫草 *C. sphecocephala*	膜翅目成虫	中国安徽、浙江、福建、贵州等
			塔顶虫草柱座虫草 *C. stylophora*	鞘翅目幼虫	
			拟蛹虫草 *C. submilitaris*	叩甲科幼虫	
			戴氏虫草 *C. taii*（无性型为：戴氏绿僵菌）	鳞翅目幼虫	中国贵州
			高雄山虫草淡黄鳞蛹虫草 *C. takaomontana*	鳞翅目的蛹	
			嗜蚁虫草 *C. termitophila*	白蚁	
			沫蝉虫草、吹沫虫草 *C. tricentri*	沫蝉、叶蝉成虫	广布
			蛾草瘤座虫草细座虫草 *C. tuberculata*	蛾类成虫	
			单侧生虫草 *C. unilateralis*	蚁类	
		虫壳属 *Torrubiella*	*T. superficialis*	介壳虫	
球囊菌目 Ascosphaerales	Ascosphaeraceae	球囊霉属 *Ascosphaera*	蜜蜂球囊霉 *A. apis*	蜜蜂、切叶蜂，导致白垩病	
			黑球囊霉 *A. atra*	蜂类	
			聚生球囊霉 *A. aggregat*	蜂类	
			大孢球囊霉 *A. major*	蜜蜂、切叶蜂，导致白垩病	
			多育球囊霉 *A. proliperda*	切叶蜂导致白垩病	美国、丹麦等

（续）

目（Order）	科（Family）	属（Genus）	种类（Species）	寄主（Host）	分布（Place）
球囊菌目 Ascosphaerales	Ascosphaeraceae	球囊霉属 Ascosphaera	寄生球囊霉 A. parasitica	红切叶蜂	日本
格孢腔菌目 Pleosporales	Tubeufiaceae	柄赤壳属 Podonectria	P. cicadellidicola	叶蝉若虫	热带地区
肉座菌目 Hypocreales		亚肉座菌属 Hypocrella（通常归到麦角菌目麦角菌科）	粉虱肉座菌 H. aleyrodis	粉虱	中国台湾；日本；北美洲；东南亚地区
	丛赤壳科 Nectriaceae	丛赤壳属 Nectria	蚧生丛赤壳菌猩红菌 N. flammea	介壳虫	广布
多腔菌目 Myriangiales	多腔菌科 Myriangiaceae	多腔菌属 Myriangium	蚧多腔菌 M. duriaei	介壳虫	南北美洲、欧洲、东南亚地区
麦角菌目 Clavicipitales	麦角菌科 Clavicipitaceae	虫草属 Cordyceps	澳洲虫草 C. australis	蚁类	
			亚马逊虫草 C. amazonica	盲翅目昆虫	
			金针虫虫草 C. agriota	鞘翅目幼虫	中国贵州；日本
			布氏虫草 C. brongniartii	鳞翅目幼虫	中国云南、陕西、贵州；日本
			双梭孢虫草 C. bifusispora	夜蛾科的蛹	中国贵州；瑞典
			步甲虫草 C. carabidiicola		
			C. clavata	鞘翅目幼虫	
			大蝉草 C. cicadae	蝉若虫	
			蝉生虫草蝉花蝉草 C. cicadicola		
			C. cuboidea	鞘翅目幼虫	
			瓜孢虫草 C. cucumispora	蚁类	亚马孙河流
			刺蛾生虫草 C. cochlidiicola	鳞翅目蛹	
			象甲虫草 C. curculionum	象甲成虫	
			毛虫草发丝虫草发虫草 C. crinalis	鳞翅目幼虫	中国贵州；日本、美国；非洲

（续）

目（Order）	科（Family）	属（Genus）	种类（Species）	寄主（Host）	分布（Place）
麦角菌目 Clavicipitales	麦角菌科 Clavicipitaceae	虫草属 Cordyceps	革翅目虫草 C. dermapterigena		
			双翅目虫草 C. dipterigena	双翅目成虫，如盗虻	
			叩头虫虫草 C. elateridicola		
			C. elongatistromata	膜翅目成虫	
			蚁虫草 C. formicarum	蚁类	
			蜣螂虫草 C. geotrupis		
			蟋蟀虫草 蟋蟀草 C. grylli		
			蝼蛄虫草 C. gryllotalpae		
			拟细虫草拟黑槌锤虫草 C. gracilioides	鞘翅目幼虫	
			细虫草黑槌锤虫草阿尔泰虫草 C. gracilis	鳞翅目幼虫	中国江苏、新疆等
			古尼虫草 C. gunnii（无性型为：古尼拟青霉）	蝙蝠蛾科幼虫	
			亨利虫草 C. henleyae	鳞翅目幼虫	中国贵州、广西；澳大利亚
			拟剑叶兰虫草 C. kniphofioides	蚁类	亚马河流域
			草剃虫草 C. kusanagiensis		
			长座虫草 C. longissima	蝉若虫	
			幼虫虫草 C. larvarum		
			劳埃德虫草 C. lloydii	蚁类	

（续）

目（Order）	科（Family）	属（Genus）	种类（Species）	寄主（Host）	分布（Place）
麦角菌目 Clavicipitales	麦角菌科 Clavicipitaceae	虫草属 Cordyceps	珊瑚虫草 C. martialis	鳞翅目幼虫	
			螳螂虫草 C. mantidaecola		
			鳃金龟虫草 C. melolonthae		
			蚁虫草 C. myrmecophila	蚁类	
			蛹虫草 C. militaris（无性型为：蛹草拟青霉）	鳞翅目的蛹	广布
			下垂虫草 C. nutans	蝽类昆虫	广布
			C. neovolkiana	金龟子幼虫	
			蜻蜓虫草 C. odonatae		
			尖头虫草亚黄蜂草 C. oxycephala	膜翅目成虫	
			大团囊草 C. ophioglossoides		
			蛾蛹虫草 C. polyarthra		
			C. paradoxa	蝉若虫	
			C. prolifica	蝉若虫	
			C. pseudomilitaris	鳞翅目幼虫	
			C. purpureostromata	鞘翅目幼虫	
			粉被虫草茧草 C. pruinosa	鳞翅目的蛹	
			C. ramosopulvinata	蝉若虫	
			金龟子虫草 C. scarabaeicola	金龟子成虫	中国贵州、台湾；日本

（续）

目（Order）	科（Family）	属（Genus）	种类（Species）	寄主（Host）	分布（Place）
麦角菌目 Clavicipitales	麦角菌科 Clavicipitaceae	虫草属 Cordyceps	冬虫夏草 C. sinensis（无性型为：中国被毛孢。）	蝙蝠蛾科幼虫	中国四川、云南、青海、西藏等
			蝉花小蝉草 C. sobolifera	蝉若虫	
			蜂头虫草球头虫草 C. sphecocephala	膜翅目成虫	中国安徽、浙江、福建、贵州等
			塔顶虫草柱座虫草 C. stylophora	鞘翅目幼虫	
			拟蛹虫草 C. submilitaris	叩甲科幼虫	
			戴氏虫草 C. taii（无性型为：戴氏绿僵菌）	鳞翅目幼虫	中国贵州
			高雄山虫草淡黄鳞蛹虫草 C. takaomontana	鳞翅目蛹	
			嗜蚁虫草 C. termitophila	白蚁	
			沫蝉虫草 吹沫虫草 C. tricentri	沫蝉、叶蝉成虫	广布
			蛾草瘤座虫草 细座虫草 C. tuberculata	蛾类成虫	
			单侧生虫草 C. unilateralis	蚁类	
		虫壳属 Torrubiella	T. superficialis	介壳虫	
球壳孢目 Sphaeropsidales		座壳孢属 Aschersonia	粉虱座壳孢 A. aleyrodis	粉虱	亚热带地区
		四臂壳孢属 Tetranacrium	禾四臂壳孢 T. gramieum	介壳虫	新西兰
隔担菌目 Septobasidiales	隔担子菌科 Septobasidiaceae	隔担子菌属隔担耳属 Septobasidium	勃氏隔担耳 S. burtii	介壳虫	广布
		疏柔毛隔担耳 S. pilosum	介壳虫	广布	

（续）

目（Order）	科（Family）	属（Genus）	种类（Species）	寄主（Host）	分布（Place）
隔担菌目 Septobasidiales	隔担子菌科 Septobasidiaceae	拟锈菌属 Uredinella	嗜蚧拟锈菌 U. coccidiophaga	介壳虫	
无孢目 Agonomycetales		虫座孢属 Aegerita	双翅虫座孢 A. insectorum	双翅目	英国
			韦伯虫座孢 A. webberi	粉虱、介壳虫	广布
		小无孢霉属 Aposporella	雅致小无孢霉 A. elegans	蝇类	喀麦隆
		内小核菌属 Endosclerotium	粉蚧内小核菌 E. pseudococcia	粉蚧	美国
		拟索链霉属 Hormiscioideus	丝状拟索链霉 H. filamentosus	白蚁	巴西
		顶孢霉属 Acremonium	幼虫顶孢霉 A. larvarum	小蛾类幼虫	斯里兰卡
		顶齿霉属 Acrodontium	杯形顶齿霉 A. crateriformis	蚜虫、蜘蛛	
		刺束梗孢属 Akanthomyces	棘刺束梗孢 A. aculeata	蛾类	
		瓶霉属 Amphoromorpha	虫瓶霉 A. entomophilum	隐翅虫、步甲、蠷螋	北美洲
			蜚蠊瓶霉 A. blattae	蜚蠊	北美洲
		拟角霉属 Antennopsis	格氏拟角霉 A. grassei	白蚁	法国、美国、新几内亚等
			盖氏拟角霉 A. gayi	白蚁	法国、美国、新几内亚等
			瘿拟角霉 A. gallica	白蚁	法国、美国、新几内亚等
		曲霉属 Aspergillus	白曲霉 A. candidus		
			黄曲霉 A. flavus		
			黑曲霉 A. niger		
			赭曲霉 A. ochraceus		
			米曲霉 A. oryzae		
			寄生曲霉 A. parasiticus		

（续）

目（Order）	科（Family）	属（Genus）	种类（Species）	寄主（Host）	分布（Place）
		溜曲霉 *A. tamarii*			
		白僵菌属 *Beauveria*	多形白僵菌 *B. amorpha*	鞘翅目	
			布氏白僵菌 *B. brongniartii*	广泛	广布
			球孢白僵菌 *B. bassiana*	广泛	
			粘孢白僵菌 *B. velata*	灯蛾幼虫	
		绿僵菌属 *Metarhizium*	金龟子绿僵菌 *M. anisopliae*	寄主广泛	广布
				犀金龟蚱蝉等	
无孢目 Agonomycetales			黄绿绿僵菌 *M. flavoviride*	蝗虫	
				小孢变种	
			双型孢绿僵菌 *M. biformisporae*	螂蝉	
			戴氏绿僵菌 *M. taii*	夜蛾幼虫	
		拟口霉属 *Chantransiopsis*	外倾拟口霉 *C. decumbens*	隐翅虫、水龟甲	印度尼西亚；欧洲
		蚊霉属 *Culicinomyces*	棒孢蚊霉 *C. clavosporus*	蚊类幼虫	美国、澳大利亚
		星藻霉属 *Desmidiospora*	蚁星藻霉 *D. myrmecophila*	蚁类	美国
		小内孢属 *Endosporella*	突眼蝇小内孢 *E. diopsidis*	突眼蝇	西非
		侧齿霉属 *Engyodontium*	小孢侧齿霉 *E. parvisporum*	螨、介壳虫、粉虱、蝇类	斯里兰卡
		蚊束霉属 *Funicularius*	伊蚊束霉 *F. triseriatus*	三线伊蚊	北美洲

（续）

目（Order）	科（Family）	属（Genus）	种类（Species）	寄主（Host）	分布（Place）
无孢目 Agonomycetales		镰孢属 *Fusarium*	嗜蚧镰孢 *F. coccophilum*	叶甲	
			蚧生镰孢 *F. coccodiocola*	介壳虫	
			砖红镰孢 *F. lateritium*	介壳虫	
			幼虫镰孢 *F. larvarum*	介壳虫	
			尖孢镰孢 *F. oxysporum*	天牛、蛴螬、蚊幼虫	
			茄病镰孢 *F. solani*	小蠹、圆蚧、蓟马、灯蛾	
			轮状镰孢 *F. verticillioides*	天牛、象甲、吉丁等	
		单梗孢属 *Haplographium*	蚧单梗孢 *H. coccroum*	介壳虫	毛里求斯
		暗束梗孢属 *Harpographium*	小棒暗束梗孢 *H. coryneliodies*	介壳虫	
		被毛孢属 *Hirsutella*	中国被毛孢 *H. sinensis*		中国西部
		层束梗孢属 *Hymenostilbe*	蚁层束梗孢 *H. formicarum*		
			黄层束梗孢 *H. suphurea*	同翅目	
			双翅层束梗孢 *H. dipterigena*		
			蜻蜓层束梗孢 *H. odonatae*	蜻蜓目	日本
			蝇层束梗孢 *H. muscarum*		

（续）

目（Order）	科（Family）	属（Genus）	种类（Species）	寄主（Host）	分布（Place）
无孢目 Agonomycetales			下垂层束梗孢 H. nutans（有性 型为：下垂虫草 C. nutans）		
			层束梗孢 H. ventricosa	蝗蟖若虫	泰国
		小马蒂霉属 Mattirolella	壳小马蒂霉 M. crustosa	白蚁	巴拿马
			西氏小马蒂霉 M. sylvestrii	白蚁	圭亚那
		小脐霉属 Microhilum	蝙蝠蛾小脐霉 M. oncoperae	蝙蝠蛾	澳大利亚
		蝇梭孢属 Muiaria	铠蝇梭孢 M. armata	果蝇	
		蝇层孢属 Muiogone	克蝇蝇层孢 M. chrompteri	蝇类	喀麦隆
			美妖蝇层孢 M. medusae	蝇类	喀麦隆
		野村菌属 Nomuraea	莱氏野村菌 N. rileyi	鳞翅目幼虫	
		拟青霉属 Paecilomyces	蝉拟青霉 P. cicadae	蝉	
			粉拟青霉 P. farinosus	广泛	广布
			古尼拟青霉 P. gunnii（有性型 为：古尼虫草）		
			蛹草拟青霉 P. militaris（有性型 为：蛹虫草）		
			细脚拟青霉 P. tenuipes	广泛	广布
		青霉属 Penicillium	桔青霉 P. citrinum	大蚕蛾 Antheraea mylitta	印度
		羽束梗孢属 Paraisaria	P. dubia（有性型 为：细虫草）		中国新疆
		座毛孢属 Peziotrichum	小柔毛座孢 P. lachnella	介壳虫	印度、斯里 兰卡

（续）

目（Order）	科（Family）	属（Genus）	种类（Species）	寄主（Host）	分布（Place）
无孢目 Agonomycetales		侧链孢属 *Pleurodesmospora*	蚧侧链孢 *P. coccorum*	茶黑翅粉虱介壳虫、粉虱、叶蝉、蜘蛛、螨	广布
		多头霉属 *Polycephalomyces*	柱孢多头霉 *P. cylindrosporus*		
			枝多头霉 *P. ramosus*	重寄生于虫生真菌：圭氏被毛孢、巴恩斯虫草虫根虫草等	中国贵州
		拟球束梗孢属 *Pseudogibellula*	蚁拟球束梗孢 *P. formicarum*	蚁类等	加纳；乌干达；厄瓜多尔
		小团孢属 *Sorosporella*	葡萄状小团孢 *S. uvella*	鞘翅目	
			地老虎小团孢 *S. agrotidis*	鳞翅目幼虫	中国贵州
		簇孢霉属 *Sporothrix*	白色簇孢霉 *S. alba*	双翅目	斯里兰卡
			棒束簇孢霉 *S. isarioides*	双翅目	斯里兰卡
			虫生簇孢霉 *S. insectorum*	沫蝉	加纳
			安康簇孢霉 *S. ankangensis*	尺蛾幼虫	中国陕西
		侧孢霉属 *Sporotrichum*	马丁内克侧孢霉 *S. martinekii*	叶蜂卵	
			塞吉普侧孢霉 *S. cejpii*	鞘翅目幼虫	
		束梗孢属 *Stilbella*	缅甸束梗孢 *S. burmensis*		中国云南
		枝束梗孢属 *Synnematium*	琼斯枝束梗孢 *S. jonesii*		广布
		共胶霉属 *Syngliocladium*	象虫共胶霉 *S. cleoni*	鞘翅目	欧洲、北美洲

（续）

目（Order）	科（Family）	属（Genus）	种类（Species）	寄主（Host）	分布（Place）
无孢目 Agonomycetales		（尉虫）霉属 *Termitaria*	冠（尉虫）霉 *T. coronata*	白蚁	
			斯氏（尉虫）霉 *T. snyderi*	白蚁	
		四臂孢属 *Tetracrium*	蚧四臂孢 *T. coccicolum*	介壳虫	广布
		拟多头束霉属 *Tilachlidiopsis*	黑拟多头束霉 *T. nigra*	同翅目、鞘翅目	澳大利亚、日本、美国
		多头束霉属 *Tilachlidium*	对枝多头束霉 *T. brachiatum*	鳞翅目	广布
			离生多头束霉 *T. liberianum*	蚁类	广布
		弯颈霉属 *Tolypocladium*	柱孢弯颈霉 *T. cylindrosporum*		广布
			膨大弯颈霉 *T. inflatum*		广布
		单端孢属 *Trichothecium*	粉红单端孢 *T. roseum*		广布
			蝗单端孢 *T. acridiorum*	蝗虫	
		穴霉属 *Trogloblomyces*	圭氏穴霉 *T. guignardii*	鞘翅目、双翅目	法国、比利时、意大利
		轮枝孢属 *Verticillum*	印度轮枝孢 *V. indicum*	鳞翅目	
			蜡蚧轮枝孢 *V. lecanii*	广泛	
			半翅轮枝孢 *V. hemipterigenum*	叶蝉	
			镰轮枝孢 *V. falcatum*	鳞翅目	
			灰孢轮枝孢 *V. griseum*	介壳虫、叶蝉、蜘蛛	
			虫轮枝孢 *V. insectorum*	粉虱、蓟马、蝇	